Melanie Vogel

FUTABILITY®

Wie Sie Veränderungen und Transformationen bewältigen und selbstbestimmt gestalten

Bibliografische Information der Deutschen Nationalbibliothek:
Die Deutsche Nationalbibliothek verzeichnet diese Publikation in der Deutschen Nationalbibliografie.
Detaillierte bibliografische Daten sind im Internet unter http://dnb.d-nb.de abrufbar.

ISBN: 978-3-946302-00-1 Print
ISBN: 978-3-946302-01-8 E-Book (PDF)
ISBN: 978-3-946302-02-5 E-Book (EPUB)

Layout, Satz und Umschlaggestaltung: Melanie Vogel, InnoLead Academy GmbH
publishing@InnoLead.academy I www.InnoLead.academy

Illustrationen: Carsten de Vries, www.carstendevries.de

Lektorat: Ad Litteram, Rudolf Golla, www.adlitteram.de
Druck: Westdeutsche Verlags- und Druckerei GmbH
Printed in Germany

1. Auflage, Februar 2016

*Die Autorin ist für Reaktionen, Hinweise oder Meinungen dankbar.
Bitte wenden Sie sich diesbezüglich an publishing@InnoLead.academy.*

*Im Sinne der Leserfreundlichkeit wurde die männliche und weibliche Form abwechselnd verwendet.
Wo es sich aus dem Text nicht ausdrücklich anders ergibt, sind selbstverständlich jeweils beide Geschlechter gemeint.*

FÜR JULIAN UND HOLGER

Glossar

glossar.futability.com

„Die Zukunft gehört denen,
die an die Wahrhaftigkeit ihrer Träume glauben."

Eleanor Roosevelt

FUTABILITY®

INHALT

Liebe Leserinnen und Leser,

dieses Inhaltsverzeichnis soll Ihnen einerseits den Weg durch das Buch und die einzelnen Kapitel weisen. Zum anderen dient es auch als vorweggenommene Synopsis für diejenigen, die sich einen schnellen Überblick über das Thema wünschen. Wer sofort zur Problemlösung übergehen möchte, kann direkt mit Teil 3 starten. Zum besseren Verständnis finden Sie im dritten Teil Verweise auf vorherige Kapitel, damit Gesamtzusammenhänge deutlicher werden.

Um sich einzulesen und mit dem Thema Futability® vertraut zu werden, sollten Sie jedoch mit dem **Vorwort** (Seite 10) beginnen. Auch die **Einleitung** (Seite 19) dient – wie die Vorband bei einem Rockkonzert – dem „Einheizen" für den eigentlichen „Haupt-Act". Am **Ende** (Seite 341) finden Sie einige Hinweise, was Sie von mir und dem Thema Futability® in Zukunft noch erwarten dürfen, denn mit dem Lesen des Buches braucht Ihre Reise noch nicht zu Ende sein.

Sollten Sie ein **Glossar** oder ein **Literaturverzeichnis** vermissen, so verweise ich Sie an dieser Stelle auf die Webseite **www.futability.com**. Hier finden Sie beides – regelmäßig ergänzt durch aktuelle Artikel und Leseempfehlungen, die zum Thema passen.

Bleiben Sie inspiriert,
Ihre Melanie Vogel

FUTABILITY®: ZUSAMMENFASSUNG

140 Buchstaben

Futability®: Veränderung und Transformation, um sich volatilen Wirtschaftsbedingungen flexibel, reflektiert und pro-aktiv anpassen zu können.

100 Wörter

Die Schnelligkeit unserer Welt überfordert uns psychisch, physisch und kognitiv. Die Flexibilität der Spätmoderne macht uns krank, denn sie ist fremd- und nicht selbstbestimmt. Von Autonomie und Freiheit sind wir in vielen Bereichen unseres Lebens – durch fehlerlernte Anpassungen an die Anforderungen von außen – weit entfernt. Futability® – die Fähigkeit, den Veränderungen und Herausforderungen der Zukunft flexibel, reflektiert und pro-aktiv zu begegnen – ist die Kompetenz, auf die es ankommt. Sie hilft uns, persönliche Veränderungs- und Transformationsprozesse in einer volatilen Welt sinnstiftend und gesund zu gestalten. Richtig angewendet verspricht das „Futability®-Management" Erfolg, Wohlbefinden und damit gleichzeitig mehr Stimmigkeit und Kreativität in unserem Leben.

DAS MEGA-ZEITALTER SEITE 29

140 Buchstaben

Das MEGA-Zeitalter – elementare Trends, die einen radikalen Change einleiten: Me and Myself, Erneuerung, Globalisierung, Adaptions-Probleme.

100 Wörter

Vier MEGA-Trends (Me and Myself, Erneuerung, Globalisierung und Adaptions-Probleme) leiten radikale Veränderungen und Transformationen ein, die von uns Anpassung im Akkord verlangen. Dem Versprechen von Entlastung, menschenwürdigeren Arbeitsbedingungen und mehr Effektivität und Effizienz in einer technologisierten und digitalisierten Welt steht die Forderung nach uneingeschränkter Flexibilität gegenüber. Das Gefühl ist übermächtig: Passen wir uns nicht an, riskieren wir, unseren wertschöpfenden Platz zu verlieren. Dieser neuen Welt kann man nicht mit bisher gültigen Strategien antworten. Lineare Lösungen, lineares Denken, lineares Zeitverständnis, lineares Lernen, lineare Karrieren und Lebensentwürfe sind in einer dynamischen, volatilen, komplexen, mehrdeutigen Welt nicht die Lösung, sondern Sand im Getriebe.

DER MENSCH IM FOKUS SEITE 115

140 Buchstaben

Der Schlüsselfaktor für zukünftigen Wohlstand ist der kreative und schöpferisch tätige Mensch. Im 6. Kondratieff steht der Mensch im Fokus.

100 Wörter

Basisinnovationen sind Auslöser von langen Konjunkturwellen, die Wohlstand und Wachstum mit sich bringen. Gleichzeitig sprengen sie die technologischen Grenzen und erhöhen die Komplexität der Weltwirtschaft. Die jedem „Kondratieff-Zyklus" zugrunde liegenden Innovationen sind eine direkte Reaktion auf Knappheiten und Produktivitätsengpässe. Die Antworten darauf lauten heute „Digitalisierung" und „Industrie 4.0". Sie läuten die komplette Vollautomatisierung von Routine-Tätigkeiten ein. Diese technischen (R)Evolutionen sorgen für eine höhere Produktivität in der Informationsverarbeitung. Das Anlagevermögen der Zukunft liegt jedoch nicht in den Robotern und der Software. Der Schlüsselfaktor für zukünftigen Wohlstand ist der kreative und schöpferisch tätige Mensch. Im 6. Kondratieff steht der Mensch im Mittelpunkt.

FUTABILITY®- CIRCLE

SEITE 179

140 Buchstaben

Flexibilität, Reflexion und Pro-Aktivität bilden die humanistische Grundlage wirkungsvoller, nachhaltiger und gesunder Veränderungs-Prozesse.

100 Wörter

Wir verlieren in vielen Bereichen die Stimmigkeit mit uns und unserer Umwelt. Der Futability®-Circle bietet Lösungsansätze wie es uns gelingen kann, Veränderungen und Transformationen bewältigen und selbstbestimmt gestalten zu können. Anstatt Opfer der Umstände zu sein, können wir zu Gestaltern von Chancen werden. Dazu sind nur wenige Schritte notwendig. Einer davon ist die Rückkehr zu selbstbestimmter Flexibilität. Durch das Sezieren von Stressoren nähern wir uns – basierend auf der Chaostheorie – neuen Attraktoren an. Unsere dabei definierten Wunschlösungen erreichen wir durch ein stimmiges Ressourcen-Management, das uns hilft, ins Handeln zu kommen. So gelangen wir zu innerer Autonomie, emotionaler Freiheit und mehr Kreativität.

FUTABILITY®-MANAGEMENT

SEITE 333

140 Buchstaben

Futability®-Management: Die individuelle Schaffung von stimmigen Wachstums- und Veränderungsbedingungen, um Anpassungskrisen zu vermeiden.

100 Wörter

Die stimmige Veränderungsfähigkeit von Individuen impliziert die Schaffung von Wachstumsumgebungen, in denen sichergestellt ist, dass neue Denk-, Handlungs- und Verhaltensmuster erlernt werden können. Der schwerste Part ist das Aufbrechen der alten Strukturen und die notwendige Offenheit, den Wandel mitzugestalten und pro-aktiv zu begleiten. Veränderungs-Prozesse können nur dann erfolgreich sein, wenn wir immer wieder in einen Annäherungsmodus zurückfinden, um Anpassungskrisen zu vermeiden. Die sechs Prozess-Schritte im „Futability®-Management" helfen, den Veränderungs-Prozess sichtbar und verständlich zu machen. Gleichzeitig dienen sie der Rückkehr zu individueller Stimmigkeit und dem Selbstmanagement – mit anderen Worten: Der pro-aktiven Initiierung eines Selbstregulationsprozesses.

„Probleme kann man niemals mit derselben Denkweise lösen, durch die sie entstanden sind."

Albert Einstein

FUTABILITY®

VORWORT

VORWORT

1974, im Jahr nach der Ölkrise, stolperte Richard Nixon über die Watergate-Affäre und Willy Brandt über seinen persönlichen Referenten Günter Guillaume, der ausgerechnet in dem Jahr als Spion enttarnt wurde, in dem die DDR offiziell international anerkannt wurde. Helmut Schmidt wurde Bundeskanzler, Walter Scheel Bundespräsident, RAF-Gefangene traten in den Hungerstreik und Ulrike Meinhof wurde zu 14 Jahren Freiheitsstrafe wegen Mordversuchs bei der Befreiung von Andreas Baader verurteilt. Die deutsche Nationalelf gewann den Fußball-Weltmeistertitel, bei Volkswagen rollte der erste VW Golf vom Band. Der Altair 8800, der erste kommerziell erfolgreiche Heimcomputer, kam auf den Markt und Gary Kildall begann mit der Entwicklung von CP/M, dem ersten plattformunabhängigen Betriebssystem für den Einsatz auf Heimcomputern. Historische Eckpunkte, die ein Jahr markieren, das weltgeschichtlich nicht mehr oder weniger herausstechend war als viele andere Jahre davor und danach auch.

Und doch ist es für mich persönlich ein besonderes Jahr, denn es ist das, in dem ich geboren wurde – sechs Jahre nach 1968 und sechs Jahre vor 1980, der offiziellen Zeitrechnung der Generation Y.

Der Fernseher meiner Eltern zeigte zu der Zeit nur Schwarz-Weiß-Bilder, hatte drei Sender und eine Antenne, die nur zwei der Programme störungsfrei empfangen konnte. Unser Telefon bedienten wir mit einer Drehscheibe und die einzigen sonstigen technischen Geräte im Haus waren die Werkzeuge meines Vaters und die Küchengeräte meiner Mutter. Und die waren von Bosch, Siemens und Miele. Deutsche Traditionsunternehmen, die das Siegel „Made in Germany" nicht unwesentlich prägten und deutschen Unternehmern im Ausland Reputation verliehen.

Meine Kindheit verlief weitestgehend fernsehfrei. „Sesamstraße" von Montag bis Mittwoch, „Die Sendung mit der Maus" am Donnerstag und „Hallo Spencer" freitags waren erlaubt, genauso wie die Weihnachtssechsteiler oder „Fury" und „Captain Future" jeweils mittags im Sommerferien-Programm des ZDF. Darüber hinaus war jeder weitere Fernsehkonsum eine Frage geschickter Verhandlung und nicht selten ein heimliches Abenteuer, wenn die Eltern aus dem Haus waren. Die Generation der Commodores und „Super Mario Brothers" ging an mir völlig vorbei.

Meinen ersten PC, einen 386er und damals das neueste Modell, bekam ich erst nach dem Abitur, als klar wurde, dass ich ohne dieses technische Hilfsmittel das Studium wohl kaum würde bestehen können. Das Zeitalter der elektrischen Schreibmaschinen war damit auch in unserem Haushalt endgültig vorbei. Im gleichen Jahr, 1993, beugten sich meine Eltern dem Fortschritt der Technik auch in anderer Hinsicht und schenkten mir zum Abitur meinen ersten eigenen Farbfernseher.

Ungefähr zur gleichen Zeit begann mein Großvater – damals Ende sechzig und immer noch selbständiger Unternehmer – sein Büro technisch aufzurüsten. Erstaunlicherweise war er einer der ersten in der Familie, der den Reiz der Computer-Systeme und modernen Kommunikationsmittel für sich zu nutzen wusste. Er fing an, seine Memoiren auf dem PC zu schreiben und auf Disketten abzuspeichern. Wer weiß, wie weit er in seiner persönlichen Ahnenforschung noch gekommen wäre, wenn ihm damals schon das World Wide Web so vollumfänglich wie heute zur Verfügung gestanden hätte.

1996 arbeitete ich für IBM auf der CeBIT in Hannover. IBM stellte damals bahnbrechend neue internetgestützte Systeme für die Olympischen Spiele in Atlanta vor, die im gleichen Jahr stattfanden. Gerhard Schröder, zu der Zeit noch Ministerpräsident von Niedersachsen, Bundestagspräsidentin Rita Süssmuth und viele andere Prominente flanierten über unseren Stand und erlagen der Faszination des Internets. Wenige Wochen später steckte auch ich ein Kabel in meinen Computer, der nun ein 486er war, und ging online. Quälend langsam, untermalt vom nervigen Piepen der analogen Wählverbindung. Was ich online wollte, war mir zu dem Zeitpunkt noch nicht klar. Es stand für mich jedoch außer Frage, diesen Schritt gehen zu müssen, denn vor meinen Augen entstand eine völlig neue Welt. Ohne es damals zu wissen, wurde ich mit Millionen anderer Menschen Zeugin einer stillen Revolution.

Nur zehn Jahre später riss sich mein Sohn (Jahrgang 2004) mein ausgedientes Notebook unter seinen winzigen Nagel. Mein Weg von der elektronischen Schreibmaschine bis hin zu PCs und Internet hat drei Jahre gedauert – bei meinem damals zweijährigen Sohn dauerte es keine drei Tage, da verstand er, dass der „Puter" lustige Bilder zaubert und der Hase „Billy Bunny" interessante Spiele mit ihm spielt, wenn er die Maus bedient. Die linke und rechte Maustaste und das kleine Rädchen zum Drehen haben sich ihm völlig natürlich erschlossen – ausschließlich geleitet durch Versuch und Irrtum und einer völligen Angstfreiheit vor der Technik.

Heute sind wir zu Hause selbstverständlich vernetzt und auch unterwegs mobil erreichbar. Ein Leben ohne Internet, Computer, Smartphone, E-Book-Reader und Tablet kann und will ich mir nicht mehr vorstellen. Das Schreiben dieses Buches wäre ohne die globale Wissenskonserve des Internets völlig unmöglich gewesen. Danke an dieser Stelle an Tim Berners-Lee, den Erfinder des HTML und Begründer des World Wide Webs. Mein Dank geht aber auch an Johannes Gutenberg, den Erfinder des modernen Buchdrucks, ohne den Sie dieses Buch, wenn Sie es noch in Papierform und nicht digital in der Hand halten, auch nicht lesen könnten. Tim Berners-Lee und Johannes Gutenberg sind zwei Brüder im Geiste, deren Innovationen – obwohl sie 400 Jahre auseinander liegen – so bahnbrechend waren, dass sie Gesellschaften und Ökonomien radikal veränderten.

Gutenberg erfand in der Zeit der Renaissance ein Handgießinstrument, das sich zur schnellen und passgenauen Reproduktion identischer Lettern in großer Menge eignete und schuf damit eine der Schlüsselvoraussetzungen des modernen Buchdrucks. Parallel dazu ermöglichten die wassergetriebenen Papiermühlen eine Mechanisierung der Papiererzeugung und sorgten damit für eine Vergünstigung des wichtigsten Rohstoffes in der Druckereierzeugung, dem Papier.

Mechanisierung und Automatisierung sind elementare Treiber günstiger Produktion. Im Fall der Bucherzeugung mit weitreichenden Folgen. Plötzlich war eine fließbandähnliche Massenproduktion von Büchern möglich. Während vor Gutenbergs Erfindung an einem Arbeitstag nur wenige Seiten handschriftlich und nur knapp vierzig Seiten im Handdruckverfahren kopiert werden konnten, produzierte Gutenbergs Druckerpresse 3.600 Seiten an einem Arbeitstag. Die Druckerpresse war damit zu einem nicht zu unterschätzenden Multiplikator von Informationen geworden und revolutionierte in der Folge über Jahrhunderte das Kommunikations- und Informationsverhalten ganzer Völker. Die Parallelen zwischen Gutenbergs und Berners-Lees Erfindungen sind frappierend:

- Das verfügbare Wissen nimmt rasant zu.
- Wissen wird „mobil" und allgemein zugänglich – früher durch Bibliotheken, heute zunehmend mehr durch Chat-Räume oder freie WLAN-Zugänge.
- Die öffentliche Meinungsbildung verändert sich. Das Volk beeinflusst Denk- und Werthaltungen, die nun nicht mehr nur von Adel, Kirche, Politik oder einer kleinen Bildungselite diktiert werden können.
- Althergebrachte Machtstellungen werden in Frage gestellt. Plötzlich bedeutet Wissen Macht.
- Die Sprache verändert sich.
- Neue Wirtschaftszweige entstehen.

Bereits um 1500 gründeten sich – von Mainz ausgehend – in circa 270 Städten in rund einem Dutzend Ländern Europas Druckereibetriebe, die über 20 Millionen Druckwerke herstellten. Erasmus von Rotterdam war einer der ersten „Bestseller-Autoren" der Geschichte und bereits im 18. Jahrhundert war das Volumen an Büchern in Europa auf rund eine Milliarde Exemplare angestiegen.

Mit Berners-Lees Erfindung des World Wide Web werden wir nun seit einigen Jahren Zeuge einer hochinteressanten Verschmelzung von Online und Print, die erneut gravierende Auswirkungen auf die Kernindustrie der Übermittlung und Multiplikation von Wissen haben: Der Druck- und Zeitungsindustrie.

Und heute? Heute steht schon die nächste Entwicklungsstufe in den Startlöchern, die nicht nur die Druckbranche, sondern in diesem Fall auch die Industrieproduktion in erheblichem Maße verändern und schöpferisch zerstören wird: Der 3D-Druck. Auch hier scheinen die Möglichkeiten grenzenlos, wie am Beispiel der chinesischen Firma WinSun deutlich wird.

Das Unternehmen hat im Frühjahr 2015 an nur einem Tag zehn Häuser im 3D-Druckverfahren gebaut – unter anderem eine komplette Villa. Und auch die Firma Local Motors aus den USA beschreitet innovative Wege. Unter Einsatz von Open Source, Crowdsourcing und 3D-Druck ist 2015 das erste Auto als Prototyp im 3D-Druck entstanden und steht nun kurz vor der Serienreife. Auf der Seite techuni.de heißt es dazu fast schon lapidar: „Zukünftige Einsatzgebiete reichen von der Produktfertigung im Bau über Medizin, Wissenschaft bis hin zu Kunst und Kultur."[1] Mit anderen Worten: Es wird erneut revolutionär!

„Nichts in der Geschichte des Lebens ist beständiger als der Wandel."
Charles Darwin

Nicht nur die Verschmelzung von Internet und Druck sorgt für einen radikalen Wandel ganzer Industrien. Auch die Verbindung von Informationstechnologie und der Industrie läutet dramatische Veränderungen ein, dessen Auswirkungen wir heute nur grob erahnen können. Digitalisierung und Industrie 4.0, die großflächige Automatisierung ganzer Unternehmen und Industriezweige, sind in vollem Gange und werden unsere Gesellschaft in einem Maß infiltrieren, das erstaunen, erfreuen und gleichzeitig erschrecken darf. Computer in Arztpraxen, die Roboterhand im OP, der digitale Pilot, Pflege- oder Putz-Roboter, „Bildungs-Avatare", virtuelle Rechtsanwaltsgehilfen, selbstfahrende Autos, kommunizierende Kühlschränke oder humanoide Sicherheitsroboter – eine Utopie? Mitnichten!

Was in Deutschland in vielen Bereichen noch in den Kinderschuhen steckt, hat in Asien – vor allem in der dramatisch schnell alternden Gesellschaft in Japan – und in den USA in sehr kurzer Zeit ein Ausmaß an Perfektion und Diffusion erreicht, das überrascht und beängstigt. Und das ist erst der Anfang. Mit Milliarden Dollar subventioniert, arbeiten Forschungsgruppen an renommierten amerikanischen Universitäten an vernetzten Gehirnen, der Entschlüsselung von Emotionen, um sie später programmieren und digitalisieren zu können oder an Körper-Chips zur Leistungs- und Gesundheitssteigerung. Auch wenn wir heute glauben, nur ein Bruchteil dessen für unser Leben zu brauchen, so laufen wir auch hier Gefahr, von der Entwicklung überrollt zu werden. Schon heute gibt es immer mehr Versicherungen, die vergünstigte Tarife anbieten, wenn die Versicherten Apps nutzen, die ihr Gesundheitsverhalten aufzeichnen. Diese Gesundheits-Apps erfassen sensible Gesundheitsdaten wie Herzfrequenz, Trainingszustand, Essverhalten oder die komplette Krankengeschichte. Im Juli 2015 warnte die Datenschutzbeauftragte der Bundesregierung übrigens vor dem Einsatz dieser Fitness-Apps.[2]

Heute ist die Nutzung dieser Apps noch freiwillig und die Versicherten sind durch Gesetz vor der unbedachten Preisgabe sensibler Daten und den damit verbundenen unabsehbaren Folgen geschützt. Aber wie wird das in zwanzig Jahren aussehen, wenn der demografische

1 *www.techuni.de/technologie/drucker/was-ist-ein-3d-drucker/*
2 *www.bfdi.bund.de/DE/Infothek/Pressemitteilungen/2015/18_WarnungVorFitnessapps.html?nn=5217040*

Wandel Deutschland fest in der Hand hält? Was wird passieren, wenn die Sozialsysteme in einer alternden Gesellschaft nicht mehr finanzierbar sind? Was tun wir, wenn die Nutzung solcher Apps plötzlich gesetzlich vorgeschrieben sein sollte? Wenn Regierungen unter der Last einer alternden Gesellschaft ächzen und nach Lösungen suchen, wird vermutlich vieles möglich werden, was wir heute noch als Utopie abtun oder unethisch empfinden.

Fakt ist, eine digitalisierte und automatisierte Welt bietet viele Vorteile – aber sie steckt auch voller Versuchungen, moralischer Abgründe und eklatanter Fehlentscheidungen. Von Menschen verursacht, denen oft Weitblick und Wissen fehlen, um klug und umsichtig zu agieren. Von Menschen entfesselt, denen die Quartalsdenke oder die nächste Wiederwahl wichtiger ist als eine tragfähige Vision für die Zukunft. Von Menschen hingenommen, die den Überblick über die wirklich wichtigen Entscheidungen und Themen längst verloren haben, weil sie eingenebelt werden von Nebenkriegsschauplätzen und betroffen sind durch eine persönlich gefühlte Ohnmacht und Hilflosigkeit angesichts der Schnelligkeit, mit der sich unsere Welt verändert. Dramatisch daran ist, dass man den wenigsten einen Vorwurf machen kann, was natürlich trotzdem niemanden von der Verantwortung frei spricht.

Eine Welt, die sich selbst technisch radikalisiert, potenziert und links und rechts überholt, braucht einen verlässlichen Rahmen, ein Konstrukt, neue Werte, neue Visionen und ein neues Menschenbild.

Von all dem sind wir momentan weltweit entfernter denn je. Unsere Welt ist aus den Fugen geraten. Stimmigkeit fehlt an allen Ecken und Enden. Und während die Technologieentwicklung in Mach-Geschwindigkeit läuft, doktern wir noch am Tempolimit herum. Unsere Welt ist **VUCA** geworden. VUCA steht für:

- **V = Volatil (volatility)**
  Die Natur und die Dynamik des Wandels entfalten enorme Kräfte und sind Katalysatoren für radikale Veränderungen.
- **U = Ungewiss (uncertainty)**
  Der Mangel an Berechenbarkeit, das Maß an unkontrollierbarer Überrumpelung und ein fehlendes Gefühl von Bewusstsein und Verständnis für Themen und Ereignisse sorgen für Ungewissheit.
- **C = Komplex (complexity)**
  Die Dynamik unserer Systeme multipliziert sich, während die Vernetzung gleichzeitig für Chaos und Verwirrung sorgt. Gesellschaften, Unternehmen aber auch das individuelle Leben bieten Multioptionen und Multikomplexität.
- **A = Mehrdeutig (ambiguity)**
  Es gibt keine einfachen Ursache-Wirkungs-Zusammenhänge mehr. Die Realität ist verwirrend, oft unverständlich und in keiner Weise mehr planbar. Missdeutungen und

Fehlinterpretationen nehmen zu, denn „die Verbindung zwischen Handeln und Wissen bricht ab."[3]

Unsere VUCA-gewordene Welt verlangt von uns Anpassung im Akkord. Dem Versprechen von Entlastung, menschenwürdigeren Arbeitsbedingungen und mehr Effektivität und Effizienz in einer technologisierten und digitalisierten Welt steht die Forderung nach uneingeschränkter Flexibilität gegenüber. Das Gefühl ist übermächtig: Passen wir uns nicht an, bleiben wir nicht flexibel, verlieren wir den Anschluss an die Zukunft und riskieren, „an den Rand unserer Profession abgedrängt zu werden."[4]

Also passen wir uns an, sind flexibel – und verlieren dabei *erst* uns selbst und *dann* den Anschluss an die Zukunft. Wir stecken in einem scheinbar unlösbaren Dilemma zwischen dem Wunsch nach Selbstbestimmung und Selbstverwirklichung und der gleichzeitigen Abhängigkeit von technologischen Entwicklungen.

Und die VUCA-Wucht trifft alle: Junge Grundschüler, die einen abnormen Leistungsstress entwickeln, Azubis, die sich in Berufen ausbilden lassen, von denen niemand weiß, ob es sie in zehn oder zwanzig Jahren noch geben wird, Studierende, die noch vor dem Eintritt in die Arbeitswelt ausbrennen, Berufseinsteiger und Young Professionals, die nach „Life-Balance" lechzen und „Work" oft als notwendiges Übel betrachten, die 30er und 40er, denen die Rushhour des Lebens die Energie absaugt oder die 50er, die immer kränker werden und oft schon vor dem Ruhestandsalter dauerhaft ausfallen.

Meine **These** dazu lautet: **Die Schnelllebigkeit unserer Welt überfordert uns psychisch, physisch und kognitiv.** Die geforderte Flexibilität macht uns krank, denn sie ist fremd- und nicht selbstbestimmt. Von Autonomie und Freiheit sind wir in vielen Bereichen unseres Lebens weit entfernt durch unsere fehlerlernte Anpassung an die Anforderungen von außen. Und auch das macht uns auf Dauer unzufrieden und krank. Wir haben in vielen Bereichen die Stimmigkeit mit uns und unserer Umwelt verloren und wenn wir nicht lernen, sie zurückzuerlangen, werden uns Digitalisierung, Industrie 4.0 aber auch eine alternde Gesellschaft im wahrsten Sinne des Wortes überrollen. Wenn wir es nicht schaffen, unsere schöpferische Leistungskraft, unsere Gesundheit und unser Wohlbefinden wiederherzustellen, riskieren wir, unseren wertschöpfenden Platz gegenüber von Automaten und humanoiden Robotern zu verlieren.

Einer VUCA-Welt kann man nicht mit generellen und bisher allgemein gültigen Lebens-, Management-, Wirtschafts- oder politischen Strategien antworten. In einer VUCA-gewordenen Welt sorgt eine „business as usual"-Haltung privat, beruflich, wirtschaftlich, gesellschaftlich und politisch für Sand im Getriebe. Lineare Lösungen, lineares Denken, lineares Zeitverständnis, lineares Lernen, lineare Karrieren und Lebensentwürfe sind in einer dynamischen,

---

3 *Nicholas Carr, „Abgehängt - Wo bleibt der Mensch, wenn Computer entscheiden?", 2014, S. 179*
4 *Nicholas Carr, ebenda, S. 178*

volatilen, veränderungsstarken, mehrdeutigen Welt keine Lösung, sondern ein Problem. Und auch dieses Problem macht uns unzufrieden, krank, unkreativ, unflexibel und lustlos.

Wir sollten daher anfangen, uns aktiv mit der VUCA-Welt auseinanderzusetzen, denn es ist zukunftsentscheidend, dass wir nicht zum Opfer ihrer Dynamik werden, sondern die ihr innewohnenden Chancen aktiv für uns zu nutzen wissen.

Unser Entwicklungsinstinkt ist unsere größte Quelle der Inspiration. Allerdings haben wir an vielen Stellen vergessen, dass wir auch im 21. Jahrhundert immer noch Forscher und Pioniere sind und keine Verwalter eines linearen Status Quo, der an der Dynamik der Zeit zu bröckeln beginnt wie ein morsches Mauerwerk.

Wer im Augenblick den Kopf in den Sand steckt, verschafft sich keinen Überblick und verliert die Orientierung in der VUCA-Welt. In der Sprache der Zulu steht „vuca" übrigens für „aufwachen" im Sinne von:

- Lernen
- Wissen erwerben
- Bewusstsein erweitern
- kreative Anpassung

Ein modernes Homonym: Während VUCA das Problem beschreibt, steht vuca für eine innere Haltung, die den Einstieg zur Lösungsfindung begründet.

In diesem Buch untermauere ich meine These, dass wir es bis heute jedoch nicht geschafft haben, uns an die VUCA-Welt anzupassen. Wir scheitern im Großen und Kleinen an ihrer Schnelligkeit und Dynamik. Nicht aufgrund mangelnder Intelligenz oder unterlassenen Versuchen, sondern durch ein konsequent fehlgesteuertes Lernen, mit Wandel und Veränderungen reflektiert umgehen zu können. Wir sind zu wenig vuca.

Ich werde aufzeigen, dass unser momentanes Unvermögen zu massiven Produktivitätsverlusten führt, die gleichzeitig aber – und das ist der große Hoffnungsschimmer der Zukunft – unglaubliche Chancen und ein schier unermessliches Potenzial bieten, positive Veränderungen anzustoßen.

In den **ersten beiden Teilen des Buches** zeichne ich ein extremes Bild, um ein Bewusstsein für die Gründe und das Ausmaß der Veränderungen zu schaffen, mit denen wir es schon zu tun haben und noch zu tun bekommen werden. Im **dritten und vierten Teil** zeige ich Lösungsansätze, wie es jedem von uns, aber auch Unternehmen gelingen kann, Veränderungen und Transformationen bewältigen und selbstbestimmt gestalten zu können. Anstatt Opfer der Umstände zu sein, möchte ich Sie ermutigen, zu Gestaltern von Chancen zu werden. Dazu sind tatsächlich nur wenige Schritte notwendig – die allerdings unseren vollen Einsatz erfordern.

Futability® – die Fähigkeit, den Veränderungen und Herausforderungen der Zukunft flexibel, reflektiert und pro-aktiv begegnen zu können – ist die Kompetenz, auf die es heute und in Zukunft ankommt. Sie ist komplex, begleitet uns unser gesamtes Leben und hilft uns, Veränderungsprozesse in einer volatilen Welt bewerkstelligen zu können. Richtig angewendet verspricht das „**Futability®-Management**" Erfolg, Sinnhaftigkeit, Bedeutsamkeit und Wohlbefinden und damit gleichzeitig weniger Anpassungskrisen und mehr Stimmigkeit in unserem Leben. Die entscheidenden drei Fragen, die Sie durch das gesamte Buch begleiten, lauten:

1. Sind Sie offen für Veränderungen?
2. Sind Sie bereit, Denk- und Verhaltensmuster zu ändern?
3. Sind Sie willens, Selbstverantwortung zu übernehmen?

SELBST-CHECK:

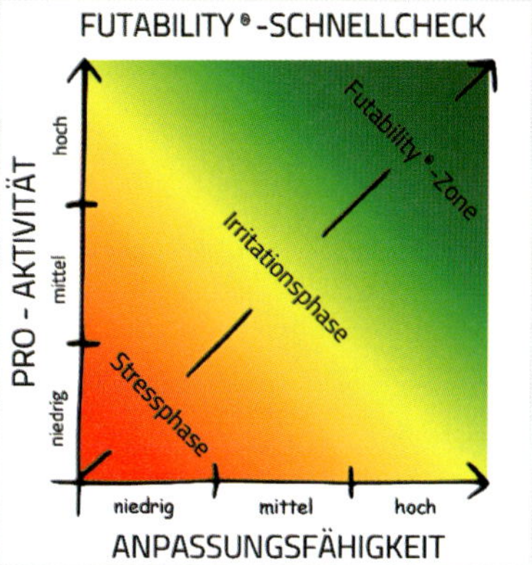

Entscheiden Sie ***intuitiv*** *und* ***ohne nachzudenken****, für wie hoch Sie Ihre momentane Anpassungsfähigkeit halten und wie sehr Sie glauben, in Ihrem Leben pro-aktiv zu sein oder sein zu können. In welchem Phasenraum landen Sie? Notieren Sie sich Datum und Phasenraum hier:*

DATUM: *PHASE:*

Wenn Sie das Buch beendet und durchgearbeitet haben, machen Sie diesen Schnellcheck noch einmal. Ich bin gespannt, ob sich Ihre Selbsteinschätzung dann geändert hat und freue mich, von Ihnen zu erfahren, wie es Ihnen beim Lesen des Buches ergangen ist. Was hat Sie inspiriert? Welche Veränderungen hat das Buch angestoßen?

Schreiben Sie mir gern an feedback@futability.com.

Ich wünsche Ihnen viel Inspiration, neue Erkenntnisse und Aha-Effekte auf Ihrer ganz persönlichen Reise mit diesem Buch.

Melanie Vogel

Bonn im Februar 2016

„Der Wunsch zu lernen
ist allen edlen Menschen angeboren."

Leonardo da Vinci

FUTABILITY®

EINLEITUNG

Leonardo da Vinci war nicht nur das einzige Universalgenie, das vermutlich je gelebt hat, sondern auch Zeitzeuge und aktiver Mitgestalter eines bis dato noch nie dagewesenen gesellschaftlichen Umbruchs. Das von Leibeigenschaft, Restriktionen und Aberglauben bestimmte Mittelalter wurde abgelöst durch die Renaissance. Innovationen wie die Druckerpresse, Bleistift und preiswertes Papier veränderten die Kommunikation und Nachrichtenübertragung dramatisch. Nicolas Kopernikus machte die Welt zur Kugel, Vasco da Gama entdeckte den Seeweg nach Ostindien und Magellan umsegelte die Welt. Die sehr eindimensionale und stagnierende Weltsicht des Mittelalters wurde durch Pioniere und Freigeister aufgebrochen und die Feudalherrschaft durch den beginnenden Frühkapitalismus abgelöst. Der Mensch als Einzelperson, als schöpferisches Individuum, erlebte eine Wiedergeburt und stand plötzlich im Zentrum von etwas Größerem – einer unglaublichen Erfindungs- und Veränderungsdynamik, in der Arbeit, Leistung und Schaffenskraft Achtung, Anerkennung und Erfolg versprachen. „Mit grenzenlosem Selbstvertrauen brach der Mensch im Europa des 15. und 16. Jahrhunderts auf zu neuen Ufern und revolutionierte Kunst, Kultur und Wirtschaft."[1]

Alles schien möglich und rückwirkend betrachtet war die Renaissance der Beginn der modernen Welt, wie wir sie heute kennen. Konfliktfrei ging der Wandel politisch und gesellschaftlich nicht vonstatten. Auch für jeden einzelnen Menschen war die damalige Veränderung geprägt von persönlichen Unsicherheiten, Ängsten und individuellen Herausforderungen, den eigenen Weg definieren zu müssen, um einen wertschöpfenden Platz in der Gesellschaft behalten zu können. Auch sie erlebten das radikale Verschwinden alter Berufe, die Entstehung noch nie da gewesener Tätigkeitsfelder aufgrund neu entwickelter Technologien, für die neue Qualifikationen und Kenntnisse erforderlich waren, an die sich die Menschen gewöhnen und anpassen mussten.

Die Parallelen zu unserer heutigen, exponentiellen Zeit sind frappierend. Das Zeitalter der Industrialisierung ist vorbei. Das Informationszeitalter und die damit einhergehende beschleunigte Globalisierung haben unser Weltbild, unser Leben und Arbeiten, unsere Zeitwahrnehmung und unsere Wertehaltung und Kommunikation radikal verändert. Ein rasantes Wissenswachstum und immer neue Technologien versprechen auch in Zukunft spannende Zeiten. Die kommenden technologischen Revolutionen könnten den menschlichen Wohlstand dramatisch mehren und unsere Lebensqualität auf ein nie gekanntes Niveau heben. Allerdings wird im Windschatten dieser Veränderung in der Arbeitswelt kein Stein auf dem anderen bleiben. Kompetenzen und Qualifikationen, die heute noch gefragt sind, könnten schon in wenigen Jahren komplett überflüssig werden. Die Arbeit wird vermutlich nicht ausgehen – ja, es gibt sogar Stimmen, die sagen, es wird mehr Arbeit geben als je zuvor. Wir wissen nur nicht, welche. Sicher ist: Arbeit wird anders sein als heute. Wir werden neue Qualifikationen brauchen – und uns entsprechend anpassen müssen!

---

1 *www.planet-wissen.de/politik_geschichte/renaissance/renaissance/index.jsp*

Aber wie gut sind und werden wir tatsächlich auf diesen Wandel vorbereitet? Kann uns die Vergangenheit einen Weg weisen, die Zukunft besser, mit weniger Veränderungsschmerzen als bisher und vielleicht sogar gesünder und stressfreier zu bewältigen? Reichen unsere Qualifikationen, unsere erlernten Denk- und Handlungsmuster aus, diesen Wandel zu gestalten, dem globalen Wettbewerb auch in Zukunft standzuhalten und die großen technischen Revolutionen, die uns durch Industrie 4.0 oder die weiter zunehmende Digitalisierung blühen, so zu bewältigen, dass wir unsere Leistungsfähigkeit aufrecht erhalten und unseren wertschöpfenden Platz in Wirtschaft und Gesellschaft gegen Roboter, Computer und Avatare verteidigen können?

(Weiter-)Bildung wird im kommenden Veränderungsprozess zu einem unbezahlbaren Anlagevermögen und zu einer entscheidenden Schlüsselfunktion, wenn es um unsere eigene Wettbewerbs- und Zukunftsfähigkeit geht. Bildung und Ausbildung sind eine Investition in die Menschheit. Wissen und Können, Kooperationsbereitschaft und die Fähigkeit, Wissen kreativ zu verbinden, Pioniergeist, Handlungswille, Empathie und die Bereitschaft, die eigene schöpferische Schaffenskraft (wieder) zu entdecken, werden zu elementaren Kompetenzen, die uns auch in den kommenden Jahren und Jahrzehnten einen evolutionären Vorsprung vor der Technik verschaffen und uns einen Platz in der Arbeitswelt sichern, wenn wir „aktiv und engagiert mitgestalten, statt passiv zu erleiden oder resignativ und larmoyant[2] abzuwarten."[3]

Dazu müssen wir jedoch endlich die Vorstellung beerdigen, mit einer abgeschlossenen Berufs- oder Hochschulausbildung hätten wir unser Soll an Wissens- und Kompetenzanfütterung bis an unser Lebensende erfüllt. „Man rechnet damit, dass über 40 % der Absolventen einer Berufsausbildung und 30 % der Studierenden niemals die Tätigkeiten ausüben, für die sie ausgebildet wurden."[4] Trotzdem zeigen Umfragen, dass „Weiterbildung in kaum einem EU-Land so vernachlässigt wird, wie in Deutschland."[5] Lebenslanges Lernen ist nach wie vor nicht mehr als eine Phrase – und das wird zunehmend gefährlich!

Wollen wir zukunftsfähig bleiben und neben Kollege Roboter unser menschliches Gesicht (be-)wahren, müssen wir die Art des Lernens und unsere dem Lernen gewidmeten Zeitspannen überdenken, indem wir Lernen als flexiblen Appendix in unser Leben integrieren. Lernen bedeutet in Zukunft nicht nur das Aneignen neuen Wissens und neuer Kompetenzen, sondern auch das bewusste Ver-Lernen von veralteten Informationen, die in einer veränderten Umwelt zum mentalen Ballast werden. **Lernen bedeutet, persönliche Verantwortung für unsere geistigen Denk- und Handlungsmuster zu übernehmen.** Lernen ist gleichbedeutend mit gedanklicher Mobilität. Lernen heißt, geistige Veränderungen zuzulassen und Fragen zu stellen, auf die wir (noch) keine Antwort haben – und das hat man uns bisher in keinem Bildungssys-

2 *sentimental, voller Selbstmitleid*
3 *Winfried Schlaffke in „Kondratieffs Zyklen der Wirtschaft", Hans Thomas/Leo A. Nefiodow (Hrsg.), 1998, S. 99*
4 *Harry Maier in „Kondratieffs Zyklen der Wirtschaft", Hans Thomas/Leo A. Nefiodow (Hrsg.), S. 87*
5 *„Wir Weber von heute", DIE WELT vom 22. September 2014, S. 2*

tem beigebracht. Im Gegenteil. Studiengänge bereiten Absolvierende auf Jobs vor, die heute noch nicht existieren und junge Schulabgänger werden in Berufen ausgebildet, von denen wir nicht wissen, ob es sie in 10 oder 20 Jahren in der Form überhaupt noch geben wird. Das Bildungssystem wird weder entschlackt noch auf die Anfordernisse einer zutiefst veränderten Arbeitswelt angepasst. Wir gönnen uns über 300 verschiedene Ausbildungsberufe und mehrere Tausend verschiedene Bachelor- und Masterstudiengänge, die oft schon früh zur (Über-) Spezialisierung führen, während der Blick in die Zukunft gleichzeitig generalistische Ausbildungen und Kompetenzen dringend erforderlich machen würde.

Wir werden sehr bald Technologien nutzen, die gerade erst erfunden werden, um Probleme zu lösen, von denen wir momentan noch nicht ahnen, dass sie überhaupt existieren. Bestehende Antworten reichen schon lange nicht mehr aus, die Fragen der Gegenwart zu beantworten. Und Fragen, die wir heute erst zögernd stellen, weil wir keine Lösungen haben, werden zunehmen: Demografischer Wandel, Fachkräftemangel, Flüchtlingsströme, Gesundheitsversorgung, Wirtschaftskrise, Staatsverschuldung, instabile politische Systeme, Übervölkerung in armen Ländern, Energiewende, Rohstoffmangel, Digitalisierung, Automatisierung – und eine gefühlte ständige Beschleunigung der Welt, in der wir leben.

Die Herausforderungen der Zukunft sind immens. Sie bieten unglaublich spannende Chancen, mit neuen, innovativen Ideen die Zukunft mitzugestalten. Gleichzeitig fordern sie uns persönlich und gesellschaftlich heraus und bringen uns heute zuweilen schon an den Rand des Erfass- und Ertragbaren.

Seit der Industrialisierung steigen Produktion und Konsum beständig an. Die Zahl unserer Güter, Kontakte und Optionen in allen Lebensbereichen hat sich ständig vergrößert – und trotz des technischen Fortschritts hat jeder Mensch doch immer nur noch 24 Stunden pro Tag und 365 Tage im Jahr zur Verfügung.

Bis zur Industriellen Revolution bestimmte die Natur den Lauf der Dinge. Mit Beginn der Industriellen Revolution wurde es jedoch notwendig, Güter, Arbeitskraft und die vorhandene Zeit zu koordinieren und zu reglementieren. Tätigkeiten wurde ein zeitlicher Anfang und ein zeitliches Ende zugeordnet. Das Berufsbild des Industriearbeiters bildete sich heraus, das bis heute in unseren Köpfen und Bildungssystemen tief verankert ist.

Frederick Taylor trieb die betriebliche Zeitmessung auf die Spitze: Komplexe Aufgabenschritte wurden in einzelne Handgriffe zerlegt und nach Sekundenbruchteilen vermessen. Die Folgen werden grandios portraitiert in Charlie Chaplins Film „Moderne Zeiten" (Original: „Modern Times"), in dem Chaplin mit der von ihm kreierten Figur des Tramps den Taylorismus in der Arbeitswelt kritisiert. Der Film zeigt, dass die industrielle Ausbeutung des Menschen zum Verlust der eigenen Individualität führt. Zeitdruck und monotone, durch Maschinen geprägte Arbeitsabläufe, bleiben geistig und körperlich nicht ohne Folgen. Die Massenproduktion hat die geistige Arbeit von der Arbeit mit den Händen getrennt. Es entstand eine stromlinienförmige „Standardzeit" pro Handgriff und damit eine Gleichschaltung von Zeit und Aufgaben. Plötzlich wurde Zeit zu Geld. Robert Levine schreibt dazu: „Durch eine seltsame Anstrengung des Intellekts hat der zivilisierte Verstand die Zeit – das abstrakteste aller immateriellen Güter – auf die objektivste Größe überhaupt reduziert – Geld. Die Folge: Zeit und Konsumgüter befinden sich auf der derselben Werteskala und wir wissen heute ganz genau, wie viele Arbeitsstunden dem Preis eines Fernsehers entsprechen."[6]

Heute ist Zeit knapp – und damit entsprechend teuer. Deshalb muss „jede Minute genutzt und voll ausgeschöpft oder sogar noch durch Doppelbelastung und Multitasking mehrfach bewirtschaftet werden."[7]

Das Leben nach der Uhrzeit wurde zu einem „konstituierenden Element einer neuen Schicht von Aufsteigern"[8] und die Menschen begannen, an die Tugend der Pünktlichkeit zu appellieren. Zuspätkommen wurde in vielen Kulturen als sozial tiefer stehend und in einigen Fällen als moralisch minderwertig charakterisiert, denn Pünktlichkeit wurde und wird auch heute noch stark mit Leistung und Erfolg gleichgesetzt. Nicht umsonst empfinden viele Handelspartner die Pünktlichkeit der Deutschen als Fluch und Segen zugleich. Fluch deshalb, weil sie oft in Kulturen leben, in denen Zeit nicht gleich Geld ist – und Segen deshalb, weil die deutsche Wirtschaft seit Jahrzehnten entgegen vieler Trends im Ausland wächst, die Deutschen als verlässliche und zuverlässige Wirtschaftspartner gelten und entsprechend geschätzt werden.

Eine weitere Abstraktion der Zeit fand mit der Einführung des Computers und der Nutzung des Internets statt. Die digitale Zeitmessung lässt jeden Zusammenhang zwischen Zeit und Raum verschwinden. Während das Zifferblatt Stunden, Minuten und Sekunden anzeigt und damit den Verlauf eines Tages zumindest noch sichtbar macht, drücken digitale Zeitmesser einen solchen Zusammenhang nicht mehr aus. Die ständige Erreichbarkeit und permanente Verfügbarkeit von Informationen führen zu einer Verschmelzung von „Morgens-Mittags-Abends" zu 24/7.

Der digitale Fortschritt, der uns Arbeitserleichterung versprach, hat in sehr kurzer Zeit dazu geführt, dass wir uns von unserer eigenen (Lebens-)Zeit entfremdet haben. Stress, Überforderung, Ruhelosigkeit und das Gefühl des Gehetzt-Seins sind mittlerweile normale Alltagserscheinungen. Die Struktur moderner Gesellschaften fordert, dass jeder einzelne von uns täglich immer wieder neue Entscheidungen treffen muss – angefangen bei der Frage, ob der aktuelle Handy-Vertrag wirklich noch der kostengünstigste ist, über die Entscheidung, welche der vielen Dutzend E-Mails wirklich dringend und wichtig beantwortet werden müssen, bis hin zur Wahl der nächsten Urlaubsreise und wie und mit wem der Feierabend verbracht werden soll. Der einzelne wird zum Projektmanager seines Lebens – und die Zeitintervalle unserer „Lebens-Projekte" werden immer kürzer.

---

6 *Robert Levine, „Eine Landkarte der Zeit", 2012, S. 147*

7 *Hartmut Rosa in einem Interview mit der Zeitschrift „Psychologie heute", September 2007, S. 27*

8 *Robert Levine, „Eine Landkarte der Zeit", S. 108*

Der Zukunftsforscher Alvin Toffler prägte bereits 1965 in der amerikanischen Zeitschrift Horizon den Ausdruck „**Zukunftsschock**" und verstand darunter „**die erdrückende Belastung und vollkommene Desorientierung von Menschen, die in zu kurzer Zeit zu viele Veränderungen durchmachen müssen.**" Nicht die Veränderung selbst löst seiner Meinung nach den Schock aus, sondern die Schnelligkeit, mit der sie sich vollzieht. Toffler kritisierte schon damals, dass sich unsere Gesellschaft viel zu wenig mit der Zukunft beschäftigt, denn schon damals galt: „Wenn wir uns nicht rechtzeitig damit beschäftigen, welche Zukunft wir uns wünschen, sind wir nicht in der Lage, Einfluss auf die kommenden Entwicklungen zu nehmen, sondern müssen uns damit abfinden, dass sie uns aufgezwungen werden."[9]

1965 waren wir vom digitalen Zeitalter noch weit entfernt, heute sind wir mitten drin und stellen fest: Die Anpassung an die Schnelligkeit, mit der sich unsere Welt verändert, fällt schwer. Die Multioptionen, aus denen wir täglich wählen können (und müssen), strengen an, überfordern und rauben Energie. Aktiv und auf der Höhe zu bleiben, hat seinen Preis – und bei vielen steigt die Angst. Denn während sich der Wettbewerb verschärft und der Karriereabsturz mittlerweile auch bei den Hochqualifizierten keine Utopie mehr ist, sinkt gleichzeitig das Vertrauen in die Zukunft, weil es aufgrund der rasanten Veränderungsintervalle immer schwieriger wird zu überblicken, was Morgen wirklich relevant sein wird.

Die Hoffnung auf finanzielle Sicherheit, auf einen Job auf Lebenszeit und ein stressfreies Leben schwindet und ist in manchen Bereichen schon lange nicht mehr existent. Zunehmend überwiegt der Zwang, seine „Performance" ständig und in allen Bereichen des Lebens neu unter Beweis stellen zu müssen, weil es keine Sicherheit mehr über das Erreichte im Leben gibt. „**Das Optimum von gestern ist der Standard von heute**", sagte mir Robert Lauritsch vom „Verein zur Verzögerung der Zeit" mal in einem Interview[10] und traf damit den Nagel auf den Kopf. Unsere mühsam erarbeiteten und erkämpften Autonomiespielräume schrumpfen immer wieder und müssen an anderer Stelle neu erarbeitet werden. Die Chance, gedanklich und örtlich „sesshaft" zu werden, sich an Situationen zu gewöhnen und aus ihnen heraus gestärkt den nächsten selbstbestimmten Entwicklungsschritt zu gehen, ist ein Relikt aus dem letzten Jahrtausend. Der Wunsch, sein Leben „in den Griff" zu bekommen und selbstbestimmt agieren zu können, wird sukzessive untergraben und sorgt für zusätzliche Unsicherheit und Stress.

Dennoch fühlen wir, dass wir uns einlassen müssen auf die vielen Anforderungen der Gegenwart, denn tun wir das nicht, laufen wir Gefahr, zum Außenseiter zu werden und den Anschluss zu verlieren. Das Bedürfnis auszubrechen, sich Regeln und Normen zu widersetzen

9 *James Canton, „Extreme neue Welt", 2006, S. 14*
10 *Das vollständige Interview mit Robert Lauritsch gibt es auf dem Futability®-Blog: http://tiny.cc/hofq7x*

oder neue zu definieren, ist zum Beginn des neuen Jahrtausends dem Wunsch gewichen, sich anzupassen und Normalität zu leben – auch wenn „Normalität" ebenfalls undefiniert scheint angesichts der Vielfalt an Möglichkeiten, die uns umgibt.

Viele Menschen, die ich in den letzten Jahren beraten habe oder die ich im Rahmen von Vorträgen und Seminaren kennenlernte, wirkten oft statisch, wenig flexibel – fast schon paralysiert. Viele von ihnen hatten große Angst, ausgetretene Pfade zu verlassen, auch wenn sie merkten, dass sie – gleich einem Pilgerstrom – mit der Masse wandern und zunehmend weniger Chancen haben, das gelobte Land zu erreichen. Denn diese Masse wächst und mittlerweile haben sich ihr Kohorten aus Asien, Süd- und Osteuropa angeschlossen. Gemeinsam auf dem Weg zu den noch vorhandenen lukrativen Arbeitsplätzen dieser Welt. Um aus dieser Masse herauszustechen, können sie nur stehenbleiben (und dabei Gefahr laufen, überrannt zu werden) oder sie brechen aus und versuchen ihr Glück auf den Nebenstrecken. Natürlich riskieren sie, sich zu verlaufen, natürlich können sie auf Unwägbarkeiten stoßen und selbstverständlich kann ihnen auf dem Weg etwas passieren. Aber hält uns das im normalen Leben davon ab zu reisen? Im Regelfall nicht. Wir nehmen im Urlaub all diese Wagnisse und Unsicherheiten billigend in Kauf, weil wir wissen, dass wir mit unvergleichlich neuen Eindrücken belohnt werden und reicher an Erfahrung wieder nach Hause zurückkehren. Wir haben etwas zu erzählen.

Nichts anderes passiert uns auf unserer Pilgerreise durch unser Leben auch. Wir können nicht alles planen, wir werden nie wissen, was hinter der nächsten Biegung lauert – ja, wir wissen nicht mal, ob wir die nächste Biegung noch erreichen. Dennoch: Schauen wir uns Menschen wie Elon Musk, Richard Branson, Leonardo da Vinci oder auch eine Marie Curie an, so wird schnell klar, dass diese Menschen von ihren eigenen Visionen gespeist werden und zur Verwirklichung sämtliche Konventionen des Denkens und Handelns abschütteln. Für sie gilt: Tagtäglich ihr Wissen zu erweitern, Erfahrungen zu sammeln und sich nur der eigenen Lebensvision, der eigenen Neugier und dem eigenen Pioniergeist zu unterwerfen – und sonst niemandem!

Ich bin überzeugt, dass wir nur dann zu persönlicher Zufriedenheit, Wohlbefinden und relativer Stressfreiheit zurückkehren können, wenn wir den Pilgerstrom links oder rechts liegen lassen und uns nicht auf die Masse, sondern wieder auf uns selbst konzentrieren.

Es ist an der Zeit für einen erneuten Paradigmenwechsel, für eine **Renaissance der Renaissance**: Wir müssen (uns selbst) wieder in den Fokus schöpferischen Handelns rücken.

Wollen wir auch in Zukunft noch wettbewerbsfähig sein, müssen wir zu **pro-aktiven und reflektierten Gestaltern unseres Lebens** und zu **flexiblen Positionierern unserer Stärken und Talente** werden, die ihre Qualitäten selbstbewusst und kooperativ in die Gesellschaft einbringen.

Doch dieser Evolutionsschritt hin zu einem komplexeren Verhalten und vielschichtigeren Gestaltungsformen unseres Lebens ist nicht angeboren, sondern muss erlernt werden. Lernen funktioniert nur durch aktives Tun. Und genau hieran krankt unsere Gesellschaft.

Die Lust zur Veränderung, das Vergnügen, traditionellen Abhängigkeiten zu entrinnen und gesellschaftlich verstaubte Konventionen abzuschütteln, die Freude, eine ungewisse Zukunft mit neuen Ideen selbst gestalten zu können, das kritische Hinterfragen gesellschaftlicher, wirtschaftlicher oder politischer Entwicklungen, wird nicht auf breiter Front gelebt und kommuniziert, sondern in „Ideen-Hubs", mehr oder weniger professionellen Denkschmieden und Think Tanks oder wachsenden Sub-Kulturen vorsichtig angetestet. Die kreative Energie, die von diesen Gruppen ausgeht, zieht sich schon lange nicht mehr großflächig durch unsere Gesellschaft – und das ist unser Problem!

Die soziale Individualisierung ist in den westlichen Nationen auf einem Höchststand angekommen. Das Gefühl des Auseinanderbrechens einer festen gesellschaftlichen Klammer ist die Folge und für viele eine sehr unerwünschte Nebenwirkung, die mit diffusen Ängsten einhergeht. Diese Ängste sind verständlich, denn obwohl die Individualisierung uns die große Chance eröffnet, selbst entscheiden zu können, was wir mit unserem Leben anfangen möchten, haben wir doch auf der anderen Seite Angst, unsere Wurzeln zu verlieren und unsere Sicherheit aufzugeben. Gemeinschaften und Gemeinsamkeiten schrumpfen, weil die Optionenvielfalt unserer heutigen Zeit für eine Zerstückelung unserer Gesellschaft sorgt, die sich nicht mehr einer Gemeinde, Partei oder Religion zugehörig fühlt, sondern Projekten, Moden, Trends oder einem Lifestyle – und die ändern sich rasend schnell. Mit dieser rasanten Geschwindigkeit ändern sich dann ebenso schnell auch wieder die Gruppenzugehörigkeiten. Und das sorgt für Unruhe nicht nur im privaten und gesellschaftlichen Bereich, sondern auch im Arbeitsalltag. Diese wenig planbaren Richtungsänderungen zwingen zur permanenten Anpassung und damit einhergehend zu einem nie endenden Transformations-, Innovations- und Erneuerungsbestreben. Ein Ankommen oder Innehalten ist gefühlt schon lange nicht mehr möglich.

Das ist in etwa vergleichbar, als würden wir eine Rolltreppe in entgegengesetzter Richtung aufsteigen wollen. Sobald wir innehalten, fahren wir wieder nach unten – also bleiben wir in Bewegung (und zwar schneller als die Rolltreppe selbst), um irgendwann oben anzukommen. Ob dieser zusätzliche Energieaufwand Sinn macht oder ob es nicht vielleicht auch angebracht sein kann, zwischendurch kurz innezuhalten und ein Zurückfallen in Kauf zu nehmen, fällt uns schwer zu entscheiden, weil wir die Konsequenzen von unternehmen und unterlassen schon lange nicht mehr sicher vorhersagen können.

Jede unserer Aktivitäten ist mit der verständlichen Hoffnung und Erwartung verbunden, dass sich unser Tun vorteilhaft auf unser Leben auswirken wird. **Wir fühlen, dass wir unseren Status Quo nur halten können, wenn wir uns dem gesellschaftlichen und wirtschaftlichen Prinzip von Wachstum und Beschleunigung unterordnen.** Und das bedeutet für jeden von uns: Wettbewerb in allen Lebensbereichen. Wettbewerb um gemeinsame Zeit, um lukrative Jobs, um Lebens- und Ehepartner, die beste Ausbildung für die Kinder, das eigene Gehalt und (gesellschaftliche) Anerkennung. Auch dieser Zustand sorgt für Druck und Überforderung – und das Gefühl, zu wenig Zeit zu haben, um alle Lebens-Baustellen überwachen und optimieren zu können. Und die Optimierungsmöglichkeiten sind – wie sollte es anders sein – multioptional und zwingen uns erneut, Entscheidungen individuell und bis ins kleinste Detail zu treffen. Die Entscheidung für etwas bedeutet gleichzeitig die Entscheidung gegen etwas anderes.

Deswegen hadern wir oft mit einer getroffenen Entscheidung, weil wir nicht wissen können, ob eine andere Entscheidung langfristig nicht besser gewesen wäre. Anstatt also durch eine getroffene Wahl Freiheit und einen Druckabfall zu spüren, steigt der Druck. Uns plagt die Schuld – und ehe wir uns versehen, sind wir erneut in einem Strudel von Zweifel und Stress gefangen.

Wie also gehen wir zukünftig damit um, dass wir zahlreichen Anforderungen ausgesetzt sind, die wir selbst mit bestem Wissen und Gewissen nie alle erfüllen können? Wie halten wir die Paradoxie aus, dass wir einerseits mit der ständigen Beschleunigung Schritt halten müssen und gleichzeitig Oasen der Entschleunigung brauchen, um unter den Anforderungen des Alltags nicht zu kollabieren? Wie können wir unser Verhalten flexibel an veränderte (Umwelt-) Bedingungen und neue Situationen anpassen, ohne gleichzeitig unsere Wertehaltungen aufzugeben und uns selbst zu verlieren? Wie schaffen wir es, unsere persönliche Wettbewerbsfähigkeit bis ins Alter zu erhalten, gleichzeitig aber auch ein sinnerfülltes und wohltuendes Leben zu führen?

Um den Versuch der Beantwortung dieser Fragen geht es im vorliegenden Buch. Ich bin überzeugt, dass Menschen, die in der Lage sind, sich den heutigen Lebens- und Arbeitsbedingungen pro-aktiv, flexibel und reflektiert anzupassen, zu den Gewinnern von Morgen zählen werden. Dazu bedarf es aber einer „Renaissance" hinsichtlich persönlicher Denk- und Verhaltensmuster.

Berufserfahrung und Leistungsbereitschaft werden an Wichtigkeit nicht verlieren – aber sie allein geben keine Arbeitsplatzgarantie mehr und sichern auch nicht unsere individuelle Wettbewerbsfähigkeit auf dem Arbeitsmarkt.

Damit uns auch in Zukunft in einer VUCA-gewordenen Welt nicht die Kondition ausgeht, bedarf es mehr: Wir müssen in der Lage sein, unsere Kerntalente zu definieren und sie in immer neuen Business-Modellen und einem sich ständig ändernden Wirtschafts- und Arbeitsumfeld anwenden zu können. Wir müssen uns aber auch auf unsere individuellen, werteorientierten Tugenden rückbesinnen, unseren eigenen Lebenssinn (neu) definieren und hinterfragen, um im Sog des Wandels attraktive Ankerplätze ausfindig machen zu können, die uns Festigkeit und Stabilität geben. Unsere eigene Zukunftsfähigkeit hängt davon ab, dass wir wieder lernen, die richtigen Fragen zu stellen und an den für uns individuell wichtigen Punkten Grenzen ziehen, einen (vorübergehenden) Stillstand ertragen, um dann daraus folgende Transformationen und Veränderungen bewusster und selbstbestimmter gestalten zu können.

„**Futability®**" heißt die Lösung der Zukunft. Futability® ist zusammengesetzt aus den englischen Wörtern „Future" (= Zukunft) und „Ability" (= Befähigung, Fähigkeit) und beschreibt **die Fähigkeit, den Veränderungen und Herausforderungen der Zukunft pro-aktiv, flexibel und reflektiert begegnen zu können**. Warum das wichtig ist, was Sie davon haben und vor allem, wie Sie „Futability®" erlernen können, ist Thema dieses Buches.

Ich verspreche Ihnen keine ultimativ richtigen Antworten und ich bin nicht vermessen genug zu glauben, dass Sie mit meinen Ideen und Denkanregungen den ungewissen Weg der Zukunft sicher beschreiten können. Sicherheit, das habe ich in den letzten Jahren gelernt, gibt es nicht mehr. Aber wir können versuchen, Schutz und Deckung zu suchen, um innezuhalten, uns zu sammeln, tief Luft zu holen und dann mit neuer Kraft weiter zu gehen.

Mein Wunsch ist, dass dieses Buch Ihnen dabei hilft, momentane Entwicklungen in Wirtschaft und Gesellschaft aus einer neuen Perspektive heraus zu betrachten, und (Blick-)Richtungen zu überdenken, damit Sie bei Bedarf Ihren Kompass neu ausrichten können, um die Pilgerreise ihres Lebens zukunftssicherer auf ungenutzteren und damit chancenreicheren Pfaden weiter gehen zu können.

Oder um es mit den Worten von Spoks Vater Sarek zu sagen: „Spok, du bist vollständig befähigt, über dein eigenes Schicksal zu entscheiden. Die Frage, vor der du stehst, ist, welchen Weg du einschlagen wirst. Diese Entscheidung kannst nur du selbst treffen."[11]

11 *Zitat aus dem Kinofilm „Star Trek", 2009*

„Die Menschheit ist zu weit vorwärts gegangen, um sich zurückzuwenden und sie bewegt sich zu rasch, um anzuhalten."

Winston Churchill

DAS MEGA-ZEITALTER

TEIL 1

Im Sommer 2013 reiste ich mit meinem Mann und meinem Sohn vier Wochen durch die USA. Vor allem die Küste Kaliforniens hatte es uns angetan und wir lernten, dass sich das kalifornische Sonnenleben nicht nur an den Stränden abspielt, sondern auch an den Piers, die neben Riesenrädern, Karussells und Achterbahnen auch eine weitere Jahrmarkt-Attraktion bereit hielten, die ich in Deutschland schon lange nicht mehr bewusst wahrgenommen hatte: Das Handlesen und die Wahrsagerei – entweder am Automaten oder beim lebenden Propheten. Das Geschäft mit dem Blick in die Zukunft boomte auf den Piers der neuen Welt. Ob dem Spieltrieb der amerikanischen Seele geschuldet oder dem tatsächlichen Wunsch, die unbekannte Zukunft ein Stück weit zu kontrollieren, konnten wir nicht herausfinden.

Dennoch ist das Bedürfnis, das Morgen planen und vorhersagen zu können, nur zu menschlich. Gerade in volatilen Zeiten sind Stabilität und Kontrolle wichtige Faktoren für das eigene Gefühl der Sicherheit. Uns ist zwar schon irgendwie klar, dass wir mit unserem Handeln heute die Zukunft von morgen mitbestimmen – aber wie genau diese Zukunft aussehen wird, wissen wir nicht, und das kann uns auch niemand vorhersagen. Unsere Welt wird von Tag zu Tag politisch, wirtschaftlich und technologisch komplexer und damit auch kontinuierlich weniger prognostizierbar. Allerdings gibt es seriöse Wissenschaftler und ernst zu nehmende Zukunftsforscher auf der ganzen Welt, die sich intensiv mit dem Morgen beschäftigen und versuchen herauszufinden, mit welchen Herausforderungen wir uns in nicht allzu ferner Zeit auseinander setzen müssen. Denn „wir können uns auf die bestehenden raschen Veränderungen nur dann richtig einstellen, wenn wir der Zukunft gegenüber die richtige Haltung einnehmen und wissen, welche Rolle sie bereits in der Gegenwart spielt."[1]

Ich möchte im ersten Teil dieses Buches weder die Zukunft vorhersagen noch konkrete Tipps abgeben, wie Wetter und Wirtschaft im Jahr 2020 aussehen. Mir geht es vielmehr darum, Ihnen ein Bild zu vermitteln, welche Trends Einfluss auf die Zukunft haben können und unsere Gegenwart schon jetzt beeinflussen. „Ein Trend", so sagt die Definition auf der Webseite des Zukunftsinstituts, „ist nichts anderes als eine Veränderungsbewegung oder ein Wandlungsprozess. Man findet Trends in den unterschiedlichsten Bereichen des Lebens – von der Ökonomie über die Politik bis zur Konsumwelt – in den unterschiedlichsten Durchdringungstiefen: Es kann sich um reine Oberflächenphänomene (z. B. Produkttrends) oder um tiefe, nachhaltige Strömungen handeln (z. B. Megatrends)."[2] Trends werden von unterschiedlichen Akteuren getrieben oder blockiert, die über eine entsprechende Autorität, eine entsprechende Lobby, einen einflussreichen, (virtuellen) Aktionsradius oder über die notwendigen (finanziellen) Ressourcen verfügen.

Treiber menschlichen Handelns sind immer Bedürfnisse, Wünsche, Absichten oder Interessen. Diese Treiber fördern und unterstützen Trends – oder sie sorgen dafür, dass Trends

1 *Alvin Toffler, „Zukunftsschock", 1971, S. 12*
2 *www.zukunftsinstitut.de/trends*

auslaufen und veralten. Die heutige Zeit wird beherrscht von einigen sehr dominanten Trends, die ich unter dem Begriff „**MEGA-Zeitalter**" verdeutlichen und zusammenfassen werde. In der Zukunftsforschung werden immer wieder neue (Mega-)Trends herausgefiltert, doch die vier von mir hier dargestellten gehören meiner persönlichen Auffassung und Erfahrung nach zu denen, die unser Denken, Handeln und Wirtschaften am stärksten auf individueller Ebene beeinflussen und zu einer radikalen Veränderung unseres eigenen beruflichen Habitus führen werden – und in vielen Bereichen auch schon führen.

Sind wir nicht in der Lage, auf die vier Trends des MEGA-Zeitalters zu reagieren, werden wir einen Großteil unserer persönlichen Zukunftsfähigkeit einbüßen.

Die von mir selektierten Trends unterliegen natürlich wieder unendlich vielen Strömungen, sind in einigen Regionen der Welt radikaler ausgeprägt als in anderen, werden von einigen Menschen stärker wahrgenommen, während andere in der Lage sind, diese Entwicklungen problemlos in ihr Leben zu integrieren. Diese unterschiedlichen Wahrnehmungen und Ausprägungen der Trends und Entwicklungen tragen zur Verflechtung und Komplexität unserer heutigen Welt bei. Auch diesen Aspekt werde ich im Laufe des Buches an unterschiedlichen Stellen vertiefen.

Das MEGA-Zeitalter zu verstehen und seine Komplexität zumindest in Teilen sichtbar zu machen ist wichtig, wenn es um unsere eigene „Futability®" geht. Denn den Veränderungen und Herausforderungen der Zukunft pro-aktiv, flexibel und reflektiert begegnen zu können ist nur möglich, wenn

- wir verstehen, was um uns herum passiert,
- wir erkennen, dass wir selbst eine aktive Rolle spielen und mit entscheiden können, ob und bis zu welchem Punkt wir auf Trendwellen surfen möchten oder nicht,
- wir den Mut und die Weitsicht entwickeln, diese Trends und Veränderungen kritisch zu prüfen und lernen, ihnen an den für uns wichtigen Stellen eine individuelle Bedeutung für unser eigenes Leben zu geben.

Futability® bedeutet, seine eigene Denkhaltung zu hinterfragen und zu justieren – und das kann sich unangenehm anfühlen. Jared Diamond, Professor für Physiologie an der Universität von Kalifornien, vermutet, dass es einen einfachen Grund gibt, der – oft wider besseren Wissens – dazu führt, dass Menschen sich nicht um die Lösung eines wahrgenommenen Problems bemühen: **Verdrängung**[3]. Unter Verdrängung versteht man die Neigung, unangenehme Gedanken und Gefühle aus dem Bewusstsein zu schieben. Ob Gefühle als unangenehm wahrgenommen werden oder nicht, hat etwas mit der persönlichen Befindlichkeit zu tun, mit persönlichen Wertvorstellungen und Idealen, aber auch mit dem eigenen Gewissen.

3 *Jared Diamond, „Kollaps – warum Gesellschaften überleben oder untergehen", 2006, S. 537*

Physiologisch kommt es bei der Verdrängung auf der Ebene des Nervensystems zu einer aktiven Blockade von neuronalen Mustern. Dieser komplexe (Selbst-)Schutzmechanismus hemmt die neuronale Funktion, lähmt den Menschen und absorbiert Energie. Die Erfahrung lehrt, dass das Nervensystem beim Sport, aber auch in Ruhe- oder Entspannungsphasen aufgestaute Energien abbauen und psychische Spannungen neutralisieren kann. Ist diese Form des Spannungsabbaus allerdings nicht möglich, können Angst, Stress oder psychosomatische Störungen eine langfristige Folge sein.

Jeder Mensch sammelt im Laufe seines Lebens unterschiedliche Erfahrungen und wird von Umwelt, Gesellschaft und Familie geprägt. Jede dieser Prägungen und Konditionierungen kann „Sand im Getriebe" hinterlassen, der Verdrängungsmechanismen auslösen kann. Doch nicht nur einzelne Menschen können verdrängen. Gruppen, Gesellschaften oder Volksgemeinschaften können das auch. Der Zwilling des Problems der Verdrängung ist übrigens der **Widerstand**, die Abwehr, bestimmte Erlebnisse oder Erfahrungen zuzulassen (mehr dazu ab Seite 215).

Jared Diamond beschreibt das Phänomen der Verdrängung am Beispiel von Menschen, die in einem schmalen Flusstal unterhalb eines hohen Staudammes leben. Würde der Damm brechen, würden Menschen auf einem beträchtlichen Abschnitt flussabwärts ertrinken. Befragt man nun die Menschen in dieser Region, wie beunruhigend sie den Gedanken finden, so stellt sich erwartungsgemäß heraus, dass die Besorgnis am weitesten stromabwärts am geringsten ist, während sie exponentiell zur Abnahme der Entfernung steigt. Interessanterweise sinkt die Besorgnis in der Region direkt unterhalb der Staumauer auf null herab. Die Erklärung: Die Bewohner, die jeden Tag zur Staumauer aufblicken, können ihre geistige Gesundheit nur dadurch aufrechterhalten, dass sie die Möglichkeit eines Dammbruchs leugnen. Sie verdrängen also.

Erinnern wir uns noch einmal an Alvin Toffler und seine Theorie, dass Menschen, die in zu schneller Abfolge Veränderungen ausgesetzt sind, einen Zukunftsschock erleiden können. Eine schnelle Abfolge (ungewollter) Veränderungen stresst ungemein und kann sehr unangenehme Gefühle bis hin zu panischer Angst auslösen. In den heutigen westlichen Gesellschaften sind die Veränderungen, die uns im Alltag begegnen, jedoch extrem kurz getaktet. Menschen, die das Gefühl haben, von den ständigen Umbrüchen überrollt zu werden und eine permanente Neuregelung und Neuorganisation ihres Lebens, ihrer Umwelt, ihres Arbeitsplatzes oder ihrer Karriere physisch und psychisch nicht mehr bewältigen können oder wollen, ziehen sich zurück und agieren unter Umständen wie die Menschen unterhalb der Staumauer: Sie verdrängen, obwohl im schlimmsten Fall aus der Verdrängung katastrophale persönliche, berufliche und sogar gesundheitliche Folgen erwachsen können.

Dr. Nikolai Axmacher arbeitet an der Klinik für Epileptologie der Universität Bonn und forscht zur Neurobiologie von Verdrängung. In wissenschaftlichen Studien hat er nachgewiesen, dass Verdrängen nicht durch eine willentliche Kontrolle stattfindet, sondern im Zusammenhang steht mit der Aktivierung von Konflikten. Er konnte zeigen, dass am Verdrängungsprozess bestimmte Hirnareale beteiligt sind, die dem unbewussten und konflikthaften Verdrängen im Sinne Sigmund Freuds entsprechen.[4] In einem persönlichen Gespräch sagte er mir, dass das Verdrängen von Realitäten auf Dauer nicht gutgehen kann. Setzt man sich nämlich mit negativen Gefühlen nicht aktiv auseinander, sondern verdrängt sie, verschiebt man den Konflikt ins Unterbewusstsein. Dort gärt er munter weiter und kann sich irgendwann nicht nur durch ein konstantes Unglücklichsein äußern, sondern auch durch Depressionen oder andere psychosomatische Störungen.

Auch das Verharren in einer beruflich unglücklich machenden Situation kann seiner Meinung nach eine Art Verdrängung darstellen und zwar aus folgenden Gründen, die allerdings noch nicht wissenschaftlich manifestiert sind: Menschen sind grundsätzlich bestrebt, sich mit ihrer Rolle bei der Arbeit zu identifizieren und ihren Selbstwert darüber zu definieren. In der heutigen Arbeitswelt wird jedoch die Trennung von Arbeit und Privatleben immer durchlässiger. Beide gehen eine – oft ungewollte – Symbiose ein. Macht die Arbeit unglücklich, fällt es folglich zunehmend schwer, das Unglücklichsein aus dem Privatbereich auszuklammern bzw. die berufliche Unzufriedenheit von der privaten (die ganz andere Ursachen haben kann) zu trennen. Wenn das über die Arbeit definierte Selbstwertgefühl leidet, ist das Selbstwertgefühl im privaten Bereich gleichwohl mit betroffen. Aus diesem Grund kann es aus Sicht von Axmacher gute Gründe geben, warum Menschen in Jobs verharren, die sie unglücklich machen. Es kann sein, dass das positive Idealbild von der eigenen Rolle im Arbeitsumfeld aufrechterhalten werden muss. Verdrängt wird dabei die Realität der Arbeitssituation, die sich alles andere als positiv darstellt. Eine solche Verdrängung passiert allerdings nie willentlich, sondern immer unbewusst. Daher kann es für Außenstehende oder Partner extrem schwer auszuhalten sein, dass quälende Situationen über Monate, manchmal auch Jahre leidend hingenommen werden, ohne Veränderungen in Angriff zu nehmen und sich aus der unglücklich machenden Situation zu befreien. Die Angst, den Realitäten ins Auge zu sehen oder das Unbehagen, die eigene Komfortzone zu verlassen, können unbewusst dazu führen, (Arbeits-)Konflikte zu verdrängen.

Dennoch kommen wir alle nicht darum herum, unsere Komfortzone zu verlassen, wenn wir auch in Zukunft noch pro-aktiv und selbstbestimmt am Arbeitsmarkt teilhaben und Teil der ökonomischen Wertschöpfung bleiben wollen. Wir alleine können das MEGA-Zeitalter nicht beeinflussen und die Sogwirkung mächtiger Trends nicht stoppen. Doch anstatt sie zu verdrängen und ihnen dadurch hinterrücks zum Opfer zu fallen, können wir lernen, das MEGA-Zeitalter mit zu gestalten und gewinnbringend für uns zu nutzen, indem wir den Realitäten mutig ins Auge schauen.

4 *www.deutschlandfunk.de/verdraengung-ist-kein-hirngespinst.676.de.html?dram:article_id=246424*

DREI PARADOXIEN DER GEGENWART

Philip Zimbardo, emeritierter Professor für Psychologie an der Stanford University, verdeutlicht in seinem Buch „Die neue Psychologie der Zeit"[5] auf sehr interessante Weise die geheimen Kräfte der Zeit. 30 Jahre Forschung haben nämlich gezeigt, dass die Art und Weise, wie Menschen und Kulturen über Zeit nachdenken, tiefgreifende Konsequenzen für das psychische, physische und emotionale Wohl eines Individuums haben und damit auch auf unser Verhalten und unsere Motive, etwas zu tun (oder zu lassen).

Zimbardo teilt unsere Welt in Zeitzonen ein – und zwar nicht in die „Uhrzeit-Zonen", sondern in „Zeitempfindungs-Zonen". „Zeitperspektiven" bezeichnen in der Psychologie den „Vorgang, durch den wir alle unsere persönlichen Erfahrungen in zeitliche Kategorien – oder Zeitzonen – einordnen."[6] Das subjektive Zeitempfinden steht der objektiven (Uhr-)Zeit gegenüber. Und weil wir Zeit immer subjektiv wahrnehmen und an unsere individuellen Handlungen knüpfen, sind Zeitperspektiven erlernt und nicht angeboren – und sie variieren von Mensch zu Mensch. Zimbardo und sein Autorenkollege John Boyd unterscheiden **drei Zeitzonen**: Eine blickt verstärkt auf die Vergangenheit, eine auf die Gegenwart und eine auf die Zukunft.

Vergangenheitsorientierte Menschen treffen ihre Entscheidungen aufgrund der gesammelten Erfahrungen in der Vergangenheit. Dabei stehen entweder die positiven Aspekte damaligen Erlebens im Vordergrund (die „gute alte Zeit") oder sie leben sie mit negativen Gefühlen des Bedauerns, der Schuld oder Reue, etwas nicht geschafft zu haben.

Gegenwartsorientierte Menschen treffen ihre Entscheidungen aufgrund aktueller Umstände. Dabei kann die Gegenwartsorientierung hedonistisch sein – also auf Genuss, Lebensfreude oder Risiko basierend – oder sie kann sich fatalistisch ausprägen, wenn eine passive Schicksalsergebenheit zugrunde liegt.

Zukunftsorientierte Menschen treffen ihre Entscheidungen aufgrund der zu erwartenden Konsequenzen. Oft basieren ihre Entscheidungen auf einer Kosten-Nutzen-Überlegung. Auch hier gibt es zwei unterschiedliche Ausprägungen. Zum einen die Gruppe derer, die auf konkrete Ziele hinarbeiten und Projekte und Pläne einhalten und zum anderen gibt es die transzendental (übersinnlich) geprägten Menschen, die im Diesseits auf das Jenseits warten.

Auch der Wissenschaftler Robert Levine beschäftigt sich seit Jahrzehnten mit der Frage, welche Zeitkonzepte Menschen weltweit nutzen. Wo unterscheiden wir uns und wo haben wir Gemeinsamkeiten, wenn es um das Zeitempfinden und den Nutzen unserer eigenen (Lebens-) Zeit geht? In seinem Buch „Eine Landkarte der Zeit" stellt er fest: Länder, Kulturen – ja selbst

5 *Einen sehenswerten Kurzfilm zum Buch gibt es auf Youtube: RSA Animate „The Secret Powers of Time"*

6 *Philip Zimbardo/John Boyd, „Die neue Psychologie der Zeit", 2009, S. X*

Städte – besitzen ein unterschiedliches „Lebens-Tempo". Seinen Untersuchungen zufolge entscheiden fünf Elemente über das Lebens-Tempo einer Stadt, einer Region oder eines Landes:

1. **Wohlstand**
   Sind die Menschen in der Lage, ihre Grundbedürfnisse zu befriedigen und geht es der lokalen oder nationalen Wirtschaft gut, dann steigt das Lebenstempo.
2. **Grad der Industrialisierung**
   In den westlichen Industrienationen wird freie Zeit zur „Konsumzeit", denn freie Zeit, in der weder produziert noch konsumiert wird, gilt als verschwendete Zeit. Der steigende Wert der Zeit und ihre wachsende Knappheit, erscheint daher subjektiv als Temposteigerung.
3. **Einwohnerzahl**
   Größere Städte haben ein größeres Tempo. Wenig überraschend ist in diesen Städten die Anzahl der Menschen mit Herzproblemen am höchsten.
4. **Klima**
   Heißere Orte haben ein langsameres Tempo.
5. **Kulturelle Werte**
   In individualistischen Kulturen dominiert – anders als in kollektivistischen Kulturen – die „Zeit-ist-Geld"-Einstellung, die in den Zwang mündet, jeden Augenblick irgendwie zu nutzen. Starker Individualismus ist folglich eng verbunden mit einem schnelleren (Lebens-)Tempo.

Levine fand heraus, dass bei Menschen, die an Orten mit einem schnelleren Lebenstempo leben, die Wahrscheinlichkeit höher ist, dass sie mit ihrem Leben zufrieden sind. Das erscheint zunächst paradox, da die Menschen an diesen Orten deutlich eher zu stressbedingten Krankheiten neigen. Levine löst die Paradoxie wie folgt auf: „Kulturen, in denen Produktivität und Geldverdienen hoch im Kurs stehen, erzeugen typischerweise ein Gefühl von Zeitdruck und ein Wertesystem, das individualistisches Denken fördert; dieser Zeitdruck und der Individualismus sorgen ihrerseits wieder für eine produktive Wirtschaft. Einerseits erzeugen also ökonomische Stärke, Individualismus und Zeitdruck Stress – andererseits sorgen sie für materielle Annehmlichkeiten und einen allgemeinen Lebensstandard, der die Lebensqualität erhöht."[7]

Alvin Toffler hat bereits in seinem 1971 erschienen Buch „Zukunftsschock" festgestellt, dass „Menschen nicht durch Rasse, Nation, Religion oder Ideologie geteilt werden, sondern durch ihre Stellung in der Zeit."[8] Damals schätzte er, dass sich nach wie vor etwa 70 % der Menschheit als „Menschen der Vergangenheit" dem Rhythmus von Ackerbau und Viehzucht unterordnen. Etwa 25 % vermutete er, lebten als „Menschen der Gegenwart" in industrialisierten Gesellschaften und führten ein modernes Leben. Nur etwa 2 oder 3 % der Bevölke-

7 *Robert Levine, „Eine Landkarte der Zeit", 2012, S. 212*
8 *Alvin Toffler, „Zukunftsschock", S. 36*

rung klassifizierte er damals als „Menschen der Zukunft", als eine gebildete, wohlhabende und mobile Bevölkerungsgruppe, die „schneller lebte als ihre Umwelt" und auf die ein schnelles Lebenstempo eine fast schon verführerische Anziehungskraft ausübte. Er betitelte diese „Menschen der Zukunft" als richtungsweisend und prognostizierte, dass in wenigen Jahren und Jahrzehnten Millionen von Menschen als „Menschen der Zukunft" diesen schnellen Lebens- und Arbeitsrhythmus voll verinnerlicht haben werden.

Mehr als 40 Jahre später stellen wir fest: Herr Toffler hat mit seinen Prognosen Recht behalten. Und wir stellen auch fest: Das Lebenstempo und die veränderte Wahrnehmung von Zeit haben weitreichende Konsequenzen. Die französische Psychologin Nicole Aubert hat in vielen Bereichen der Arbeitswelt eine „**Kultur der Dringlichkeit**"[9] festgestellt und drei neue Formen, Zeit zu leben und zu erleben, herauskristallisiert, die tragischerweise immer dazu führen, dass die Zeit für Reflexion und Problemanalysen fehlt:

1. **Augenblicklichkeit**
   Smartphone, Tablet oder Internet sorgen dafür, dass jede Frage und jede Form der Mitteilung im gleichen Augenblick kommuniziert werden und zu einem Gefühl der Allgegenwärtigkeit und Omnipotenz führen können.
2. **Unmittelbarkeit**
   Das Unmittelbare spart Zeit und Geld, denn Anfragen können unmittelbar bearbeitet oder beantwortet werden. Es gibt keine Ausreden mehr, nicht aktiv zu werden.
3. **Dringlichkeit**
   Der größte Beschleunigungstreiber ist die Dringlichkeit. Schnelles Handeln und sofortiges Reagieren sind zur Norm geworden.

Wenn das Gefühl der Schnelligkeit und des Zeitdrucks extrem und zur Gewohnheit wird, hat das Auswirkungen auf unsere persönliche Lebensqualität. Zeitlicher Stress hebelt unsere Selbstkontinuität aus, beeinflusst unsere körperliche und seelische Gesundheit, das soziale Wohlbefinden und führt zu einer „**Korrosion des Charakters**", wie es der Soziologe Richard Sennett bezeichnete. Soziale Beziehungen und das Selbstwertgefühl werden in Mitleidenschaft gezogen, weil Impulse zu schnell auf den Menschen einwirken und keine Zeit mehr bleibt, Erfahrungen biografisch zu verarbeiten und als Selbsterfahrung abzuspeichern. Zeitliche Strukturen und gesellschaftliche Zwänge fördern daher aktuelle Themen wie Stress und das Gefühl der Unaufhaltsamkeit der Zeit.

Die Psychologen Diane Ulmer und Leonard Schwartzburd haben die Folgen untersucht und einen Kanon verschiedener Symptome unter dem Begriff „hurry sickness" (**Eilkrankheit**[10]) zusammengefasst. Die Eilkrankheit ist eine Art permanentes inneres Getrieben-Sein mit ernst

9 *PSYCHOLOGIE HEUTE, September 2015, „Unbegreiflich schnell", S. 29*

10 *Umfangreiche Informationen zur Eilkrankheit sowie weiterführende Literatur gibt es auf der Webseite www.eilkrankheit.de*

zu nehmende Gefahren, vor allem für das Herz-Kreislauf-System. Indizien für die Diagnose der Eilkrankheit können neben einer fast schon zwanghaften Terminplanung, Aversion gegen jede Form von Stillstand und Warten sowie eine verstärkte Interesselosigkeit sein. Häufig klagen die Eilkrankheits-Patienten über schnell ablösende rasende Gedanken und problem- und krisenfokussierte Grübeleien, die Schlaflosigkeit verursachen und die Konzentration schwächen. Traurigkeit, Interesselosigkeit, Verlust an Genussfähigkeit, ein geringes Selbstwertgefühl, Schlafstörungen, Konzentrationsschwächen und Müdigkeit sind Symptome, die laut WHO ebenfalls zu den Definitionen des Krankheitsbildes einer Depression zählen.

Die „Heidelberger Depressionsstudie“[11], durchgeführt unter Leitung von Professor Christoph Mundt von der Psychiatrischen Klinik der Universität Heidelberg, griff diesen Zusammenhang auf und untersuchte das Zeiterleben depressiver Patienten. Ausgangspunkt für die Studie war die Annahme, dass Depressionen mit einer Störung des Zeiterlebens einhergehen. Verglichen wurden das subjektive Zeiterleben und die objektive Zeiteinschätzung von Depressions-Patienten mit dem Zeiterleben von Gesunden. Bei allen Depressionstypen wurde ein verändertes Zeitempfinden festgestellt und damit bewiesen, dass das Zeiterleben und das Ausmaß der depressiven Verstimmung zusammenhängen. Vielleicht nicht ganz ohne Grund ist die Depression nach den Herz-Kreislauf-Krankheiten weltweit zur zweithäufigsten Krankheitsursache geworden. Dazu ein paar aufrüttelnde Zahlen von der WHO[12]:

- Ca. 25 % der Bevölkerung in der EU erleben in einem Jahr Depressions- oder Angstzustände.
- Neuropsychiatrische Störungen machen 19,5 % der Krankheitslast in der europäischen Region aus und innerhalb der Europäischen Union (EU) sogar 26 %.
- Bis zu 50 % längere Fehlzeiten treten aufgrund von Depressionen bzw. Angstzuständen auf.
- Über 50 % der schweren Depressionen werden nicht behandelt.
- Die durch Stimmungsstörungen und Angstzustände in der EU verursachten Kosten werden mit EUR 170 Mrd. pro Jahr veranschlagt.

Ein schnelles oder langsames Tempo an sich hat übrigens wenig mit der Entstehung der Eilkrankheit zu tun. Menschen mit einem hohen Aktivitätsbedürfnis geht es tatsächlich besser, wenn sie einen schnellen Lebensstil pflegen und in einer aktiven Umgebung leben. Ein individuelles Tempo ist nicht automatisch gut oder schlecht. Es kommt darauf an, dass unser bevorzugtes Lebenstempo zu unserer Umgebung passt, also eine Übereinstimmung zwischen dem persönlichen Temperament und der physischen Realität besteht.

11 *www.uni-heidelberg.de/uni/presse/RuCa3_98/interview.htm*
12 *Depressionen in Europa: Fakten und Zahlen, http://tiny.cc/o844ix*

SELBST-CHECK: LEBENSTEMPO

Wie empfinden Sie Ihr momentanes Lebenstempo (von 1 „zu langsam" bis 10 „zu schnell") im beruflichen Bereich?

1 2 3 4 5 6 7 8 9 10

Wie empfinden Sie Ihr momentanes Lebenstempo im Privatleben?

1 2 3 4 5 6 7 8 9 10

Überlegen Sie zusätzlich:

- *Wenn Sie frei entscheiden könnten, was würden Sie in Ihren einzelnen Lebensbereichen verändern wollen, um sie einem Tempo anzupassen, das Ihnen behagt und mit dem Sie sich wohl fühlen?*
- *Können Sie in den Lebensbereichen, die Sie als zu schnell empfinden, noch frei über Ihre Zeit entscheiden? Wenn ja, wer oder was hindert Sie daran, Ihr Lebenstempo zu drosseln? Wenn nein, was können Sie tun, um wieder Autonomie über Ihre Zeit und damit über Ihr Lebenstempo zu erlangen?*
- *Betrachten Sie die Lebensbereiche, in denen Sie das Tempo als zu schnell oder zu langsam empfinden: Was würden Sie am liebsten ändern? Was würden Sie rückwirkend heute anders machen? Auf welche Rolle, welche Position oder welche Aufgaben würden Sie aus heutiger Sicht gern verzichten oder welche würden Sie gern übernehmen?*

Lebenstempo und Zeitgefühl der Menschen sind aber nicht nur von Mensch zu Mensch, sondern auch von Kultur zu Kultur unterschiedlich. In modernen, westlichen Gesellschaften sind wir geleitet von einem **linearen Zeitverständnis**. Zeiteinheiten sind präzise gegliedert. Effizienz und Produktivität sind die Folge und „Zeit ist Geld" wird so zu einer wertvollen Ressource.

Östliche Kulturen oder Naturvölker sind von einem **dynamischen Zeitverständnis** geprägt. Sie nehmen Zeit zyklisch wahr d. h. in mehreren gleichzeitig nebeneinander existierenden Zeitlinien, der sogenannten Ereigniszeit. Nicht die Uhrzeit, sondern Aktivitäten und Ereignisse bestimmen den Tagesablauf und sie beginnen und enden nicht, wenn die Zeit abgelaufen ist, sondern wenn die Teilnehmer in gegenseitigem Einvernehmen das Gefühl haben, dass der Zeitpunkt zur Beendigung dieser Aktivität gekommen ist.

Der Anthropologe Edward T. Hall spricht in diesem Zusammenhang von monochronen bzw. polychronen Kulturen. **Monochrone Zeitplaner** sind ihm zufolge Menschen, die sich lieber auf jeweils eine bestimmte Aktivität zu einem bestimmten Zeitpunkt konzentrieren und Dinge von Anfang bis Ende in einer geradlinigen Abfolge abarbeiten.

Polychrone Zeitplaner hingegen tun gern viele Dinge gleichzeitig. Tätigkeiten und Aktionen der polychronen Zeitplaner sind sehr häufig durch eine starke Beziehung zu den Mitmenschen gekennzeichnet. Deren Zufriedenstellung ist meist wichtiger als das Einhalten eines Zeitplanes. Menschen, die polychron arbeiten, werden - auf westliche (Leistungs-)Standards bezogen – häufig als weniger produktiv wahrgenommen und sie vermitteln den Eindruck der Unpünktlichkeit und Unzuverlässigkeit, weil sie selten zum festgelegten Zeitpunkt fertig werden. In bestimmten Situationen ist jedoch Polychronizität produktiver. Eine starre Ausrichtung an Zeitplänen kann nämlich dazu führen, dass man Vorgänge abbricht, wenn sie sich gerade erst zu entwickeln beginnen. Das gilt insbesondere für Innovationsprozesse, die keinem zeitlich festgelegten Schema folgen, sondern das Ergebnis von Gruppen- und Einzelarbeit, von gedanklichen Freiräumen und zeitlicher Flexibilität sind.

Monochrone und polychrone Zeitplaner stehen sich einander wie Yin und Yang gegenüber. Wenn die Vorteile beider Zeitplanungs-Typen nicht erkannt und wertgeschätzt werden, führen die diametralen Gegensätze schnell zu Konflikten und Stress – nicht nur zwischen den Kulturen, sondern zunehmend auch innerhalb von Organisationen. Während monochrone Zeitplaner nämlich in monochronen Organisationen glücklicher und produktiver sind, so gilt das gleiche für die polychronen Zeitplaner in polychron geprägten Organisationen. Doch die Globalisierung hat zu einer Durchmischung von polychronen und monochronen Kulturen geführt. Menschen sind daher zunehmend gezwungen, sich einer Zeitplanung unterzuordnen, die unter Umständen nicht ihre eigene ist. Im optimalen Fall geschieht das bewusst, harmonisch und punktuell – vergleichbar mit dem Yin- und Yang-Symbol Taijitu, in dem das weiße Yang und das schwarze Yin gegenüberstehend dargestellt werden und die beiden unterschiedlich gefärbten Hälften jeweils zusätzlich einen Punkt in entgegengesetzter Farbe enthalten.

Unsere globalisierte VUCA-Welt fordert **zeitliche Androgynität** von jedem von uns. Ohne dass es uns bewusst wird, sind wir sehr oft gezwungen, zwischen polychroner und monochroner Zeitplanung hin- und her zu springen – je nach Erfordernis einzelner Situationen. Lernen wir nicht, uns zeitlich androgyn verhalten zu können, fühlen wir uns zusätzlich gestresst, gehetzt und missverstanden.

SELBST-CHECK: MONOCHRON ODER POLYCHRON?

	A		*B*
Ich arbeite Aufgaben nach dem „Stapel-Prinzip" ab – eine Aufgabe nach der anderen.		*Im Berufsalltag ist mir der Kontakt zu Kolleginnen und Kollegen oft wichtiger als die Aufgabe selbst.*	
Ich fühle mich gestresst, wenn Abgabetermine, Zeitpläne oder Verabredungen nicht eingehalten werden.		*Ich bin häufiger unpünktlich und handhabe Abgabetermine, Zeitpläne oder Verabredungen flexibel und zwanglos.*	
Im Berufsalltag stehen die zu erledigenden Aufgaben für mich im Vordergrund.		*Störungen empfinde ich nicht zwangsläufig als negativ.*	
Meetings oder Gespräche mit Kolleginnen und Kollegen empfinde ich oft als Störung bei der Erledigung einer Aufgabe.		*Ich beurteile Zeit nach Wichtigkeit der Angelegenheit; persönliche Beziehungen spielen für mich dabei eine große Rolle.*	
Ich lege Wert auf schnelle und unbürokratische Entscheidungen in Meetings.		*Meetings nutze ich, um den Kontakt zu Kolleginnen und Kollegen zu pflegen.*	
Ich empfinde Schnelligkeit als positiv.		*Ich mache gern viele Dinge gleichzeitig.*	
Planungen gelten für mich als feste Abmachung, die nicht (oder nur schwer) veränderbar sind.		*Ich genieße ein Schwätzchen mit Kolleginnen und Kollegen während der Arbeit.*	
Summe Spalte A		*Summe Spalte B*	

Vergleichen Sie die Ergebnisse von Spalte A (Definitionen für monochrone Zeitplaner) und Spalte B (Definition für polychrone Zeitplaner). In welcher Spalte haben Sie mehr Kreuze gesetzt?

Machen Sie diesen kleinen Selbst-Check auch mit den Menschen aus Ihrem direkten Umfeld (Freunde, Partnerin, Partner, Kinder, Kolleginnen und Kollegen) und überlegen Sie auch, welche Tendenz in dem Unternehmen vorherrscht, in dem Sie tätig sind. Wie „tickt" der Rest Ihrer Familie, wie „ticken" Ihre Kolleginnen und Kollegen und wie das Unternehmen, in dem Sie arbeiten? Passt Ihre Zeitplanungs-Präferenz zu denen in Ihrer Umgebung? Wo gibt es Synchronitäten? Wo entstehen beruflich und/oder privat Reibungen?

In meinen Seminaren nutze ich diesen kleinen Test, um zu deutlich zu machen, dass viele zunächst unverständliche Konflikte häufig auf unterschiedlichen Zeitwahrnehmungen und unterschiedlichen Reaktionen auf die Beschleunigung des Lebenstempos beruhen. Für Menschen, die an ein Leben nach und mit der Uhr gewöhnt sind, kann Gleichgültigkeit gegenüber der Zeit unerträglich werden. Im Gegenzug empfinden Menschen mit einer flexibleren Einstellung zur Zeit fast schon körperliche Schmerzen, wenn sie in ein zeitliches Korsett gepresst werden.

Wir alle beginnen unser Leben als gegenwartsorientierte Hedonisten. Fläschchen, Schnuller, später der Babybrei, Kuscheln mit den Eltern, Spiel und Spaß – das sind die originären Bedürfnisse eines jeden Säuglings und Kleinkindes. Weltweit!

Parallel nehmen jedoch Familie und das soziale Umfeld in Kindergarten und Schule Einfluss auf die Art und Weise, wie wir denken, handeln – und mit der Zeit umgehen. Unsere Sozialisierung nimmt damit schon früh entscheidenden Einfluss, wie wir unser Lebenstempo wahrnehmen und mit Zeit umgehen. Unser Zeitempfinden ist eng mit unserem inneren Rhythmus verknüpft und stellt damit eine psychologische Variable von entscheidender Bedeutung dar, wenn es darum geht, mit der schnelllebigen und volatilen Zeit umzugehen.

Die Prägung der – wie Alvin Toffler sie nannte – „**Dauer-Erwartung**" wird bereits in der Kindheit gelegt, wenn Kindern bestimmte Erwartungen und Anforderungen hinsichtlich der Dauer von Ereignissen, Abläufen oder Beziehungen beigebracht werden. Tagesabläufe, Rituale oder Termine werden stillschweigend oder von vornherein mit einer bestimmten Zeitdauer versehen und als gelernt abgespeichert.

Die „Dauer-Erwartung" ist in verschiedenen Gesellschaften, Kulturen und Regionen unterschiedlich ausgeprägt, aber bei jedem Menschen stets früh erworben und tief verwurzelt.

Verändert sich diese „Dauer-Erwartung", wird der gelernte Umgang mit Dauer und Zeit gestört. Der Lebensrhythmus gerät durcheinander. Eine neue „Dauer-Erwartung" muss unter Einsatz von viel Energie gelernt, trainiert und in den Alltag integriert werden.

Sehr deutlich wird diese Form der zeitlichen Anpassung immer dann, wenn wir reisen und im Ausland feststellen, dass der Zeitbegriff dehnbarer ist als bei uns in Deutschland oder Pünktlichkeit lediglich als ein interessantes aber wenig erstrebenswertes Ideal aufgefasst wird. Der gefühlte Kulturschock resultiert häufig aus der Anpassungsschwierigkeit an einen veränderten Umgang mit der Zeit und an ein uns fremdes Lebenstempo.

Während wir dem Kulturschock ausweichen können, indem wir schlicht das Reisen aufgeben oder nur noch die Regionen der Welt besuchen, die unserem Zeitempfinden am ähnlichsten sind, so können wir der Schnelllebigkeit unseres Alltags kaum entrinnen, denn das digitale Zeitalter hat unser Zeitempfinden und unsere Zeitwahrnehmung dramatisch und irreversibel verändert. Das bleibt nicht ohne Folgen!

Eine US-amerikanische Studie[13] hat festgestellt, dass Jungen bis zum Alter von 21 Jahren ungefähr 10.000 Stunden mit Videospielen verbracht haben. In diesen 10.000 Spielstunden, die sie allein vor dem Bildschirm oder einer Konsole sitzen, befinden sie sich in einer virtuellen Zeitzone. Ihre Gehirne sind digital mit einer nicht existenten Welt verkabelt. Problematisch dabei: Die meisten von ihnen haben große Schwierigkeiten, sich in der Welt der analogen Klassenräume zurechtzufinden. Ihr in der virtuellen Welt erlebtes Zeitempfinden stimmt nicht mehr mit demjenigen überein, das im Klassenzimmer herrscht. Die Folge: Ihre Leistungen lassen nach. In den USA bricht mittlerweile alle 9 Sekunden ein Kind die Schule ab. Spielversessene Kinder sind absolut gegenwartsorientiert. Die weltweiten Schulsysteme allerdings sind ausgerichtet auf ein Ergebnis in der Zukunft – den Schulabschluss, den Erwerb einer Ausbildung oder eines Hochschulzeugnisses. Gegenwartsorientierte Kinder kennen zwar die Konsequenzen, die ihr Handeln in der Gegenwart für ihre Zukunft haben kann – aber sie können es nicht ändern.

Paradox 1: Das Wissen über die zukünftige Konsequenz unseres Handelns führt nicht zu einer Rückkopplung und damit zu einer Verhaltensänderung in der Gegenwart.

Diesem Paradox sind nicht nur Kinder unterworfen. Auch die Welt der Erwachsenen ist voll davon. Wenn wir Zeitung lesen, werden wir von den Paradoxien der Gegenwart fast schon erschlagen. Ob das die Entlassungswellen von Konzernen sind, die gerade einen Milliardengewinn eingefahren haben, das Atomdesaster in Fukushima und die gleichzeitige Freigabe für die Errichtung neuer Atommeiler oder das Wissen, dass uns unser Lebenswandel stresst und wir dennoch unvermindert auf persönliche Höchstleistung setzen – das Handeln auf großer und kleiner Ebene macht zunehmend weniger Sinn. Die Folgen für unsere Zukunft sind weder aufzuhalten noch in Zahlen zu messen. Sie übersteigen unser Fassungsvermögen – und dennoch machen wir weiter wie bisher, beruflich und privat, im Großen wie im Kleinen, national und international.

Philip Zimbardo, der sich Zeit seines Berufslebens mit dem Einfluss „toxischer Situationen" auf menschliches Verhalten beschäftigt hat, zieht die Schlussfolgerung, dass wir nach wie vor die Kraft der Technologie unterschätzen und die Macht, die sie auf unser Verhalten und unsere Gehirn- und Denkleistungen hat.

Und die Folgen spüren wir von Jahr zu Jahr massiver. In unserer digitalen Welt zählen nicht mehr Minuten, Stunden oder Tage – hier zählen Sekunden. Dauert das Booten des Computers zu lange, macht uns das aggressiv. Kommt die Reaktion auf eine E-Mail nicht innerhalb weniger Minuten, reagieren unsere Mitmenschen – wenn wir Pech haben – mit Unverständnis und kaufen beim Wettbewerber. Warten wird zu einer Zeitverschwendung. Warten ist Stillstand.

13 RSA: Philip Zimbardo, „The Secret Powers of Time", S. 3, http://tiny.cc/txbh8x

Warten lässt uns unruhig mit den Füßen scharren, denn Dank der digitalen Assimilation, der wir alle unterzogen wurden, können wir mit Leerlauf-Zeiten – und seien es auch nur Sekunden oder Minuten – nicht mehr umgehen. Sie sind im wahrsten Sinne des Wortes eine leere Zeit, weil wir es nicht gelernt oder verlernt haben, diese vermeintlich aktionsfreie Zeit mit Leben zu füllen.

SELBST-CHECK:

Überdenken Sie Ihre Zeitnutzung. Ein Tag hat 24 Stunden. Wie nutzen Sie ihn? Markieren Sie die Anzahl der Stunden, die Sie mit den jeweiligen Tätigkeiten verbringen. Ein Kästchen steht für eine Stunde. Insgesamt können nur 24 Kästchen gefüllt werden.

	1	2	3	4	5	6	7	8	9	10	11	12	13	14	15	16	17	18	19	20	21	22	23	24
Arbeits-Zeit																								
Familien-Zeit																								
Zeit für Freunde																								
Zeit für mich																								
Schlafens-Zeit																								

- *Haben Sie (noch) Freunde? Wenn ja, wann haben Sie sie zum letzten Mal gesehen, mit ihnen gelacht, gefragt, wie es ihnen geht und einen schönen Abend verbracht, ohne zwischendurch ihre E-Mails zu checken oder einen Anruf entgegen zu nehmen?*
- *Haben Sie Kinder? Wann haben Sie das letzte Mal mit ihnen in der Woche gefrühstückt oder Abendbrot gegessen? Wann ein Gesellschaftsspiel gespielt oder ihnen in Ruhe zugehört, wenn sie aus der Schule oder dem Kindergarten kamen? Kennen Sie die Freunde ihrer Kinder? Kennen Sie Ihre Kinder? Wissen Sie, was sie glücklich oder traurig macht, welche Stärken und Talente sie haben?*
- *Und was ist mit Ihnen? Wann haben Sie das letzte Mal etwas gemacht, einfach weil Sie Spaß daran hatten? Wann haben Sie das letzte Mal auf dem Sofa gesessen und Löcher in die Luft gestarrt? Wann hatten Sie zum letzten Mal Langeweile? Wann fühlten Sie sich zum letzten Mal kreativ und waren stolz auf das, was Sie gemacht haben? Wann kamen Sie das letzte Mal aus dem Urlaub zurück und waren völlig tiefenentspannt?*
- *Wann haben Sie das letzte Mal nach Höherem gestrebt? Wann haben Sie das letzte Mal Grenzen überschritten? Wann haben Sie das letzte Mal nach den Sternen gegriffen? Wann haben Sie zum letzten Mal Unbekanntes erforscht?*

Nicht alle, aber viele dieser Mangelzustände können behoben werden, wenn Sie Ihre Zeitwahrnehmung und Ihre Zeitnutzung überdenken und kritisch in Frage stellen.

Der Wandel unserer Zeitwahrnehmung, dem unsere Kinder noch viel stärker unterworfen sind als wir, die noch ohne Computer, Internet und Mobiltelefon aufgewachsen sind, hat zu einem fundamentalen Wandel unseres Umgangs mit der Zeit geführt. Die Folgen erleben wir als Existenzdruck, Stress und das ewige Gefühl, nirgendwo mehr richtig anzukommen. Egal, was wir machen – irgendjemand war schon da oder wird bald da sein (so zumindest unsere Befürchtung). Hase und Igel haben den Turbogang eingelegt und wir hecheln atemlos hinterher. Gleichzeitig wachsen unser Sicherheitsbedürfnis und der tiefe Wunsch, irgendwo Wurzeln fassen zu können, während der Arbeitsmarkt in einer VUCA-Welt immer volatiler wird.

Paradox 2: Obwohl wir wissen, fühlen und immer öfter auch leidvoll erfahren, dass unser achtloser Umgang mit unserer Lebensressource Zeit Raubbau an uns und unseren Mitmenschen betreibt, fehlt uns der Mut, aus diesem Kreislauf auszubrechen (Hase und Igel grüßen entspannt beim Vorbeirasen...).

Doch nicht nur der Wandel im Umgang mit der Zeit stellt uns vor Herausforderungen. Auch die Globalisierung hat ganz individuelle Folgen für jeden einzelnen von uns. Denn plötzlich befinden wir uns nicht mehr in einem überschaubaren Wettbewerb mit den eigenen Landsleuten, sondern wir stellen fest, dass Offshoring und Outsourcing von Arbeitsplätzen nach Asien, Südamerika und neuerdings auch in einige afrikanische Länder ohne unsere Zustimmung stattfindet und damit einen fundamentalen Wandel am heimischen Arbeitsmarkt eingeläutet hat. Denn wenn die „billigen Arbeitskräfte" die Jobs übernehmen, für die wir in Deutschland zu teuer sind – welche Jobs bleiben dann noch hier?

Zunehmend sind es die Wissens- und Kreativ-Arbeitsplätze und das hat Folgen. Wir müssen in der Lage sein, uns diesem Wandel flexibel anpassen zu können und merken doch zunehmend, dass uns das, wenn überhaupt, nur mit einem hohen Energieaufwand und in den seltensten Fällen vollumfänglich gelingt. Und ehe wir uns versehen, ist das nächste Sicherheitsleck entstanden.

Paradox 3: Wir müssen gedanklich und örtlich flexibel sein, obwohl das Bedürfnis nach sicherer Sesshaftigkeit oft überwiegt.

„Abseits der fachlichen Qualifizierung müssen Arbeitnehmer der Zukunft vor allem eines mitbringen: Flexibilität. Denn die Idee, dass Arbeit Sicherheit bedeutet, dass eine gute Ausbildung einen guten Arbeitsplatz garantiert und dass das Erklimmen einer linearen Karriereleiter der normale und vorgezeichnete Weg eines Arbeitslebens ist, wird sich zunehmend auflösen." So steht es in der Publikation „Future Jobs – Wie wir in Zukunft in Europa arbeiten werden" der

Trendstudie der DIS AG, die gemeinsam mit dem Zukunftsinstitut erstellt wurde. In wenigen Sätzen wird sehr wertneutral die Basis eines individuellen Dilemmas deutlich, das sich vermehrt wie eine Schneise der Angst und Verwirrung durch ganze Familien zieht.

Während die Großeltern noch von den Nachwirkungen des 50er-Jahre Wirtschaftswunders profitierten und in dem Wissen einer guten Festanstellung auf Lebenszeit ein Studium oder eine Ausbildung begannen, so spürte die Elterngeneration bereits die erste Verschiebung: Das Informationszeitalter hat in den 80er-Jahren plötzlich das Anforderungsprofil des Wissensarbeiters definiert – und dieses Wissen wuchs von Jahr zu Jahr unkontrollierter und veraltet so schnell, dass ein geistiges Mithalten nur noch mit Hilfe der Informationstechnologie selbst möglich ist. Heute ist auch die Wissensarbeit weder das Nonplusultra noch ein sicheres Fundament für die berufliche Zukunft, denn unser Wissen wird nun erfolgreich digital gespeichert und verwaltet. Und diese digitalen Chips sind ohne Zweifel hochleistungsstärkere und zuverlässigere Zellen als die, welche in unserem Gehirn arbeiten. Eine wichtige, zukunftssichernde Leistung, die Computer aber noch nicht erbringen können, ist die schöpferische und kreative Vernetzung von Wissen, das Generieren neuer Ideen, das Stellen richtiger Fragen oder die empathische Kooperation mit Menschen. Folglich hat sich innerhalb von nicht einmal einer Generation erneut eine Anforderungsverschiebung vollzogen. Nicht die Verarbeitung und Verwaltung, sondern die Vernetzung und flexible Anwendung von Wissen ist zunehmend gefragt. In der Folge werden Arbeitsbiografien individualisierter. Die schnelle Abfolge der Anforderungsverschiebungen sorgt für Brüche und Diskontinuitäten in der eigenen Karriere. Freiwillige oder ungeplante berufliche Neuanfänge werden die Regel.

Die geforderte Flexibilität können wir aber nur erbringen, wenn wir die Kompetenzen dazu haben – nicht nur auf Basis unserer Bildung und fachlichen Qualifizierungen, sondern vor allem auch hinsichtlich einer **gedanklichen Wandlungskompetenz**. Dazu gehören die Bereitschaft, den eigenen Kompetenzrahmen nicht nur permanent zu erweitern, sondern ihn von Zeit zu Zeit auch neu zu definieren, die Fähigkeit, über Grenzen hinweg zu denken, eigene Visionen zu entwickeln und den (vorgegebenen) Pilgerpfad zu verlassen, wenn es notwendig und zielführend ist. Mit anderen Worten: Wir sollten vuca werden.

Um unseren Kompetenzrahmen erweitern und bei Bedarf neu definieren zu können, müssen wir lernen, den Blick über den eigenen Tellerrand zu werfen. Mit dem Blick auf zukünftige Möglichkeiten, Trends und Entwicklungen nehmen wir nicht nur eine Distanz zum Heute ein, sondern wir erweitern unseren Horizont und können persönliche Lebens- und Arbeits-Visionen entwickeln.

M = ME AND MYSELF

Wir leben in einer Gesellschaft des Überflusses. Hunger, Not und Obdachlosigkeit haben vermutlich die wenigsten von Ihnen, die dieses Buch in der Hand halten, je kennengelernt. Ich auch nicht. Wohl das Gefühl wenig Geld zu haben oder für meine Konsumwünsche arbeiten zu müssen – aber ich habe mir immer erfüllen können, was ich mir wünschte. Es dauerte manchmal nur ein bisschen länger. Warten war in den 80er und 90er-Jahren und auch zu Beginn des 21. Jahrhunderts noch kein wirkliches Drama. Erst in den letzten Jahren, so scheint es mir, tendiert die Warte-Toleranz unserer beschleunigten Gesellschaft gen Null. Das „Verharren im Ladebalken" wird von vielen als sehr unangenehm empfunden. Unsere virtuelle Welt hat uns beigebracht, dass wir prinzipiell alles haben und kaufen können, wenn wir über ausreichend finanzielle Mittel und einen Internetanschluss verfügen – und das 24/7 per Mausklick.

Unsere Kultur ist individualistisch geprägt. Das „Ich" steht im Vordergrund. **„Zeit ist Geld"** ist so etwas wie die oberste Direktive unseres Handelns. Schlange stehen beim Einkaufen, im Stau feststecken, auf den Zug oder die Straßenbahn zu warten, erscheint uns heute nicht nur unproduktiv, sondern wir überlegen gleichzeitig, was wir in der Wartezeit alles machen könnten, wenn... ja wenn wir nicht warten müssten.

Zum Glück wurden die Smartphones entwickelt und so können wir Wartezeiten, Schlange stehen und Fahrzeiten nun nutzen, um E-Mails zu checken, unsere Social Media-Kanäle zu pflegen und uns nachrichtentechnisch auf den aktuellen Stand zu bringen. Wartezeiten verlieren ihren unnützen und untätigen Charakter und im ersten Moment fühlen wir uns besser, weil wir unsere Zeit nun sinnvoll genutzt haben. Dass Wartezeiten aber auch Oasen der Entschleunigung sein können und dass uns Wartezeiten vor Augen halten, dass wir oft ganz bewusst auf etwas warten, weil wir uns zum Beispiel einen Wunsch erfüllen möchten – dieses Wissen ist im Effizienz- und Effektivitätswahn mehr oder weniger auf der Strecke geblieben. Dabei sah bis vor etwas mehr als 20 Jahren die Situation innerhalb von Deutschland noch ganz anders aus.

Ein Teil meiner Verwandtschaft lebte in der ehemaligen DDR und Grenzübergänge alle ein bis zwei Jahre gehören zu meinen frühesten Kindheitserinnerungen. Der Kontrast zwischen Ost und West, Konsum und (erzwungenem) Verzicht zog sich durch unsere Familie. Ich lernte zu schätzen, was ich kaufen konnte, denn ich wusste, meiner Verwandtschaft in der DDR war dieser Luxus nicht gegönnt.

Mein Sohn hat diese geografische (Konsum-)Grenze nie kennengelernt. Er wächst in einem vereinten Deutschland auf, und das ist auch gut so! Wenn wir ihm aber nicht durch Reisen in andere Länder zeigen würden, was Armut bedeutet – er hätte kein Gefühl dafür. Sein Leben ist konsumbefriedigt – wie das von Millionen anderer in Deutschland und den restlichen Industrienationen auch.

Endloser Konsum hat uns aber kein Glück beschert. Im Gegenteil. Wir haben uns im Konsumrausch verheddert, der Züge der Maßlosigkeit angenommen hat. Die Discount- und Schnäppchen-Mentalität unserer „Wegwerf-Gesellschaft" hat dazu geführt, dass wir die Werthaltigkeit zu den Dingen verloren haben. Langlebige Güter werden durch kurzlebige ersetzt. Die Beziehung der Menschen zu Dingen und Gütern wird vergänglich. Produziert wird, um kurzfristige Moden und Trends zu befriedigen und den kurzfristigen Verbrauch auf einem hohen Niveau zu halten. Obwohl immer mehr Menschen am Modell des ewigen Wachstums zweifeln, ziehen jedoch nur wenige die Konsequenzen. Der Bremer Hirnforscher Gerhard Roth sagt dazu prägnant und trocken: „Das Gehirn hat keine eingebaute Konsumbremse. Es belohnt uns, wenn wir uns den Bauch vollschlagen, Durst löschen, Sex haben und Spaß."[14]

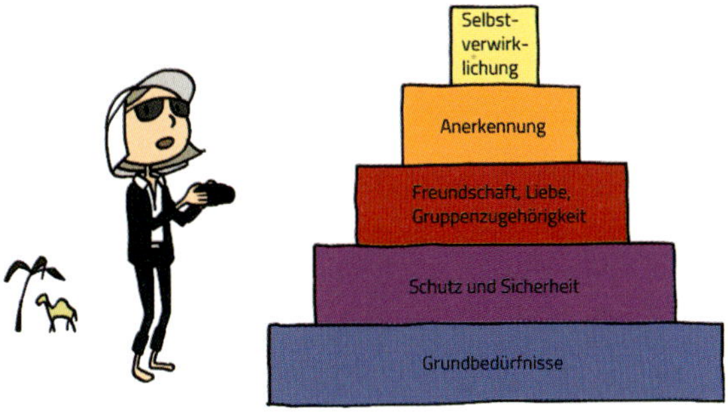

Was aber folgt auf den Konsum? Abraham Maslow, Begründer der humanistischen Psychologie, hatte darauf eine eindeutige Antwort. Seiner **Bedürfnispyramide** zufolge streben Menschen in erster Linie danach, ihre grundlegenden physiologischen Bedürfnisse zu befriedigen. Wir brauchen also zuerst Luft zum Atmen, bevor wir uns entscheiden, in den Urlaub zu fahren. Unsere Nahrungsaufnahme muss gesichert sein, bevor wir uns ein Auto kaufen. Sind unsere Grundbedürfnisse befriedigt, rücken Sicherheitsbedürfnisse in den Vordergrund: Ein Dach über dem Kopf, eine gewohnte Umgebung, ein sicherer Schlafplatz. Erst wenn diese beiden Bedürfnisse gesichert sind, wächst der Wunsch nach sozialen Beziehungen, Freundschaften, Partnerschaft und Familie. Die Zugehörigkeit zu einer Gruppe wird wichtig. Erst danach kommen die Individualbedürfnisse: Anerkennung, Wertschätzung, Lob und positive Beachtung. Ist auch diese Stufe auf der Bedürfnishierarchie erlangt, wächst der Drang nach Selbstverwirklichung und Autonomie als oberstes, wertvollstes Gut.

Selbstverwirklichung, die Möglichkeit, das Leben selbstbestimmt in Freiheit leben zu können und die eigenen Potenziale ausschöpfen zu können, ist quasi der Primus inter Pares unter den Bedürfnissen. Und obwohl Maslows Thesen nicht ganz unumstritten sind und sich unsere Bedürfnisse zunehmend überschneiden, zeigen Vergangenheit und Gegenwart unzweifelhaft, dass die Bedürfnisse umso *kurzlebiger* sind, desto schneller sich ein gesellschaftlicher Wandel vollzieht. Und die Bedürfnisse sind umso *individueller*, je wohlhabender eine Gesellschaft ist.

14 *www.spiegel.de/wirtschaft/unternehmen/konsumverweigerer-zweifel-am-model-vom-ewigen-wachstum-a-923964.html*

SELBST-CHECK:

Wo stehen Sie auf Ihrer Bedürfnispyramide? Gibt es Unterschiede zwischen Ihrer beruflichen und privaten Bedürfnispyramide? Was glauben Sie, auf welchen Stufen Familienangehörige, Kolleginnen und Kollegen oder Mitarbeitende stehen? Führen die unterschiedlichen Bedürfnisstufen zu Konflikten? Wenn ja, wie äußern sie sich?

Edward L. Deci, Professor der Psychologie und Richard M. Ryan, Professor der Psychologie, Psychiatrie und der Erziehung an der Universität Rochester, leiteten auf Basis der Bedürfnispyramide von Maslow zwei unterschiedliche Gruppen von Grundbedürfnissen ab: Physiologische Grundbedürfnisse und psychologische Grundbedürfnisse. Physiologische Grundbedürfnisse wie zum Beispiel Hunger bewirken einen Mangelzustand. Das zukünftige Verhalten ist ausschließlich darauf ausgerichtet, diesen Mangel zu beheben. Diese Mangelbehebung ist in der Regel gelernt und automatisiert und soll im Folgenden nicht Fokus der weiteren Betrachtung sein. Interessanter sind die **drei allgemeinen psychologischen Grundbedürfnisse**:

- Das Bedürfnis nach **Kompetenz** (effectancy)
- Das Bedürfnis nach **Autonomie/Selbstbestimmung** (autonomy)
- Das Bedürfnis nach **sozialer Eingebundenheit** (affiliation)

Im Arbeitskontext sind diese drei psychologischen Grundbedürfnisse nämlich entscheidend. Zu diesem Ergebnis kamen John Meyer, Professor für Organisationspsychologie an der University of Western Ontario und seine Kollegin Elyse Maltin. Sie fanden heraus, dass folgende Arbeitsbedingungen die Befriedigung dieser Bedürfnisse unterstützen:

- die Betonung der freien Wahl anstelle von Zwang und Kontrolle
- das Wissen um die Bedeutsamkeit des eigenen Tuns
- das Vorhandensein klarer Wünsche und Vorstellungen
- die Berücksichtigung von Gefühlen und Bedürfnissen
- eine wertschätzende Feedback-Kultur

Meyer und Maltin konnten nachweisen, dass die psychologische Bindung an ein Unternehmen auf drei verschiedene Arten erlebt werden kann und begründeten basierend darauf das „**Drei-Komponenten-Modell des Commitments**"[15]:

15 *John P. Meyer & Elyse R. Maltina (2010). Employee commitment and well-being: A critical review, theoretical framework and research agenda (Abstract).Journal of Vocational Behavior, 77, 323-337.*

1. **Affektives Commitment** (Wunsch: „Ich möchte.")
2. **Normatives Commitment** (Verpflichtung: „Ich sollte.")
3. **Durchhaltendes Commitment** (Zwang: „Ich muss.")

Das affektive Commitment entspricht dem psychologischen Grundbedürfnis der sozialen Eingebundenheit. Wenig überraschend zeigen daher auch die Ergebnisse, dass lediglich das affektive Commitment eindeutig zu mehr Wohlbefinden führt – im Gegensatz zum durchhaltenden Commitment, das Wohlbefinden und Zufriedenheit deutlich mindert. Ihre Studien beweisen, dass sich die Befriedigung der psychologischen Grundbedürfnisse Autonomie, Kompetenz und soziale Verbundenheit in Form von höherem Engagement, intrinsischer Motivation sowie Wohlbefinden und Commitment dem Unternehmen gegenüber äußern.

Kompetenz, Selbstbestimmung und soziale Eingebundenheit sind die neuen Boni unserer Zeit. Die gesellschaftliche Erwartung steigt, sich mit dem Beruf nicht nur materiell absichern zu können, sondern gleichzeitig auch die Sinnhaftigkeit und Bedürfnisbefriedigung des eigenen Lebens zu untermauern. Das Versagen vieler Unternehmen liegt darin, dass sie diese Boni nicht ausschütten, denn sie widerstreben den Handlungsmaximen und Denkhaltungen einer Wirtschaftswelt, die nach wie vor auf den tönernen Füßen des Industriezeitalters thront.

Wenn Unternehmen auf der einen Seite die Belegschaft immer noch nur als reine Gewinnmaximierer ansieht und auch so behandelt, Menschen gleichzeitig aber intrinsisch nach Kompetenz, Selbstbestimmung und sozialer Eingebundenheit streben, dann passen Wunsch und Wirklichkeit ganz offensichtlich nicht zusammen. Wenn Unternehmen auf der einen Seite ganz selbstverständlich hinnehmen (und nicht selten auch verlangen), dass die Grenzen zwischen Beruf und Privatleben zunehmend durchlässig werden, gleichzeitig aber keine flexiblen Arbeitszeiten anbieten, die Arbeit vom Home-Office aus nicht gestatten oder der Selbstbestimmung keinen nahrhaften Boden geben, dann steht der Übergriff der Ökonomie in unser Privatleben in keinem gesunden Verhältnis und ist durch Geld alleine nicht mehr aufzuwiegen.

Reinhard K. Sprenger fordert daher zu Recht das „anständige Unternehmen". In einem Interview mit mir beschrieb er ein solches Unternehmen als ein Unternehmen, das „gegenüber dem Mitarbeiter Distanz wahrt, ihm als Verhandlungspartner auf Augenhöhe begegnet, ihn als Erwachsenen und Individuum ehrt, ihm Vertrauen entgegenbringt und seine Autonomie nicht übermäßig einschränkt."[16] Das bedeutet mit anderen Worten: Der individuelle Mensch mit seinen persönlichen Wünschen, Bedürfnissen, Kompetenzen, Fähigkeiten und Fertigkeiten muss wieder im Vordergrund stehen – nicht die „Human Ressource" als undefinierte und anonymisierte Maßeinheit und Produktivitätskennzahl. Dieses Memo ist in vielen Unternehmen leider nur noch nicht angekommen.

---

16 *Das vollständige Interview mit Reinhard K. Sprenger gibt es auf dem Futability®-Blog: http://wp.me/p4cnrX-8i*

Die Folge sind demotivierte Mitarbeiterinnen und Mitarbeiter, die Zunahme von Krankenständen, Burn-out, Bore-out und eine generelle Leistungsunwilligkeit gerade bei jungen Menschen, die sich völlig zu Recht zunehmend vehementer weigern, den Habitus ihrer Eltern zu übernehmen und der 80-Stunden-Woche zu frönen.

Eine Befragung von 20.000 Top-Talenten durch das Corporate Executive Board in Washington zeigte schon vor einigen Jahren, dass sich rund ein Drittel der Befragten immer weniger mit dem Arbeitgeber identifizieren kann. Einer der Hauptgründe: Die schlechte Übereinstimmung zwischen dem Arbeitskontext und den eigenen Wünschen.

Auch der „Engagement-Index" vom Gallup-Institut ermittelt seit 13 Jahren jährlich, wie hoch der Grad der emotionalen Bindung von Mitarbeitern und damit das Engagement und die Motivation bei der Arbeit ist. Die Ergebnisse der Umfrage im Jahr 2014[17] zeigten, dass 15 % der Mitarbeitenden innerlich gekündigt haben. Dieser Anteil ist genauso hoch wie der Anteil der Mitarbeitenden, die emotional hoch gebunden sind. Mehr als zwei Drittel der Beschäftigten (70 %) zählen zu den gering gebundenen Mitarbeitern und machen Dienst nach Vorschrift. Problematisch dabei: Beschäftigte ohne emotionale Bindung zu ihrem Arbeitgeber haben eher das Gefühl ausgebrannt zu sein (60 % im Vergleich zu den emotional hoch gebundenen Mitarbeitern: 21 %) und lassen ihren Arbeitsstress eher an Freunden und Familie aus (41 %, emotional hoch gebundene Mitarbeiter: 9 %). Auch der Spaß an der Arbeit fehlt den gering gebundenen Mitarbeitenden (5 %, emotional hoch gebundene Mitarbeiter: 83 %). Darüber hinaus weisen emotional nicht gebundene Mitarbeiter im Schnitt fünf Tage mehr Fehlzeiten auf als ihre emotional hoch gebundenen Kollegen. Jeder Fehltag kostet ein Unternehmen im Schnitt 252 Euro. Aus dem Mehr an Fehlzeit aufgrund fehlender oder nur geringer emotionaler Mitarbeiterbindung entstehen einem Unternehmen mit 2.000 Mitarbeitern Kosten in Höhe von rund 1,3 Millionen Euro. Generell kostet die hohe Zahl von inneren Kündigungen die deutsche Wirtschaft jährlich zwischen 73 und 95 Mrd. Euro. Gravierende Auswirkungen hat eine mangelnde Bindung der Mitarbeiter aber auch auf die Innovationskraft von Unternehmen.

Die Gallup-Studie von 2013 belegte, dass emotional gebundene Mitarbeiter im Schnitt 45 % mehr Anregungen für Verbesserungen im Unternehmen einbringen als ihre ungebundenen Kollegen. Dagegen hat mehr als die Hälfte der emotional ungebundenen Arbeitnehmer in den vergangenen 12 Monaten keine einzige eigene Idee ins Unternehmen getragen.

Grob geschätzte 40 Jahre und mehr werden wir und unsere Kinder arbeiten. Es gibt kaum einen schlimmeren Demotivator und Krankmacher, als einem Job nachzugehen, der einen nicht mit Lust erfüllt oder ein Gefühl der Sinnhaftigkeit vermittelt. Und nur von Feierabend zu Feierabend, von Wochenende zu Wochenende oder von Urlaub zu Urlaub zu leben, zehrt – auf 40 Jahre und mehr gesehen – an den Kräften.

17 *www.gallup.com/de-de/181871/engagement-index-deutschland.aspx*

SELBST-CHECK: WIE ZUFRIEDEN SIND SIE IM JOB?

	Ja	*Nein*	*Manchmal*
Ich liebe meinen Job.			
Ich bin stolz auf meine Arbeit.			
Ich bin motiviert und gebe mein Bestes.			
Ich verstehe die an mich gestellten Anforderungen.			
Ich habe jederzeit das Gefühl, über die notwendigen Kompetenzen zu verfügen, um die an mich gestellten Aufgaben erfüllen zu können.			
Ich empfinde meine Arbeit als sinnvoll.			
Ich habe das Gefühl, meine Leistung wird anerkannt und wertgeschätzt.			
Ich arbeite gern bei meinem jetzigen Arbeitgeber.			
Die Stimmung im Team/im Unternehmen ist gut.			
Meine Work-Life-Balance stimmt.			
Mein Arbeitspensum kann ich bewältigen und die Arbeitsanforderungen stehen in einem guten Verhältnis zur vorhandenen Arbeitszeit.			
Mit den Zielen und Visionen meines Arbeitgebers kann ich mich voll und ganz identifizieren.			
Erwartungen und Zielvorgaben meiner Vorgesetzten werden klar kommuniziert und sind für mich eine Richtlinie.			
Summe			

Wie viele „Jas", „Neins" und „Manchmals" haben Sie in Summe?

Was ist für Sie das Schlimmste, wenn Sie die Nein-Spalte anschauen? Was können Sie tun, damit aus dem Vielleicht ein Ja wird? Und was darf auf keinen Fall passieren, damit das Vielleicht in ein Nein rutscht?

Man muss kein Wirtschaftsweiser sein um zu erkennen: Um als Unternehmen auch in Zukunft noch gesund wachsen und innovativ sein zu können, ist Gewinnmaximierung allein nicht mehr die Lösung. Der Erfolg unserer Zukunft liegt in den Köpfen der Menschen, die in Deutschland arbeiten, und in ihrer Motivation, während der Arbeit ihre Talente einzusetzen.

Viele Unternehmen agieren jedoch ausschließlich gegenwartsorientiert. Immer mehr Manager schließen nur noch Zwei- bis Fünf-Jahresverträge ab und werden ausschließlich für Kurzfrist-Ergebnisse eingestellt, nicht für eine nachhaltig ausgerichtete zukunftsfähige Unternehmensstrategie.

Die Zukunftsperspektive fehlt, weil die Quartalsbrille die Sicht einschränkt. Daher müssen sich Unternehmen immer häufiger im Hauruck-Verfahren an neue Situationen anpassen. Change-Prozesse überschwemmen die Flure von Corporate Germany – oft auf Kosten der Belegschaft. Die endlosen Change-Management-Prozesse werden auch in Zukunft nicht aufhören. Und zwar so lange nicht, bis auch die letzten Unternehmen begriffen haben, dass althergebrachte Strukturen nicht mehr geeignet sind, einer radikalen VUCA-Welt zu begegnen.

Wandlungs- und Anpassungsphasen der Unternehmen sind für alle Beteiligten schmerzhaft – vor allem jedoch für diejenigen, die über die Beweggründe von Chance-Management-Prozessen nicht informiert und vor allem nicht darauf vorbereitet werden. Oft wird von den Beteiligten (stillschweigend) verlangt, dass sie sich den organisatorischen Veränderungen immer schneller anpassen – selbstverständlich unter Beibehaltung von Loyalität, Motivation und Innovationskraft.

Jeder Change-Management-Prozess hat nicht nur direkte Auswirkungen auf die gesamte Belegschaft, sondern jeder einzelne Mensch in einem Unternehmen ist individuell betroffen. Und jeder dieser Menschen reagiert unterschiedlich stark auf die durch den Change-Prozess hervorgerufenen Verschiebungen der individuellen Bedürfnisse, Wünsche und auf die Veränderungen am eigenen Arbeitsplatz. Mit jedem unternehmerischen Veränderungsprozess gerät nämlich ein vertrautes System in Unordnung. Die Arbeitsplatzsicherheit schwindet und damit verändert sich die berufliche und private Zukunftsplanung. Die Bedürfnispyramide von Mitarbeitenden und Führungskräften gerät erheblich ins Wanken – und das in immer kürzeren Abständen.

Gleichzeitig wachsen die individuellen Anforderungen in einer individualistisch geprägten und schnelllebigen Gesellschaft. Lebens- und Karriereplanungen sind nicht mehr linear und fremdbestimmt, sondern dynamisch und selbstbestimmt. Kümmern wir selbst uns nicht um unser berufliches Fortkommen, pflegen wir nicht eigenverantwortlich unsere Employability, können wir ins Hintertreffen geraten, wenn sich unser Arbeitsplatz verändert, nach einem Change-Prozess ausgelagert wird oder komplett wegfällt, weil plötzlich der Kollege Roboter den eigenen Job oder Teile davon übernimmt.

Weil die Grenzen zwischen Beruf und Freizeit, zwischen Unternehmen und Familie immer weiter verschwimmen, liegt es in unserer Verantwortung, Vereinbarkeit und Balance zwischen

Arbeit und Vergnügen herzustellen. Die Trennung zwischen Selbst- und Fremdbestimmung und zwischen Selbst- und Fremdorganisation ist nicht mehr von außen vorgegeben, sondern muss aus eigener Kraft erfolgen. Je flexibler die Arbeitswelt ist, je kurzfristiger und unverbindlicher die Arbeitsverhältnisse werden, umso stärker sind wir gefordert, unsere Zeit autonom und eigenverantwortlich zu steuern.

Die Kluft zwischen den Menschen, denen dieser Spagat gelingt und denen, die mit den integrierten Arbeits-Lebenswelten überfordert sind, steigt stetig an. Der Graben zwischen den Menschen, die auf der Bedürfnispyramide ganz oben angekommen sind und nach Sinn und Selbstverwirklichung streben und denen, die irgendwo auf der ersten, zweiten oder dritten Stufe verharren und nicht vor- und zurückkommen, wird tiefer.

Unser persönliches Veränderungsmanagement wird in den kommenden Jahren folglich viel stärker in den Fokus rücken, denn welche Auswirkungen der demografische Wandel, Industrie 4.0 oder eine weitere Digitalisierung und Automatisierung haben werden, können wir nur ahnen, aber nicht mit Sicherheit voraussagen. Wir müssen daher lernen, Ungewissheiten zu managen, Mehrdeutigkeiten auszuhalten, Komplexitäten zu reduzieren und mit der Dynamik unserer Welt konstruktiv und dennoch kritisch umzugehen. Diese Lernprozesse sind individuelle Entwicklungsprozesse, die ausschließlich selbstbestimmt initiiert und gesteuert werden können, um erfolgreich zu sein.

Eine VUCA-gewordene Welt verlangt daher von jedem mentale Flexibilität, Pro-Aktivität und Reflexion – die Futability®-Grundzutaten, um sich den Herausforderungen der Schnelllebigkeit, dynamischer Karriereverläufe und den zu Veränderung gezwungenen Unternehmen stellen zu können.

ZUSAMMENFASSUNG:

„Me and Myself" lautet ein Trend im „MEGA-Zeitalter". Kompetenz, Selbstbestimmung und soziale Eingebundenheit sind die neuen Boni unserer Zeit und starke individuelle Treiber, die zu einer Zunahme an individuellen Lebenskonzepten und Lebensvorstellungen führen, auf die die meisten Unternehmen (noch) keine Antwort haben. Zusätzlich zwingt eine VUCA-gewordene Welt zu persönlichen Veränderungen. Um an der fremdbestimmten Flexibilität nicht zu zerbrechen, müssen wir lernen, uns auf uns selbst zu besinnen und unsere Werte und Kompetenzen einer ständigen Prüfung zu unterziehen. Der Mensch als Individuum muss (sich selbst) daher deutlich stärker als bisher in den Fokus rücken, um seine individuelle schöpferische Kraft auch in Zukunft zu erhalten und bei der weltweiten Konkurrenz mit Kollege Roboter mithalten zu können. Dazu ist eine (Rück-)Besinnung auf die eigenen Bedürfnisse und Lebensvisionen sowie auf den Wert-Erhalt der eigenen Arbeitskraft notwendig.

E = ERNEUERUNG

Können Sie sich noch an Ihr erstes Mobiltelefon erinnern? Wissen Sie noch, wann Sie zum ersten Mal vor einem Computer gesessen haben? Wie alt waren Sie zu dem Zeitpunkt? Und wie viele Generationen von Mobiltelefonen und Computern, Tablets oder Notebooks haben Sie seitdem besessen?

Die Informationstechnologie hat unser Leben radikal verändert und ist neben der Industriellen Revolution vermutlich der weitreichendste gesellschaftspolitische und wirtschaftliche Wandel unserer Zeit.

Wie sehr und wie schnell dieser Wandel von statten ging, wurde mir eines Tages klar, als ich mit meinem damals neunjährigen Sohn in Bonn über den Flohmarkt schlenderte. Plötzlich blieb er nämlich vor einem Verkaufstisch stehen, zeigte auf ein grünes Ding mit einer löchrigen Scheibe und fragte mich erstaunt: „Mama, was ist das?" Ich folgte seinem Finger, sah ihn etwas pikiert an und sagte: „Na, ein Telefon, was denn sonst?" Er zog die Augenbrauen hoch und schaute den „Fernsprechtischapparat" im Retrostil der 70er- Jahre skeptisch an, den ich zur gleichen Zeit aus Nostalgiegründen übrigens mit meinem Smartphone fotografieren wollte: „Aber wie soll denn das gehen? Wie wählt man denn damit die Nummer?" Und in diesem Moment wurde mir klar: Vor mir steht ein „**Digital Native**"[18] – ein Kind, das die Mechanik des Wählens nie kennengelernt hat und der meinen alten 386er heute im Museum bestaunt und sich kringelig lacht...

So kam es, dass ich ihm an diesem Tag erklärte, wie wir „früher" telefonierten. Ich fühlte mich danach nicht wie neununddreißig, sondern eher wie dreiundneunzig. Und eine weitere Erleuchtung traf mich: Wir altern heute nicht nach Jahren, sondern nach Generationen technischer Entwicklungen. Und in dem Affenzahn, mit dem die Technik voranschreitet, stehen wir mächtig unter Druck, den Anschluss nicht zu verlieren. Schon heute brauche ich länger als mein Sohn, um unsere technischen Geräte zu verstehen.

Und bereits jetzt – ich gebe es zu – bekomme ich latente Schweißausbrüche, wenn ich daran denke, dass wir laut Handy-Vertrag bereits in einem Jahr schon wieder das Anrecht auf ein neues Smartphone haben. Ich neige zur „Objekt-Treue" – schlicht und einfach aus dem Grund, weil mich neue Nutzeroberflächen und neue Bedienungselemente zutiefst stressen, denn sie reißen mich immer wieder aus gewohnten Handgriffen heraus und fordern mich auf, umzulernen. Und das gefühlt natürlich vor allem dann, wenn ich gerade wirklich viel zu tun und eigentlich keine Zeit und Lust habe, mein Leben durch eine technische Erneuerung erleichtern zu lassen, wenn diese Erleichterung erst einmal mehr Arbeit bedeutet.

18 *Wikipedia: „Unter Digital Native versteht man die erste Generation, die von klein auf mit den neuen Technologien des digitalen Zeitalters aufgewachsen ist. Computerspiele, E-Mails, Internet, Mobiltelefone und Instant Messaging sind integrale Bestandteile ihres Lebens. Diese allgegenwärtige Ausstattung und die massive Interaktion damit führt zu einem anderen Denken, anderen Denkmustern und zu einem fundamentalen Unterschied, Informationen zu verarbeiten."*

In unserer Wirtschaftswelt verändern und beschleunigen sich Produkt-Zyklen, Prozesse und Strategien derart schnell, dass es nicht nur für jeden einzelnen, sondern auch für Organisationen immer schwerer wird zu überblicken, was relevant ist und was nicht. Wir treiben in einem Malstrom der Veränderung, den wir selbst in Gang gesetzt haben. Der zweite Trend im „MEGA-Zeitalter" lautet daher **Erneuerung**.

E-Mails – eine unglaubliche und bahnbrechende Innovation – sollten den Versand von Informationen beschleunigen, und das gelang. Von der Brieftaube zur Postkutsche zum Postauto – die Geschwindigkeit der Informationsübermittlung nahm in den letzten zwei Jahrhunderten stetig zu, doch immer war es das auf Papier geschriebene Wort, das mittels externer Arbeitskräfte und -geräte von A nach B geritten, getragen, verschifft oder gefahren werden musste. Mit der Erfindung des virtuellen Versands änderte sich das schlagartig. Plötzlich war es möglich, innerhalb weniger Sekunden Botschaften durchs Kabel zu jagen. Und das weltweit – auf Kosten vormals sicherer Arbeitsplätze!

Vom haptischen Briefeschreiben haben wir uns mittlerweile längst entfremdet und während wir früher über einem Brief „brüteten" und sorgfältig überlegten, was wir dem Empfänger mitteilen wollten, so jagen wir heute Nachrichten in CC und BCC durch das World Wide Web – manchmal reicht es zeitlich nur zu einem Emoticon oder einem einzigen Fragezeichen – und ehe wir uns versehen, haben wir durch den kostengünstigen und rasend schnellen Kommunikationskanal unendlich mehr kommuniziert als früher per Brief. Die Zeitersparnis der E-Mail ist kein Nullsummenspiel – sie ist schon lange in den Negativ-Bereich abgerutscht.

Nicht anders verhält es sich mit den Mobiltelefonen. Plötzlich wird telefoniert und „gesimst", was das Zeug hält. Ob der Anruf gerade Sinn macht und ob man wirklich nennenswert wichtige Informationen ausgetauscht hat – wer kann das heute wirklich noch sagen? Wir kleben am Handy und merken kaum noch, dass uns auch die permanente telefonische Erreichbarkeit keine Zeitersparnis bringt, sondern eine wahre „Informations-Diarrhö" ausgelöst hat.

Wir haben uns selbst in ein **Dilemma** manövriert, denn mit jeder technischen Entwicklung setzen wir weitere technische Entwicklungen oder neue Dienstleistungen in Gang, erschließen neue Märkte und Kundenzielgruppen und potenzieren damit den Wandel und die Vergänglichkeit von Produkten und Bedürfnissen.

Der **Entwicklungskreislauf** ist dabei immer der gleiche: Am Anfang steht eine schöpferische Idee, die auf Realisierbarkeit geprüft wird. Im zweiten Schritt – der eigentlichen Innovation – wird die Idee zur Anwendungsreife gebracht und so lange verbessert, angepasst und verändert, bis sich die Idee „eingebürgert" hat und schließlich als neues Produkt Verbreitung in der Gesellschaft findet. Ganz häufig erkennen wir die Reichweite einer Innovation erst, wenn sich deren Vorteile manifestiert haben und sich bereits unser Nutzungs- oder Konsumverhalten verändert hat. Erst dann wird klar, dass ein genialer Geistesblitz weitreichende wirtschaftliche, soziale und nicht selten auch politische und rechtliche Veränderungen nach sich ziehen *muss*, damit die ursprüngliche Innovation einen langfristigen Nutzen haben und einen Massenmarkt zufriedenstellend bedienen kann. Heute werden die Produkt- und Innovationszyklen immer kürzer. „Brachten die Hersteller früher etwa alle zehn Jahre ein neues Gerät auf den Markt, dauert es heute ungefähr ein halbes Jahr, bis die neue Generation vorgestellt wird",[19] hieß es schon 2011 in einem Artikel der TAZ.

Und das Ende der Fahnenstange ist noch lange nicht erreicht. Im Gegenteil: Die Digitalisierung schreitet weiter voran und wird die Schnelligkeit von Innovations- und Produktzyklen noch einmal befeuern. Einer von IDC durchgeführte Digital Universe Studie aus dem Jahr 2011 zufolge **verdoppelt sich das weltweite Datenvolumen alle 2 Jahre**[20]. 2011 wurde bereits die 1,8-Zettabyte-Marke erreicht. Das sind 1,8 Billionen Gigabyte oder mehr als 200 Milliarden HD-Filme von jeweils zwei Stunden Länge bzw. entspannte 47 Millionen Jahre ununterbrochenen Filmgenusses.[21] Klassische oder händische Methoden der Datenverarbeitung reichen bei weitem nicht mehr aus, um diese „**Big Data**" (Datenmengen, die zu groß oder zu komplex sind oder sich zu schnell ändern) bewältigen und sinnvoll nutzen zu können. Das Handling dieser Big Data wird zu einer der großen Herausforderungen der Zukunft.

Die Mutare Unternehmensberatung schrieb dazu in einer Pressemitteilung im April 2014: „Wer relevante von irrelevanten Daten trennt und sehr effizient große Datenmengen aus vielfältigen Quellen mit hoher Geschwindigkeit verarbeiten kann, hat die Chance, schneller und fundierter Entscheidungen zu treffen. Als Resultat können sich Organisationen ungeahnte Wettbewerbsvorteile verschaffen. Von nahezu real-time-Prognosen über Kaufverhalten bis hin zu weltweiten Produkttrends können Informationen präzise analysiert werden. Big Data bietet damit Innovationspotenzial für intelligente Produkte und Dienstleistungen. **Big Data wird die Innovationszyklen stark verkürzen und damit die Veränderungsdynamik in den Unternehmen steigern.**"

Und auch das bleibt für den Menschen nicht ohne Folgen. Potenziert sich die Schnelligkeit, stellt uns das vor enorme psychische Herausforderungen, denn unser Gefühl für Kontinuität wird durch Dinge beeinflusst. Je stärker aber die Kontinuität durch die Spirale des Wandels erschüttert wird, desto kurzlebiger werden unsere Bedürfnisse und desto vergänglicher unsere Beziehung zu Dingen. Und „**je kürzer unsere Beziehung zu Dingen ist, desto mehr beschleunigt sich das Tempo unseres Lebens**."[22] Merken Sie was? Schnelligkeit war heute – morgen müssen wir uns, dank Big Data, an Schallgeschwindigkeiten gewöhnen – und unser Lebenstempo erneut anpassen, ob wir wollen oder nicht.

Wir werden also auch auf lange Sicht nicht wirklich an einen bewussten Punkt des Inne-

19 *www.tagesspiegel.de/wirtschaft/produktlebenszyklen-immer-schneller-neuer/4041756.html*

20 *Schon 1965 sagte Gordon E. Moore, Firmengründer von Intel, voraus, wie schnell sich die Computertechnik entwickeln würde. Das nach ihm benannte „**Moore'sche Gesetz**" liefert eine Vorhersage darüber, wie viele Transistoren auf einem Siliziumchip Platz haben. Diese Zahl soll sich, Moore zufolge, alle zwei Jahre verdoppeln. Die Prozessorleistung steigt damit exponentiell an, ohne dass gleichzeitig die Kosten in die Höhe schnellen. Link zum Originalartikel: http://tiny.cc/56gh8x*

21 *http://archive.today/MEtMu#selection-837.64-925.141*

22 *Alvin Toffler, „Zukunftsschock", S. 46*

haltens kommen – und das ist aus wirtschaftlicher Sicht auch gar nicht gewollt. Das Funktionieren unserer gesamten Wirtschaft basiert auf Konsum und stetigem Konsumwachstum. Die Erwartung der kurzfristigen Gewinnmaximierung, nach der Anleger und Finanzanalysten alle drei Monate fragen, hat den Druck erheblich verschärft. Denn obwohl die wirtschaftliche Aktivität der Menschen in den letzten Jahren und Jahrzehnten dramatisch zugenommen hat, ist das „schnelle Geld" heute nicht mehr so einfach verdient. Mangelnde Markentreue ist allgemein verbreitet und sorgt dafür, dass Produkte und Marken von eben auf jetzt in der Gunst der Käufer steigen oder fallen können.

Big Data klingt also fast wie das gelobte Land, wenn es damit tatsächlich gelänge, Echtzeit-Prognosen über Kaufverhalten bis hin zu weltweiten Produkttrends zu antizipieren. Sie merken, die Wirtschaft kann überhaupt kein Interesse haben, auf dieses Instrument zu verzichten und jedes Unternehmen, das diesen Trend nicht im Blick hat, könnte sich in wenigen Jahren im enormen Zugzwang befinden.

Immer kürzer werdende Produktzyklen sind nur eine der Herausforderungen im Zeitalter der Erneuerung. Kundenbindung ist eine andere und die erreicht man heute nicht mehr nur durch neue Produkte. Kundenbindung – und das ist ein Paradigmenwechsel, der Kreativität, Mut und Innovationskraft in jedem Unternehmen erfordert – erreicht man heute durch Emotionen.

Unsere Gesellschaft zerfällt in verschiedene Gruppen, die sich – ähnlich wie Fischschwärme – immer wieder neu zusammensetzen und in Windeseile ohne Vorwarnung die Richtung ändern können, wenn es die Situation verlangt. In einem solch volatilen Umfeld Wurzeln und eine Heimat zu finden, ist schwierig und herausfordernd. Unternehmen wie Apple aber haben es geschafft, durch ein neues Zusammengehörigkeitsgefühl, das allein auf der Begeisterung für eine Produktgruppe basiert, Absatzmärkte und Kundenloyalität zu sichern. „iMotion" statt Emotion – doch das Ergebnis ist das gleiche: Eine wahrhaft riesige weltweite (Fan-)Gemeinde, die einer gemeinsamen Leidenschaft frönt. Ich bezweifle, dass Apple die Jünger der „iMotion" nach dem Tod von Steve Jobs auch in Zukunft noch langfristig befriedigen kann, doch Apple hat zumindest bewiesen: Wenn in der heutigen Zeit Parteien, Religionen oder Familien keine Basis mehr für ein Zusammengehörigkeitsgefühl bieten können, so schaffen es Marken oder Produkte, wenn sie in den Emotionen und dem Lifestyle der Kundenzielgruppe eine Resonanz finden.

Doch Emotionen müssen nicht allein auf das Produkt gerichtet sein. Gemeinsame Erfahrungen und das Einbinden (virtueller) Netzwerke schaffen ein völlig neues Erlebnis- und Zugehörigkeitsgefühl, das ein Produkt alleine oft nicht mehr bieten kann. Es sind die Menschen dahinter oder das Erleben mit Menschen, die mit dem Produkt in Verbindung stehen, die zunehmend in den Fokus rücken. Spätestens wenn es um die Gewinnung neuer Fachkräfte geht, ist es notwendig, ein Lebensgefühl zu verkaufen – nämlich das, in dem die potenzielle neue Fachkraft einen Großteil ihres Tages und zumindest einen Lebensabschnitt verbringen soll.

Nur die Unternehmen, welche die Fähigkeit haben, permanente Erneuerungen und Anpassungen von Produkten, Lebensgefühlen und Emotionen zuzulassen, können sich in der schnell getakteten Wirtschaft behaupten.

Damit Unternehmen den Sprung von einem Produktions- oder Vertriebsunternehmen hin zu einem Überbringer von Emotionen und Lebensgefühl schaffen, braucht es, wie schon erwähnt, kreatives Potenzial in den Unternehmen.

Unternehmen sind beständig auf der Suche nach **Innovations-Beschleunigern**. Und diese Beschleuniger sind Mitarbeitende oder Projektbeauftragte, die als Externe Dienstleistungen erbringen. Unser Wissen, unsere Kompetenz, unsere Erfahrungen, aber auch unsere Energie, unsere Leidenschaft und unsere Visionskraft machen uns zu wichtigen „**Innovations-Inkubatoren**", wenn wir bereit sind, unsere Phantasie, unsere schöpferischen Fähigkeiten, unser Wissen, unsere Erfahrungen und Talente in immer neuen Business-Modellen flexibel anzuwenden, zu erneuern und zu teilen.

„Die Zukunft gehört den Gestaltern und Empathikern, den Mustererkennern und Sinnstiftern."[23] Nicht umsonst wird das neue Zeitalter als Kreativzeitalter bezeichnet. Der Zukunftsforscher James Canton prognostiziert, dass das Kreativzeitalter und die kommende Innovationswirtschaft eine Ära rasanter Veränderungen initiiert, in der sich Ideen durchsetzen werden, die Wert erzeugen, Lösungen liefern und Bedürfnisse erfüllen. „Die Innovation", so sagt er, „wird die wichtigste Quelle der Produktivität, des Wohlstands, des Wettbewerbs und möglicherweise sogar des Friedens sein."[24]

23 Zitat von Daniel Pink, „Unsere kreative Zukunft", 2008, S. 71
24 James Canton, „Extreme neue Welt", S. 66

Die Erneuerung der Arbeitswelt in drei Akten

Im Industriezeitalter stand die koordinierte, normierte und im festgelegten Stundenrhythmus durchgetaktete Massenproduktion im Fokus aller wirtschaftlichen Aktivitäten. Der abhängig beschäftigte Arbeiter musste vor allem durch effizientes Arbeiten, qualitativ hochwertige Ergebnisse, körperliche Kraft und Durchhaltevermögen glänzen.

Analysiert und beschrieben wurde dieser Angestellten-Typus des „**Organization Man**" in dem 1956 erschienenen gleichnamigen Bestseller des US-Amerikaners William H. Whyte. Das Commitment des „Organization Man" zur Firma glich dem einer Heirat – es galt im besten Fall ein Leben lang und unbefristet. Konformismus zahlte sich für ihn aus, er kannte seinen Platz in der Organisation, hatte eine klare Stellung, fest umrissene Tätigkeiten und wurde danach beurteilt, mit welcher Genauigkeit er diese Tätigkeiten ausführte. „Angesichts routinemäßiger Probleme wurde er ermutigt, entsprechend routinemäßige Lösungen zu suchen. Unorthodoxe, schöpferische oder kühne Maßnahmen wurden missbilligt."[25]

Laut einer Studie von Hays[26] haben sich die industriellen Arbeitsplätze in den letzten Jahren und Jahrzehnten kontinuierlich verringert. So war in Deutschland 2011 nur noch rund jeder vierte Beschäftigte im produzierenden Gewerbe tätig. Demgegenüber ist der Anteil wissensintensiver Tätigkeiten kontinuierlich gestiegen. Mit dem Durchbruch der heutigen Informations- und Wissensgesellschaft in den 80er-Jahren erschien folglich der Typus des **Wissensarbeiters** auf der Bildfläche. Erstmals beschrieben wurde er allerdings schon 1959 von Peter Drucker in seinem Buch „The Landmarks of Tomorrow". Zentrales Merkmal der Wissensarbeit ist laut der Hays-Studie für rund 90 % der befragten festangestellten Wissensarbeiter die Zusammenarbeit und Vernetzung über Abteilungsgrenzen hinweg. Darüber hinaus ist die Tätigkeit für Wissensarbeiter in hohem Maße projektorientiert, lässt viel Gestaltungsspielraum, ist nicht über feste Regeln und Prozesse definiert und erfordert die Zusammenarbeit bzw. Vernetzung über Unternehmensgrenzen hinweg. Rund zwei Drittel der Wissensarbeiter geben außerdem an, dass sich ihre Tätigkeit unabhängig von Ort und Zeit erledigen lässt und die Grenzen zwischen Beruf und Freizeit verschwimmen.

Im Industriezeitalter und zum Beginn der Informationszeitalters dominierten die abhängigen Beschäftigungsverhältnisse, „9-to-5"-Jobs und die Weisungsbefugnis der Mitarbeiter, die in einem hierarchischen System ihr Tagewerk vollbrachten. Erst in den letzten Jahren hat sich dieses Bild zunehmend gewandelt – getrieben einerseits durch ein verändertes Bewusstsein der Arbeitsmarkt-Akteure und dem Druck der Globalisierung. Andererseits hat das rasant ansteigende Wissenskapital sehr schnell dazu geführt, dass Wissen in digitaler Form verarbeitet und abgespeichert wurde. Der Wissensarbeiter bekam maschinelle Konkurrenz. Routine-Tätigkeiten wurden automatisiert. Wissen allein reicht heute nun in vielen Bereichen nicht mehr aus, um auf dem Arbeitsmarkt wettbewerbsfähig zu bleiben.

25 *Alvin Toffler, „Zukunftsschock", S. 117*
26 *www.wissensarbeiter-studie.de*

Am Beginn des 21. Jahrhunderts durchläuft der Arbeitsmarkt in den Industrie-Nationen daher eine neue Evolutions-Stufe und verlangt einen neuen Player auf dem Arbeitsmarkt, der die Arbeitswelt in Zukunft dominieren und entscheidend verändern wird: Der **schöpferisch tätige Kreativarbeiter**. Schöpferisch Arbeitende sind talentierte Menschen, denen Veränderungen keine Angst machen. Sie sind in der Lage, eigenverantwortlich, kreativ, flexibel und wandlungsfähig zu agieren. Sie sind fähig, divergente Verbindungen herzustellen – also quer zu denken, Fragen zu stellen und sich nicht mit dem aktuellen Status Quo zufrieden zu geben.

In der „IBM Global Chief Executive Officer (CEO)-Studie 2012" wurden mehr als 1.700 CEOs in 64 Ländern danach befragt, welche Anforderungen sie an zukunftsfähige Mitarbeiter haben. Das Ergebnis: Die zukünftige Suche der CEOs konzentriert sich auf Menschen, die sich immer wieder neu erfinden können, beständig dazu und aus der Erfahrung mit anderen lernen und sich in der Welt des Wandels wohlfühlen. Die CEOs gaben an, dass diese Qualifikationen, kombiniert mit Teamfähigkeit, Kreativität und Kommunikationsfähigkeit, vermutlich auch in zwei bis zehn Jahren noch gebraucht werden - im Gegensatz zur extrem kurzen Wertschöpfungsdauer von Fachkompetenzen.

In der Realität existieren alle prototypisch dargestellten Arbeitskulturen „Organization Man", „Wissensarbeiter" und „Kreativarbeiter" gleichzeitig - sogar innerhalb eines Unternehmens. Auch wir als Individuen können in einer Art „Zwischenstufe" zwischen zwei Arbeitskulturen stecken. Das führt nicht selten zu Konflikten im Unternehmen, wenn verschiedene Arbeitskultur-Typen aufeinander treffen, denn die Wünsche und Bedürfnisse des Organization Man verhalten sich diametral zu denen des Kreativarbeiters. Von einem klassischen Wissensarbeiter wird im Zuge der Erneuerung der Arbeitswelt zunehmend verlangt, Wissen kreativ zu vernetzen. Auch das führt zu Problemen, wenn diese geforderte Kreativleistung nicht durch Personalentwicklungsmaßnahmen begleitet wird oder wenn dem Unternehmen der Wandel des Anforderungskatalogs selbst nicht bewusst ist. In diesem Fall laufen die betroffenen Mitarbeiter buchstäblich ins offene Messer, weil sie die neuen Anforderungen weder verstehen noch erfüllen können.

Aber auch auf persönlicher Ebene kann es passieren, dass gewissermaßen zwei Herzen in einer Brust schlagen. Während das Arbeitsmodell „Organization Man" das vertraute und von den Eltern oder Großeltern vorgelebte Modell ist und natürlich Sicherheit durch ein lebenslanges Commitment zu einem Unternehmen verspricht, so kann es sein, dass gleichzeitig der eigene Arbeitsplatz mehr und mehr dem eines Kreativarbeiters gleicht. Vielleicht macht die schöpferische Tätigkeit sogar Spaß und es gibt Momente, in denen die schnelle Abfolge unterschiedlicher Aufgaben positiv herausfordernd ist. Dennoch können emotional durchaus zwei unterschiedliche Bedürfnisse gegeneinander antreten und in unterschiedlichen Situationen um Beachtung schreien.

Vor allem große Konzerne merken zunehmend, dass ihre hierarchischen Führungssysteme in der schnelllebigen Welt zu unbeweglich sind und kleinere, schlagkräftigere Unternehmen,

Start-ups, Spin-offs oder „Projektler" – Menschen, die sich für bestimmte Projekte für einen klar definierten Zeitraum zusammenfinden – beweglicher sind, kreativere Ergebnisse erzielen und vor allem mit einer Schnelligkeit trumpfen können, die extreme Wettbewerbsvorteile verschafft. Nicht umsonst werden viele Konzerne von einer Umstrukturierungswelle nach der anderen durchpflügt, die leider meistens mehr kosten als nutzen.

Auch unsere eigene Firmengeschichte hat eine solche Phase hinter sich. Im Auslaufen der Dotcom-Zeit war unsere damalige Firma Mieterin eines 250 qm großen Büros in Köln und beherbergte zwanzig Mitarbeiterinnen und Mitarbeiter. Angefangen hatten wir als kleines Start-up-Unternehmen im Technologiehof in Münster – ein Raum, drei bis fünf Schreibtische, vier Unternehmensgründer und eine Studentin, die kam, wenn sie Zeit und Lust hatte. Im Alter von sechsundzwanzig bzw. achtundzwanzig Jahren schrieben wir die erste Umsatzmillion und surften auf einer Welle des Erfolgs. In diesem Höhenflug mieteten wir besagtes Büro in Köln und schlossen einen Mietvertrag über zehn Jahre ab. Ein Fehler, der uns fast Kopf und Kragen kosten sollte.

Denn was wir damals nicht wussten und was es bis dahin in dieser Form noch nie gegeben hatte, war der schnelle Ablauf der Krisen, die uns bevorstanden, eingeläutet durch den 11. September 2001. An diesem einen Tag verloren wir zehn Stammkunden und mit ihnen ein geschätztes Umsatzvolumen von EUR 80.000. Es war ein Tag, der sich in unsere Seelen eingebrannt hat und der mir immer noch eine Gänsehaut des Grauens über den Rücken jagt, wenn ich nur daran denke. Dieser Tag war ein Wendepunkt der Geschichte – nicht nur historisch und global, sondern auch für uns ganz persönlich. Das Wellensurfen war für sehr, sehr lange Zeit vorbei. Es folgten schlimme Durststrecken, zwei Beinahe-Insolvenzen und unser Team schrumpfte innerhalb weniger Wochen von zwanzig Mitarbeitenden auf sieben.

Plötzlich machten wir jedoch eine ganz spannende Erfahrung: Arbeit, die wir vorher kaum mit zwanzig Personen bewältigen konnten, war nun mit sieben schneller und effizienter erledigt. Und wir lernten: Not macht erfinderisch. Wir mussten mit weniger Kapital, weniger Personal und schlechten Zukunftsaussichten die graue Masse zwischen unseren Ohren zum Glühen bringen und darüber nachdenken, wie wir uns einigermaßen heil aus der Krise heraus katapultieren konnten. Also wurden wir kreativ und probierten aus. In den Jahren 2001 und 2002 verließen wir für immer unsere Komfortzone und sprangen buchstäblich ins Nichts. Manchmal war der Aufprall hart, schmerzlich und kostete Geld – aber einige Male landeten wir zumindest auf beiden Beinen und schafften es so, unser Unternehmen zu retten und zumindest einigen Mitarbeitern für einige weitere Jahre ein Auskommen zu sichern.

In dem Mikrokosmos unseres kleinen, inhabergeführten Unternehmens durchlebten wir Herausforderungen, die global seit dieser Zeit an der Tagesordnung sind und das Wirtschaften nachhaltig verändert haben und auch in Zukunft noch verändern werden:

- unsichere Zukunftsaussichten
- schnelle Abfolgen von Krisen, die oft als lokale Krisenherde beginnen, dann aber sehr schnell eine Schneise der Verwüstung über den Globus ziehen
- Ressourcenknappheit

Uns zwangen die unsicheren Zukunftsaussichten damals, unser Team und unsere Büroräume zu verkleinern und wir lernten auf sehr schmerzhafte Weise, dass sich Unternehmenserfolg zukünftig nicht mehr an schicken Büroräumen und einen großen Team messen lässt. Ganz im Gegenteil führten unsere finanziellen Verpflichtungen den Mitarbeitern und dem Mieter gegenüber dazu, dass wir – wie in eine Zwangsjacke gepresst – nur bedingt handlungsfähig waren. Wir waren sehr lange Zeit gezwungen, an einem Geschäftskonzept festzuhalten, das nicht mehr zukunftsfähig war, um unseren Verbindlichkeiten nachzukommen.

Die Jahre nach dem 11. September waren bei uns geprägt durch eine schnelle Abfolge von Erfolg und Misserfolg, wobei erfolglose Projekte deutlich überwogen. Erst neun Jahre später, 2010, hatten wir die Idee zur *women&work*, die uns zu einem wirklichen Neuanfang und zum finalen Akt der Erneuerung unserer Firma verhelfen sollte. Sehr schnell könnte man jetzt zu der Schlussfolgerung gelangen, die neun Jahre dazwischen seien erfolglose Jahre gewesen und unsere Projektversuche seien wir vielleicht ein wenig zu keck angegangen. Glauben Sie mir, eine sehr lange Zeit hätte ich Ihnen zugestimmt. Heute, mit ein bisschen Abstand, sehe ich das anders. Die Misserfolge waren notwendig, um zu lernen – und wir haben uns die Freiheit und den Freiraum genommen, aus unseren Fehlern zu lernen, denn **schöpferisches Denken kann sich erst dann entfalten, wenn man die Furcht vor Fehlern abschüttelt**.

Die VUCA-gewordene Welt erfordert den immerwährenden schöpferischen Wandel, die Hinwendung zur Kreativwirtschaft. Sie funktioniert jedoch unter ganz anderen Vorzeichen als die Welt des Industriezeitalters.

Unsere **Hinwendung zur Kreativwirtschaft** begann 2010. In diesem Jahr läutete ein tragisches Ereignis die Wende ein: Unser Geschäftspartner verstarb im Alter von 36 Jahren und mein Mann und ich waren nun als Firmenhinterbliebene gezwungen, wichtige Entscheidungen zu treffen. Wir hatten Glück im Unglück und konnten in dieser Zeit sämtliche Mietverträge kündigen. Anstelle fester Mitarbeiter entschlossen wir uns, mit freien Mitarbeitern und Subunternehmen zu arbeiten.

Durch die dadurch entstandenen schlanken Unternehmensstrukturen minimierten wir unser Risiko drastisch und konnten gleichzeitig mit ganz anderen Kostenstrukturen arbeiten, was uns auch heute noch in vielen Bereichen Wettbewerbsvorteile verschafft. Doch das ist nicht alles. Mittlerweile arbeiten wir in einem engmaschigen Netzwerk von Experten und Kooperationspartnern. Mit manchen stoßen wir gemeinsame Projekte an, manche holen wir zu Projekten hinzu – und immer stärken wir uns gegenseitig. Unsere Prämisse „**Wachstum durch Kooperation**" hat uns nicht nur schlagkräftiger gemacht, sondern ermöglicht es uns und unseren Partnern auch, dass wir Kompetenzen und Expertisen teilen und sie durch das Teilen gleichzeitig in neuen Projekten wieder potenzieren können. Diese Form des „**schöpferischen Unternehmertums**" ist im Kreativzeitalter und vor dem Druck einer veränderungsstarken und schnelllebigen Welt überlebensentscheidend.

Unsere Strukturen ermöglichen uns heute eine hohe Flexibilität und Wendigkeit, die wir in den starren Strukturen vorher nicht hatten. Der positive Effekt ist, dass wir jetzt jederzeit neue Projekte anstoßen, aber auch wieder abstoßen können, wenn wir merken, sie sind nicht erfolgversprechend. Wir arbeiten heute mit Menschen zusammen, die aufgrund ihrer eigenen freiberuflichen Tätigkeit auf Augenhöhe mit uns sprechen und arbeiten, die uns mit ihrer fachlichen Expertise hervorragend ergänzen, die aber gleichzeitig auch die Flexibilität mitbringen, die wir benötigen, wenn wir neue Ideen diskutieren und umsetzen möchten. Wir haben den dritten Akt der Erneuerung der Arbeitswelt durchlaufen und sind zu einem schöpferischen Kreativ-Unternehmen geworden.

Die EU-Kommission hat vor einigen Jahren die Studie „The Economy of Culture" veröffentlicht. Sie zeigt, dass in Europa zum damaligen Zeitpunkt 5,8 Millionen Beschäftigte in der Kreativbranche tätig waren, die schon 2003 rund 654 Milliarden Euro erwirtschaftete. Allerdings umfasst die Kreativwirtschaft heute nicht mehr nur die klassisch kreativen Berufe wie Designer, Architekten, Künstler oder Musiker, sondern die wirtschaftsbezogene Kreativität geht deutlich weiter und wird auch in Zukunft ökonomisch relevanter, da die Problemstellungen von morgen komplexer werden. Klare Lösungen und konkrete Antworten lassen sich immer häufiger nur noch durch schöpferische Denk- und Kreativleistungen finden. Dazu bedarf es der (weltweiten) Vernetzung vieler Talente, denn die Kreativwirtschaft muss sich der Herausforderung stellen, Wissen neu zu vernetzen und Wissens-Cluster zu bilden, die Problemstellungen bearbeiten und kreative, innovative neue Lösungen entwickeln – und das weltweit über alle Branchen und Fachgebiete hinweg!

Kreativarbeit und Lebensunternehmertum gilt – nicht in allen, aber doch in vielen Bereichen – zunehmend als Alternative zur klassischen Angestelltenkultur. Die Treiber sind – so wie an unserem Beispiel gezeigt – ein rasantes Veränderungstempo, zunehmend unsichere Zukunftsaussichten, ein hoher Innovationsdruck und steigende Komplexität im Arbeitsalltag. Als Folge nehmen flexible Arbeitsformen und -modelle zu, klassische Vollzeitstellen schwinden, Outsourcing und Offshoring stellen sinnvolle Handlungs- und Beschäftigungsoptionen dar – nicht nur in großen Konzernen, sondern auch in kleineren Unternehmen, die sich fest angestellte Mitarbeiter nicht mehr leisten können oder wollen.

Projektarbeit nimmt zu. Aber auch das „**Mikro-Unternehmertum**" ist auf dem Vormarsch. 2013 zählte das Statistische Bundesamt in Deutschland 2,2 Millionen Einzelunternehmer mit maximal bis zu 9 Mitarbeitenden. Im gleichen Jahr wurden in Deutschland weitere 238.000 Kleinunternehmen gegründet. Experten vermuten, dass bis zum Jahr 2020 die Hälfte der arbeitenden Bevölkerung weltweit ihre Kompetenzen über Freelancing oder im Einzelunternehmertum verkaufen wird. Zum Vergleich: In den USA sind es heute schon 53 %.

Der klassische Kreativarbeiter definiert sich über ein hohes Maß an Selbstbestimmtheit und Leidenschaft für die Aufgabe, das Projekt oder den Job. Kreativarbeiter bringen die Bereitschaft mit, die Arbeit und sich selbst immer wieder zu erfinden und ihr Können und ihre schöpferische Kraft in neuen Business-Kontexten eigenverantwortlich anzuwenden und weiterzuentwickeln. Das wichtigste Kapital und die größte Kraftquelle sind dabei die eigenen Stärken, Talente, Wissen und Erfahrungen – aber auch Beziehungen, Netzwerke und Schnittstellen zu anderen Menschen. **Der Kreativarbeiter wird zum Projektverantwortlichen seines Lebens, seiner Qualifikationen und Passionen.**

Und die Wirtschaft braucht sie, diese Kreativarbeiter, denn gesucht sind zunehmend Menschen, die – mit ständig wechselnden Anforderungen konfrontiert – schnell, kreativ und kompetent auf Veränderungen reagieren können und flexibel einsetzbar sind.

Eine Studie von Deutsche Bank Research aus dem Jahr 2007[27] prognostiziert für das Jahr 2020 einen starken Anstieg der Projektwirtschaft. Grund sind auch hier wieder kurzlebige Wertschöpfungsstrukturen, eine beschleunigte Wissensentwicklung und verkürzte Produktzyklen. Die Macher der Studie erwarten zusätzlich eine zunehmende Kombination verschiedener Wissensfelder sowie eine stärkere Spezialisierung, um dem „Ertrinken in der Wissens- und Informationsflut" zu entgehen. Der Netzwerkgedanke, das Teilen und gemeinsame Potenzieren von Informationen sind auch in der Projektwirtschaft maßgebliche Erfolgsfaktoren und die Vorteile liegen auf der Hand. Projekt-Kooperationen:

- sorgen dafür, dass Projektpartner ihre Expertise einbringen und teilen und sich so die **kritische Wissensmasse** erhöht
- sind **schlagkräftiger**, **schneller** und **flexibler**, da sich die Akteure jeweils nur für ein Projekt treffen. Die Zusammenarbeit endet automatisch, wenn das Projekt abgeschlossen ist
- minimieren die wirtschaftliche Abhängigkeit und ermöglichen eine **Risikostreuung**.
- fördern **Innovationen**, denn viele Köpfe mit unterschiedlichen Erfahrungshorizonten denken kreativer und vielschichtiger als wenige Einzelakteure

Die Projektwirtschaft ist sehr wissensintensiv und bietet Hochqualifizierten hervorragende Karrierechancen, wenngleich sie den Beteiligten und ihrem sozialen Umfeld viel abverlangt. Häufig wechselnde Einsatzorte, das flexible Anpassen an neue Aufgaben und Anforderungen sowie fluktuierende Kollegen und Ansprechpartner sind an der Tagesordnung. Sie sorgen auch hier wieder für eine permanente Erneuerung und zwingen zur Adaption an neue Situationen.

27 *http://tiny.cc/igp5ix: Unter Projektwirtschaft wird die Kooperation von verschiedenen Spezialisten im Rahmen unterschiedlicher Projekte verstanden.*

Gedankliche und soziale Mobilität und die Bereitschaft sich, wenn nötig, beruflich vollkommen neu zu orientieren, stehen dabei an erster Stelle des Forderungskatalogs von Arbeitgebern und Auftraggebern. Denn um überleben zu können, müssen Unternehmen genau die bürokratischen Strukturen abbauen, minimieren oder komplett auflösen, die sie unbeweglich und unflexibel machen und dadurch die globale Wettbewerbsfähigkeit bedrohen.

ZUSAMMENFASSUNG:

Stabilität und Kontinuität waren gestern. „Erneuerung" lautet ein weiterer Trend im „MEGA-Zeitalter". Die ständige Anpassung an neue Technologien und veränderte Konsum- und Kommunikationsverhalten haben Auswirkungen auf uns als Individuen, aber auch auf die Wirtschaft selbst. Von den Mitarbeitern werden zunehmend neue Kompetenz-Profile gefordert, denn sie sind nicht mehr nur „Human-Kapital", sondern erlangen als „Innovations-Inkubatoren" in den Unternehmen zunehmend eine strategische Bedeutung. Diese neue Machtstellung der Mitarbeiter hat ganz individuelle Folgen: Ob noch in der Denkhaltung des „Organization Man" verhaftet oder schon als „Kreativarbeiter" unterwegs – die neuen Spielregeln am Arbeitsmarkt verlangen von jedem von uns neue Kompetenzen und das Abstreifen alter Vorstellungen und Arbeitsideale. Die Bereitschaft, Wissen, Talente, Fähigkeiten und Kompetenzen in immer neuen Business-Modellen anzuwenden, kooperativ zu teilen und anzupassen, verlangt ein hohes Maß an Flexibilität, Energie, Leidenschaft und Herzblut. Wer diese Bereitschaft mitbringt und kontinuierlich ausbaut, hat heute und in Zukunft einen deutlichen Wettbewerbsvorteil.

G = GLOBALISIERUNG

Mein Assistent und ich tauschen fast jeden Tag E-Mails aus oder schicken uns Infos über Skype. Das ist an sich nichts Ungewöhnliches. Ungewöhnlich ist, dass mein Assistent in Rumänien lebt und arbeitet. Ich habe ihn noch nie gesehen und seine Stimme noch kein einziges Mal gehört. Dennoch ist er der beste und zuverlässigste Assistent, den ich jemals hatte. Er ist Mitarbeiter der Firma Strandschicht[28], einer Firma mit Sitz in Berlin, die persönliche Assistenten vermittelt, die auf der ganzen Welt zu Hause sein können.

Gute Erfahrungen mit Vermittler-Plattformen haben wir in einem ganz anderen Bereich schon mehrfach gemacht. Als wir das women&work-Projekt starteten, brauchten wir ein Logo. Wir telefonierten mit einigen ortsansässigen Grafikern und lernten schnell: Unter EUR 2.000 würden wir über den klassischen Weg kein Logo bekommen – und dieses Geld hatten wir nicht. Der Zufall spielte uns in die Hände. Mein Mann surfte durchs Internet und stieß auf Quaxter.de, eine Plattform, die weltweit Grafiker und Grafikerinnen vermittelte. Das Prinzip dabei war denkbar einfach: Der Design-Auftrag wurde online erteilt, eine Mindestsumme für den Entwurf war vorgegeben, konnte aber individuell auch erhöht werden. Die interessierten Grafiker nahmen nun an einem virtuellen Pitch teil und reichten Vorschläge ein, die wir bewerten und auch ablehnen konnten. Am Ende des Wettbewerbs hatten wir dann die Qual der Wahl und mussten aus den vielen Vorschlägen einen Sieger wählen. Das ganze kostete EUR 250 und das Logo der women&work kommt von einem Grafiker aus Kalifornien, zu dem wir nach wie vor Kontakt haben. Die Plattform Quaxter gibt es nach einem Inhaberwechsel leider nicht mehr – dafür nutzen wir nun Portale wie 99designs.com oder designenlassen.de.

Die Globalisierung macht solche Auftraggeber- und Auftragnehmer-Verhältnisse möglich, die auch vor den kleinsten Unternehmen und Individuen keinen Halt machen. **Globalisierung** ist ein wichtiger und nicht zu unterschätzender Trend in unserem „MEGA-Zeitalter" und die beiden Beispiele zeigen:

- Mitarbeiter findet man heute auf der ganzen Welt – über Vermittler, auf Online-Plattformen, in Social Media- oder Business-Netzwerken oder durch Internet-Recherche.
- Arbeitnehmer und Arbeitgeber müssen heute nicht mehr zwangsläufig am selben Ort situiert sein. Das Internet und die Informationstechnologie generieren Mehrwert und machen eine länder- und kulturübergreifende Zusammenarbeit möglich.
- Der Wettbewerb um Aufträge oder Kunden ist schon lange nicht mehr lokal begrenzt. Wer offen ist und die Bereitschaft zeigt, die lokalen Märkte aufzubrechen und das Internet zu nutzen, um den eigenen Wirkungsradius zu erweitern, kann gewinnen. Das wird am Beispiel der Designer-Plattformen hervorragend deutlich: Genutzt werden

28 *Zu finden unter www.strandschicht.de.*

sie von hauptsächlich jüngeren design-affinen Menschen aus der ganzen Welt, die oft – aber nicht immer – als Designer selbständig sind. Wenn Kunden die Aufträge auf Englisch einstellen, profitieren sie von den weltweit vorhandenen kreativen Köpfen und der Intelligenz der Vielen. Die Entwürfe werden bunter, vielfältiger – sie werden anders, weil die Entwürfe der ausländischen Designer natürlich auch wieder die Arbeit der deutschen Designer positiv beeinflussen und umgekehrt.

- Was für den einen viel ist, ist für den anderen wenig – auch das zeigt das Beispiel der Designer-Plattformen ganz plastisch. Ein Preisgeld von Euro 250 ist für einen Designer aus Deutschland mit einem „Old Economy-Verständnis" ein Hungerlohn, während es für die Designer aus Indien oder Indonesien ein ganzer Monatslohn oder mehr sein kann.
- Wer – so wie mein Assistent – Fremdsprachen lernt, kann seine Arbeitskraft flexibel einsetzen und ist nicht an den Heimatmarkt gebunden. Sein Marktwert steigt übrigens nun auch in seinem Heimatland exponentiell, da er jahrelang für mehrere deutsche Unternehmen gearbeitet und damit auch den deutschen Markt und die deutsche Arbeitsweise und -kultur kennengelernt hat.

Die Globalisierung hat die weltweiten Märkte so eng verflochten, dass es uns nicht mehr kalt lassen kann, was am anderen Ende der Welt passiert, denn die Auswirkungen sind – nur mit leichter Zeitverzögerung – auch bei uns zu spüren. Die globale Vernetzung hat natürlich Auswirkungen auf die Arbeitsmärkte. Zunehmend mehr „**Job-Nomaden**" pilgern über den Globus auf der Suche nach den (lukrativen) Jobs. „Der nächste 'Krieg', der uns bevorsteht, ist ein globaler Kampf um gute Arbeitsplätze."[29] Nach Angaben der International Labour Organization waren bereits im Jahr 2000 rund 86 Millionen Arbeitsmigranten unterwegs. Rechnet man die Familienangehörigen hinzu, haben mehr als 175 Millionen Menschen ihre Jobsuche ins Ausland verlagert. Das entspricht ungefähr 3 % der Weltbevölkerung und die Zahlen steigen weiter an, je mehr Krisenherde es auf der Welt gibt, je dramatischer die wirtschaftliche Schere aufklappt, Lebens(t)räume zerstört und Existenzen vernichtet werden.

Zusätzlich sorgt die Konnektivität dafür, dass **wirkliche Grenzen eigentlich nur noch die Grenzen sind, die wir uns in unseren Köpfen und Herzen selbst setzen**. Die Informationstechnologie und das Internet haben die Welt irreversibel verändert. Informationen und das Teilen von Wissen sind zeitlich, räumlich und örtlich unabhängig geworden. Das Internet ist das Tor zur Welt und macht eine weltweite, zeitsouveräne Kommunikation mit potenziell jedem Menschen möglich. Wir sind von Mitarbeitern, Mitbewerbern, Freunden oder Kollegen und Kooperations- oder Geschäftspartnern praktisch nur noch einen Mausklick entfernt. Das eröffnet uns sagenhafte Chancen, während es uns gleichzeitig aber einem nicht enden werdenden Wettbewerbsdruck aussetzt. Der Wettbewerb ist so vielschichtig und bunt wie die Menschen auf diesem Planeten. Und er ist nicht kontrollierbar!

„Die Globalisierung erodiert die Gewissheiten der Arbeitswelt, in der wir bisher lebenslange

29 *Jim Clifton, „Der Kampf um die Arbeitsplätze von morgen", 2012, S. 11*

Arbeitsplatzbesitzer waren", heißt es in einem Dossier von Matthias Horx[30] aus dem Jahr 2005. „Die Globalisierung fragt nach einem Menschen, der in größeren Zusammenhängen denken kann. Der mit Vielfalt und Andersartigkeit zurechtkommt. Der im Arbeiten lernt und im Lernen arbeitet. Denn Jobs, die einfach und „wiederholbar" sind, wandern aus in andere Wirtschaftsregionen des Planeten, oder sie werden von Migration oder Technologie bedroht. Arbeitsformen mit hoher Komplexität und starkem Wissens-Anteil jedoch gewinnen in diesem Prozess."

Globalisierung und Konnektivität haben uns zu **Weltbürgern** gemacht – ohne dass wir aber gleichzeitig die entsprechenden Kompetenzen in der Erziehung oder unserer Schul- und Ausbildung an die Hand bekommen haben, mit der Globalisierung maßhaltend und verantwortungsvoll umgehen zu können.

Mit weitreichenden Folgen, wie die vergangenen Wirtschaftskrisen gezeigt haben. Sie offenbaren, wie tief das Unverständnis über die Wucht und Macht der globalen (Wirtschafts-) Zusammenhänge immer noch ist und wie hilf- und machtlos und oft auch lernunwillig wir diesem gewaltigen und unkontrollierbaren Sog entgegen treten. Die Verflechtungen der Konsum- und Arbeitsmärkte werden auch in Zukunft noch dichter werden. Damit wächst das Risiko instabiler Märkte. Heute kann eine einzige insolvente Firma in einem beliebigen Land der Welt potenziell ein globales ökonomisches Massensterben anderer Unternehmen erwirken. Sicherheit ist eine Mär und jeder Investor, der nach der Übernahme eines bankrotten Unternehmens etwas anderes verspricht, lehnt sich sehr, sehr weit aus dem Fenster!

Gleichzeitig steigen aber die Chancen hochqualifizierter Arbeiter, pfiffiger Querdenker und mutiger Abenteurer, die gelernt haben, sich die globalen Märkte zu Nutze zu machen. Denn nie zuvor war es so leicht, an der weltweiten Konsumkette teilhaben zu können. Während noch vor wenigen Jahren das internationale Geschäft den globalen Konzernen und großen mittelständischen Unternehmen vorbehalten war, kann nun jeder von uns Teil einer internationalen Wertschöpfungskette werden. Wie einfach diese Wertschöpfungsketten gestrickt sein und welche Auswirkungen sie haben können, zeigen die folgenden drei Beispiele.

BEISPIEL 1:

Vor einigen Monaten waren wir in Brüssel und schlenderten über einen Kunsthandwerker-Markt. Eine Händlerin stellte Schmuck aus verschiedenen Drahtsorten her und kreierte die interessantesten Ringe, Ketten, Broschen und Ohrringe, die ich bis dahin gesehen hatte. Der Materialwert betrug lediglich ein paar Cent – sie verkaufte die Schmuckstücke ab 10 Euro aufwärts und fand in mir eine willige Kundin. Ihre Visitenkarte nahm ich mit und nun bestellte ich kürzlich bei ihr über das Internet ein Geburtstagsgeschenk für eine Freundin von mir.
Der Haken an der Sache: Die Ware ist nie bei mir angekommen. Deshalb werde ich die Webseite der

30 *„Der Selfness-Trend" von Matthias Horx, http://www.zukunftsinstitut.de/verlag/zukunftsdatenbank_detail?nr=1147*

Künstlerin hier nicht mit Namen nennen und weiterempfehlen. Trotzdem – oder gerade deswegen – bietet sich das Beispiel an, daraus zu lernen:

1. www steht für weltweit wachsen!

Kunden können nach wie vor auf lokalen Märkten gefunden und angesprochen werden. Die Chance, mehr zu verkaufen und zufriedene Kunden langfristig zu binden, wächst, wenn der lokale und persönliche Auftritt vor Ort durch einen seriösen Internetauftritt begleitet wird.

2. Auf jeden Topf passt ein Deckel

Chris Anderson hat die Wertschöpfungskette der Globalisierung in seinem Buch „The Long Tail" sehr anschaulich beschrieben. Wenn Produkte über das Internet einer praktisch unendlichen Zahl potenzieller Käufer angeboten werden können, verändert das die Wirtschaft von Grund auf, weil sich im Internet unbegrenzt viele Produkte zu minimalen Kosten bereitstellen lassen. „Auf jeden Topf passt ein Deckel" bekommt auf einmal eine ganz andere Dimension, denn der Kauf von Topf und Deckel muss nicht mehr im Geschäft abgewickelt werden, sondern der passende Deckel für den Topf (oder umgekehrt) kann heute über unendlich viele virtuelle Kanäle gesucht, gefunden, gekauft – und bei Nichtgefallen auch wieder verkauft werden. Die erlösende Erkenntnis lautet: Für jedes Produkt und für jede Idee gibt es irgendwo auf der Welt Abnehmer. Ich muss sie nur finden und ansprechen!

3. Empfehlung ist alles – und ohne Empfehlung ist alles nichts

Zufriedene Kunden empfehlen weiter, unzufriedene Kunden können den finanziellen Ruin bedeuten. Schuld ist das Internet. Lieferanten und Produkte werden transparent. Es wird für Käufer deutlich einfacher, sich anhand von Empfehlungen oder Warnhinweisen für oder gegen ein Produkt zu entscheiden, während es für Unternehmen deutlich schwieriger wird, viral verbreitete Kritiken und schlechte PR wieder aus der Welt zu schaffen.

BEISPIEL 2:

Unseren Sommerurlaub 2014 verbrachten wir auf der Insel Kreta und kamen vom verregneten Deutschland-Sommer in ein griechisches WM-Sommermärchen. In der kretischen Stadt Agios Nikolaos entdeckten wir durch Zufall die Firma Bioaroma[31] mit ihrer buchstäblich fabelhaften Geschäftsidee. Das Unternehmer-Ehepaar lässt nämlich die alte minoische Kosmetik-Kultur wieder aufleben

31 *Uns hat das Unternehmen derart begeistert, dass wir noch vor Ort Kontakt zu dem Geschäftsführer-Ehepaar aufnahmen und ihnen in unserer Funktion als „Business-Inkubatoren" einen kleinen, kostenfreien Werbedienst erwiesen haben. Sollten Sie, liebe Leserinnen und Leser, irgendwann einmal auf Kreta sein und zu der nicht ganz kleinen Gemeinde von Geocachern (moderne Schatzjäger, die mithilfe von GPS-Geräten und geografischen Koordinaten Verstecke (=Caches) an den unglaublichsten Ecken und Enden der Welt finden) zählen, dann suchen Sie doch auch unser Versteck (http://tiny.cc/utv6ix). Und wenn Sie den Cache gefunden haben, schicken Sie uns eine Nachricht, wie es Ihnen vor Ort gefallen hat.*

und transformiert sie in die Moderne. Dazu bedienen sie sich einerseits der heimischen Natur- und Heilpflanzen, die seit Tausenden von Jahren nur auf Kreta wachsen und andererseits der Tradition der Minoer. Die Minoer selbst nutzten bereits vor 4.500 Jahren die Naturschätze der kretischen Erde und erkannten schon früh die heilende Wirkung ihrer Cremes, Salben und Öle, die sie dann auch als „minoische Exportschlager" in die damals bekannten und erreichbaren Gegenden der Welt exportierten. Sie waren, wenn man so will, die ersten weltweiten Kosmetikhersteller – und genau dieses Wissen und diese tausendjährige Erfahrung macht sich Bioaroma nun zunutze. In mühevoller Kleinarbeit studiert das Inhaber-Ehepaar archäologische Zeugnisse der Minoer und greift zusätzlich zurück auf überlieferte und altbewährte Hausrezepte der Groß- und Urgroßeltern. Entstanden ist daraus eine einzigartige Produktpalette. Dieses Unternehmen hat Vorbildcharakter.

1. Act local – think global

„Act local – think global" führt uns zu ganz faszinierenden Marktnischen und neuen Geschäftsfeldern, die – global gedacht – Weltmärkte erobern können, aber nicht zwingend müssen. Die Firma Bioaroma beweist das auf authentische Art und Weise. Indem sie die Stärken, die Geschichte und die Kultur der Region wieder aufleben lässt, schafft sie eine Wertschöpfung, die mittlerweile weit über die lokalen Grenzen hinausgeht.

2. Moderne Tradition

Der Begriff "Merger" kommt aus dem Englischen und steht in der Wirtschaft gleichbedeutend für eine Form des Firmenzusammenschlusses, vergleichbar mit einer Unternehmens-Fusion. Aber wer sagt denn, dass es sich bei einem Merger immer nur um betriebswirtschaftliche Vorgänge handeln muss? Niemand! Und daher steht es uns allen frei, die Idee eines Mergers auch in andere Lebens- und Arbeitsbereiche zu übertragen. Und genau das hat die Firma Bioaroma getan. Sie hat auf innovative Art und Weise traditionelle Werte, traditionelles Wissen und traditionelle Erfahrungen verschmolzen mit modernen Produktionsmethoden, modernem Marketing, moderner Verpackung und modernen Verkaufsmethoden. Diese Form der „modernen Tradition" schafft wiederum unglaubliche Marktnischen. Überlegen Sie nur mal, wie viele regionale Besonderheiten, Traditionen und Werte Deutschland zu bieten hat, von anderen Regionen der Welt ganz zu schweigen.

3. Es war einmal...

Sagen, Fabeln, Legenden sind Teil der kulturellen Märchenwelt weltweit. Früher dienten sie dazu, Erfahrungen, Weisheiten, Wissen und Lebensanleitungen an die nächste Generation weiterzugeben. Die Seele und Tradition ganzer Völker überlebte Generationen durch mündliche Überlieferungen, denn sie stellten immer auch eine Verbindung zum aktuellen Erleben jener Zeit her. Aus der Tradition des Märchen-Erzählens können wir viel lernen, denn „Storytelling" schafft eine emotionale und nicht selten auch loyale Verbindung zwischen Kunden und Produkten und zwischen Menschen und Unternehmen. Das hat Bioaroma erkannt. Und vielleicht geht es Ihnen wie mir auch: 4.500 Jahre minoische Kosmetik-Tradition hinterlassen eine emotionale Wirkung – ob man die Produkte nun nutzt oder nicht.

4. Zeit schafft Vertrauen

Der Ausspruch „Vertrauen wächst mit der Zeit" hat gerade in unserem heutigen schnelllebigen Lebensumfeld einen wirklich tiefen Sinn. Und wir sollten ihn noch viel ernsthafter in unsere privaten, beruflichen und geschäftlichen Überlegungen integrieren. Natürlich können wir nicht mit den Minoern konkurrieren – aber selbst fünf oder 10 Jahre sind heute schon eine lange Zeit. Wir selbst sind seit 1998 in einem hoch volatilen Markt immer noch erfolgreich selbständig, nachdem wir viele Venture-Capital-geförderte Wettbewerber haben sterben sehen. Vertrauen braucht nicht nur Zeit, sondern Zeit schafft auch Vertrauen.

BEISPIEL 3:

Über unsere Webseiten[32] veranstalten wir seit 2009 regelmäßig Webinare, Online-Vorträge, die in einem virtuellen Klassenraum stattfinden. Ich selbst habe schon über 250 Webinare moderiert mit mehr als 4.000 zufriedenen Teilnehmerinnen und Teilnehmern. Nach fünf Jahren finden sich langsam aber sicher immer mehr externe Referentinnen und Referenten, die unsere Plattform nutzen und ihre Themen und sich selbst darüber bewerben. Diese Webinare bieten wir kostenfrei an und machen sie über Social Media-Kanäle bekannt. Zunehmend häufiger finden sich in diesen Webinaren Menschen, die nicht aus dem deutschsprachigen Raum zuhören und mitmachen, sondern gerade irgendwo auf der Welt zu Hause sind. Eine Teilnehmerin loggte sich einmal von Australien aus ein. Sie können sich vorstellen, dass diese Dame an dem Abend meine ganze Aufmerksamkeit hatte, denn wann bekommt man sonst schon mal die Gelegenheit, mit jemandem aus Australien zu chatten? Dieses Beispiel zeigt:

1. www steht auch für weltweite Weiterbildung

Globale Wertschöpfungsketten sind nicht nur auf Produkte beschränkt, sondern zunehmend auch auf Dienstleistungen. Damit findet ein elementarer Paradigmenwechsel vor allem in der Weiterbildung statt, die bis vor wenigen Jahren nur durch persönliche Präsenz vor Ort in Anspruch genommen werden konnte. Das Internet ermöglicht es nun jedem einzelnen von uns, an (internationaler) Weiterbildung teilhaben zu können, ohne den heimischen Schreibtisch verlassen zu müssen.
Ein weiteres grandioses Beispiel dafür ist die Webseite www.coursera.com[33]. Renommierte Universitäten aus der ganzen Welt bieten hier Vorlesungen zu vielen verschiedenen Themen aus unterschiedlichen Fachbereichen an. Um teilnehmen zu können, braucht man keinen

32 www.futability.com, www.AGENTURohneNAMEN.de, www.womenandwork.de, www.innovationatwork.de
33 Weitere Vergleichsplattformen sind: www.edx.org, www.iversity.org oder www.futurelearn.com.

Hochschulabschluss. Man muss sich lediglich registrieren und kann dann im Schlaraffenland der Weiterbildung die Kostbarkeiten heraussuchen, die einen interessieren, Spaß machen oder dem eigenen Job dienen. Und das alles ist völlig kostenfrei! Für nur 49 Dollar kann man sich aber auch für eine Zertifizierung anmelden und bekommt dann am Ende des Kurses einen Schein von der University of Geneva, von der Columbia University, Harvard oder von einer beliebigen anderen Kaderschmiede der Welt. Englischkenntnisse sind zwingende Voraussetzung, denn zum Zeitpunkt, als ich dieses Buch geschrieben habe, war lediglich die TU München als einzige deutsche Hochschule mit einem einzigen deutschsprachigen Kurs vertreten.

2. Bildung ist für alle da

Die Globalisierung und das Internet ermöglichen Weiterbildung jenseits von Länder- und Kulturgrenzen. Damit steigen die Chancen für jene, die sich Weiterbildung bislang nicht leisten konnten oder aus Zeitgründen keine Möglichkeit hatten, Fortbildungen zu besuchen. Webinar- und Online-Angebote reduzieren die Ausflüchte, sich aus finanziellen und zeitlichen Gründen nicht weiterbilden zu können, ganz dramatisch. Und das ist auch gut so!

3. Den (virtuellen) Horizont erweitern

Die Möglichkeiten, Webinare zu halten, bieten nicht nur wir an, sondern viele weitere Dienstleister und Weiterbildungsanbieter auch. Dennoch sind es prozentual noch verschwindend wenige Trainer, Coaches oder Expertinnen und Experten, die sich diese Form der Wissensweitergabe zu Nutze machen. Das zeigt sehr deutlich, dass immer noch zu viele die Tragweite des Internets und die damit einhergehende Veränderung auch in der Bildungs- und Ausbildungslandschaft nicht verstanden haben.

Wehe dem, der glaubt, dass die Unternehmen auch in Zukunft in der Masse noch auf Präsenz-Seminare oder Präsenz-Wissensvermittlung setzen werden. E-Learning ist erst der Anfang. Ich bin sehr sicher, dass uns aus Kostengründen und Personalknappheit in nicht allzu ferner Zukunft Avatare in digitalen „Appetithäppchen" Wissen vermitteln werden, das weltweit aufgerufen und bei Bedarf mit wenigen technischen Handgriffen aktualisiert werden kann. Vor allem die Digital Natives werden mit dieser Entwicklung überhaupt keine Anpassungsschwierigkeiten haben. Sie werden diesen Trend vermutlich sogar treiben. Denn gerade für sie ist das Internet kein Appendix zur vereinfachten Kommunikation, sondern elementarer Dreh- und Angelpunkt für alle sozialen und beruflichen Aktivitäten. Wer sich daher heute nicht auf den technischen Level der zukünftigen Kunden begibt, braucht damit in zehn Jahren nicht mehr anzufangen. Denn vielleicht wird dann schon Avatar „I-Know" für die Wissensvermittlung sorgen.

Und es geht immer weiter

„Wir müssen der Technologie mehr vertrauen als den Menschen."[34] Mit diesen Worten wurde 2011 eine Trendstudie des 2b AHEAD Think Tanks präsentiert. Deren Zukunftsvision lautet: Bis 2020 wird die Leistungsfähigkeit eines normalen Computers oder Tablet-PCs in etwa die eines menschlichen Gehirns erreichen und bereits für ca. 1.000 US-Dollar zu kaufen sein. Und was tun wir, wenn der Fall eintritt? Die Mitglieder des 2b AHEAD Think Tanks haben sich auch darüber Gedanken gemacht und vermuten, dass in der Folgezeit die Nachfrage nach Produkten und Technologien zunehmen wird, die es uns erlauben, die Leistungsfähigkeit unseres Körpers und Hirns zu steigern.

Erinnern sie sich noch daran, wie Trends entstehen? Trends entstehen durch menschliches Handeln, das getrieben wird von Bedürfnissen, Wünschen oder Interessen. Kommt der Zeitpunkt, an dem ein einziger Computer mit der Leistungsfähigkeit eines menschlichen Gehirns gleichziehen kann, dann wird der steigende Wettbewerbsdruck zwischen Mensch und Maschine ziemlich sicher die Nachfrage nach leistungssteigernden Technologien ankurbeln.[35]

Wenn es möglich wird, dass wir die Leistungsfähigkeit unseres Körpers und unseres Gehirns durch technisches Doping steigern können, wird die Schnelligkeit unserer Welt weiter zunehmen. Aber auch die Kluft zwischen den Leistungsfähigen und den weniger Leistungsfähigen wird sich dramatisch vergrößern. Gleichzeitig, so wird aus der Trendstudie des 2b AHEAD Think Tanks deutlich, könnte diese Entwicklung aber auch einen Gegentrend einläuten: „Wenn wir begreifen, dass wir den Wettlauf mit dem Computer verloren haben, dann werden wir das Spielfeld wechseln. Nicht mehr Effizienz, Schnelligkeit und Produktivität werden die bestimmenden Kriterien unserer Arbeitswelten 2021 sein, wenn wir verstanden haben, dass Computer auf diesen Gebieten unschlagbar sind."[36] Was dann zählen wird, sind menschliche Stärken wie Empathie, emotionale Intelligenz und zwischenmenschliche Werte, aber auch analoge Fähigkeiten wie Kreativität, Gestaltungskraft und Ideenreichtum. Mit anderen Worten: Hier treffen wir sie wieder, **die Ideale des schöpferisch tätigen Kreativarbeiters**.

Die Wirtschaftswoche veröffentlichte 2014 einen Artikel mit dem Titel „Rapport beim Roboter". Darin hieß es: „Nicht mehr lange, dann ist ihr neuer Kollege eine Maschine, ihr Chef ein Computer. Denn die Arbeitswelt steht vor der nächsten Welle der Automatisierung. Nun sind sogar die Jobs der Wissensarbeiter bedroht."[37]

Im Artikel prophezeit Tyler Cowen, Professor für Wirtschaftswissenschaften an der George-Mason-University bei Washington, dass die Ausbildung vieler Menschen obsolet werden wird.

---

34 *http://tiny.cc/9y9c8x*

35 *Bereits im Jahr 2013 veröffentlichten Mainzer Wissenschaftler erschreckende Zahlen zum „***Neuroenhancement***" mit Pharmaka. Danach betrieb schon damals jeder fünfte Student „Hirndoping" mit Ritalin. (www.aerzteblatt.de: „Jeder fünfte Student betreibt Hirndoping", 31. Januar 2013)*

36 *Trendanalyse 2b AHEAD Think Tank „Arbeiten 2021"*

37 *Wirtschaftswoche Nr. 19, 5.5.2014, S. 74*

Und die Gefahr besteht ganz real, denn clevere Köpfe sind momentan schon dabei, einen weiteren revolutionären Clou vorzubereiten, der eine neue Evolutionsstufe der Konnektivität und globalen Vernetzung einläuten wird. Und auch die wird Arbeitsplätze kosten. Und zwar massiv!

Die im vorigen Kapitel beschriebene Evolution vom Wissens- zum Kreativarbeiter zeigt sehr deutlich, dass die Informationstechnologie menschliche Tätigkeiten weitaus schneller assimiliert, als wir uns das (immer noch) vorstellen können. Viele Verwaltungs- und Analyseaufgaben, die dem Wissensarbeiter in den 80er- und 90er-Jahren zugesprochen wurden, werden heute in vielen Bereichen ganz selbstverständlich von Computerprogrammen erledigt.

Das Internet selbst ist eine rühmliche Ausnahme, denn die Funktionalität des Internets ist (noch) davon abhängig, dass Menschen es mit Inhalten füllen. Die Informationen, die im Internet verfügbar sind, werden durch menschliche Handlungen eingepflegt. Zurzeit leben etwas mehr als 7 Milliarden Menschen auf der Welt. Alle Menschen, die des Schreibens mächtig sind und Zugang zum Internet haben, können Informationen meist ungefiltert in das World Wide Web einspeisen. Das Problem ist nicht nur die unfassbare Masse der Partizipanten, sondern vor allem die Tatsache, dass das menschliche Gehirn und menschliche Handlungen zutiefst fehleranfällig sind. Unsere Aufnahmekapazität ist begrenzt und auch die zeitliche Spanne, in der wir fähig sind zu arbeiten, unterliegt natürlichen Grenzen – frei nach Roberto Blanco: „Ein bisschen Schlaf muss sein."

In keinem Fall sind wir jedoch in der Lage, diese unvorstellbare Datenmenge in irgendeiner Form kreativ zu vernetzen, zu clustern, zu analysieren und wiederum neu zu verbinden. Das Gefühl des persönlichen Überwältigtseins ob der täglichen Informationsflut, die ja nur einen Bruchteil des weltweit vorhandenen Wissens darstellt, macht das sehr deutlich. Nicht umsonst wird an Computern gearbeitet, die mit der Leistungsfähigkeit des menschlichen Gehirns mindestens gleichziehen können.

Und während ich an diesem Kapitel gearbeitet habe, hat mich die reale technische Entwicklung eingeholt. Anfang August 2014 stellte IBM den schon drei Jahre zuvor angekündigten „Gehirn-Chip" TrueNorth vor. TrueNorth ist ein neuromorpher Prozessor und besteht – ganz vereinfacht ausgedrückt – aus insgesamt einer Million künstlicher Neuronen (das menschliche Gehirn hat ca. 100 Milliarden Neuronen) und 256 Millionen Synapsen. Neuromorphe Prozessoren eignen sich besonders für Aufgaben in der Mustererkennung und -analyse, zum Beispiel der Bild- und Spracherkennung, sowie der Sensorik und Regelungstechnik. IBM hat die Fähigkeit der Bilderkennung bereits erfolgreich getestet. TrueNorth konnte Menschen, Fahrradfahrer oder Autos mit 80-prozentiger Genauigkeit erkennen.[38]

Der „Visor" von Geordi La Forge aus der Serie „Star Trek – The next Generation" wirkt plötz-

38 www.wired.com/2014/08/ibm-unveils-a-brain-like-chip-with-4000-processor-cores/

lich nicht mehr wie Science Fiction, sondern wie ein vorweggenommener weltweiter Marketing-Coup.

TrueNorth-basierte Systeme sollen übrigens zukünftig in Watson integriert werden. Watson ist ein von IBM entwickeltes Computerprogramm aus dem Bereich der künstlichen Intelligenz. Im Rahmen von Pilotstudien[39] wurde Watson bislang unter anderem dazu verwendet:

- Vorhersagen zu treffen, welche Arzneistoffe gegen bestimmte Krankheiten wirksam sein könnten
- Vorhersagen zu treffen, welche Bauteile komplexer Industriemaschinen Gefahr laufen vorzeitig auszufallen und daher gewartet werden sollten
- innovative Kombinationen von Zutaten für schmackhafte Kochrezepte vorzuschlagen

Viele Vordenker und Innovatoren sehen nun die Notwendigkeit gekommen, Computer dazu befähigen zu müssen, Informationen quasi selbsttätig zu sammeln, sodass sie die Welt praktisch „sehen", „hören" und „schmecken" können. So absurd und abwegig das klingt – Wissenschaftler weltweit arbeiten an diesem Konzept und einige dieser Technologien begegnen uns bereits im Alltag: Mit dem Handy im Auto Musik zu streamen oder anhand einer Liste persönlicher Lieblingsspeisen einen Restaurantvorschlag zu bekommen sind erst die Anfänge.

„Das auf intelligenten Systemen, Machine-to-Machine-Kommunikation, Management-Plattformen, Applikationen und Analytics basierende 'Internet der Dinge'[40] stellt ein fundamental neues Konstrukt in der IT-Welt dar. Einige Branchen, wie die Transport- und Logistikbranche, das Versorgungswesen oder das verarbeitende Gewerbe, nehmen dabei eine Vorreiterrolle ein und treiben anhand des „Internets der Dinge" radikale Innovationen in ihren Industriezweigen voran",[41] so steht es auf der Webseite des Beratungsunternehmens IDC.

Und es ist kaum davon auszugehen, dass von dieser Idee wieder Abstand genommen wird, denn wirtschaftlich gesehen werden viele Unternehmen von dieser Entwicklung massiv profitieren. Sogar dem demografischen Wandel und dem dadurch gefürchteten Fachkräftemangel könnte mit dieser Entwicklung in manchen Teilen der Garaus gemacht werden. **Industrie 4.0** heißt die nächste Welle, die mit immer mehr Rückenwind, auf uns zurollt. Unter der Ägide des Bundesministeriums für Bildung und Forschung hat die acatech – Deutsche Akademie der Technikwissenschaften e.V. gemeinsam mit der Forschungsunion – schon im April 2013 einen 116 Seiten langen Forschungsbericht vorgelegt. Darin heißt es: „Unternehmen werden zukünftig ihre Maschinen, Lagersysteme und Betriebsmittel als Cyber-Physical Systems (CPS) weltweit vernetzen. […] In der neu entstehenden **Smart Factory** herrscht eine völlig neue Pro-

39 *https://de.wikipedia.org/wiki/Watson_%28K%C3%BCnstliche_Intelligenz%29*
40 *Der verstorbene Mark Weiser hat in seinem Aufsatz „The Computer for the 21st Century" 1991 erstmalig den Begriff „Internet of Things" genutzt – grob und ein wenig sperrig übersetzt das „Internet der Dinge" – um „intelligente Gegenstände" zu beschreiben.*
41 *http://idc.de/de/research/multi-client-projekte/industrie-4-0-in-deutschland*

duktionslogik: Die intelligenten Produkte sind eindeutig identifizierbar, jederzeit lokalisierbar und kennen ihre Historie, ihren aktuellen Zustand sowie alternative Wege zum Zielzustand."[42]

Was bedeutet die Entwicklung für die Zukunft? Die Studie gibt darauf unter anderem folgende Antworten:

- Die Smart Factory kann zum Beispiel individuelle Kundenwünsche berücksichtigen und selbst Einzelstücke rentabel produzieren.
- Geschäfts- und Engineering-Prozesse können dynamisch gestaltet, also die Produktion kurzfristig verändert werden. Auf Störungen und Ausfälle, zum Beispiel von Zulieferern, wird so flexibel reagiert.
- Die Produktion ist durchgängig transparent.
- Neue Formen von Wertschöpfung und neuartige Geschäftsmodelle entstehen. Gerade für Start-ups und kleine Unternehmen bietet sich hier die Chance, nachgelagerte Dienstleistungen zu entwickeln und anzubieten.
- Industrie 4.0 leistet darüber hinaus einen Beitrag zur Bewältigung aktueller Herausforderungen wie Ressourcen- und Energieeffizienz, urbane Produktion und demografischer Wandel.
- Arbeit kann demografie-sensibel und sozial gestaltet werden. Die flexible Arbeitsorganisation ermöglicht es den Mitarbeitern, Beruf und Privatleben sowie Weiterbildung besser miteinander zu kombinieren und erhöht die Work-Life-Balance.

Das klingt alles sehr vernünftig, erstrebenswert und vor allem ressourcenschonend. Schon allein deswegen wird sich diese Technologie vermutlich sehr schnell durchsetzen. Doch es gibt einen Haken – und der betrifft uns alle. In dem Forschungsbericht heißt es, ganz nebenbei, nämlich weiter: „**Die Rolle der Beschäftigten erfährt in der Smart Factory einen erheblichen Wandel.** [...] Die Mitarbeiter können sich dank intelligenter Assistenzsysteme **auf die kreativen, wertschöpfenden Tätigkeiten konzentrieren und werden von Routineaufgaben entlastet**. [...] Das bietet Chancen für eine **stärkere Eigenverantwortung und Selbstentfaltung der Arbeitnehmer**."

Merken Sie was? In dieser technischen Entwicklung ist die Wandlung des Menschen zum kreativ-schöpferischen Individuum selbstverständlich impliziert – ohne dass zurzeit Vorkehrungen dafür getroffen werden, dass wir diese Anpassung global und flächendeckend überhaupt bewerkstelligen können. Werden diese intelligenten Assistenzsysteme in naher Zukunft Realität, dann wird die Anzahl der Wissens- und Routinetätigkeiten noch einmal dramatisch abnehmen. Das McKinsey Global Institute vermutet, dass Roboter und Maschinen bis 2025 schätzungsweise 140 Millionen Wissensarbeiter durch intelligente Technik ersetzen könnten. Und die Beweise dafür häufen sich.

42 *„Deutschlands Zukunft als Produktionsstandort sichern: Umsetzungsempfehlungen für das Zukunftsprojekt Industrie 4.0"*

- Im Juni 2014 verkündete das chinesische Unternehmen Foxconn, es habe eine Armee aus 10.000 „Foxbots" gekauft, die theoretisch bis zu 300 Millionen iPhones pro Jahr herstellen können soll. Die Themen Überstunden, Leistungsdruck und schlechte Bezahlung sind damit in diesem Konzern vom Tisch.
- Toshiba präsentierte im Oktober 2014 die Roboter-Frau Aiko Chihara, die verblüffend (oder erschreckend?) menschlich aussieht. Aiko ist „von Geburt an" voll einsatzfähig. Sie kann ihre Arme und Hände bewegen, sprechen und Bettlaken und Kissen wenden. Zusätzlich beherrscht sie die japanische Zeichensprache. Der Prototyp der Menschmaschine soll in der Pflege eingesetzt werden und bis zu den Olympischen Spielen 2020 in Tokio in Serie gehen, um dann in Gestalt junger Frauen zur Besucherbetreuung eingesetzt zu werden. Lebende Messehostessen waren gestern...
- Auch Nestlé setzt auf die Technikaffinität der Japaner. Im Weihnachtsgeschäft 2014 trat „Pepper" seinen Dienst an. Die 1,20 Meter großen Roboter auf Rollen können zwar keinen George Clooney ersetzen, sollen aber interaktiv mit den Kunden kommunizieren können.
- Cynthia Breazeal, Professorin am MIT, hat „Jibo" entwickelt, einen 500 US-Dollar teuren Roboter, der Menschen am Gesicht erkennt, ihnen zuhört und auf Wunsch Pizza bestellen oder einen Termin im Kalender eintragen kann. Immerhin gibt es für diesen Prototyp schon Tausende Vorbestellungen – und das wird erst der Anfang sein.
- Im Mai 2015 veröffentlichte das Handelsblatt einen Artikel mit dem Thema „Dann eben ohne Lokführer"[43]. Mitten im heftigsten Streik der Lokführergewerkschaft GDL mit der Deutschen Bahn ließ mich diese Nachricht aufhorchen. Und in der Tat könnte die Zeit der Lokführer gezählt sein. Die Australier eröffnen nämlich gerade einen Blick in die Zukunft und erproben den Betrieb führerloser Lokomotiven, während Europa, Asien und die USA sehr interessiert zuschauen.
- Ebenfalls im Mai 2015 erschien in der China Daily[44] die Nachricht, dass die in der Region Guangdong ansässige Firma Everwin Precision Technology Ltd an der ersten menschenleeren Fabrik arbeite. Die Redakteure sahen das als ein Signal, dass die lokalen Behörden die Strategie der „Roboter-Montagelinien" anfangen zu realisieren.

Bis zur Fertigstellung des Buches hätte ich ohne große Mühe mindestens zwei Dutzend weiterer Beispiele benennen können. Und diese Geschwindigkeit der Neuerungen innerhalb weniger Monate hat selbst mich überrascht.

„Es war nie ungünstiger, ein Arbeiter mit ‚gewöhnlichen' Fertig- und Fähigkeiten zu sein, denn Computer, Roboter und andere digitale Technologien eignen sich diese Fertig- und Fähigkeiten mit außergewöhnlicher Geschwindigkeit an", schreiben die MIT-Ökonomen Andrew McAfee und Erik Brynjolfsson in ihrem Buch „The Second Machine Age".

43 *www.handelsblatt.com/unternehmen/handel-konsumgueter/geisterzuege-dann-eben-ohne-lokfuehrer/11816408.html*
44 *http://en.people.cn/business/n/2015/0504/c90778-8886783.html*

Auch Michael Osborne von der Universität Oxford glaubt: „**Am stärksten von der Automatisierung betroffen ist, wer am schlechtesten ausgebildet ist.**"[45]

Werden Digitalisierung und Industrie 4.0 in naher Zukunft flächendeckend Realität, dann wird die Anzahl der Wissens- und Routinetätigkeiten in der Tat dramatisch abnehmen (ketzerisch gefragt: Ist das in Zeiten des demografischen Wandels vielleicht sogar gewollt...?). Gleichzeitig werden aber auch neue Jobs und Berufsfelder entstehen. Der Anteil kreativer Jobs und Jobs mit hoher Sozialkompetenz werden steigen. Auch der Bedarf an hochqualifizierten Visionären und technologischen „Tausendsassas" wird wachsen und weltweit unglaublich spannende Jobperspektiven bieten. Die wichtigsten **Zukunftskompetenzen** dieser neuen Zeit werden sein:

- Kreativität
- Pioniergeist
- Kooperationsfähigkeit
- Flexibilität

Aber auch Kommunikationsfähigkeit, soziale Interaktion, Empathie, eine gestärkte Persönlichkeit und die Fähigkeit komplexen Denkens werden den Übergang in die „Arbeitswelt 4.0" erleichtern.

Politik, Unternehmen und Beschäftigte stehen vor immensen Herausforderungen, denn die Anzahl vorhandener Fachkräfte, die für Tätigkeiten im Zeitalter „Industrie 4.0" qualifiziert sind, wird vermutlich geringer sein, als das Angebot an entsprechenden Jobs. Gleichzeitig wird die Anzahl der Menschen, die auf der Suche nach Routinetätigkeiten sind, steigen – die Jobangebote hier jedoch weiter sinken. Diese Entwicklung baut eine gewaltige Sprengladung auf. Global betrachtet werden wir mehr auseinanderdriftende Arbeitsmärkte als heute erleben: Die, in denen Kreative, Empathische und Hochqualifizierte gutbezahlte Jobs ergattern und die, in denen gering qualifizierte Menschen unter teils prekären Bedingungen in mehreren Jobs werden arbeiten müssen – vermutlich mit geringen Aufstiegschancen und einem hohen Risiko des Jobverlustes.

Das wird den Druck auf die globale Mobilität erhöhen und Gesellschaften weltweit verändern – zum Besseren nur dann, wenn wir die große Herausforderung der Zukunft meistern: Je weiter die weltweite Technologisierung voran schreitet und je konnektiver unsere Welt wird, umso höher wird das Wissens- und (Weiter-)Bildungskapital in Zukunft gehandelt werden. **Nicht-Wissen und Nicht-Lernen ist ein Luxus, der uns nicht mehr zusteht!** Sowohl politisch als auch gesellschaftlich und ökonomisch können wir uns eine abwartende Haltung nicht mehr leisten. Die technologische Entwicklung hat in den Turbogang geschaltet – wir müssen auf menschlicher Seite aufholen, ob wir wollen oder nicht.

45 *WirtschaftsWoche Nr. 1/2, 5.1.2015, „Genies vom Fließband"*

ZUSAMMENFASSUNG:

Die Zeit einfacher Ursache-Wirkungs-Zusammenhänge ist vorbei. Globalisierung und Konnektivität haben unsere Welt nachhaltig und irreversibel verändert. „Big Data" und „Industrie 4.0" werden für eine radikale Transformation sorgen und die Globalisierung (r)evolutionieren – mit weitreichenden Folgen für die weltweiten Arbeitsmärkte und deren Teilnehmer. Eine Rückkehr ist nicht mehr möglich. Denn trotz aller Nachteile bietet die globale Vernetzung jedem, der qualifiziert ist, lebensbegleitendes Lernen als wichtige persönliche Kapitalisierung betrachtet und sich auf seine eigenen schöpferischen Fähigkeiten rückbesinnt, die Chance, an weltweiten Wertschöpfungsketten teilzuhaben, durch innovative Ideen Trends der Zukunft mit zu gestalten und von ihnen zu profitieren. Um der Globalisierung nicht nur zu trotzen, sondern um sie zu nutzen, ist der Blick über den eigenen Tellerrand notwendig – ebenso wie transkulturelles Denken und die Fähigkeit, Vernetzungen und kooperative Verschmelzungen auf allen Ebenen zu verstehen und selbst zu initiieren.

A = ADAPTIONS-PROBLEME

„Nachdem ich mir vor ein paar Wochen eine neue Software-Version heruntergeladen und sie Schritt für Schritt an meine Bedürfnisse angepasst habe, gab es nun vorhin ein automatisiertes Update und ich bin nicht begeistert, denn ich hatte die Software an sich so wie ich sie mag. Nach der aktuellen Verschlimmbesserung scheint man bestimmte Leisten nicht mehr so anordnen zu können wie gewohnt und das ist blöd, denn der Hersteller wirbt ja damit, dass dieses Update nun gerade die Anpassung enorm erleichtern soll. Ich gurke da jetzt rum wie blöd, finde aber keine Option und das ist nicht zu ertragen für mich. Kann mir jemand helfen?"

So und ähnlich findet man sie im Netz, die Hilferufe entsetzter User, die nach einem Software-Update schier verzweifeln, weil die vermeintliche Verbesserung des Updates automatisierte und gewohnte Handgriffe und Arbeitsschritte auf einmal unmöglich macht. Ähnlich dramatisch wird der Ausfall des Internets, das Kappen von Telefonleitungen oder der Diebstahl des Mobiltelefons empfunden. Der Verlust liebgewonnener Gadgets ist schmerzhaft, weil die imaginären Beziehungen gewaltsam durchtrennt werden und wir plötzlich merken, wie abhängig wir von unseren technischen Helfern geworden sind. Die daraus folgende Hilflosigkeit irritiert, verärgert und stresst, weil die Kompensation des Technik-Ausfalls oder die Umgewöhnung von im Alltag erprobten und effizienten Handgriffen sich wie Schwerstarbeit anfühlen, „nicht zu ertragen" und ohne fremde Hilfe oft nicht zu lösen sind.

Wie konnte es nur dazu kommen?

Indem wir uns moderner Technik bedienen – Technik, die sich immer wieder selbst speist – haben wir unser Leben und unseren Arbeitsalltag zwar erleichtert. Gleichzeitig haben wir aber auch für eine radikale Beschleunigung gesorgt und uns damit in eine **(technische) Abhängigkeit** begeben, die uns statt freier immer unfreier werden lässt. Um (mit der Technik) Schritt halten und unseren Autonomiespielraum aufrecht erhalten zu können, müssen wir gefühlt immer schneller agieren und denken, doch es gelingt uns immer seltener. Schlimmer noch: Wir stolpern von einem Dilemma ins nächste.

Der Soziologe und Zeitforscher Hartmut Rosa ist überzeugt, dass wir unsere Autonomie, Gestaltungsmacht, Gestaltungsfreiheit und Gestaltungssicherheit verloren haben. Er vergleicht an dieser Stelle die „klassische Moderne" mit der „Spätmoderne" und stellt sie wie folgt gegenüber[46]:

46 *Aufsatz von Hartmut Rosa, „Kritik der Zeitverhältnisse. Beschleunigung und Entfremdung als Schlüsselbegriff einer erneuerten Sozialkritik" auf www.eilkrankheit.de*

	Klassische Moderne	*Spätmoderne*
Grundversprechen	Wir erlangen Autonomie durch individuelle und kollektive Selbstbestimmung. Wir allein entscheiden, wer wir sein und wie wir leben möchten.	An einem selbstbestimmten Leben hindern uns Zeitdruck, Performance-Erwartungen sowie abstrakte Ziel- und substanzlose Wettbewerbs- und Steigerungszwänge.
Freiheitsgedanken	Konventionen, Traditionen, politische und religiöse Herrschaft, Zwänge der Knappheit, Limitationen durch Unwissenheit und ökonomische Existenzkämpfe beschränken uns nicht mehr.	Die Liste der als unerlässlich erfahrenen Verpflichtungen wird, so zeigt die empirische Sozialforschung, von Jahr zu Jahr länger. Das Müssen ist ein starker innerer und äußerer Treiber geworden.
Authentizitätsgedanke	Ein Leben zu führen, das unseren Anlagen, Wünschen und Bedürfnissen, unseren Fähigkeiten, Neigungen und Begrenzungen 'gemäß' ist. Dazu ist es wichtig zu erkennen, wer man 'wirklich' ist und sein will.	Es ist zunehmend schwierig, den Authentizitätsgedanken der „klassischen Moderne" durchzusetzen. Wir wissen zunehmend weniger, was für uns 'richtig' ist und laufen dadurch Gefahr, ein (selbst-)entfremdetes Leben zu führen.
Autonomieversprechen	Wir folgen dem Verlangen nach politischer, rechtlicher und sozialer Freiheit, Effizienzstreben sowie Optionenvielfalt und -vermehrung.	Unsere Angst wächst, nicht mithalten zu können, abgehängt zu werden, oder die Aufgabenlast nicht bewältigen zu können.
Beruf und Karriere	Wir erreichen eine bestimmte beruflichen Position, die Anerkennung, Status und ein gesichertes Einkommen bis ans Lebensende verspricht.	Der berufliche Erfolg richtet sich nach der persönlichen „Performance". Positionen, Anerkennung und Einkommen werden 'performativ' immer wieder neu ausgehandelt und berechnet. Wir bleiben dadurch in permanenter Bewegung – ob wir wollen oder nicht.

Wir leben in einer problematischen Welt der konstanten Veränderung. Nicht nur unsere Welt, sondern auch die täglichen Herausforderungen im Arbeitsalltag sind VUCA-geworden – volatil, ungewiss, komplex und mehrdeutig. Und das zeichnet auch die aus ihr entstehenden Probleme aus.

In der Vergangenheit hatten wir es in den meisten Fällen mit **strukturierten Problemen** zu tun. Strukturierte Probleme können wir mit unserem vorhandenen Wissen sofort und eindeutig lösen. Für ein Problem gibt es daher oft tatsächlich auch nur eine Lösung, die sich als richtig erwiesen hat. Doch eine VUCA-gewordene Welt funktioniert nicht mehr nach dem Schema

1 Problem = 1 Lösung

Eine VUCA-gewordene Welt produziert aufgrund ihrer Komplexität Mehrdeutigkeiten. Ihre Schnelligkeit führt zu Ungewissheiten. Planung und Vorausschau ist kaum noch möglich. Unsere Welt besteht nicht mehr aus klar strukturierten Problemen, sondern die Probleme, mit denen wir es vermehrt zu tun haben, sind unstrukturierte Probleme. Unstrukturierte Probleme zeichnen sich dadurch aus, dass wir sie mit unserem vorhandenen Know-how nicht sofort lösen können, weil es zu viele Lösungswege gibt oder die Lösungswege erst noch gefunden werden müssen. Die neue Formel lautet daher:

1 Problem = X Lösungen

Das "X" sollte nicht unbearbeitet im Raum stehen bleiben, denn eine VUCA-Welt ist perfide: Kümmern wir uns nämlich nicht umgehend um das Finden von mehreren Lösungen oder zumindest von Lösungsansätzen, wird das aufgeworfene Problem komplexer, mehrdeutiger, ungewisser und volatiler. Die Problem-Formel verändert sich dann wie folgt:

1 Problem = VUCA

Eine VUCA-Welt straft Untätigkeit und Unentschlossenheit ab. Abwartend die Hände in den Schoß zu legen zahlt sich heute nicht mehr aus, sondern birgt extreme Risiken. Politik, Wirtschaft und Gesellschaft sind immer unfähiger, den radikalen Veränderungen und dem schnelllebigen Tempo wirkungsvoll zu begegnen. Alvin Toffler war sich schon 1971 sicher, dass uns die „massive Einspritzung von Geschwindigkeit und Neuigkeit in das Gewebe der Gesellschaft"[47] zwingen wird, nicht nur schneller mit gewohnten Situationen (= strukturierte Probleme), Ereignissen und moralischen Zwiespälten fertig zu werden, sondern wir auch in ständig wachsendem Ausmaß Situationen bewältigen müssen, die für uns entschieden ungewohnt, erstmalig, fremdartig, außergewöhnlich und unvorhersehbar sind (= unstrukturierte Probleme).

Die Folgen spüren wir. Jeden Tag. **Das Maß an Eigenverantwortung und Selbstorganisa-**

47 Alvin Toffler, „Zukunftsschock", S. 171

tion wächst. Und auch die Unternehmenserwartungen steigen. Im Jahr 2013 befragten wir 199 Personalverantwortliche in Deutschland, Österreich und der Schweiz und wollten von ihnen wissen, welche Kompetenzen Mitarbeiterinnen und Mitarbeiter sowie Führungskräfte mitbringen sollten. Und das waren die „Top 10" der gewünschten und als am wichtigsten erachteten Kompetenzen:

1.	Lösungsorientiertes Denken und Handeln	81 %
2.	Kommunikationsfähigkeit	75 %
3.	Eigeninitiative	71 %
4.	Begeisterungsfähigkeit	65 %
5.	Verantwortungsbereitschaft	63 %
6.	Lebenslanges Lernen	61 %
7.	Belastbarkeit	56 %
8.	Unternehmerisches Denken und Handeln	56 %
9.	Veränderungsbereitschaft	53 %
10.	Selbstmanagement	52 %

Die Ergebnisse zeigen, dass die neuen Realitäten auch veränderte Fähigkeiten verlangen – nicht nur privat, sondern vor allem auch beruflich. „Lösungsorientiertes und unternehmerisches Denken und Handeln" deutet eindeutig hin auf die Zunahme von unstrukturierten Problemen, die es zu bewältigen gilt. „Eigeninitiative", „Verantwortungsbereitschaft" und „Selbstmanagement"" sind im Job genauso gefragt wie beim persönlichen Lebens-Management. Das sind die Folgen des Grundversprechens der „klassischen Moderne": Die Autonomie und Freiheit selbst bestimmen zu dürfen, wer wir sein und wie wir leben möchten. Wir wollten es haben, jetzt ist es da - mit allem, was dazu gehört, in allen Lebensbereichen!

Und die „Veränderungsbereitschaft", die im Jahr 2013 53 % der Befragten als sehr wichtig erachteten, wurde in der Wiederholungsbefragung 2015 von 87 % der Befragten als wichtigste allgemeine Zukunftskompetenz angesehen. „Veränderungsbereitschaft" impliziert „Anpassungsfähigkeit" und damit kommen wir zum vierten und letzten Trend im „MEGA-Zeitalter": Den **Adaptions-Problemen**.

Der Duden definiert Adaption biologisch als die „Anpassung des Organismus, von Organen an die jeweiligen Umweltbedingungen" und soziologisch als die „Anpassung des Menschen an die soziale Umwelt."

„Wir müssen uns anpassen...", „Wir werden uns daran gewöhnen müssen, dass...", „Wir sollten die Situation wie folgt einordnen...", „Die Assimilation ist erfolgt, aber...", „Das Eingewöhnen fällt schwer, weil..." oder „Die Einordnung des Problems stellt uns vor völlig neue Herausforderungen, denn..." sind Sätze, mit denen uns die Medien in der einen oder anderen Variante tagtäglich füttern. Und sie alle signalisieren: Veränderung! Sie signalisieren auch: Adaption ist notwendig – aber sie fällt uns nicht leicht oder bereitet uns zunehmend Schwierigkeiten!

Hinter den „Adaptions-Problemen" verbirgt sich daher weniger ein Trend, sondern vor allem ein **Mangel**, eine **Knappheit** in Form von fehlender Gesundheit, fehlendem Wohlbefinden, fehlenden Erfahrungen und Kompetenzen mit VUCA-Welten umzugehen, fehlenden Anpassungskompetenzen und fehlendem Weit- und Weltblick.

Die Adaptions-Probleme offenbaren eklatante **Defizite** an geeigneten „(Selbst-)Management-Tools", um diese Mängel nicht nur zu kompensieren, sondern um sie langfristig zu beheben. Nur wenn uns das gelingt, werden wir die VUCA-Welt psychisch und physisch ertragen, visionärer denken, anpassungsfähiger (adaptiver) werden und strategisch zukunftsgerichteter handeln können. Sowohl auf Seiten der Individuen als auch auf Seiten der Unternehmen und Gesellschaften weltweit.

In immer mehr Lebensbereichen sind Individuen und Organisationen gezwungen, sich an veränderte Markt- und Wirtschaftsbedingungen und an eine veränderte und hochkomplexe Umwelt anzupassen und erlernte Denk- und Handlungsweisen auf Tauglichkeit zu überprüfen.

Und wir alle sollten es können – schließlich fliegen wir ins All, betreten den Mond, reisen um den Globus und sind multikulturell und multimedial vernetzt. Es könnte der Eindruck entstehen, dass unsere Adaptionsfähigkeit grenzenlos ist. Doch der Schein trügt. Die immer schnellere Abfolge von Vergänglichkeit, Neuheit und Vielfalt ist eine explosive Mischung, die jedem einzelnen viel abverlangt, denn wir kommen nicht darum herum, unser Leben permanent anzupassen, und berufliche und private Entscheidungen aus einer Fülle von Alternativen zu treffen.

Viel häufiger fühlen wir uns als Opfer der komplexen Veränderung, anstatt pro-aktiv, autonom und willensbestimmt Chancen wahrnehmen und mögliche Korrekturen einleiten zu können. Oft fehlt uns der Blick auf das große Ganze. Wir sind gefangen im täglichen Morast aus beruflichen und privaten Verpflichtungen, Termindruck und dem gehetzten Gefühl, ein Muss erfüllen zu müssen, sodass berufliche und private Visionen, Ziele und Lebenswünsche auf der Strecke bleiben.

„Wir sind für unsere Aufenthaltsorte, Beziehungen, Tätigkeiten, Werkzeuge, Kleidungsstücke, Nahrungsweisen, Glaubensinhalte, ja Lebensentwürfe, selbst verantwortlich."[48] Die Folge davon ist, dass die Liste der als unerlässlich erfahrenen Verpflichtungen von Jahr zu Jahr länger wird. Hartmut Rosa sieht unsere Gesellschaft daher auch als **eine Gesellschaft der „schuldigen Subjekte"**. Hinter dem Gefühl der Schuld steht das Bedürfnis nach Verantwortung, die wir jedoch in bestimmten Situationen nicht übernehmen oder übernehmen können. Da die Verantwortungsbereiche des täglichen Lebens permanent zunehmen, fühlen wir uns immer öfter schuldig. Schuldig, weil wir glauben, der Verantwortung gegenüber der Familie, dem Ar-

48 *Aufsatz von Hartmut Rosa, „Kritik der Zeitverhältnisse. Beschleunigung und Entfremdung als Schlüsselbegriff einer erneuerten Sozialkritik"*

beitgeber, den Freunden und Kollegen, den Wünschen des Ehe- oder Lebenspartners nicht (ausreichend) nachkommen zu können. Wir ersticken im Bewusstsein der Schuld, weil wir unsere Gesundheit ignorieren, zu wenig Zeit für die Kinder haben, nicht in unsere eigene Performance in Form von Weiterbildung oder der nächsten Karrierestufe investieren, den Haushalt vernachlässigen, den nächsten Friseurtermin aufschieben und, und, und....

Wir fühlen uns permanent schuldig, den (uns selbst gesetzten) Verantwortungen nicht gerecht werden zu können und haben schon lange den Überblick verloren, um welche Verantwortungen es eigentlich geht. Und so leben wir in der permanent undefinierten Angst, nicht mehr mithalten zu können, den Anschluss zu verpassen, die Aufgabenlast nicht bewältigen zu können, während gleichzeitig Rahmenbedingungen, Verbindlichkeiten und Zugehörigkeiten, die vormals Sicherheit versprachen, immer schneller wegbrechen. Demzufolge ist ein „Nicht-Ausruhen-Können" für viele keine Option und ein „Pause-Machen-Dürfen" nicht zwangsläufig gleichbedeutend mit einer Entlastung.

Überforderung ist ein Dauerzustand geworden, den der Soziologe Alain Ehrenberg als „**Signatur der Epoche**" beschreibt. In seinem Buch „Das erschöpfte Selbst" skizziert er eine Gesellschaft, in der die Ansprüche nach Eigenverantwortung, Selbstverwirklichung, Erfolg und Glück wie selbstverständlich von jedem und jeder übernommen werden, weil sie lange Zeit als Vehikel für Wohlstand und Erfolg galten.

Heutige Wertmaßstäbe sind nicht mehr Disziplin und Regelbefolgung, sondern Tatkraft und Handlungskompetenz.

Darum twittern, bloggen und posten wir unsere Aktivitäten in den virtuellen Äther, um genau diese Tatkraft und Handlungskompetenz sichtbar zu machen. Selbst ein getweetetes „Ich mach jetzt #Pause" signalisiert: Seht her, ich hab mein Leben im Griff, ich agiere frei und selbstbestimmt.

Mit der Folge, dass bei denen, die gerade keine Pause machen können, aber gerne eine machen würden, ungute Gefühle und Stress geschürt werden, denn wieder steigt die Angst zu scheitern und den eigenen (Freiheits-)Ansprüchen nicht gerecht werden zu können. Wer sich online aufhält, in den sozialen Netzwerken präsent ist und keine Schutzmechanismen entwickelt, findet sich nicht selten im Sog des sozialen Wettbewerbs. Inaktivität oder zu wenig „Freunde" (aka „Follower") haben sofort sichtbare Auswirkungen auf die persönliche Statistik und Reichweite - was automatisierte Nachrichten von XING, Facebook, LinkedIn oder Twitter nach sich zieht, die uns auffordern, mehr Freunde zu finden oder aktiver zu werden.

Und so potenzieren wir unsere Bemühungen exponentiell, sind emsig bis zum Umfallen, ohne die Auswirkungen unseres Tuns überhaupt noch realistisch erfassen zu können. Nur, um dann vielleicht auch irgendwann ein verdientes „Ich mach jetzt #Pause" twittern zu können. Hoffen wir nur, dass diese Pause dann nicht von einem „#R.I.P"[49] begleitet wird.

49 *Abkürzung für „Requiescat in pace" (Ruhe in Frieden).*

Unser „erschöpftes Selbst" geht, so ist sich Ehrenberg sicher, nicht nur einher mit tatsächlicher Erschöpfung sondern auch mit einer zunehmenden Identitäts- und Handlungsunsicherheit. Erschwerend kommt hinzu, dass uns die Gesellschaft, so Rosa, keine „Entlastungsinstitutionen" anbietet. Im Gegenteil. Die geforderte und gewünschte Freiheit und Autonomie der „klassischen Moderne" und die damit verbundene individuelle Emanzipation hat den Zwang zur Eigenverantwortung noch erhöht. Das bestätigen letztendlich auch die von uns durchgeführten Unternehmensbefragungen mit den genannten zehn wichtigsten und gewünschten Kompetenzen, bei denen nicht das angepasste Regelverfolgen, sondern die selbstbestimmte Eigeninitiative und Verantwortung im Vordergrund stehen.

Wir leben in einer Überflussgesellschaft und haben nie gelernt, den Überfluss zu managen, zu strukturieren und aus dem Überfluss heraus die für uns richtigen (emanzipierten) Entscheidungen zu treffen. Ein Maximum an Alternativen für jedes Individuum ist zwar erklärtes Ziel und Ideal einer demokratischen Gesellschaft, doch dieses Ziel hat einen Preis. Alvin Toffler hat schon 1971 prognostiziert, dass die Menschen „ironischerweise wohl nicht unter einem Mangel an Alternativen leiden, sondern durch den Überfluss an Alternativen paralysiert werden. [...] Es wird die Zeit kommen, da das Angebot ins Überangebot ausartet und die reale Gefahr besteht, statt vor der Freiheit plötzlich vor der Unfreiheit zu stehen."[50]

An dem Punkt scheinen wir angekommen zu sein, denn die Reichweite und Zahl der globalen Handlungsverflechtungen und Handelsbeziehungen ist größer als je zuvor und geht einher mit einem „historisch beispiellosen Koordinierungs-, Regulierungs- und Synchronisierungsbedarf"[51], der wiederum Auswirkungen auf unser tägliches Denken und Handeln hat oder haben kann. Genau an der Stelle führen diese Auswirkungen dann den Freiheits- und Authentizitätsgedanken der „klassischen Moderne" ad absurdum.

Jede neue Option, vor der wir stehen, initialisiert den potentiellen Handlungs-Kanon „**Informieren – Vergleichen – Abwägen – Entscheiden**". Da die Optionen in immer kürzerer Abfolge wie Pilze aus dem Boden schießen und Komplexität und Reichweite einer Entscheidung stetig zunehmen, sind wir so gut wie nicht mehr in der Lage, einen voll umfassenden Überblick haben zu können. Dennoch werden von uns lösungsorientiertes und unternehmerisches Denken und Handeln verlangt. Also versuchen wir, uns einen Überblick zu verschaffen und merken sehr schnell: Selbst wenn wir nur „googeln", werden wir von der Masse an Informationen erschlagen – und dabei ist es egal, ob es sich um Kauf-, Karriere- oder Freizeitoptionen handelt. Die Vielfalt ist immens, wir haben, wenn wir nicht aufpassen, jeden Tag die Qual der Wahl. **Wir strampeln, gestresst bis zur Erschöpfung, im Hamsterrad der Options-Entscheidungen.**

Potenziell kann jede Veränderung und jede neue Option vor allem dann als stressig empfunden werden, wenn mit der Veränderung oder der neuen Option zusätzlich auch die Tren-

50 *Alvin Toffler, „Zukunftsschock", S. 210, 227*

51 *Aufsatz von Hartmut Rosa. „Kritik der Zeitverhältnisse. Beschleunigung und Entfremdung als Schlüsselbegriff einer erneuerten Sozialkritik"*

nung von alten Gewohnheiten verbunden ist, neue Wege beschritten, neue Lösungen für alte oder neue Probleme gefunden oder neue Freundschaften und soziale Bindungen hergestellt werden müssen, wo alte durch Wegzug, Umzug oder Reorganisation weggebrochen sind.

Vor allem das Wegbrechen von Beziehungen sorgt für **Stress**, denn wir alle gehen Beziehungen mit (unausgesprochenen) Dauer-Erwartungen ein, die wir von Kindheit an gelernt haben oder die uns durch soziale Normen und Werte diktiert werden. Wir erwarten, dass Bindungen im engsten Familienkreis langfristig sind, wir hoffen auf mittelfristige Beziehungen zu Freunden, Nachbarn, Kollegen oder im Verein, während wir Beziehungen zum Friseur, Lieferanten oder dem Briefzusteller problemlos als kurzfristig akzeptieren.

Die gestiegene Mobilität und zunehmend volatile Arbeitsverhältnisse sorgen jedoch dafür, dass sich auch die Dauer-Erwartung von Beziehungen radikal ändert. Partnerschaften halten nicht mehr ein Leben lang, Freundschaften mutieren immer öfter zu „Projekt-Bekanntschaften" oder zu einer „Übergangs-Kumpelei".

Allein nur in unserem Bekanntenkreis verzeichnen wir in jedem Jahr mehrere Zuzüge und genauso viele Familien, die berufsbedingt ins Ausland gehen (müssen) oder deren Job-Nomadentum sie nur für jeweils drei, maximal fünf Jahre an einem Ort hält. Und ich stelle bei mir selbst auch fest, dass die erste Frage bei neuen Bekanntschaften nicht mehr lautet „Was machst Du beruflich?", sondern „Wie lange bleibst Du hier?"

Weiß ich, dass der Aufenthalt vor Ort befristet ist, investiere ich mittlerweile deutlich weniger Zeit und Energie in die Kontakte, denn bei den „**Pusteblumen-Freundschaften**" sind Verwehung (der Freundschaften) und Freiheit (der globalen Berufs- und Karrierewahl) zwei Seiten einer Medaille. Mein Sohn hat in seinen jungen Lebensjahren schon mehrere sehr gute Freunde ans Ausland „verloren". In dem Moment hilft es wenig, ihn (und uns) damit zu trösten, dass jeder Wegzug von Freunden mit potenziellen neuen Urlaubs-Destinationen verbunden ist. Die Adaption an ein Leben ohne die liebgewonnen Weggefährten fällt schwer und ist in der Phase des Abschieds und „Entwöhnens" kraft- und energieraubend – und sehr traurig.

Unser gesamtes Leben lang sind die Erfahrungen, die wir sammeln, die beruflichen und privaten Situationen, die wir durchleben, immer eng gekoppelt an zwischenmenschliche Beziehungen. Zwischenmenschliche Beziehungen lösen im Gehirn biologische Veränderungen aus, denn jede Erfahrung, die wir machen, alles, was wir lernen, wird in den Nervenzell-Netzwerken unserer grauen Zellen gespeichert. Erlebniseindrücke jeder Art werden in biologische Signale umgewandelt, die über unsere Sinnesorgane aufgenommen und im Gehirn verarbeitet werden.

Mittlerweile ist neurobiologisch erwiesen, dass immer dann, wenn Menschen stark emotional besetzte Bindungen eingehen, im Hypothalamus das Hormon Oxytocin ausgeschüttet wird. Oxytocin hat den Effekt, dass die Verhaltensweisen verstärkt werden, die zwischenmenschliche Bindungen sichern und das Vertrauen steigern.

Erfahrungen, die an positiv erlebte zwischenmenschliche Beziehungen gekoppelt sind, erwirken folglich auch positive Erinnerungs-Muster im Gehirn. Der umgekehrte Fall gilt natürlich genauso. Deswegen, so schreibt Joachim Bauer in seinem Buch „Das Gedächtnis des Körpers", ergibt sich daraus eine „neue Dimension der Verantwortung", denn wir selbst wirken durch die Gestaltung unserer zwischenmenschlichen Beziehungen entscheidend daran mit, was sich biologisch in uns abspielt. Erkenntnisse aus der Stressforschung belegen, dass gute zwischenmenschliche Beziehungen nicht nur im Gehirn abgebildet und gespeichert werden, sondern auch einen hervorragenden biologischen Schutz gegen Stress darstellen.

Werden Menschen arbeitslos, haben sie Ärger mit den Kollegen oder Vorgesetzten, müssen sie sich an ein neues Team gewöhnen oder ein gewohntes Team aufgrund von Umstrukturierungen oder einem Projektende verlassen, leidet die private Partnerschaft, sind Eltern zu pflegen oder sterben liebgewonnene Menschen, verändern sich nicht nur die zwischenmenschlichen Beziehungen dramatisch, sondern die erforderliche Adaption an die – ungewollt – veränderte Situation ist extrem hoch und sorgt für negativen Stress.

Große arbeitsmedizinische Studien haben gezeigt: Überall da, wo zwischenmenschliche Beziehungen quantitativ und qualitativ abnehmen, nehmen Gesundheitsstörungen zu.[52]

Der Holmes und Rahe Stress Test

Dass die Gesundheit des Menschen in enger Beziehung zu den Adaptions-Herausforderungen der Umwelt steht, fanden die Psychiater Thomas H. Holmes und Richard Rahe bereits in den 60er-Jahren des letzten Jahrhunderts heraus. Basis ihrer Grundüberlegung war die Vermutung, dass unterschiedliche Lebens-Veränderungen die Menschen in unterschiedlicher Weise belasten und Stress hervorrufen können. Sie nahmen an, dass sich die Erkrankungswahrscheinlichkeit eines Individuums aus der Summe der innerhalb eines bestimmten Zeitraums erlebten kritischen Lebensereignisse („**Life-Events**") ergibt.

Sie erstellten eine Liste von vielen „Life-Events" und legten sie Tausenden Menschen aller Schichten in den USA und Japan vor. Sie sollten bewerten, welche dieser Ereignisse ihrer Meinung nach eine besonders hohe beziehungsweise niedrige persönliche Adaption erforderten. Interessanterweise stimmten die Bewertungen über Sprach- und Staatsgrenzen hinweg weitgehend überein, sodass Holmes und Rahe daraus eine Liste von insgesamt 43 „Life-Events" erstellen und den negativen beziehungsweise positiven Lebensereignissen Stresswerte von 0 bis 100 zuweisen konnten. Diese Skala ermöglichte erstmals, Lebensveränderungen zu skalieren und die Anzahl und Häufigkeit von Veränderungen zu messen.

Damit war der Zusammenhang zwischen Adaption und Stress allerdings noch nicht be-

---

52 *Joachim Bauer, „Das Gedächtnis des Körpers", 2014, S. 19*

wiesen. Daher erstellten Holmes, Rahe und weitere Wissenschaftler die „Lebensveränderungswerte" von insgesamt 5.000 Patienten und verglichen sie mit deren Krankenakten. Zum ersten Mal war es auf diese Weise möglich, Lebensveränderungen in Beziehung zu setzen zur Gesundheit von Menschen.

Die Ergebnisse waren verblüffend. Es zeigte sich, dass es bei den 5.000 untersuchten Patienten eine positive Korrelation zwischen den verändernden Lebensereignissen und ihrer Krankheitsgeschichte gab. Personen mit hohen Lebensveränderungswerten wiesen im darauffolgenden Jahr eine höhere Anfälligkeit für Krankheiten auf als die Befragten mit niedrigen Lebensveränderungswerten. Der körperliche und seelische Stress war umso größer, je mehr Lebensbereiche den neuen Umständen angepasst werden mussten.

Holmes und Rahe veröffentlichten die Ergebnisse 1967 als „The Social Readjustment Rating Scale (SRRS)", besser bekannt als „ The Holmes and Rahe Stress Scale". In den darauf folgenden Jahren wurden mit dem „Stress-Test" viele weitere Gruppen untersucht. Die Ergebnisse manifestierten die Korrelation zwischen Veränderung und Stress.

Veränderungen zollen körperlichen und seelischen Tribut. Je radikaler sich dieser Wandel auswirkt, desto höher kann der Tribut sein.

Der „Holmes und Rahe Stress Test" erfasst aus heutiger Sicht nicht mehr alle lebensverändernden Elemente, zu der uns die globale und technisch hoch vernetzte Welt zwingt. Er ist aber nach wie vor ein guter Indikator, um den eigenen Stresslevel zu testen.

Kritik an dem Test wird dahingehend geäußert, dass die damalige Befragungsmethode von Holmes und Rahe die Ergebnisse verfälscht haben könnte. Bei *retrospektiven Studien* (Individuen werden nach Erkrankungsbeginn zu Ereignissen in der Vergangenheit befragt) können die Sichtweisen auf die eigene Situation verzerrt sein. Ein Mensch, der unter einer depressiven Verstimmung oder unter psychosomatischen Beschwerden als Folge von Stress leidet, neigt nämlich dazu, sich hauptsächlich an negative Lebensereignisse zu erinnern.

Doch mittlerweile konnten auch *prospektive Studien* (Individuen werden zu Lebensereignissen befragt und anschließend über einen längeren Zeitraum beobachtet) überzeugende Belege für den Zusammenhang zwischen Life-Events und dem Auftreten von Krankheiten liefern. Insgesamt liegt der direkte Einfluss kritischer Lebensereignisse auf gesundheitliche Störungen bei jedoch höchstens 10 bis 15 %. Nicht alle Personen, die einer entsprechenden Belastung ausgesetzt sind, tragen später auch tatsächlich gesundheitliche oder psychische Störungen davon. Entscheidender als das Ereignis selbst scheint vielmehr zu sein, welche **Bedeutung** diesem Ereignis jeweils zukommt und wie die **Schwere und die Auswirkungen** eines „Life-Events" **individuell wahrgenommen und verarbeitet** werden.

DER HOLMES UND RAHE STRESS TEST

Rang	Lebens-Ereignis	Stresswert
1	Tod des Ehepartners	100
2	Scheidung	73
3	Trennung vom Ehepartner	65
4	Haftstrafe	63
5	Tod eines Familienangehörigen	63
6	Eigene Verletzung oder Krankheit	53
7	Heirat	50
8	Verlust des Arbeitsplatzes	47
9	Aussöhnung mit dem Ehepartner	45
10	Pensionierung	45
11	Änderung im Gesundheitszustand eines Familienangehörigen	44
12	Schwangerschaft	40
13	Sexuelle Schwierigkeiten	39
14	Familienzuwachs	39
15	Geschäftliche Veränderung	39
16	Erhebliche Einkommensveränderung	38
17	Tod eines nahen Freundes	37
18	Berufswechsel	36
19	Häufung der Auseinandersetzungen mit dem Ehepartner	35
20	Aufnahme eines Kredites über EUR 10.000 (Dollar im Original)	31
21	Kündigung eines Darlehens	30
22	Veränderung im beruflichen Verantwortungsbereich	29
23	Kinder verlassen das Elternhaus	29
24	Ärger mit der angeheirateten Verwandtschaft	29
25	Großer persönlicher Erfolg	28

Rang	Lebens-Ereignis	Stresswert
26	*Anfang oder Ende der Berufstätigkeit des Ehepartners*	26
27	*Schulbeginn oder -abschluss*	26
28	*Änderung des Lebensstandards*	25
29	*Änderung persönlicher Gewohnheiten*	24
30	*Ärger mit dem Vorgesetzten*	23
31	*Änderung von Arbeitszeit und -bedingungen*	20
32	*Wohnungswechsel*	20
33	*Schulwechsel*	20
34	*Änderung der Freizeitgewohnheiten*	19
35	*Änderung der kirchlichen Gewohnheiten*	19
36	*Änderungen der gesellschaftlichen Gewohnheiten*	18
37	*Aufnahme eines Kredites unter EUR 10.000 (Dollar im Original)*	17
38	*Änderung der Schlafgewohnheiten*	16
39	*Änderung der Häufigkeit familiärer Kontakte*	15
40	*Änderung der Essgewohnheiten*	15
41	*Urlaub*	13
42	*Weihnachten*	13
43	*Geringfügige Gesetzesübertretungen*	11
	Summe:	

Ergebnis von 300+: *Hoher Stresspegel, damit ein erhöhtes Krankheitsrisiko.*
Ergebnis von 150-299: *Moderater Stresspegel, damit ein moderates Krankheitsrisiko (reduziert um 30 % vom oberen Krankheitsrisiko).*
Ergebnis kleiner als 150: *Geringer Stresspegel und damit ein geringes Krankheitsrisiko.*

Jede Veränderung zieht weitere Veränderungen nach sich. Je größer die Veränderungen sind, desto größer sind folglich auch die Kreise, die sie ziehen. Heute agieren wir sehr häufig auf ganz vielen unterschiedlichen Lebensbaustellen, die alle in irgendeiner Form unsere Aufmerksamkeit verlangen. Die Anzahl, Geschwindigkeit, Abfolge und Reichweite von persönlichen und beruflichen Veränderungen hat zugenommen. Der Wandel ist komplex geworden und er durchzieht alle Lebensbereiche. Das verursacht Stress. Und Stress bestimmt unseren Alltag immer stärker. Im September 2013 befragte das Meinungsforschungsinstitut Forsa im Auftrag der Techniker Krankenkasse[53] 1.000 deutschsprachige Personen ab 18 Jahren zu ihrem Stresslevel sowie zu Auslösern und Folgen von Stress. Überraschend klingen die Ergebnisse nicht.

STRESS IST SUBJEKTIV:

Welche Belastungen schwer wiegen und welche nicht, wird von jedem Menschen individuell anders wahrgenommen und bewertet. Daher zählt bei der Frage, ob das Leben generell stressiger geworden ist, nur der subjektive Eindruck. So sagen 53 % der Menschen in Deutschland, sie haben das Gefühl, ihr Leben sei in den vergangenen drei Jahren stressiger geworden. Bei den Frauen sind es fast sechs von zehn, bei den Männern ist es nur knapp jeder zweite. *Je jünger die Befragten sind, desto höher wird der Anstieg des Stresslevels empfunden.* Und auch wie Menschen mit Stress umgehen, ist ganz unterschiedlich. Die TK-Studie unterscheidet drei Typen: Die **Vermeider**, die sich zurückziehen und abwarten, wenn ihnen alles zu viel wird. Die **Durchhalter**, die Stress zwar nervt, solange er aber kein Dauerzustand ist, gilt das Motto „Augen zu und durch". Und schließlich gibt es noch die **Losleger**, für die Stress dazugehört, wenn sie etwas erreichen wollen. 59 % und damit die Mehrheit der Deutschen sind Durchhalter. Vermeider und Losleger kommen mit je 17 % gleich oft vor. Unter den Männern finden sich erheblich mehr Losleger als bei den Frauen. Sie zählen mit 64 % eher zu den Durchhaltern.

STRESS IST ALLTAG:

57 % der Deutschen sagen von sich, sie seien häufig oder manchmal im Stress, für jeden Fünften ist Stress fast ein Dauerzustand. Am höchsten sind die Stresswerte in der sogenannten „Rushhour des Lebens", bei den Menschen zwischen 36 und 45 Jahren. 80 % von ihnen leiden unter Stress - häufig, weil sie Beruf und Familie unter einen Hut bringen müssen.

STRESS UND LEBENSZUFRIEDENHEIT:

Die Umfrage zeigt, dass ein klarer Zusammenhang zwischen Stress und der persönlichen Lebenszufriedenheit besteht. Bei denjenigen, die mit dem Verlauf ihres Lebens hadern und Versäumnisse bedauern, stehen 35 % unter Dauerdruck und nur 23 % von ihnen haben einen niedrigen Stresslevel.

53 *Techniker Krankenkasse, „Bleib locker, Deutschland! – TK-Studie zur Stresslage der Nation"*

STRESSFAKTOREN:

Jeder Zweite, der sich mindestens selten gestresst fühlt, nennt die Arbeit – also Beruf oder Schule und Studium - als hauptsächliche Stressursache. Auf Platz zwei landen mit 41 % die eigenen hohen Ansprüche. Für jeden dritten Deutschen sind Konflikte mit dem Lebenspartner, in der Verwandtschaft oder im Bekanntenkreis Hauptbelastungsfaktor. Bei 27 % sind finanzielle Sorgen die wesentliche Stressursache. Dahinter folgen Haushalt, Erziehung und Betreuung von Kindern, Auto-, Bus- oder Bahnfahrten, die Betreuung eines pflegebedürftigen Angehörigen sowie die aktuelle Wohnsituation.

BELASTUNGSFAKTOREN AM ARBEITSPLATZ:

65 % der Berufstätigen in Deutschland beklagen, dass die Arbeitsmenge im Verhältnis zur Arbeitszeit einfach zu groß ist (2009 waren es nur 28 %). 62 % nennen Termindruck und Hetze als den zweitwichtigsten Belastungsfaktor am Arbeitsplatz (2009 waren es nur 52 %). Unterbrechungen und Störungen stressen zudem mehr als sechs von zehn Berufstätigen. Außerdem beklagen 41 % die Informationsüberflutung durch interne Anweisungen oder zu viele E-Mails (2009 waren es nur 33 %). Auch schlechte Arbeitsplatzbedingungen durch Lärm, Hitze, Kälte oder schlechte Beleuchtung stressen. Rund ein Drittel der Berufstätigen leidet unter ungenauen Anweisungen, ungerechter Bezahlung sowie mangelnder Anerkennung der eigenen Leistungen. Jeden vierten belasten Probleme bei der Vereinbarkeit von Familie und Beruf. Und je rund 20 % der Befragten stressen die geforderte Erreichbarkeit auch in Freizeit oder Urlaub, zu wenig Handlungsspielraum, Konflikte mit Kollegen oder Vorgesetzten, Konkurrenzkampf sowie eintönige Tätigkeiten. 40 % der Berufstätigen in Deutschland fühlen sich durch die Arbeit oft abgekämpft und verbraucht. Überdurchschnittlich oft sind es die 26- bis 45-jährigen, also die Generation der Doppelbelasteten, denen der Job zusetzt. Für fast jeden fünften kommt zusätzlich als Belastung noch die Angst vor dem Verlust des Arbeitsplatzes hinzu. Zu ähnlichen Ergebnissen kommt auch eine Umfrage des Deutschen Gewerkschaftsbundes (DGB) vom April 2014. Demnach müssen 61 % der Beschäftigten in Deutschland in der gleichen Zeit mehr Arbeit leisten als im Vorjahr. 56 % arbeiten oft gehetzt und nur 45 % gehen davon aus, unter diesen Bedingungen bis zum gesetzlichen Rentenalter durchhalten zu können.

STRESS UND SCHNELLIGKEIT:

15 % der Berufstätigen machen sich Sorgen, sie könnten auf Dauer mit dem Arbeitstempo nicht Schritt halten. Ab Mitte 30 ist es schon mehr als jeder Sechste, dem es im Job zu schnell geht.

MANAGER UNTER DRUCK:

Acht von zehn Managern sind gestresst, drei von zehn stehen sogar unter Dauerdruck. Befragt nach den Ursachen, nennen sieben von zehn ihren Job. Fast jeden zweiten setzen außerdem die eigenen Ansprüche unter Druck. Unter der Last des Arbeitspensums leiden 74 % und auch in Sachen Termindruck, Informationsflut und ständiger Erreichbarkeit sind Manager stärker gestresst als der Durchschnitt. Fast vier von zehn Managern geben an, dass sie häufiger oder sogar dauerhaft erschöpft und ausgebrannt sind. Auch eine nervöse Gereiztheit ist drei von zehn Managern bekannt.

STRESS UND KRANKHEITEN:

Von denen, die ihren Gesundheitszustand als weniger gut oder schlecht einschätzen, zählt mit 35 % mehr als jeder dritte zu den stark Gestressten. Weitere 35 % stehen gelegentlich unter Stress. Mit 31 % ist knapp ein Drittel der Menschen in Deutschland wegen chronischer Krankheiten regelmäßig in ärztlicher Behandlung. Der Anstieg von Beschwerden in der Bevölkerung beginnt schon mit Mitte 30. Da sind bereits 16 % chronisch krank. Ab Mitte 40 hat schon jeder Vierte ein chronisches Leiden, ab Mitte 50 jeder Zweite. Jeder fünfte Berufstätige in Deutschland leidet unter Beschwerden wie Diabetes, Herz-Kreislauf-Problemen oder Asthma, auch als „Volkskrankheiten" bekannt.

Laut Statistischem Bundesamt lag der Wertschöpfungsausfall durch Krankheit allein im Jahr 2009 bei 225 Milliarden Euro. Im gleichen Jahr lagen die Kosten für Unternehmen aufgrund von Krankheiten bei 129 Milliarden Euro.

Adaptive Reaktionen

Unser Leben besteht zwar nicht nur aus zwischenmenschlichen Belastungssituationen und seelischen Anspannungen, aber die TK-Studie zeigt, dass diese Situationen zunehmen. Und unser persönlicher Umgang mit diesen veränderten Situationen hat Folgen. In der Psychologie bezeichnet man die Anpassung des Verhaltens an Umgebungsveränderungen als **adaptive Reaktionen**.

Der kanadisch-österreichische Urvater der Stressforschung, Hans Selye, beschrieb in seinem 1950 erschienenen Standardwerk „The Physiology and Pathology of Exposure to Stress" Stress als die „unspezifische Reaktion des Organismus auf jede Art von Anforderung". Er unterschied zwischen negativem Stress (**Distress**) und positivem Stress (**Eustress**).

Zu den negativen Stressoren zählen Unfälle, Katastrophen, der Tod eines Angehörigen, Krankheiten, physikalische Einflüsse wie Lärm, Hitze, Kälte, Zigarettenrauch, soziale Faktoren wie Über- und Unterforderung, Prüfungen, Konkurrenz, Isolation, Trennung, Scheidung, aber auch körperliche Symptome wie Schmerz, Hunger oder Behinderung. Zu den Stressoren zählen aber auch Zeit- und Geldmangel, Armut, geringe Autonomie, fehlende Lebensgestaltungsmöglichkeiten, mangelndes Interesse am Beruf und Freizeitaktivitäten, Mobbing, Schichtarbeit, Vernachlässigung, Schlafentzug, Reizüberflutung sowie schwerwiegende Ereignisse wie Wohnungseinbruch, Taschenraub oder Operationen. Stressoren erzeugen immer einen Spannungszustand. Wir sind generell gestresst, wenn wir unter Druck geraten oder uns etwas über den Kopf wächst. Aber auch neue, ungewohnte und belastende Situationen sind stressig, wenn wir gleichzeitig dabei Angst haben, die Situation – aus welchen Gründen auch immer – nicht bewältigen zu können. Dieser Distress ist ein unangenehm empfundener Zustand, in dem Situationen oder Reize von einer Person als bedrohlich, kritisch und unausweichlich erlebt werden. Ob ein Ereignis jedoch als unkontrollierbar d.h. als „stressig" erlebt wird, hängt einzig und allein von der individuellen Bewertung ab, denn **jede Stresssituation ist zutiefst persönlich**.

Selye unterschied drei Stadien der Reaktion auf einen Stressor, die bis heute unter dem Namen „**allgemeines Adaptionssyndrom**" (auch: allgemeines Anpassungssyndrom) bekannt sind und die Abfolge der adaptiven physiologischen Reaktionen auf Stresssituationen bezeichnet. Ist ein Organismus längere Zeit negativen Stressoren ausgesetzt, bewirkt das zwar eine kurzzeitige Erhöhung der Widerstandskraft, führt langfristig aber zu gesundheitlichen Schäden, im schlimmsten Fall zum Tod. Das allgemeine Adaptionssyndrom verläuft in drei Phasen:

1. Die Alarmreaktion

Die erste Phase entspricht der normalen akuten Stressreaktion. Wir nehmen Reize über unsere Sinnesorgane wahr. Diese Reize haben über Nervenzell-Systeme einen Signalzufluss zum limbischen System. Dort wird bei jedem eintreffenden Reiz in Bruchteilen von Sekunden die Entscheidung getroffen, ob eine Situation *bedrohlich*, *neutral* oder *positiv* wahrgenommen wird. In den entscheidenden Millisekunden der Alarmreaktion wird die sogenannte **Stressachse** Hypothalamus, Hypophyse und Nebennierenrinde aktiviert. In der Folge kommt es zur Freisetzung des Stresshormons Cortisol und der Transmitter Adrenalin und Noradrenalin, deren Blutspiegel um das 50fache ansteigen können. In der Alarmreaktion schlägt das Herz schneller, Blutdruck und Blutzuckerspiegel steigen, Energiereserven werden mobilisiert, die Verdauung verlangsamt sich und der Blutgerinnungsfaktor nimmt zu. Alle Funktionen, die nicht zum Überleben notwendig sind, werden vorübergehend heruntergefahren. Der Körper ist in einem Zustand höchster Alarmbereitschaft, Energie- und Handlungsreserven werden mobilisiert. Der moderne Mensch profitiert von den Stress-Reaktions-Mechanismen seiner Vorfahren, die allerdings unter den Bedingungen des heutigen Alltags meist überdimensioniert sind. Problematisch dabei ist, dass der Abbau überschüssiger Stressmediatoren durch körperliche Bewegung sowie Erholung, Entspannung und Schlaf in Folge von Zeitdruck heute meist ausbleibt.

2. Die Widerstandsreaktion

Wird der Stressor als *neutral* oder *positiv* wahrgenommen baut der Körper die ausgeschütteten Stresshormone ab und stellt den Normalzustand wieder her. Eine entscheidende Rolle bei der Normalisierung der Alarmreaktion spielt der Hippocampus. Als „Gedächtnisspeicher" übernimmt er die Zwischenspeicherung und Weiterleitung von Erinnerungen sowie die Archivierung von Informationen im Langzeitgedächtnis. Außerdem ist er zuständig für die Entstehung und Verarbeitung von Stimmungen und Gefühlen. Wird ein Reiz als ungefährlich eingestuft, weist der Hippocampus den Hypothalamus an, die Hormonflut zu zügeln. Der Hormonhaushalt reguliert sich, die Alarmbereitschaft sinkt, Flucht- und Kampf-Reflexe fahren herunter.

Wird ein Stressor jedoch weiterhin als *negativ* bewertet, setzt die Amygdala den Regulierungsmechanismus des Hippocampus außer Kraft. Sinnbildlich könnte man sich vorstellen, der Hippocampus würde gemobbt und kann den Job der Stressregulierung nicht mehr ausführen. Und das heißt vor allem, dass die Flut der Stresshormone, die im Körper zirkulieren, nicht gedämmt wird. Unser Körper befindet sich im gestressten Dauerzustand. Die Widerstandsphase kann daher nur temporär aufrecht gehalten werden, denn Dauerstress hat Folgen – nicht nur für unseren Körper, sondern auch für unser Gehirn. Untersuchungen ergaben, dass schwerwiegender und lange andauernder Stress Zellen im Hippocampus bis zur Atrophie (Verkümmerung) schädigen kann.[54] Die Folgen sind nicht trivial. Die Hippocampus-Atrophie korreliert mit dem Nachlassen kognitiver Fähigkeiten. Sie kann auch Hauptzeichen eines stummen Schlaganfalls sein. Das ergab eine Studie[55] mit 658 Senioren. Bei einer Kernspintomografie zeigte sich, dass jeder vierte Senior unter einer Athrophie des Hippocampus litt. Kognitionstests zeigten im Anschluss, dass genau jene Teilnehmer die meisten Gedächtnis- und Denkprobleme hatten.

3. Die Erschöpfung

Ständige Zeitnot, dauerhafte Überlastung, fehlende Erholungszeiten oder mangelnde gesundheitliche Regeneration versetzen den Körper in Dauerstress. Die Stressachse Hypothalamus, Hypophyse und Nebennierenrinde ist nachhaltig gestört. Es kommt zur Erschöpfung und in der Folge zu Adaptions-Problemen. Das zeigt sich unter anderem darin, dass der Organismus unter chronischem Stress nach und nach seine natürliche Fähigkeit zur Selbstregulation verliert. Er kehrt auch in Phasen ohne akute Belastung nicht mehr auf ein normales Ruheniveau zurück. Ursache und Wirkung von Stress fließen, einem Teufelskreis gleich, ineinander über. Ernsthafte Organerkrankungen, psychische Störungen und nicht zuletzt eine Abschwächung der Immunkompetenz können die Folge sein – individuell oft noch verschärft durch stressbedingten Nikotin- und Alkoholkonsum und ungesundes Ernährungs- und Essverhalten. Unsicherheit, Nervosität, Gereiztheit, emotionale Anspannung, innerliches Unausgeglichensein, Hilflosigkeit und immer wiederkehrende Stimmungsschwankungen sind ty-

54 *Fachartikel der European Alliance for the Brain, „Neurobiologische Grundlagen von Stress: Wie Ihr Gehirn Stress erkennt und darauf antwortet", www.dana.org*

55 *www.aerzteblatt.de: „Stumme Schlaganfälle: Hippocampus-Atrophie erklärt Gedächtnisverlust im Alter", 2.1.2012*

pische Begleiterscheinungen in der Phase der Erschöpfung. Im Zustand des Dauerstresses fällt das Denken schwer, man fühlt sich getrieben und gehetzt, verliert das Vertrauen in sich und seine Leistungskraft und merkt, dass einem die Kontrolle über sich selbst zu entgleiten droht. Die Lebenseinstellung wird zunehmend pessimistischer, Lebensfreude geht verloren und das Selbstwertgefühl wird instabil. Ängste nehmen zu. Langfristige Beeinträchtigungen des Wohlbefindens, psychosomatische und psychische Störungen sowie diverse Krankheiten (z. B. Magen-Darm-Krankheiten, Hautkrankheiten, Schlafstörungen, Depression, Burn-out-Syndrom) können die Folge sein. Außerdem ist das Risiko für Bluthochdruck und Herz-Kreislauf-Krankheiten erhöht. Eine Befragung von 11.119 Patienten[56] mit frischem Herzinfarkt zeigte, dass das Risiko eines Herzinfarktes durch erheblichen Stress über mehrere Wochen auf das 1,38-fache und bei andauerndem Stress auf das 2,14-fache erhöht wird. Gravierende finanzielle Probleme führen zu einem 1,33-fachen Herzinfarkt-Risiko, schwere Schicksalsschläge zu einem 1,48-fachen, Depressionen zu einem 1,55-fachen Risiko. Weitere Folgen können verminderte Leistungsfähigkeit, ineffiziente Handlungsweisen sowie allgemeine Überforderung und Erschöpfung sein.

Selye glaubte schon damals, das erhöhte Stressniveau in den modernen westlichen Industrienationen sei die Erklärung für die enorme Zunahme der Zivilisationskrankheiten. Die Überaktivierung der Stressachse und den damit verbundenen Cortisol-Spiegel sah er als Ursache der körperlichen Folgen an. Diese Vermutung wurde bis heute in verschiedenen Studien wissenschaftlich nachgewiesen. Das „Stresshormon" Cortisol ist das körpereigene aktive Cortison. Es schützt den Körper vor den negativen Folgen von starkem Stress und sorgt für eine sinnvolle Anpassung an aktuelle Umweltbedingungen. Ohne Cortisol wäre der Mensch nicht lebensfähig. Befindet sich ein Mensch jedoch im Dauerstress, schüttet der Körper als Reaktion auch dauerhaft Cortisol aus. Ein auf Dauer zu hoher Cortisol-Spiegel schwächt das Immunsystem, was die wissenschaftlich gesicherte Beobachtung erklärt, dass Stress Infektionen, insbesondere Erkältungskrankheiten und Infektionen mit Herpes und anderen Viren[57], begünstigt. Wissenschaftlich ebenfalls bestätigt ist, dass auch Krankheiten, die nicht primär durch Stress hervorgerufen wurden, in ihrem Verlauf durch Stress ungünstig beeinflusst werden.

Stress ist folglich weit mehr als nur ein Gefühl. Stress ist die Folge von zu vielen belastenden Lebens-Ereignissen, die in zu schneller Folge auf einen einprasseln und offensichtlich nicht verarbeitet werden können. **Stress ist ein akutes Adaptions-Problem**, das auf längere Sicht die Gesundheit beeinträchtigt und das Auftreten von Krankheiten begünstigt.

„Weltweit gesehen ist die Mortalität aufgrund nichtübertragbarer Krankheiten nach wie vor

56 *www.pharmazeutische-zeitung.de/index.php?id=3237*

57 *In einem wissenschaftlichen Versuch hat man Versuchspersonen mittels Nasentropfen mit Erkältungsviren infiziert. Erwartungsgemäß erkrankten nicht alle Personen in dieser Gruppe tatsächlich an einer Erkältung, sondern nur ein Teil. Die nähere Analyse ergab, dass die erkälteten Personen in den Tagen vor dem Ausbruch der Erkrankung sehr viel mehr „täglichen Ärger" (engl.: „**daily hassles**") d.h. Belastungen, die uns im Alltag immer wieder stressen z. B. viele Termine, geplatzte Verabredungen, Zeitdruck etc. zu bewältigen hatten, als die nicht erkrankten Personen.*

unannehmbar hoch und zeigt sogar noch steigende Tendenz. Nichtübertragbare Krankheiten – in erster Linie Herz-Kreislauf-Erkrankungen, Krebs, chronische Atemwegserkrankungen und Diabetes – sind jährlich für den Tod von ca. 38 Mio. Menschen verantwortlich."[58] Und auf den Seiten des Bundesministeriums für Gesundheit findet sich der Hinweis: „Depressionen oder affektive Störungen werden bis zum Jahr 2020 laut Weltgesundheitsorganisation weltweit die zweithäufigste Volkskrankheit sein."[59] Der DAK-Gesundheitsreport[60] 2014 zeigt in eine ähnliche Richtung: Psychische Erkrankungen stehen mit 14,6 % auf Platz 3 der häufigsten Krankheiten (nach Erkrankungen des Muskel-Skelett-Systems (21,5 %) und Erkrankungen der Atemwege (17,3 %)). Der Anstieg der Fehltage aufgrund psychischer Erkrankungen ist eine der auffälligsten Entwicklungen in Bezug auf die Krankenstands-Kennziffern in den letzten Jahren. Die weitaus meisten Fehltage wurden 2013 durch Depressionen verursacht. Schaut man sich die psychischen Erkrankungen genauer an, so leiden 74,2 % an „depressiven Episoden/ depressiven Störungen" und 38,2 % reagieren auf schwere Belastungen und Anpassungsstörungen mit psychischen Beschwerden. Auch der TK-Gesundheitsreport 2014 bestätigt diese Tendenz. Geschlechtsübergreifend den zweiten Rang belegen „depressive Episoden", die 2010 bis 2012 als Einzeldiagnose die meisten Fehltage auf sich vereinigen konnten. Auch hier sind „Reaktionen auf schwere Belastungen und Anpassungsstörungen" explizit als Untergruppe der Depression aufgeführt. Die Betroffenen-Quote psychischer Erkrankungen ist bei Frauen in beiden Gesundheitsreporten deutlich höher als bei Männern. Das liegt unter anderem daran, dass sich Männer sehr viel schwerer damit tun, bei Depressionen oder psychischen Störungen ärztlichen Rat aufzusuchen. Sie ackern lieber weiter – im Zweifel bis zum „Finale". #R.I.P.

Hartmut Rosa nimmt an, dass die Umstellung der Wettbewerbs- und Anerkennungskriterien von Position auf Performance ein Übriges dazu beiträgt, die signifikante Zunahme von Angst-, Depressions- und Burn-out-Erkrankungen, unter Umständen sogar von Krebserkrankungen in der Spätmoderne zu erklären, insofern diese mit dem „Verlust von Selbstwirksamkeitserwartungen[61] beziehungsweise Autonomieüberzeugungen korreliert sind."[62]

Erinnern wir uns zurück an die von ihm ebenfalls geäußerte Kritik, in der „Spätmoderne" würden uns unsichtbare Zeitnormen, abstrakte Ziel- und substanzlose Wettbewerbs- und Steigerungszwänge daran hindern, ein selbstbestimmtes und freies Leben führen zu können. Dann erfolgt daraus implizit eine deutlich erhöhte Verantwortung der Unternehmen in Bezug auf ihre Belegschaft – der die meisten nicht nachkommen.

Stellen Sie sich vor (und ich bin sicher, einige von Ihnen brauchen die Vorstellung nicht, sie erleben es tagtäglich...) Ihr Arbeitgeber, nennen wir ihn einfach die KoN AG (Konzern ohne Namen AG), definiert Leistungs- und Performance-Kriterien vage bis gar nicht oder sie werden

58 *www.euro.who.int/de/health-topics/noncommunicable-diseases/pages/news/news/2014/07/country-profiles-on-non-communicable-diseases-published*

59 *www.bmg.bund.de/praevention/gesundheitsgefahren/depression.html*

60 *www.dak.de/dak/download/Vollstaendiger_bundesweiter_Gesundheitsreport_2014-1374196.pdf*

61 *Weitere Erklärungen zum Thema „Selbstwirksamkeitserwartungen" finden Sie auf Seite 201*

62 *Hartmut Rosa, „Autonomieverlust im Zeitalter der Eilkrankheit" auf www.eilkrankheit.de*

je nach Quartalszahlen verändert und angepasst, bis auch der letzte den Überblick verloren hat, welche Regeln nun eigentlich gelten. Sie haben daher schon seit längerer Zeit das untrügliche Gefühl, Leistung und Performance werden willkürlich belohnt und vermeintlich nicht erfolgte Leistung und Performance werden genauso willkürlich geahndet. Sie selbst sind sogar schon einmal Opfer einer „ungerechten" Bewertung geworden: Ihnen wurde eine Beförderung oder ein Bonus verweigert, obwohl Sie Ihrer Meinung nach die entsprechende Performance erbracht haben. Auch Kolleginnen und Kollegen, die Sie kennen und von denen Sie gehört haben (der Flurfunk funktioniert in der KoN AG einwandfrei), ergeht es nicht besser. Was passiert an dieser Stelle mit dem Betriebsklima? Was passiert vermutlich über kurz oder lang bei Ihnen und einem Großteil der Belegschaft?

Die Sozialpsychologin Christina Maslach von der University of California, Berkeley, Spezialistin für berufsbedingten Burn-out, wies in Studien nach, dass nicht zwingend das Arbeitspensum selbst ein Problem darstellt. **Hauptursachen für beruflichen Stress sind vielmehr unterschiedliche Werte zwischen der Belegschaft und den Arbeitgebern und die dadurch gefühlte Unfairness.** Vor allem mangelnde Transparenz ist ein starker Auslöser, wenn dadurch bestimmte Entscheidungen nicht nachvollzogen werden können. Auch hier fokussiert sich wieder alles auf den Faktor der zwischenmenschlichen Beziehungen, die an dieser Stelle stark gestört sind.

Schauen wir auf das Betriebsklima der KoN AG und dessen Auswirkungen, so können wir annehmen, dass sich das Betriebsklima unaufhaltsam dem Gefrierpunkt nähert. Vermutlich herrscht eine Atmosphäre des Misstrauens, gepaart mit einem ständig steigenden Wettbewerbsdruck (von dem die Unternehmensführung fälschlicherweise annimmt, sie würde die Leistungsfähigkeit steigern und damit den kommenden Quartalszahlen endlich wieder den nötigen Aufwind geben). Eine Zeitlang geht das vermutlich auch gut – schließlich sind 59 % der Deutschen „Durchhalter". Gemeinsam mit den „Vermeidern" und „Loslegern" kann ein schlechtes Betriebsklima und unkontrollierter interner Wettbewerbsdruck schon mal kompensiert und in einen positiven Output gelenkt werden. Aber eben nur eine Zeit lang.

Denn zwischen den „Durchhaltern", „Vermeidern" und „Loslegern" gibt es eben diejenigen, die den Stress nicht so leicht abschütteln, bei denen neben dem Job noch Probleme in der Partnerschaft, die Doppelbelastung von Beruf und Familie, ein Pflege- oder Krankheitsfall im Freundeskreis oder eine persönliche Krise hinzukommen. Der Stresslevel potenziert sich und bringt den „Holmes und Rahe Stress Test" zum Glühen.

Die Folge: Der Krankenstand innerhalb der Firma nimmt zu und die Arbeitsbelastung – die ja bei gestiegenen Leistungs- und Performance-Anforderungen nicht abnimmt – wird nun auf weniger Schultern verteilt. Vielleicht wird parallel auch noch Personal abgebaut, um die Anleger glücklich zu stimmen.

Tja, und Sie selbst? Sie gehören noch zu den „Durchhaltern". Sie widerstehen dem Druck, erfüllen alle Leistungsanforderungen mit Bravour und sind überzeugt, wenn Sie noch ein kleines bisschen länger ausharren, dann wird Ihr Vorgesetzter schon sehen, was Sie leisten, wie gut Ihre Performance ist. Und dann gibt es endlich die erhoffte Belohnung in Form von mehr Geld, einer höheren Position, dem lange ersehnten Bonus oder zumindest einem Wort der Wertschätzung.

Schade nur, dass Ihr Vorgesetzter zu den „Vermeidern" gehört und ihm das schlechte Betriebsklima zwar ebenso zusetzt wie dem Rest der Belegschaft, er für sich aber festgestellt hat, dass die „Kopf-in-den-Sand"-Strategie wunderbar funktioniert und damit sämtliche größere und kleinere Stressoren an ihm abperlen wie Wasser auf einem Lotusblatt. Er sieht Sie und den Rest seiner Belegschaft schon lange nicht mehr. Er macht Dienst nach Vorschrift, denn auch ihm fehlt mittlerweile der Überblick, nach welchen Leistungs- und Performance-Kriterien in der KoN AG überhaupt noch agiert wird. Ihr Chef steuert Sie – unbewusst – in eine echte „**Gratifikationskrise**".

Der Medizinsoziologe Johannes Siegrist postulierte das Modell der beruflichen Gratifikationskrise als Modell der Krankheitsentstehung. Eine „Gratifikationskrise" entsteht, wenn Menschen sich stark verausgabt haben, dafür aber nicht in angemessener Weise entschädigt werden. Wenn also der eigene Einsatz (etwa in Form von Engagement, Wissen, Zeit, Identifikation, Leistung und Persönlichkeit) nicht durch entsprechende Belohnung (etwa in Form von ausbildungsadäquater Beschäftigung, Lohngerechtigkeit, Arbeitsplatzsicherheit, Weiterbildungs-, Karriere- und Einflussmöglichkeiten) kompensiert wird. Schätzungen zufolge sind bis zu 25 % jeder Belegschaft[63] davon betroffen.

Irgendwann kommt, was kommen muss und sich auch – wenn Sie ehrlich sind – schon lange abgezeichnet hat: Ihr Durchhalten wird zur Qual. Warum berufliche Gratifikationskrisen über längere Zeiträume hingenommen werden, erklärt Siegrist übrigens mit drei Gründen[64]:

1. Fehlende Alternativperspektiven und fehlende Transparenz auf dem Arbeitsmarkt,
2. Hoffnung auf eine Verbesserung künftiger Karrierechancen (diesem Trugschluss fallen sehr häufig Berufsanfänger, Praktikanten oder die Menschen zum Opfer, denen eine Beförderung „zusteht", weil sie als nächste „dran sind") oder
3. Exzessive Leistungsbereitschaft (übersteigerte Verausgabungsneigung).

Welcher Grund bei Ihnen in unserem Beispiel auch vorliegen mag, eines ist sicher: Den Spaß an der Arbeit haben Sie schon lange verloren und irgendwann schwant auch Ihnen, dass das mit der tatsächlichen Gratifikation nichts mehr wird. Der allerletzte Motivations-Strohhalm bricht und Sie geraten in eine Abwärtsspirale. Ihr Eindruck verhärtet sich, dass Sie gefühlt mehr arbeiten und Ihre Arbeit Ihre Energiereserven auffrisst - aber Sie wissen immer weniger, wofür und für wen und warum Sie überhaupt noch durchhalten. Sie fühlen sich zunehmend irritiert, empfinden Ihre Arbeit „deutlich stressiger als noch vor einem Jahr" und haben das

63 *Handelsblatt online, „Volkskrankheit – Stress und kein Ende", 28.03.2007*

64 *11. DGPPN-Hauptstadtsymposium: „Burnout – Der Preis für die Leistungsgesellschaft?", Berlin, 07.03.2012, „Gratifikationskrisen am Arbeitsplatz und ihre Folgen", Prof. Dr. Johannes Siegrist, S. 13-14, www.dgppn.de*

Gefühl, „unter diesen Bedingungen nicht bis zum gesetzlichen Rentenalter durchhalten zu können." Das Gefühl der Machtlosigkeit schleicht sich ein. Sie finden sich immer häufiger in Situationen wieder, in denen Sie sich hilflos fühlen und Arbeitssituationen als unkontrollierbar und zunehmend ungerecht empfinden. Und das erhöht den gefühlten Stresspegel zusätzlich.

Sie sind jetzt in einer Situation, von der Sie glauben, sie weder bewältigen noch kontrollieren zu können. Sie haben nicht mehr das Gefühl, ihre Arbeit selbst gestalten zu können. Ihr **Kohärenzgefühl** (**sense of coherence**) ist gestört.

Der Medizinsoziologe Aaron Antonovsky hat den Begriff entwickelt und definiert ihn wie folgt: „Das Kohärenzgefühl ist eine globale Orientierung, die ausdrückt, in welchem Ausmaß man ein durchdringendes, andauerndes und dennoch dynamisches Gefühl des Vertrauens hat, dass

1. die Stimuli, die sich im Verlauf des Lebens aus der inneren und äußeren Umgebung ergeben, strukturiert, vorhersehbar und erklärbar sind;
2. einem die Ressourcen zur Verfügung stehen, um den Anforderungen, die diese Stimuli stellen, zu begegnen;
3. die Anforderungen Herausforderungen sind, die Anstrengung und Engagement lohnen."[65]

Das Kohärenzgefühl beschreibt die **Grundeinstellung eines Individuums zum Leben**, um auftretenden Herausforderungen immer wieder aufs Neue zu begegnen. Je häufiger eine Person die Erfahrung macht, dass sie Stress nicht wehrlos ausgeliefert ist, umso mehr bildet sich eine Überzeugung heraus, dass das Leben in den individuell relevanten Bereichen sinnvoll, überschaubar und handzuhaben ist. Die Grundhaltung des Kohärenzgefühls ist ein tiefes Gefühl des **Vertrauens**, das Antonovsky in drei Komponenten unterteilt:

1. Das Gefühl der Verstehbarkeit (sense of comprehensibility):

Antonovsky versteht hierunter das „Ausmaß, in dem eine Person interne und externe Stimuli als kognitiv sinnhaft wahrnimmt, als geordnete, konsistente, strukturierte und klare Information und nicht als Rauschen - chaotisch, ungeordnet, willkürlich, zufällig und unerklärlich."[66] Personen mit einem hohen Ausmaß an Verstehbarkeit gehen davon aus, dass Situationen, Reize oder Stressoren, denen sie in Zukunft begegnen, vorhersehbar sein werden oder dass sie zumindest, sollten sie tatsächlich überraschend auftreten, eingeordnet und erklärt werden können. *Sie besitzen eine solide Fähigkeit, die Realität einzuordnen und haben Vertrauen, dass sich „die Dinge schon regeln werden".*

Grundlage für die Ausbildung der Verstehbarkeits-Komponente ist die **Erfahrung der Konsistenz**, d.h. die Erfahrung, dass Dinge sich wiederholen, dass Abläufe unter vergleichbaren

65 *Aaron Antonovsky, „Salutogenese – Zur Entmystifizierung der Gesundheit", 1997, S. 36*
66 *Aaron Antonovsky, ebenda, S. 34*

Bedingungen ähnlich sind, dass Dinge, Abläufe und Beziehungen überdauern. Emotionale Zuwendung und soziale Beziehungsqualitäten spielen eine große Rolle. Genau hier stellt uns die „Spätmoderne" vor große Herausforderungen. In einer Gesellschaft, die sich in einem permanenten Wandel befindet, in der Individuen von der Familie bis zur Weltpolitik permanente Verwerfungen und Beben durchleben, bereitet es große Mühen, Konsistenzen zu finden und aufrecht zu erhalten. Teilweise scheitern wir schon in jungen Jahren am Versuch, genau dies zu tun.

2. Das Gefühl der Handhabbarkeit/Machbarkeit (sense of manageability):

Handhabbarkeit bezeichnet Antonovsky als das Ausmaß, in dem eine Person wahrnimmt, dass sie geeignete Ressourcen zur Verfügung hat, um den Anforderungen von Stressoren zu begegnen, mit denen sie im Laufe ihres Lebens konfrontiert wird. Die Ressourcen können dabei sowohl unter eigener Kontrolle stehen als auch unter der Kontrolle von legitimierten anderen (Ehepartner, Freunde, Kollegen, sonstige Vertraute). Wer ein hohes Maß an Handhabbarkeit erlebt, fühlt sich durch Ereignisse nicht in die Opferrolle gedrängt oder vom Leben ungerecht behandelt. Das Gefühl ist stark, mit unvorhersehbaren Situationen umgehen zu können, sie „im Griff zu haben". *Menschen mit einem hohen Gefühl der Handhabbarkeit können mit Veränderungen pro-aktiv umgehen, ohne an ihnen zu verzweifeln oder zu zerbrechen.*

Grundlage für die Entwicklung eines starken Gefühls der Handhabbarkeit ist die **Erfahrung der Balance**, also das Erleben einer Ausgeglichenheit zwischen Überlastung und Unterforderung. Diese Erfahrung schon in jungen Jahren zu machen erscheint umso dringlicher, da immer mehr Schüler und Studierende unter Symptomen des Burn-outs leiden. Rund 28.000 Studierende haben 2012 die psychologischen Beratungsstellen der Studentenwerke besucht, 2010 waren es rund 23.200 und 2003 nur 11.600. Eine Online-Befragung des Deutschen Studentenwerks aus dem Jahr 2013[67] zeigt, dass sich 68 % der Bachelor-Studierenden durch das Studium gestresst und belastet fühlen. Sie haben mit Erschöpfung und Überforderungsgefühlen zu kämpfen (47 %), mit psychosomatischen Beschwerden (44 %) oder Ängsten (42 %).

Und auch bei Kindern scheint die Erfahrung der Belastungsbalance zunehmend abhanden zu kommen. Auf Statista findet sich eine Statistik zu einer 2014 durchgeführten Befragung von Kindern nach ihren größten Ängsten. 38 % gaben an, existenzielle Sorgen zu haben. Je 30 % beschrieben „Angst vor bestimmten Situationen" und „Verlustängste", 21 % haben „Angst vor anderen Menschen".

Da erscheint es wenig verwunderlich, dass die „Sehnsuchtsvokabeln der Generation Y 'Sicherheit', 'Lebensglück' und 'Nachhaltigkeit' heißen, nicht 'Karriere', 'Senator Card' und 'Superbonus'."[68] Menschen, die schon in jungen Jahren ein starkes Gefühl der Angst und des Gestresstseins erleben, fehlt die Erfahrung der Belastungsbalance, um ein starkes Kohärenzgefühl entwickeln zu können.

67 *www.studentenwerke.de*

68 *Aus dem „Handelsblatt Morning Briefing" vom 13. August 2014*

3. Das Gefühl der Bedeutsamkeit/Sinnhaftigkeit (sense of meaningfulness)

Das Gefühl der Bedeutsamkeit ist nach Antonovsky das „Ausmaß, in dem man das Leben emotional als sinnvoll empfindet: Dass wenigstens eine der vom Leben gestellten Probleme und Anforderungen es wert sind, dass man Energie in sie investiert, dass man sich für sie einsetzt und sich ihnen verpflichtet, dass sie eher willkommene Herausforderung sind als Lasten, die man gerne los wäre."[69] Das Gefühl der Bedeutsamkeit repräsentiert das motivationale Element. *Menschen mit einem hohen Gefühl der Bedeutsamkeit liegen Dinge „am Herzen", für sie „macht etwas Sinn", ihnen ist „etwas wichtig" - und zwar so wichtig, dass sie ein emotionales Invest erbringen und sich gerne und „von Herzen" engagieren.*

Grundlage für die Entwicklung des Gefühls der Bedeutsamkeit ist die **Teilhabe an der Gestaltung von Ergebnissen (Partizipation)**. Menschen müssen von Kindheit an die Erfahrung machen, dass sie autonome Entscheidungen treffen und Einfluss nehmen können auf die Welt um sich herum. Das sehr sinnvolle Grundversprechen der „klassischen Moderne" wird allerdings in der „Spätmoderne" erschüttert. An einem selbstbestimmten Leben hindern uns Zeitdruck, Performance-Erwartungen, abstrakte Ziel- und substanzlose Wettbewerbs- und Steigerungszwänge.

Die drei Komponenten des Kohärenzgefühls hängen eng zusammen. Nach Antonovsky ist das Kohärenzgefühl der entscheidende Prädiktor für die gelungene Bewältigung von belastenden Situationen und damit für die positive oder negative Entwicklung der eigenen Gesundheit. Die einzelnen Komponenten können sich im Laufe einer Persönlichkeitsentwicklung und der durchlebten Erfahrungen jedoch unterschiedlich stark ausprägen, sich verändern und weiter entwickeln. Antonovsky hat acht mögliche Typen betrachtet[70]:

Typus	*Verstehbarkeit*	*Handhabbarkeit*	*Bedeutsamkeit*	*Vorhersage*
1	Hoch	Hoch	Hoch	Stabil
2	Niedrig	Hoch	Hoch	Selten
3	Hoch	Niedrig	Hoch	Veränderung nach oben
4	Niedrig	Niedrig	Hoch	Veränderung nach oben
5	Hoch	Hoch	Niedrig	Veränderung nach unten
6	Hoch	Niedrig	Niedrig	Veränderung nach unten
7	Niedrig	Hoch	Niedrig	Selten
8	Niedrig	Niedrig	Niedrig	Stabil

69 *Aaron Antonovsky, „Salutogenese – Zur Entmystifizierung der Gesundheit", S. 35/36*
70 *Aaron Antonovsky, „Salutogenese – Zur Entmystifizierung der Gesundheit", S. 37*

Die Typen 1 und 8 weisen ein stabiles Muster auf. Ihr Kohärenzgefühl ist entweder sehr hoch (Typ 1) oder sehr niedrig (Typ 8). Die Typen 2 und 7 sind laut Antonovsky kaum zu finden, da seiner Meinung nach ein hohes Maß an Handhabbarkeit von einem hohen Maß an Verstehbarkeit abhängt. In einer Welt zu leben, die man für chaotisch und unberechenbar hält, macht es höchst schwer zu glauben, dass man gut zurechtkommt.

Andererseits bedeutet ein hohes Maß an Verstehbarkeit nicht notwendigerweise, dass man glaubt, die Dinge gut handhaben zu können (Typ 3 und 6). Beide Typen eint ein hohes Maß an Verstehbarkeit in Kombination mit einem niedrigen Maß an Handhabbarkeit. Diese Kombination bedingt einen **starken Veränderungsdruck**. Die Situation wird verstanden – allein es fehlt die Kompetenz der Handhabbarkeit. Die Unterschiede zwischen beiden Typen liegen in der Bedeutsamkeit. Während sie bei Typ 3 hoch ist, verfügt Typ 6 über einen niedrigen Wert. Typ 3 glaubt, die Probleme zu verstehen und ist ernsthaft bestrebt, sie zu lösen, weil er motiviert ist, genau das zu tun. Typ 3 sieht einen Sinn darin, das Problem anzugehen. Anders als Typ 6, dem genau diese Sinnhaftigkeit fehlt. Er ist entsprechend unmotiviert, nach Handlungsressourcen zu suchen. Die zentrale Stellung der Bedeutsamkeit im Kohärenzgefühl wird besonders deutlich, wenn man sich Typ 5 anschaut. Diesen Typus zeichnen sowohl eine starke Verstehbarkeit als auch eine starke Handhabbarkeit aus. Dieser Typus kennt die Spielregeln und glaubt, die Ressourcen zu haben, um erfolgreich spielen zu können – lediglich das Interesse fehlt, das Spiel zu spielen. In diesem Fall wird, so Antonovsky, dieser Typus „bald mit seinem Verständnis in Verzug geraten und die Verfügungsgewalt über seine eigenen Ressourcen verlieren."[71]

Im Gegenzug dazu ist Typ 4 vielleicht der interessanteste Fall: Ihn kennzeichnen ein niedriger Wert bei Verstehbarkeit und Handhabbarkeit, aber ein hohes Maß an Bedeutsamkeit. Die Bedeutsamkeit wird diesen Typus antreiben, nach Ressourcen zu suchen. Eine Erfolgsgarantie gibt es nicht, aber eine Chance, denn dieser Typus ist **intrinsisch motiviert**.

In der Konstellation „Verstehbarkeit – Handhabbarkeit – Bedeutsamkeit" scheint die Bedeutsamkeit am wichtigsten zu sein. Fehlt sie, fehlt jegliche Motivation und damit sind auch ein hohes Ausmaß an Verstehbarkeit und Handhabbarkeit nur von kurzer Dauer. An zweiter Stelle steht das Maß an Verstehbarkeit, da ein hohes Maß an Handhabbarkeit vom Verstehen abhängt. Ein erfolgreiches „**Coping**" (Bewältigen) von Situationen bzw. ein erfolgreicher Umgang mit Stressoren hängt jedoch vom Kohärenzgefühl als Ganzem ab.

Kommen wir zurück auf Ihre Situation in der KoN AG. Vermutlich haben Sie im Laufe ihrer Zugehörigkeit die Typen 1, 3 und 4 durchlebt und enden nun gerade als Typ 8. Beim Einsetzen der Gratifikationskrise dürfte Ihnen das Verständnis für die Situation endgültig abhandengekommen sein. Der tägliche Arbeitsalltag wird als unkontrollierbar empfunden und die Sinnhaftigkeit des eigenen Tuns bekommt Risse. Wozu sich anstrengen, abmühen und Leistung erbringen, wenn es nicht wertgeschätzt wird und auch keine sonstigen Gratifikationen erfolgen. Das ergibt in der Tat keinen Sinn mehr!

71 *Aaron Antonovsky, „Salutogenese – Zur Entmystifizierung der Gesundheit", S. 38*

Jetzt tritt das ein, was Hartmut Rosa wissenschaftlich verpackt hat als „**Verlust von Selbstwirksamkeitserwartungen**" und diese korrelieren nun mit Ihren Autonomieüberzeugungen. Sie sind „der Situation nicht mehr gewachsen", die Situation ist Ihnen „über den Kopf gewachsen". Sie ist unerträglich geworden. Und wie reagieren Sie?

Die gesündeste Erwiderung auf einen unhaltbaren Zustand ist, den Zustand selbst oder den Blick auf den Zustand zu ändern. An dieser Stelle lohnt es sich, noch einmal auf das Kohärenzgefühl von Antonovsky zurück zu kommen. Klar ist nämlich, dass wir alle an bestimmten Stellen **Grenzen ziehen** und auch ziehen müssen. Grenzen zu ziehen bedeutet, dass man nicht notwendigerweise das Gefühl haben muss, das gesamte Leben sei verstehbar, bedeutsam und handhabbar, um ein starkes Kohärenzgefühl entwickeln zu können.

Wichtig ist aus Antonovkys Sicht, dass Menschen **generell Lebensbereiche haben, die von subjektiver Bedeutung und Sinnhaftigkeit sind** und man die eigenen Grenzen so zieht, dass die folgenden vier Bereiche nicht jenseits des persönlichen Bedeutungsrahmens liegen:

- die eigenen Gefühle
- die unmittelbaren Beziehungen zu anderen Menschen
- die wichtigste eigene Tätigkeit
- existenzielle Fragen (Tod, unvermeidbares Scheitern, persönliche Fehler, Konflikte und Isolation)

Zu viel von dem, was wir tun, und ein zu großer Teil unseres Selbst sind unausweichlich mit diesen vier Bereichen verbunden, so dass sich ihre Signifikanz nicht leugnen lässt. Tut man das doch, so hat das Leben laut Antonovsky ein niedriges Ausmaß an Bedeutsamkeit. Gesteht man sich jedoch zu, dass diese vier Bereiche im eigenen Leben wichtig sind, bleibt aber immer noch die Frage bestehen, ob sie auch so *sinnhaft* sind, dass sie als Herausforderung wahrgenommen werden, für die sich ein Energieaufwand lohnt.

In Bezug auf Ihre imaginäre Situation in der KoN AG, bei der Ihnen momentan jedes Kohärenzgefühl abhandengekommen ist, wäre es nun wichtig zu schauen, ob einer der vier Bereiche seine Sinnhaftigkeit verloren hat und damit jenseits Ihrer Bedeutungsgrenze liegt.

Machen wir es konkret und stellen wir uns vor, Sie haben Ihre Grenzen so eng gezogen, dass Sie Ihre eigenen Gefühle in dieser Situation ausgeklammert haben. Sie haben wochen-, monate- oder jahrelang ignoriert, dass Sie die Situation in der KoN AG unglücklich macht. Dann wäre es genau jetzt an der Zeit, Ihre eigenen Gefühle wieder in Ihren Bedeutungsradius zu ziehen und ihnen neue Sinnhaftigkeit einzuhauchen. Aus dieser veränderten Bedeutungshaltung heraus sind Lösungen für Ihre Situation plötzlich nicht mehr undenkbar.

Eine zweite Möglichkeit wäre, *den Sinn-Fokus Ihrer Arbeit zu verändern.* Es kommt sehr oft vor, dass Menschen eine Arbeit verrichten, die ihnen keinen Spaß macht, sie aber von der Bedeutung und Sinnhaftigkeit ihrer Arbeit überzeugt sind, weil sie damit zum Beispiel eine Familie ernähren oder sich einen lang ersehnten Traum erfüllen wollen. In diesem Fall liegt die Sinnhaftigkeit nicht in der Arbeit selbst oder in einer angestrebten Karriere, sondern in dem, was durch die Arbeit erreicht wird. Durch die veränderte Blickrichtung wird die Arbeit nicht mehr unbedingt als belastend empfunden.

Fühlen Sie sich jedoch außerstande, das Problem in und mit der KoN AG zu lösen, fehlt Ihnen das Kohärenzgefühl. Geeignete „Coping-Strategien" können Sie nicht entwickeln. Sie drehen sich im Kreis und nun ist die Adaption an eine veränderte Situation nicht mehr möglich. Sie können den Dauerstress nicht durchbrechen. In der Folge rebellieren Psyche und Körper und sorgen genau jetzt für eine erzwungene Auszeit in Form von Burn-out, Angst oder Depression. Vielleicht reagiert Ihr Körper aber auch mit Rückenbeschwerden (durch die „Last auf den Schultern" oder permanente „Nackenschläge"), Magenproblemen (die Situation ist Ihnen buchstäblich „auf den Magen geschlagen"), Nierenprobleme (die Situation geht Ihnen „an die Nieren"), Erkältungskrankheiten oder Herz-Kreislauf-Problemen. Und diese Leiden können nun, ändert sich die Situation des Dauerstresses nicht nachhaltig, chronisch werden.

Eine an den Haaren herbeigeführte Situation? Ich glaube nicht. Die Zahlen der WHO und sämtlicher deutscher Krankenkassen sprechen hier eine ganz deutliche Sprache. Wenn ich allein nur den Mikrokosmos meiner Familie und meines Bekannten- und Freundeskreises anschaue oder einen Blick in die KoN AGs werfe, mit denen wir tagtäglich zu tun haben, häuft sich die Wahrnehmung, dass Stress, Überforderung und Dauerbelastung an der Tagesordnung sind und Dauerfehlzeiten aufgrund chronischer Krankheiten zunehmen. Der SPIEGEL veröffentlichte Anfang August 2014 Zahlen, wonach sich die Ausfälle wegen psychischer Probleme seit 2001 fast verdoppelt haben. Im Jahr 2012 lag die Zahl aller Arbeitsunfähigkeitstage, die auf psychische Probleme und Verhaltensstörungen zurückgehen, bei rund 61,5 Millionen[72].

Ich wollte es noch ein bisschen genauer wissen und habe zehn verschiedene Suchbegriffe bei Google eingegeben und daraus zwei Rankings erstellt, die sich aus den Suchergebnissen zum Zeitpunkt des Schreibens ergaben. Das erste Ranking umfasst nur die Begriffe „Stress", „Burn-out" und „Depression". Da alle drei Wörter mindestens auch im Englischen, häufig aber auch noch in weiteren Sprachen verwendet werden, erschien mir eine Vermischung mit den rein deutschen Suchbegriffen nicht sinnvoll.

RANKING 1:

1. Stress 515.000.000 Suchergebnisse
2. Depression 59.900.000 Suchergebnisse
3. Burn-out 11.000.000 Suchergebnisse

72 *Spiegel online, "61,5 Millionen Ausfalltage: Fehlzeiten wegen psychischer Belastungen steigen stark", 11. August 2014*

Allein hier wird schon deutlich, dass Stress auch im World Wide Web eine unfassbare Präsenz einnimmt. Aber auch Depression und Burn-out deuten mit mehreren Millionen Suchergebnissen auf die Relevanz des Themas in den Gesellschaften hin. Die Europäische Agentur für Sicherheit und Gesundheitsschutz am Arbeitsplatz etwa geht davon aus, dass die volkswirtschaftlichen Folgekosten von Stress und Burn-out auf einzelstaatlicher Ebene in die Milliarden Euro gehen.[73] Das Burn-out-Syndrom selbst ist wissenschaftlich nicht als Krankheit anerkannt, sondern gilt im ICD-10[74] als „ein Problem der Lebensbewältigung", ausgelöst durch chronische Stressoren im Beruf, die wegen der verminderten Belastbarkeit (körperliche, emotionale und geistige Erschöpfung aufgrund beruflicher oder anderweitiger Überlastung) nicht bewältigt werden können. Die ersten wissenschaftlichen Artikel zu diesem Thema wurden 1974 vom amerikanischen Psychologen Herbert Freudenberger und 1976 von Christina Maslach geschrieben. Sie unterscheiden **drei Burn-out-Dimensionen**:

1. **emotionale Erschöpfung**
2. **Distanzierung von der Arbeit**
3. **verringerte Arbeitsleistung/verringerte Leistungsfähigkeit**

Bereits seit 2004 besteht in der Europäischen Union eine Sozialpartnervereinbarung zum Thema psychosozialer Stress am Arbeitsplatz. Diese Empfehlung hat in den meisten EU-Staaten zu gesetzlichen Regelungen derart geführt, dass psychosoziale Belastungen den physikalischen Risiken wie Lärm, Licht, Vibration, Toxinen und anderem gleichgestellt sind. Die Deutsche Gesellschaft für Psychiatrie, Psychotherapie und Nervenheilkunde (DGPPN) war sich sicher, dass auch in Deutschland „der wachsende Veränderungsdruck durch Rationalisierung und Computerisierung, der zu ständig neuen Aufgabenprofilen führt, die psychosozialen Gefährdungsbeurteilungen immer dringlicher erscheinen lassen."[75]Und in der Tat sind Unternehmen in Deutschland seit 2013 dazu verpflichtet, eine Gefährdungsbewertung psychischer Belastungen durchzuführen und zutage tretende Mängel zu beheben. Bislang sind jedoch lediglich 12 % der Betriebe dieser Verpflichtung nachgekommen.[76]

Mit anderen Worten: Es wird höchste Zeit, dass wir in Deutschland **psychosoziale Belastungen** am Arbeitsplatz ernst nehmen und sie als einen sich **extrem negativ auswirkenden Faktor auf die gesamte Wertschöpfungskette** anerkennen. Psychosoziale Belastungen am Arbeitsplatz sorgen für einen immensen Produktivitätsverlust und für Reibungen in Arbeitsabläufen. Sie vergiften das Betriebsklima, erschweren die Kommunikation, wirken sich massiv auf die Kreativität und Innovationsfähigkeit von Mitarbeitern aus und verursachen einen chronisch hohen Krankenstand in den Unternehmen.

---

73 *https://osha.europa.eu/de/themes/psychosocial-risks-and-stress*

74 *„Internationale statistische Klassifikation der Krankheiten und verwandter Gesundheitsprobleme" wird von der Weltgesundheitsorganisation herausgegeben. Die aktuelle, international gültige Ausgabe ist ICD-10, Version 2012.*

75 *Deutsches Ärzteblatt | Jg. 109 | Heft 14 | 6. April 2012*

76 *managerSeminare, Heft 212, November 2015, „Special Gesundheit", S. 14*

Und wenn man sich die Top 10 meiner Google-Suchergebnisse anschaut, kommt man nicht umhin, diese Dringlichkeit zu bestätigen.

RANKING 2:

1.	Stress + deutsch	47.300.000 Suchergebnisse
2.	Angst	28.700.000 Suchergebnisse
3.	Glück	25.800.000 Suchergebnisse
4.	Depression + deutsch	21.300.000 Suchergebnisse
5.	Burn-out + deutsch	2.320.000 Suchergebnisse
6.	Lebensfreude	1.840.000 Suchergebnisse
7.	Herz-Kreislauf-Erkrankungen	1.770.000 Suchergebnisse

Nach diesen Ergebnissen startete ich noch eine weitere Suche, denn ich habe in den bisherigen Kapiteln die Themen der Veränderungsgeschwindigkeit und entsprechender Anpassungsproblematiken stark auf die westlichen Industrienationen fokussiert. Aber auch ein Land wie China ist in den letzten Jahren und Jahrzehnten starken wirtschaftlichen Veränderungen erlegen. Erik, ein langjähriger Freund von meinem Mann und mir, wohnt mit seiner Frau Quin, einer Chinesin, in der Schweiz. Ich bat Quin, mir die Wörter „Glück", „Stress", „Lebensfreude", „Angst", „Depression", „Burn-out" und „Herz-Kreislauf-Erkrankungen" in die chinesische Sprache zu übersetzen, damit ich auch hier einen Google-Vergleich erstellen konnte.

RANKING 3:

1.	Stress (压力)	89.900.000 Suchergebnisse
2.	Glück (运气)	31.000.000 Suchergebnisse
3.	Angst (恐惧)	27.500.000 Suchergebnisse
4.	Lebensfreude (人生乐趣)	24.400.000 Suchergebnisse
5.	Depression (抑郁)	15.500.000 Suchergebnisse
6.	Herz-Kreislauf-Erkrankungen (心脏病)	6.110.000 Suchergebnisse
7.	Burn-out (倦怠症)	812.000 Suchergebnisse

Anhand der Google-Ergebnisse festigt sich der Eindruck: Die globale Welt ist extrem gestresst. Quin antwortete mir auf meine Frage, ob sie den Eindruck habe, dass die Chinesen gestresster seien als früher, dass dies in der Tat zutreffe. Sie sagte mir, der Wandel hätte viele Chinesen überrollt. Der Wettbewerb sei brutal, hervorgerufen auch durch den sozialen Druck „sei erfolgreich, werde reich und strebe nach mehr und immer mehr." Viele Sozialleistungen wurden in den letzten Jahren gestrichen, vor allem in der ärztlichen Versorgung. Die junge Generation muss hart arbeiten, um sich den von der Gesellschaft vorgegebenen Lebensstandard erfüllen und den Wegfall der Sozialleistungen kompensieren zu können. Das schafft sie nur durch eine gute Ausbildung – und das Erlangen einer guten Ausbildung sorgt, kombiniert mit dem Wettbewerbsdruck, für zusätzlichen Stress.

Dass „Glück" an zweiter Stelle rangiert, kann auf die Glücks-Ideale in der chinesischen Philosophiegeschichte zurückzuführen sein. Konfuzianismus und Daoismus weisen Maß und Mitte als den richtigen Weg zum Glück. Allerdings sind, so ermittelte ein chinesischer Staatssender in einer Umfrage, 70 % der Chinesen nicht glücklich. Und auch der amerikanische Wirtschaftsprofessor Richard A. Easterlin studierte die Lebenszufriedenheit der Chinesen und fand heraus, dass sich seit 1990 das Pro-Kopf-Einkommen in China zwar zweimal verdoppelt hat, die Zufriedenheit mit dem eigenen Leben jedoch stagniert bzw. sinkt. Wenn Menschen mehr verdienen, vergleichen sie ihr Einkommen eher mit anderen und ihre materiellen Ansprüche steigen. Das trübt das Glück des Mehrverdienstes. Und: Mit Geld allein können die Chinesen die mangelnde Sicherheit für Rentner, Arbeitslose und Kranke eben nicht erkaufen.

Vielleicht ist der „Drive" der Menschen nach Wohlstand und Sicherheit eine weitere Erklärung dafür, dass „Glück" bei der chinesischen Google-Suche an zweiter Stelle erscheint. Das bestätigte mir vor einiger Zeit auch der Mann einer Bekannten, der sich drei Jahre als Expatriat in China aufhielt. In einem Interview für meinen Futability®-Blog[77] berichtete er mir, die Schere zwischen Arm und Reich klaffe immer weiter auseinander. „In den Städten", so sagt er, „gibt es viele neureiche Chinesen, die sich jeglichen Luxus leisten. Konsumtempel schießen aus dem Boden. Es besteht ein extremes Markenbewusstsein. Man versucht, den westlichen Lebensstil in jeglicher Hinsicht zu integrieren und zu kopieren."

Der Wettbewerbs-Wahnsinn hat also noch ein Ziel: Es besser zu haben als die Eltern oder Großeltern, mit den westlichen Nationen gleich zu ziehen und erfolgreich sein zu wollen. Das berufliche Aufreiben folgt einer Vision – einer hungrigen Vision.

Das hatten wir in Deutschland vermutlich zuletzt in den 50er-Jahren des letzten Jahrhunderts, unserem „Wirtschaftswunder". Die Deutschen waren getrieben davon, das Elend zweier fürchterlicher Kriege hinter sich zu lassen, einen Neuanfang starten zu wollen, um die Jahre des Kampfes und vielleicht auch die Schmach des Verlierens vergessen zu machen. Unsere Nation war damals hungrig nach Erfolg. Wir hatten die Vision eines friedlichen, wohlstandsgesättigten Deutschlands, eingebettet in ein ebenso friedliches, wohlstandsgesättigtes Europa. Und wir waren ja nicht wirklich erfolglos in der Umsetzung dieser Vision. „Made in Germany" ist (noch) ein Markenzeichen in der ganzen Welt, eines, auf das wir durchaus (noch) stolz sein können.

Aber etwas ist dabei auf der Strecke geblieben. Je dicker die Wohlstandsbäuche wurden, je satter uns der Erfolg machte, desto weniger kümmerten wir uns um neue Visionen, die unsere Energien in andere Richtungen hätten kanalisieren können. Anstatt über neue Seitenstraßen zu unentdeckten Seidenstraßen zu gelangen, waren wir nur mit uns selbst und dem krampfhaften Versuch beschäftigt, unseren Status Quo des Wohlstandes zu erhalten. Vielleicht wäre

77 Interview: „Als Expat im Land der aufgehenden Sonne", http://wp.me/p4cnrX-7J

das sogar gut gegangen, hätten die US-Amerikaner nicht ihrerseits auf einer Seitenstraße ein neues El Dorado entdeckt und das Internet erfunden und kommerzialisiert.

Wie in einer Farbschleuder vermengte sich unsere Wirtschaft nun unversehens mit disruptiven Elementen, Wettbewerbern und Einflüssen aus dem Ausland. Plötzlich fing unsere vormals gut geölte Wohlstands-Maschine an zu quietschen, erst leise, dann immer lauter. Ein Tröpfchen Öl hier, eine kleine Ausbesserung da und das gute Zureden, deutsche Ingenieurskunst würde schon nicht aufgeben. Problematisch nur, dass die disruptiven Elemente Sand ins Getriebe wehten. Jetzt quietschte unsere Wohlstands-Maschine nicht nur, sie drohte zu stocken. Und wir hatten – und haben – keine Erfahrung mehr damit was passiert, wenn sie plötzlich anhalten sollte. Also wird wieder getüftelt – allerdings jetzt nicht mehr an der Maschine selbst, sondern bei denen, die die Maschine bedienen. Kürzen von Sozialleistungen, fluide Arbeits- und Einsatzmodelle und befristete Arbeitsverträge sind plötzlich willkommene Mittel, um unsere Wohlstands-Maschine am Laufen zu halten und das Getriebe zu schinden, so lange es nur irgendwie geht.

Schade nur, dass die Wohlstands-Arbeiter die Veränderungen nicht ganz so klaglos mitmachen wie die Maschine, die sie nach wie vor kritiklos 24/7 bedienen sollen. Blöd, dass die Menschen hinter der Maschine empathische Wesen sind, die in vielen Fällen anfangen zu begreifen, dass sie Spielfiguren in einem Spiel sind, dessen Spielregeln sie immer weniger beeinflussen können. Das macht auf vielen verschiedenen Ebenen Angst. Mein Google-Ranking zeigt es deutlich.

Wir scheinen allmählich zu merken, dass es deutlich anstrengender, unsicherer und oft viel weniger befriedigend ist, einen einmal erreichten Status Quo langfristig zu halten als auf einen gewünschten Status Quo hinzuarbeiten. Den Status Quo des Wohlstandes der Nation zu halten ist nämlich wenig motivierend, wenn dabei der eigene Wohlstand und die eigene (Job-)Sicherheit auf dem Spiel steht, weil Kollege Roboter schon vor den Werkstoren auf den ersten Einsatz wartet. Problematisch wird es, wenn sich dann an die Stelle des Strebens nach Glück ein undefiniertes Gefühl der Angst anschleicht. Angst vor der Zukunft, Angst vor der Gegenwart, weil weder das Heute noch das Morgen verstehbar, handhabbar und bedeutsam erscheinen. **Das Kohärenzgefühl der Menschen – vielleicht sogar einer ganzen Nation – ist empfindlich gestört.**

Sie erinnern sich an das Kapitel „Me and Myself" und die Veränderung unserer Bedürfnispyramide, sobald ein gewisser Wohlstands-Level erreicht ist? Die Wohlstands-Maschine am Laufen zu halten, ist alleine nicht mehr zielführend. Sinnerfüllung, Autonomie und Anerkennung spielen plötzlich eine viel größere Rolle. Die deutsche Wirtschaft könnte sich beim Erhalt des Status Quo (auf einem immer noch hohen Niveau) den „Luxus" der Erfüllung der Bedürfnisse ihrer Belegschaften spielend leisten und zu „anständigen Unternehmen" werden, wie Reinhard K. Sprenger es ausdrückte. Autonomie, Sinnerfüllung und Anerkennung sind günstiger als eine Tafel Schokolade und sie machen nicht dick. Sie erwirken umgehend positive Impulse im Gehirn durch die Ausschüttung von Dopamin und die Aktivierung des Motivationszentrums. Leistungsfähigkeit und Zufriedenheit sind direkte und erwünschte Nebenwirkungen.

Es könnte so einfach sein – und dennoch wird die veränderte Wertehaltung der arbeitenden Menschen in den meisten Unternehmen konsequent ignoriert, weil sie nicht in das Wertebild der immer noch tief verankerten Strukturen aus dem Industrie-Zeitalter passt. Als Folge entsteht eine unüberbrückbare Kluft zwischen den Bedürfnissen der Mitarbeitenden und den Realitäten in vielen Unternehmen.

Das Halten des Status Quo wird so zu einer doppelten Anstrengung, weil wir einerseits genau den Wettbewerbern entgegentreten müssen, die sich „unseren" Status Quo momentan erarbeiten und das oft mit großem Hunger, viel Durchsetzungs-Energie und vor allem einer gehörigen Portion Visionskraft tun. Sie haben ein **attraktives Ziel** vor Augen, das sie positiv stimmt, im Gehirn das **Lustzentrum** (Nucleus accumbens) aktiviert, die Menschen so zu einem aufbauenden Verhalten motiviert und glücklich stimmt. Sie arbeiten unter Eustress-Bedingungen mit einem starken Kohärenzgefühl und werden damit für uns gefährlich.

Visionen sind ein echter Garant für Innovationskraft; Hunger und Durchsetzungs-Energie ein todsicheres Kapital für Veränderungs- und Anpassungsbereitschaft. Uns fehlt das alles an ganz vielen Stellen. Das macht Angst!

Und diese Angst ist messbar. Die jährlichen Kosten der Angst werden allein in Deutschland auf 75 Milliarden Euro geschätzt. Eine Umfrage zeigt, dass Angst in vielen Unternehmen verbreitet ist[78]:

- 65 % aller Arbeiter hatten in den letzten drei Monaten Angst in ihrem Beruf. Die Gründe waren Angst vor dem Chef, Angst vor der Kündigung oder Angst vor nicht zu bewältigenden Arbeitsanforderungen.
- 44 % aller Angestellten hatten in den letzten drei Monaten Angst in ihrem Beruf.

Die Folgen der Angst im Mitarbeiterkreis betreffen Arbeitnehmer und Arbeitgeber gleichermaßen. Angststörungen treiben den Krankenstand nach oben und hindern Menschen daran, effizient zu arbeiten und ihr Maximum an Leistung zu erbringen. Angst schlägt auf die Stimmung und senkt die Leistung des ganzen Teams. Zusätzlich schwächt Angst das Vertrauen in die Leistungsfähigkeit des Unternehmens.

Deshalb wird für viele Arbeit zur Mühsal und als Stress empfunden. Angst bedeutet ein Arbeiten unter Distress-Bedingungen. Neben allen negativen Folgen ist eine Folge aus ökonomischer Sicht ganz besonders fatal: **Distress sorgt dafür, dass die Denkleistung sinkt.** Im Dauerstress greift unser Gehirn auf archaische Verhaltensmuster zurück – getrieben durch die

78 Führung & Management aktuell Ausgabe 03/2014, „Eine wachsende Gefahr: Angst im Betrieb"

Amygdala, die bestimmte Situationen als alarmierend bewertet und entsprechende Signale aussendet. Flucht- oder Kampfreaktionen sind die Folge und im Berufsumfeld zusätzlich auch die ohnmächtige Erstarrung. Alle drei Reaktionen blockieren unsere Gedanken und verhindern freies und kreatives Denken. Die in vielen Unternehmen geforderten und notwendigen Innovationsleistungen können nicht mehr erbracht werden. Und auch das Mittragen von Change-Prozessen wird im Zustand der Angst zur Unerträglichkeit.

„Es sind nicht die Stärksten einer Spezies, nicht die Intelligentesten, sondern diejenigen, die am schnellsten auf Veränderungen reagieren können, die sich in der Evolution durchsetzen." *Charles Darwin*

Darwin konnte beweisen, dass Adaption, also die erfolgreiche Bewältigung von Stress-Situationen, die Entwicklung von Stresstoleranz oder Resilienz zu Selektionsvorteilen im Tierreich führt. Bei den Menschen ist das nicht anders. Es sind nicht die Stärksten oder die Intelligentesten, die sich in den Unternehmen und in Führungspositionen durchsetzen, sondern diejenigen, die unter psychischen Belastungen *trotzdem* die Fähigkeit besitzen, Ruhe zu bewahren und rasch und zielorientiert zu agieren.

Führen dagegen bestimmte Situationen, an die wir uns aus verschiedenen, individuellen Gründen nicht anzupassen vermögen, zu Dauerstress, entsteht ein erhebliches Gesundheitsrisiko für den ganzen Körper. Die Psyche wird in den Zellen unseres Gehirns generiert. Unser Gehirn ist Entstehungsort von Wohlbefinden und Verhalten – genauso wie von Stress, Angst und Depression.

Alain Ehrenberg sieht die Depression daher auch als Niederschlag gesellschaftlicher Veränderungen, als „die Krankheit einer Gesellschaft, deren Verhaltensnorm nicht mehr auf Schuld und Disziplin gründet, sondern auf Verantwortung und Initiative."[79] Er bezeichnet die Depression als „**fatigue d'être soi**", als die Müdigkeit, man selbst zu sein und demzufolge als eine Krankheit der Verantwortung (gegenüber dem eigenen Ich). Verursacht wird sie seiner Meinung nach durch den Paradigmenwechsel der westlichen Gesellschaften. An die Stelle sozialer Restriktionen (erlaubt/verboten) treten Unverbindlichkeit, ein Zuviel an Sinnangeboten und daher ein Mangel an Orientierung (möglich/unmöglich).

Unsere heutige Zeit verlangt die Entwicklung einer „reichen Persönlichkeit" und die Arbeit am Selbst. Allerdings stellt uns die Gesellschaft keine ausreichenden Hilfsmittel zur Verfügung, wie, wo und an welchen Stellen diese Arbeit am Selbst erfolgen soll. In der Folge wird das Ich zu einer einzigen Großbaustelle und „dort, wo die Seele dem Anspruch auf Selbstverwirklichung nicht mehr nachkommen kann, reagiert sie mit einem Rückzug auf ganzer Linie,

79 *www.zeit.de/2004/42/st-ehrenberg*

mit innerer Leere, Antriebsschwäche und Erschöpfung."[80] Eine Heilung kann laut Ehrenberg nur darin liegen, dass Individuen an ihren Erfahrungen wachsen, dass sie lernen, Konflikte auszuhalten und sie als fundament-bildenden Teil ihrer Persönlichkeit zu akzeptieren. **Im MEGA-Zeitalter muss die Wiederherstellung des individuellen Kohärenzgefühls zur obersten Prämisse werden.**

Die Wiederbelebung und Mobilisierung der Identität der Individuen wird zu einer der zentralen Ressourcen, um mit VUCA-Welten sowie belastenden, widrigen und widersprüchlichen Alltagserfahrungen produktiv umgehen zu können und eben nicht daran zu zerbrechen. Die konsequente Orientierung am Wohlergehen des Menschen sollte daher im Mittelpunkt unseres Handelns stehen. Wirtschaftlich, gesellschaftlich und individuell lohnt es sich, den Teufelskreis der Adaptions-Probleme zu durchbrechen, um zukunftsfähige Individuen und Unternehmen sowie eine zukunftsfähige Gesellschaft hervorzubringen. Denn wir alle werden im Zeitalter des demografischen Wandels und der weiteren Digitalisierung und Automatisierung unserer Gesellschaft vor ganz besonderen Belastungsproben stehen. Ausgang ungewiss.

ZUSAMMENFASSUNG:

Alvin Tofflers Anfang der 70er Jahre aufgestellte These des „Zukunftsschocks" ist heute aktueller denn je. Die VUCA-Welt hat Auswirkungen auf unsere Gesundheit. Mehr und mehr Lebensbereiche werden durch die Technologie assimiliert. Der Fortschritt ist an vielen Stellen positiv. Er verleitet uns jedoch dazu zu vergessen, dass Menschen nach wie vor biologische Wesen und einem natürlichen Evolutionsprozess unterworfen sind, der deutlich langsamer voranschreitet als der technologische. Für den Umfang des Wandels, den Menschen ertragen können, gibt es Grenzen. Diese Grenzen können individuell sehr eng sein, wenn Menschen uninformiert, unvorbereitet und unbegleitet in Veränderungssituationen stürzen, die ihr Kohärenzgefühl erschüttern und Veränderungen dann – vermeintlich – hilflos gegenüberstehen. Frei nach Darwins „Survival of the fittest" überstehen und überleben momentan nur diejenigen den Wandel gesund, die intuitiv und konstitutionell in der Lage sind, Veränderungen zu adaptieren. Doch das kann auf Dauer nicht die Lösung sein. Unsere zukünftige Gesellschaft benötigt körperlich, seelisch und geistig gesunde Menschen, die den kommenden Wandel pro-aktiv unterstützen und den nächsten Evolutionsschritt von Wirtschaft, Politik und Gesellschaft innovativ und kreativ begleiten können.

80 www.literaturkritik.de/public/rezension.php?rez_id=8006

1 2 3 4

„Die Neugier steht immer an erster Stelle eines Problems, das gelöst werden will."

Galileo Galilei

DER MENSCH IM FOKUS
TEIL 2

Im Januar 2010 ereignete sich in Bonn ein kleines meteorologisches Wunder: Es schneite! Das alleine war nicht die Sensation, sondern die Tatsache, dass der Schnee liegenblieb – und zwar länger als fünf Minuten. Mein Sohn, damals fast sechs Jahre alt, wollte verständlicherweise Schlitten fahren. Es war schließlich für ihn eine absolute Lebens-Premiere. Und so standen mein Mann und ich nachmittags im diesigen Januar-Licht in der Bonner Rheinaue, sahen unserem quietschvergnügten Sohn beim Rodeln zu – und waren selbst hochgradig frustriert. Schuld daran waren weder die Kälte noch die nassen Füße, sondern die Tatsache, dass uns an diesem Tag, als wir fernab von Büro und Internet mit unseren Gedanken auf uns selbst gestellt waren, klar wurde: Wir standen beruflich kurz vor dem Ende. Unser damaliges Kerngeschäft, die Veranstaltung regionaler Karriere-Messen[1], lief so schlecht wie nie und wir wussten, wenn wir nicht ganz schnell das Ruder herumreißen, würden wir der Insolvenz tief ins Auge blicken müssen. Unser Glück war, dass wir seit Jahren wussten, dass dieser Moment kommen würde.

Es ist gut, schon gestern zu ahnen, was morgen passieren könnte.

Der Beginn unserer Selbständigkeit war eine grandiose Zeit voller Aufbruchsstimmung, positiver Energie und großen Visionen. 1999, in der Hochzeit der Dotcom-Ära und in der Phase chronischen Informatiker-Mangels, verfolgten wir das ehrgeizige Ziel, der größte Anbieter regionaler Karriere-Messen in Deutschland zu werden. Das Ziel war insofern ambitioniert, weil es bei unserem Markteintritt bereits zahlreiche Wettbewerber gab, die den Markt der Karriere-Messen ebenfalls bedienten. Doch wir hatten Ideen, waren unverbraucht und kreativ und ließen uns nicht abschrecken. Wir lebten monatelang im Eustress, getrieben von unseren Visionen, eingebettet in ein warm-wohliges Kohärenzgefühl. Wir wussten, was wir taten, wir waren in der Lage, unseren Ideen Taten folgen zu lassen und hatten ein für uns absolut attraktives Ziel vor Augen. Das Gefühl Bäume ausreißen zu können, war unser tägliches Aphrodisiakum. Vor diesem Hintergrund ist es wenig verwunderlich, dass wir unser Ziel in kürzester Zeit erreichten. Innerhalb eines Jahres deckten wir mit unseren Messen nicht nur 20 Hochschul-Standorte ab, wir erreichten auch die erste Umsatzmillion. Eine kleine Erfolgsgeschichte, von der wir glaubten, sie würde ewig so weiter gehen.

Anfang des Jahres 2000, inmitten unserer Euphorie und auf einer unserer damals sehr erfolgreichen Messe am Hochschulstandort Mannheim, nahm uns ein Unternehmensvertreter, den mein Mann noch aus seinen Studienzeiten kannte, beiseite. „Holger", sagte er und setzte ein ernstes Beratergesicht auf, „ich schau mir ziemlich genau an, was ihr so macht und wie der Markt sich entwickelt. Ich garantiere euch, Karriere-Messen in der Form, wie ihr sie veranstaltet, wird es in ein paar Jahren nicht mehr geben. Ihr solltet schauen, dass ihr euch diversifiziert."

Heute blicke ich auf diese Situation zurück und bin dankbar. Damals war ich, ich gebe es

1 *Für diejenigen von Ihnen, denen das Konzept von Karriere-Messen nicht bekannt ist, sei das Format an der Stelle kurz erklärt: Auf Karriere-Messen (auch Recruiting-Messen, Job-Messen oder Ausbildungs- oder Absolventen-Messen genannt) präsentieren sich Arbeitgeber bestimmten Zielgruppen, um ihnen Karriereperspektiven und Berufseinstiegs- oder Ausbildungsmöglichkeiten zu präsentieren.*

zu, empört. Empört deshalb, weil ich überhaupt nicht nachvollziehen konnte, wie er zu dieser Schlussfolgerung gelangen konnte. Die Wirtschaft brummte, die Messen waren ausgebucht und gut frequentiert. Wir machten einen super Job, verdienten zum ersten Mal unser eigenes Geld - es gab für mich nicht einen einzigen Hinweis darauf, dass sich an dieser Situation etwas ändern könnte. Mir fehlten damals **fünf elementare** und aus beruflicher Sicht **überlebensnotwendige Zutaten**:

1. **Erfahrung**
2. **(Mut zur) Weitsicht**
3. **die Fähigkeit, Entwicklungen zu antizipieren bzw. Situationen in die Zukunft zu projizieren**
4. **Informationsvorsprung**
5. **Demut**

Rückwirkend habe ich problemlos nachvollziehen können, warum unser damaliger Kunde zu seiner Einschätzung kommen konnte. Er war in der Lage, Informationen zu filtern, sie nach strategischer Wichtigkeit zu selektieren und auf die eigene oder fremde Branchen zu übertragen. Und eine ganz wichtige Information veranlasste ihn zu seiner – wie sich später herausstellen sollte – sehr richtigen Vorhersage: 1999, in dem Jahr als ich mich von der Studentin zur Unternehmerin wandelte, unterzeichneten 29 europäische Bildungsminister im italienischen Bologna eine politisch-programmatische Erklärung, die das Ziel hatte, Studiengänge und -abschlüsse europaweit zu harmonisieren und die internationale Mobilität der Studierenden zu fördern. Wesentliche Ziele der Schaffung dabei waren:

- die Einführung der Bachelor- und Master-Abschlüsse
- eine fortlaufende Qualitätssicherung im Hochschulbereich
- eine auf Beschäftigungsfähigkeit (Employability) am Arbeitsmarkt zielende Ausrichtung der Studiengänge

Dem ehemaligen Studienkollegen meines Mannes musste sehr schnell klar gewesen sein, wie die Umsetzung des letzten Punktes der Bologna-Reform umgesetzt werden könnte, nämlich durch:

- Schaffung von Angeboten, die es den Studierenden ermöglichen, erleichterten Zugang zum Arbeitsmarkt zu bekommen und/oder
- Schaffung von (Weiterbildungs-)Angeboten, welche die Employability der Studierenden fördern

Heute wissen wir, wie diese Umsetzung dann tatsächlich aussah: Flächendeckend wurden „Career Center" an den Hochschulen gegründet, die sich verstärkt um die Kontakte zwischen Hochschule und Wirtschaft bemühen sollten. Einer der einfachsten und auch lukrativsten Wege, diesen Kontakt herzustellen war – Sie ahnen es vielleicht – die Organisation von Karriere-Messen.

Anfang 2000, als uns unser Kunde mit seiner Prophezeiung konfrontierte, waren die Unterschriften auf der Bologna-Erklärung gerade getrocknet. Es war damals kaum möglich vorauszusagen, wie die Umsetzung der Reform von statten gehen würde und vor allem mit welchen inhaltlichen und zeitlichen Folgen. Für unseren Kunden jedoch war eine Aussage zukunftsentscheidend: Die Hochschulen sollten zukünftig eine aktive Rolle einnehmen, wenn es um die Employability der Studierenden geht. Und ihm war klar: Das würde Folgen haben. Auch für uns. Zum Glück teilte er seine Vorahnungen uns mit, und zum Glück hörten wir ihm – trotz meiner innerlichen Empörung – sehr aufmerksam zu.

Mein Mann und ich nahmen uns damals das Versprechen ab, auf der Hut zu sein, offen und neugierig zu bleiben und immer den Mut zu haben, möglichen Abgründen beherzt ins Auge zu schauen. Diesem Versprechen sind wir uns in all den Jahren treu geblieben. Was nicht heißt, dass uns der 11. September und die darauf folgenden Krisen nicht zugesetzt haben. Im Gegenteil. Wir haben ordentlich Federn gelassen, diverse schlaflose Nächte gehabt und vermutlich jedes nur erdenkliche Stressgefühl durchlebt, das berufliche Extrem-Situationen hervorrufen. Auf der Hut zu sein heißt eben nicht, zwangsläufig auch gleich die Lösung für ein Problem zu haben, das noch nicht einmal offensichtlich vor einem steht, sondern eine lange, lange Zeit nur als eine Vermutung und hypothetische Annahme in unseren Köpfen schwirrte.

„Gut Ding will Weile haben", sagt eine in unserer schnelllebigen Zeit fast vergessene Volksweisheit. Und im Kreativitäts- und Innovationsmanagement ist sie aktueller und gültiger denn je. Gute Ideen und Innovationen haben eine **Inkubationszeit**, die manchmal mehrere Jahre dauert, sodass die bahnbrechende Neuheit quasi aus dem Nichts zu kommen scheint und man sich später fragt, warum man, verflixt noch mal, nicht schon früher auf die Idee gekommen ist.

Unser Durchbruch kam, als unser Sohn Schlitten fuhr und wir uns allen Ernstes die Frage stellten, was aus uns, unserer Firma und unserer beruflichen Zukunft werden sollte. Wir waren absolut ratlos, denn zu diesem Zeitpunkt hatten wir schon alle erdenklichen Projekte und Ideen ausprobiert und keine, wirklich keine einzige schien zu fruchten und auch nur im Ansatz einen Hauch von Erfolg zu versprechen. In diesem Moment taten wir intuitiv das Richtige: Wir stellten uns im Winterlicht des Januar-Tages 2010 **vier elementare Fragen**:

1. **Was sind unsere Kernkompetenzen?**
2. **Was können wir richtig gut?**
3. **Worauf haben wir Lust?**
4. **Was wollen wir auf keinen Fall mehr tun?**

Zu diesen Fragen „schossen" wir Antworten in die kalte Winterluft.

1. Veranstaltung und Organisation von Messen, Serviceorientierung, Ideen generieren.
2. Veranstaltung und Organisation von Messen, Serviceorientierung, Ideen generieren.
3. Neue Geschäftsfelder entwickeln, als Consultants/Unternehmensberater arbeiten, Trainings und Seminare anbieten, Bücher schreiben, die Welt verändern, einen Fußabdruck hinterlassen.
4. Veranstaltung und Organisation von regionalen Karriere-Messen.

Sehr schnell war uns nach diesem Mini-Brainstorming klar, dass wir aufgrund unserer existenziellen Not den Fokus auf unsere Kernkompetenzen und die Frage lenken müssen, was wir richtig gut können. Wir hatten aus wirtschaftlicher Sicht nämlich weder die Zeit noch das Geld, in neue Geschäftsfelder und mögliche Weiterbildungen und Visionen zu investieren. Das, worauf wir richtig Lust hatten, musste also noch warten. Allerdings wurde uns auch klar, dass das, worauf wir keine Lust mehr hatten, stark zusammen hing mit dem, was wir richtig gut konnten. Wir steckten in einem **Dilemma**.

Einerseits wollten wir heraus aus einem Job, der uns keinen Spaß mehr machte und den wirtschaftlichen Ruin versprach. Andererseits war uns völlig klar, dass uns in dieser Situation nur unsere Kernkompetenzen einen Ausweg aus unserer Misere verschaffen würden. Denn egal, was wir auch tun würden, die Kernkompetenzen gaben uns das Siegel von **Glaubwürdigkeit**, **Professionalität** und **Erfahrung**. Bei über einhundert veranstalteten Messen würde niemand unsere Kompetenz anzweifeln und unsere Sachkenntnis in Frage stellen. Unsere Erfahrung konnte uns niemand nehmen. Sie gab uns Sicherheit. Unser Know-how war letztendlich die einzige **Währung**, die uns damals zur Verfügung stand – und bis heute immer noch zur Verfügung steht.

Nur: Was sollten wir mit dieser Währung tun? In welchem neuen Business-Kontext würden wir mit ihr bezahlen können? Wer konnte mit dem, was wir damals konnten, etwas anfangen? Wer wären potenzielle Ziel-, Kunden- oder Käufergruppen?

In einem Zwiespalt, einem Paradoxon festzustecken, ist eine unerträgliche Situation – vor allem, weil wir die ganze Zeit das untrügliche Gefühl hatten, der Lösung so nahe zu sein. In dem Moment erlitten wir so etwas wie echte Geburtsschmerzen. Hinzu ereilte mich just in diesem Augenblick und passenderweise das typische „Berufstätige-Mutter-Syndrom". Während wir nämlich über unseren existenziellen Nöten brüteten, rodelte mein Sohn den Hügel runter, kraxelte ihn wieder hoch, fuhr runter – immer und immer wieder. Er war keineswegs unglücklich und wunderbar mit sich selbst beschäftigt, doch ich fühlte mich in diesem Moment – Hartmut Rosa lässt grüßen – schuldig. Schuldig, ihm nicht mehr Aufmerksamkeit schenken zu können und schuldig, nicht selbst mit ihm zu rodeln. Als ich mich umschaute und um mich herum lauter Mütter mit ihren vorbereiteten Picknick-Körben sah, die Kekse verteilten und warme Getränke ausschenkten, erreichte mein Schuldgefühl einen traurigen Höhepunkt. Unsere Probleme hatten uns derart absorbiert, dass weder mein Mann noch ich auch nur einen Gedanken an die kulinarische Versorgung verschwendet hatten. In diesem Augenblick fühlte ich mich als Unternehmerin und als Mutter völlig unzulänglich. Als ich dann auch noch feststellte, dass mein Mann weit und breit der einzige Vater war, der den Rodelberg mit seiner Präsenz beehrte, überrollte mich unversehens eine Frustrations-Welle.

Und dieser Frust entlud sich plötzlich und blitzartig in der Idee, einen Messe-Kongress für Frauen zu veranstalten. Frauen, die ähnliches durchlebten und wollten wie ich. Frauen, die Beruf und Familie noch vor sich hatten und konkrete Hilfe von erfahrenen Frauen gebrauchen konnten, um bestimmte Entscheidungen leichter und weniger schuldbeladen treffen zu können.

Dieser Tag war – in aller Unerträglichkeit, die wir vorweg durchlebten – die Geburtsstunde der **women&work**, Deutschlands größtem Messe-Kongress für Frauen. In diesem Bruchteil von Sekunden, als mein Mann und ich die Idee aussprachen, fügten sich Dutzende Puzzlestücke wie von Geisterhand zusammen.

Plötzlich stand unsere Kernkompetenz im Mittelpunkt, die es uns ermöglichte, innerhalb weniger Stunden ein Konzept aufzusetzen, einen Webauftritt zu planen und ein erstes Kundenmailing zu verfassen. Scheinbar mühelos schufen wir ein Veranstaltungsformat, das es mit dieser Zielrichtung und Ausrichtung vorher noch nie gegeben hatte. Unsere Erfahrung in der Kundenansprache, unser Branchenwissen und die über 100 veranstalteten Karriere-Messen fühlten sich plötzlich an wie eine Art Schaulauf zum eigentlichen Haupt-Event.

Gleichzeitig schufen wir uns ein völlig neues Betätigungs- und Expertenfeld, weil wir alle Aktivitäten, Gedanken und Energien auf eine einzige Zielgruppe fokussierten: Akademisch gebildete Frauen, die für Fach- und Führungspositionen in Unternehmen in Frage kamen.

Aufgrund unserer eigenen familiären Situation als Vollzeit und vom Home-Office aus arbeitenden Eltern konnten wir sogar diese Erfahrung plötzlich positiv nutzen. Sie überzeugte gerade im Vorfeld der ersten Veranstaltung viele Unternehmen, unserem Konzept und uns zu **vertrauen**, weil wir passenderweise selbst unsere eigene Zielgruppe waren. Wir konnten aus Erfahrung sprechen, hatten bei nicht wenigen Meetings unseren Sohn dabei, weil uns Betreuungsmöglichkeiten fehlten – und das machte uns **glaubwürdig** und **einzigartig**. Warum erzähle ich Ihnen diese Geschichte? Weil sie ein exzellentes Beispiel für den Inhalt dieses Buches ist.

Futability® ist die Fähigkeit, den Veränderungen und Herausforderungen der Zukunft pro-aktiv, flexibel und reflektiert begegnen zu können.

Unsere Zukunft begann im Prinzip schon im Jahr 2000 während des Gesprächs mit dem ehemaligen Studienkollegen meines Mannes. Wir waren auf eine Eventualität vorbereitet, ohne die Eventualität wirklich zu kennen und ohne zu wissen, wann und wie sie eintreten würde. Von diesem Zeitpunkt an **reflektierten** wir alles, was wir taten, **beobachteten** unsere Branche, unsere Wettbewerber und jede neue Sau, die durchs Dorf getrieben wurde. Wir **lernten** aus den Fehlern der anderen und **reiften** an unseren eigenen. Wir **reagierten flexibel** auf den 11. September und die darauf folgenden Wirtschafts- und Finanzkrisen. Wir **probierten** neue Ideen **aus**. Und wir **scheiterten**. Mehr als einmal und mit allen Schmerzen, die dazu gehörten. In all den Jahren waren wir jedoch immer von dem unbedingten **Willen** geprägt zu überleben, den Kopf über Wasser zu halten und zu schwimmen – komme, was da wolle.

Wir konnten es damals noch nicht wissen, aber die Idee, die an diesem besagten Wintertag im Januar 2010 beim Rodeln geboren wurde, sollte eine komplett neue Marktnische schaffen. Das Spezialgebiet „**Female Recruiting**" machten wir haus- und hoffähig. Wir positionierten uns als Spezialisten und Experten und schufen – damals unwissend – einen „**Blue Ocean**".

RAUS AUS DEM MITTELMASS

Das Konzept der „Blue Ocean-Strategie" wurde von W. Chan Kim und Renée Mauborgne an der INSEAD Business School entwickelt. Sie untersuchten über einen Zeitraum von 15 Jahren mehr als 100 Unternehmen, die auf die eine oder andere Art ungenutzte (Teil-)Märkte erschlossen und damit ihren bisherigen Wettbewerb irrelevant werden ließen.

In der heutigen Wirtschaftswelt tummeln sich rund 80 % der Unternehmen in Massenmärkten („**Red Ocean**"). Diese Massenmärkte sind von einem harten Wettbewerbsdruck geprägt. Die Grenzen der jeweiligen Branchen und Märkte sind klar abgesteckt. Innerhalb dieser Grenzen allerdings ist das Navigieren eine echte Herausforderung. Nicht nur aufgrund der extremen Fülle an weiteren Anbietern, sondern auch aufgrund der Enge des Marktes, der kaum Spielräume zum Ausbrechen und Ausweichen zulässt. Wettbewerber unterbieten sich durch harte Preiskämpfe, „Business As Usual" prägt das Tagesgeschäft, Gewinn- und Wachstumschancen sind extrem gering.

In einem solchen Massenmarkt laborierten wir mehr als zehn Jahre. Der Wettbewerb war brutal – und schließlich für uns nicht zu gewinnen. Unsere Chancen schwanden schon zu dem Zeitpunkt, als die Bologna-Reform unterzeichnet wurde. Mit den ersten „Career Centern", die ihre Daseinsberechtigung und Refinanzierung dann – völlig zu Recht – über die Veranstaltung von hochschuleigenen Karriere-Messen festigten, war der Untergang unserer eigenen Veranstaltungen quasi besiegelt und nur noch eine Frage der Zeit.

W. Chan Kim und Renée Mauborgne fanden in ihren Untersuchungen heraus, dass Unternehmen, die blaue Ozeane erobern, nicht die Konkurrenz als Bezugspunkt nutzen, sondern einer strategischen Logik folgen, welche die beiden Autoren als „**Nutzeninnovation**" bezeichnen.

Eine Nutzeninnovation entsteht dann, „wenn ein Nutzengewinn für Käufer und das Unternehmen entsteht, sodass ein neuer, bisher von niemandem beanspruchter Markt erschlossen wird. Der Nutzen und die Innovation sind hierbei strategisch gleich wichtig."[2]

Vergleicht man die Strategien für rote und blaue Ozeane miteinander, wird schnell deutlich, dass sich blaue Ozeane in einer Art „Niemandsland" befinden, in dem Marktregeln, Kundenschwärme und Produkte, die neben den Nutzeninnovationen existieren werden, noch völlig unbekannt sind. Sehr oft werden genau diese Faktoren durch die Unternehmen definiert, die den blauen Ozean geschaffen haben, was diesen Unternehmen wiederum eine absolute Alleinstellung, einen Expertenstatus und eine gewisse Branchen-Macht und „Hoheit über das Gewässer" verschafft. Das Unternehmen, das einen blauen Ozean entdeckt, ist immer „**First-Mover**" – ein **Pionier-Unternehmen**, dem zum Zeitpunkt der Markteinführung kein vergleichbares Konkurrenzprodukt oder eine Konkurrenz-Dienstleistung gegenübersteht.

Strategien für rote Ozeane	***Strategien für blaue Ozeane***
Wettbewerb im vorhandenen Markt.	Schaffung neuer Märkte.
Die Konkurrenz schlagen.	Der Konkurrenz ausweichen.
Die existierende Nachfrage nutzen.	Neue Nachfrage erschließen.

(Aus: „Der blaue Ozean als Strategie", S. 17)

Die Globalisierung und der technologische Fortschritt sind mächtige Treiber, die Märkte und Branchen radikal und in kurzen Zeitintervallen verändern und immer wieder neue Spieler generieren, die hungrig sind, am Erfolg (der westlichen Industrienationen) zu partizipieren. Blaue Ozeane zu erschaffen, wird daher von Tag zu Tag wichtiger, denn aus Massenmärkten gibt es nur dann ein Entrinnen, wenn man aufhört, es zu versuchen. Mit anderen Worten: Den Wettbewerb klein zu halten, ihn durch Preis- und Machtkämpfe mürbe zu machen, funktioniert eine Zeitlang – kostet aber unfassbar viel Energie und geht auf Kosten der eigenen **Futability®**. Klüger und zukunftsweisender ist es, blaue Ozeane zu entdecken. Dazu haben W. Chan Kim und Renée Mauborgne vier Fragestellungen entwickelt:

1. Eliminierung:

Welche Faktoren, die in der Branche als selbstverständlich betrachtet werden, können weggelassen werden?

2. Reduzierung:

Welche Faktoren können bis weit unter Branchenstandard reduziert werden?

2 *W. Chan Kim und Renée Mauborgne, „Der Blaue Ozean als Strategie", 2005, S. 12*

3. Steigerung:

Welche Faktoren des Produktes können über den Branchenstandard gehoben werden?

4. Kreierung:

Welche Faktoren, die noch nie in der Branche angeboten wurden, können kreiert werden?

Wenn Sie glauben, das gilt nur für Unternehmen, dann irren Sie sich gewaltig. Sie können die vier Fragestellungen als „Krückstock" nehmen, um Ihre eigenen Kernkompetenzen flexibel anzupassen.

DENKEN SIE ÜBER FOLGENDE FRAGEN NACH:

- *Welche neuen Branchen und Märkte werden in Zukunft entstehen?*
- *Welche Bedürfnisse werden in Zukunft vermutlich erwachsen, wenn Industrie 4.0, Digitalisierung, 3D-Druck und der demografische Wandel weiter fortschreiten?*
- *Wo entstehen neue Arbeitsplätze und welche Kompetenzen werden dafür gebraucht?*
- *Und was tun Sie, um auf diese Veränderungen der Zukunft pro-aktiv, reflektiert und flexibel zu reagieren? Pilgern Sie noch mit der Masse („Red Ocean") oder haben Sie schon die Seitenstraßen – oder die Seidenstraßen – im Auge („Blue Ocean")?*

Wenn Sie nun die Fragestellung der „Blue Ocean"-Strategie in abgewandelter Form anwenden, lautet die nächste Aufgabe für Sie:

BEANTWORTEN SIE FOLGENDE FRAGEN:

1. Eliminierung:

Welche Faktoren (Kenntnisse), die in Ihrer Branche/für Ihr Aufgabengebiet bisher als selbstverständlich betrachtet wurden, werden in Zukunft vermutlich keine Rolle mehr spielen, weil sich die Branche/das Umfeld/der Job ändern werden?

2. Reduzierung:

Worauf könnten Sie – wenn es hart auf hart kommen würde – verzichten? Brauchen Sie ein Büro bzw. einen festen Arbeitsplatz? Müssen Sie wirklich 10 Stunden am Tag arbeiten? Welchen Stellenwert haben Status-Symbole in Ihrem Leben und welche sind das? Ein schickes Auto? Ein Eigenheim? Viel Geld? Regelmäßiger Urlaub?

3. Steigerung:

Welche Faktoren (Kenntnisse) können Sie zukünftig anheben, erweitern, steigern, weil der Know-how-Bedarf wachsen wird?

4. Kreierung:

Welche Faktoren (Kenntnisse) sollten Sie in Zukunft zusätzlich aufweisen, damit Sie auch in Zukunft noch in der Branche/im Unternehmen oder auf dem Arbeitsmarkt wertschöpfende Beiträge leisten können?

Die erste Frage dient dazu, dass Sie Ihr Bewusstsein dafür schärfen, dass sich Know-how-Anforderungen verändern. Früher einmal relevantes Wissen kann heute komplett überflüssig geworden sein oder in Zukunft überflüssig werden, weil z. B. bestimmte Arbeitsbereiche automatisiert oder verlagert werden. Wenn Ihnen die Beschäftigung mit der ersten Frage im Augenblick noch Unwohlsein bereitet, lassen Sie die Frage zunächst weg und konzentrieren Sie sich dafür umso intensiver auf die Fragen 2 bis 4.

Bei der zweiten Frage geht es darum zu überlegen, welche materiellen Dinge in Ihrem Leben wirklich wichtig sind. Wir leben in einer Konsumgesellschaft, in der Menschen sehr häufig auch anhand ihrer Kaufkraft definiert werden. Konsum erfreut, kann aber auch unglaubliche Fesseln anlegen, wenn z. B. ein Eigenheim das ultimative Lebensziel ist, man aber einem Beruf nachgeht, der häufiges Reisen oder regelmäßige Umzüge erfordert. Wenn hier zwei elementare Bedürfnisse unvereinbar aufeinander prallen, sorgt das für Stress, innere Zerrissenheit und Unzufriedenheit. **Materielle Wurzeln sind geeignet, Inflexibilität zu festigen und Veränderungen zu vermeiden**, wenn diese Veränderungen einen Status-Verlust oder finanzielle Einbußen erwarten lassen. Daher lohnt sich ein sehr kritischer Blick auf die Frage 2.

Bei den Fragen 3 und 4 geht es darum zu antizipieren, welche zukünftigen Erwartungen Unternehmen, die Branche oder der Arbeitsmarkt generell haben könnten, die Sie mit Spaß und Freude erfüllen möchten. Es macht an dieser Stelle überhaupt keinen Sinn, ausschließlich der Logik und dem Verstand zu folgen und sich zu überlegen, was gefragt sein könnte, denn Bedürfnisse ändern sich. So viel Kondition können wir gar nicht aufbringen, um uns an die Volatilität der menschlichen Bedürfnisbildung anzupassen. Daher fokussieren Sie sich bitte unbedingt auf die Faktoren **persönliche Freude** und **Lust**, denn nur dann bringen Sie auch die entsprechende **intrinsische Motivation** zu einem möglichen fachlichen Richtungswechsel oder einer fachlichen Ergänzung mit. Freude und Lust am (Ver-)Lernen ist elementar für den eigenen Erfolg.

Bei den Fragen 3 und 4 geht es zusätzlich auch um den Nutzen aus Kundensicht (Kunde ist in dem Fall der Arbeitsmarkt, eine Branche oder ein Unternehmen). Je intensiver Sie sich mit Ihrer Positionierung und fachlichen und persönlichen Erweiterung Ihrer Kernkompetenzen befassen, umso höher ist Ihr **Leistungs- und Differenzierungspotenzial** am Arbeitsmarkt oder im Unternehmen.

Die „Blue Ocean"-Strategie eröffnet pragmatische Suchfelder, die Sie - abgewandelt - nicht nur für Ihre Positionierung am Arbeitsmarkt verwenden können, sondern auch, um nach Arbeitgebern zu forschen, die im „Blue Ocean" tätig sind. Und natürlich können Sie über diese Suchpfade auch selbst blaue Ozeane erschließen. Vielleicht kommt Ihnen ja beim Beantworten der Fragen schon eine brillante Geschäftsidee.

1. Alternativbranchen

Welche Alternativbranchen könnten an Ihren Kernkompetenzen, Ihrem Know-how und Ihren Erfahrungen Interesse haben?

2. Strategische Gruppen in der Branche

Gibt es innerhalb der Branche eine spezielle Zielgruppe, auf die Sie Ihre Kernkompetenzen, Ihr Know-how und Ihre Erfahrungen anwenden können oder zukünftig anwenden wollen?

3. Käufergruppen

Betrachten Sie die Käufergruppen, die Ihrer Branche zugeordnet sind. Kommen bestimmte Käufergruppen z. B. als Arbeitgeber in Frage oder können Sie Ihre Kernkompetenzen, Ihr Know-how und Ihre Erfahrungen auf bestimmte Käufergruppen ausweiten und sich damit am Arbeitsmarkt differenzieren?

4. Komplementäre Produkte und Dienstleistungen

Gibt es komplementäre Produkte und Dienstleistungen, mit denen Sie sich beschäftigen und zu denen Sie sich Know-how aneignen können, um sich damit zu differenzieren und den eigenen (Wissens-)Radius zu erweitern?

5. Trends

Gibt es nachhaltige Trends, die Ihre Branche zurzeit beschäftigen oder in Zukunft beschäftigen werden? Wenn ja, wie könnten Sie diese Trends strategisch nutzen, um sich am Arbeitsmarkt oder in der Branche zu differenzieren? Wie wirkt sich das MEGA-Zeitalter auf Ihre Branche oder Ihr Unternehmen aus?

Momentan folgen zu viele Menschen immer noch dem Herdentrieb und suchen ihre Arbeitsplätze dort, wo de facto keine neuen mehr entstehen. Digitalisierung und Automatisierung werden in vielen Unternehmen und Branchen weltweit dafür sorgen, dass bestimmte Berufe eher früher als später aussterben. Es macht – aus meiner ganz persönlichen Sicht – Sinn, diese Berufe zu meiden oder sie zumindest in dem Bewusstsein zu erlernen und vorübergehend auszuüben, dass sie nur noch eines sein können: Ein Anfang, aber definitiv nicht mehr das Ende einer beruflichen Laufbahn. „Big Data" wird viele Berufe der Wissensgesellschaft überflüssig machen. Kurz vor Erscheinen dieses Buches sorgte eine WEF-Studie[3] für Aufsehen, in der es hieß, 5 Millionen Jobs könnte die industrielle Revolution in den nächsten fünf Jahren vernichten. Gleichzeitig aber werden gerade in diesem Umfeld neue Arbeitsplätze und Berufe entstehen, von denen wir heute noch nicht einmal die Bezeichnung kennen.

„Rote Ozeane", uns bekannte und vertraute Berufe und Branchen, verschwinden und werden ersetzt durch „Blaue Ozeane", neue Berufe und Branchen. Historisch ist das schon immer so gewesen und wird auch in Zukunft nicht anders sein. Wer das Prinzip von **Futability®** verstanden hat, wird von diesen Veränderungen angstfrei(er) profitieren können.

ARBEITGEBER-CHECK:

In welchen Ozeanen schippert Ihr derzeitiger Arbeitgeber und in welchem schippern Sie daher zwangsläufig mit? Und wenn Sie selbst ein Unternehmen führen, sind Sie eher ein Arbeitgeber im roten oder im blauen Ozean?

Arbeitgeber im roten Ozean	***Arbeitgeber im blauen Ozean***
Kernkompetenzen und Know-how müssen im vorhandenen (Job-)Markt platziert werden.	*Kernkompetenzen und Know-how können in einem völlig neuen (Job-)Markt platziert werden.*
Der vorhandene (Job-)Markt besteht größtenteils aus alteingesessenen Unternehmen, globalen Konzernen und bekannten „Arbeitgebermarken".	*Dieser neue, noch weitgehend unbekannte (Job-)Markt, besteht sehr oft aus kleinen Unternehmen, mittelständischen Unternehmen, Ausgründungen großer Unternehmen oder Start-ups.*
Da der (Job-)Markt in der Branche/in dem Marktsegment allgemein bekannt ist, ist folglich der Wettbewerb zu anderen Job-Suchenden extrem groß.	*Die vorhandenen Unternehmen im blauen Ozean sind – wenn sie nicht gerade durch bahnbrechende Nutzeninnovationen augenfällig geworden sind – oft unbekannt. Der Wettbewerb zu anderen Job-Suchenden ist daher deutlich geringer.*
Sichtbare Positionierung und Abgrenzung ist sowohl bei der Jobsuche als auch später im Unternehmen schwer und nur unter großem persönlichen Energieaufwand zu schaffen.	*Eine sichtbare Positionierung ist relativ einfach, da Sie allein schon dadurch interessant werden, dass Sie sich für das (unbekannte) Unternehmen, den (Job-)Markt und/oder die Nutzeninnovation interessieren.*

3 www3.weforum.org/docs/Media/WEF_Future_of_Jobs_embargoed.pdf

Arbeitgeber im roten Ozean	*Arbeitgeber im blauen Ozean*
Die (Job-)Sicherheit ist brüchig, da Unternehmen in roten Ozeanen in einem starken Wettbewerbsumfeld arbeiten. Automatisierung und Offshoring von Arbeitsplätzen sind keine Seltenheit. Sie dienen dazu, den Kostendruck zu minimieren.	*Die (Job-)Sicherheit ist auch hier nicht von Beginn an gegeben. Wird die Nutzeninnovation jedoch erfolgreich, ist gerade in diesen Unternehmen die (Job-)Sicherheit groß, denn gemeinsames Wachstum verbindet und schafft Loyalität auf beiden Seiten.*
Tarifliche Null-Runden, Gehalts- oder Bonus-Kürzungen und Entlassungen sind weitere Merkmale von Unternehmen im roten Ozean.	*Vergessen Sie Tarif-Runden! Verhandeln Sie lieber über flexible Arbeitszeiten, Work-Life-Balance, Weiterbildung oder Firmenbeteiligungen – das ist oft vielversprechender und verschafft eine höhere persönliche Freiheit.*
Der externe Wettbewerbsdruck wird nicht selten auch intern ausgelebt in Form von hohem Leistungsdruck, hoher Arbeitsbelastung und einem schlechten Betriebsklima. Arbeitgebern im roten Ozean fehlt oft eine motivierende, zukunftsfähige Vision.	*In blauen Ozeanen gibt es keinen Wettbewerb! Leistungsdruck und Arbeitsbelastung sind auch hier sehr hoch – genauso hoch ist aber auch die Euphorie, in einem neuen Gewässer zu schwimmen. Hier herrscht Aufbruchsstimmung. Hier werden Visionen aktiv gelebt. Hier brodelt positive Energie.*
Gehaltsverhandlungen und die persönliche Weiterentwicklung sind in Unternehmen der roten Ozeane nicht oft von Erfolg gekrönt. Wenn Sie nicht über exorbitante Kompetenzen verfügen und sich unabkömmlich gemacht haben, sind Sie ersetzbar – das weiß auch Ihre Führungskraft, denn sie ist es im Zweifel auch....	*Startet das Unternehmen im blauen Ozean durch, sind Gehaltsverhandlungen, persönliche Weiterentwicklung und Mitgestaltung bei guter und weitsichtiger Unternehmensführung immer von Erfolg gekrönt – und gewollt. Hier gilt: „Never change a winning team!"*
Die Zukunft des Unternehmens ist im besten Fall vage. Unternehmensauf- und verkäufe und Change-Management-Prozesse sind an der Tagesordnung – oft mit ungewissem Ausgang.	*Die Zukunft des Unternehmens ist sicher, wenn sich der blaue Ozean als lukrative Nische erweist und die Unternehmensführung diese Nische weitsichtig und umsichtig ausbaut und die Wettbewerbsvorteile konsequent ausnutzt.*

Futability® beginnt schon in der Schule – und hört nie auf!

Die Bereitschaft des lebenslangen Lernens spielt eine fundamentale Rolle, wenn es um unsere persönliche Zukunftsfähigkeit geht – vor allem, wenn man erkennt, dass unsere Schul- und Ausbildungssysteme nach wie vor vergangenheitsorientiert lehren. Sie richten den Blick auf Gestern, um daraus mit viel Glück Lehren für die Gegenwart zu ziehen, oft ohne mögliche Zukunftsentwicklungen zu berücksichtigen. Nach wie vor werden Menschen in bestimmten Fächern für bestimmte Ausbildungen für ganz bestimmte Berufsbilder ausgebildet. Diese „Schubladen-Ausbildung" fördert „Schubladen-Wissen" und das ist erwiesenermaßen keine Grundlage für kreatives (Quer-)Denken[4].

„**Meta-Kognition**" – also die Erkenntnis des Lernenden über sein eigenes Lernen – wird nicht vermittelt. Die Schul- und Ausbildungszeit sowie das akademische Studium werden zunehmend von immer mehr Menschen als Extrembelastung empfunden. Schon Kinder leiden unter einem diffusen Leistungsdruck, der ihnen oft jegliche Lernfreude nimmt. Die Reflexion über das eigene Lernen und die Planung weiterer Lernziele, die der Meta-Kognition innewohnen, sind für sie sehr häufig weder möglich noch erstrebenswert.

Die Fähigkeit zum kritischen Denken, die Kunst und der Mut, Fragen zu stellen (vor allem dann, wenn man die Antworten noch nicht kennt), haben in den meisten Lehrplänen keinen Platz. Der strategische Blick in die Zukunft, Diskurse über mögliche gesellschaftliche und wirtschaftliche Herausforderungen oder das Arbeiten an kreativen Lösungsansätzen, ist in den deutschen Lehrplänen ebenfalls nicht vorgesehen. Wie auch? Den Lehrenden selbst fehlen dazu oft jegliche Instrumente, denn auch ihre Ausbildung hat dem Wandel der Zeit stoisch widerstanden. Dem deutschen Bildungswesen mangelt es an Führung, Weitblick und radikalem Mut, Bildung von innen heraus zu reformieren und als zukunftsrelevantes Kulturgut zu reinstallieren. Um (global) wettbewerbsfähig zu bleiben, bedarf es daher eines hohen Maßes an **persönlicher Eigeninitiative**, um Kompetenzlücken aufzuholen und den eigenen Wissens- und Bildungsstand an die Anforderungen einer extremen Zukunft anzupassen.

Die ausbleibende Vermittlung zukunftsrelevanten Wissens und wirkungsvoller Bewältigungs-Kompetenzen werden zu einem verschärften Wettbewerb um die Menschen führen, die in der Lage sind, **Futability®** zu leben. Die Schere zwischen den Anpassungsfähigen und den weniger Anpassungsfähigen öffnet sich weiter. Die Kluft zwischen den Chancen-Erkennern und Chancen-Nutzern und denen, die immer noch glauben, eine einmal durchlaufene Ausbildung reiche bis ans Ende des Lebens, wächst. Der Graben zwischen den Multi-Job-Be-

---

4 *Bereits 1968 führten George Land und Beth Jarman eine Untersuchung an 1.600 Kindern im Alter von 5 Jahren durch, um die Kreativität von Kindern zu testen. Sie empfahlen den gleichen Test auch der NASA, um beim Auswahlprozess die kreativen Ingenieure ausfindig machen zu können. Die Kinder wurden nach zehn bzw. fünfzehn Jahren mit dem gleichen Test erneut getestet. Die Ergebnisse waren verblüffend: 98 % der 5-jährigen Kinder wiesen hochgradige Kreativität auf. 30 % der 10-jährigen wiesen hochgradige Kreativität auf. 12 % der 15-jährigen wiesen hochgradige Kreativität auf. Und als der Test bei 280.000 Erwachsenen durchgeführt wurde, lag die Kreativitäts-Quote nur noch bei 2 %. „What we have concluded," schrieb Land in seinem Buch „Breaking Point and Beyond", „is that non-creative behavior is learned."*

sitzern und denen mit Berufen ohne Zukunft wird größer. „Einem Überangebot an veralteten Fertigkeiten und Denkmustern steht ein Engpass an neuen Qualifikationen und Arbeitsformen gegenüber. [...] Auf dem Arbeitsmarkt der besser Gebildeten wird die Ressource Mensch in Zukunft knapp."[5] Den letzten zitierten Satz formuliere ich um und sage: Auf dem Arbeitsmarkt der Futability®-fähigen Menschen ist die Ressource Mensch schon heute knapp – und sie wird es auch in Zukunft sein, wenn wir nicht entsprechend gegensteuern.

Futability® selbst hat nämlich meiner Auffassung nach wenig mit der Basis unserer fachlichen Ausbildung zu tun, sondern mit intelligenter Weitsicht und der **psychischen und physischen Fähigkeit, Veränderungen und Herausforderungen der Zukunft pro-aktiv, flexibel und reflektiert begegnen zu können**. Dazu gehört, den eigenen Status Quo des Lernens zu reflektieren und sich selbstkritisch zu fragen, ob der augenblickliche Wissensstand ausreicht, auch in Zukunft damit seine Brötchen verdienen zu können. Die Verantwortung für uns selbst und die Gestaltung unserer eigenen Zukunft sollte deutlich stärker in den Fokus unseres Tuns und Unterlassens rücken. Wir selbst gestalten unsere Arbeit und sind im Regelfall mündig genug, Entscheidungen darüber zu treffen, wie wir unseren Beruf auch in Zukunft ausüben wollen und können.

Die Hürden für diejenigen, die von einer geringeren Bildungsbasis starten, mögen höher sein als für diejenigen, die aufgrund einer akademischen Ausbildung bereits zu den höher Qualifizierten zählen. Und die Techniker Krankenkasse fand in ihrer Studie „Bleib locker, Deutschland! – TK-Studie zur Stresslage der Nation" heraus, dass die Chance, Erfüllung im Job zu finden, mit einem höheren Schulabschluss steigt.

Klar ist jedoch auch, dass einmal erworbene Qualifikationen alleine heute nicht mehr den Job sichern und auch primär kein Indiz mehr dafür sind, ob Menschen in der Lage sind, ihre Kernkompetenzen flexibel, pro-aktiv und reflektiert in immer neuen Business-Modellen anwenden zu können. Die **psychische** und **physische Konstitution**, das **Vertrauen in die eigenen Kernkompetenzen**, die **Fähigkeit, Denk- und Handlungsmuster zu hinterfragen und situationsbezogen anzupassen**, in blaue Ozeane vorzustoßen oder sie sogar selbst zu entdecken, mögen bei Menschen mit einer hohen Qualifikation eher gegeben sein und folglich zu besseren Startbedingungen führen. Einen Freibrief auf beruflich dauerhaften Erfolg haben Hochqualifizierte deswegen aber schon lange nicht mehr – denn auch sie müssen diese Kompetenzen oft erst mühsam erlernen.

Unsere Qualifikation ist ein volatiler Status Quo, den es immer wieder zu justieren gilt.

Wenn wir nicht hungrig bleiben nach Wissen, wenn wir nicht mehr bereit sind, uns selbst unbequeme Fragen zu stellen, wenn uns unser Wohlstand so satt gemacht hat, dass wir (Nach-)Denken, Weiterdenken und Lernen aufgeben, dann werden wir als Nation aber auch

5 *Kerstin Ullrich/Christian Wenger, „Vision 2017", 2008, S. 105, S. 107*

als Individuen für den globalen Arbeitsmarkt nicht nur uninteressant, sondern in naher Zukunft auch überflüssig.

Ein Dach über dem Kopf sichert uns nicht den Wohlstand – unser Geist, unser Erfindungsreichtum und unsere Kreativität aber schon. Ein elementares Puzzlestück zur Entschlüsselung von „Futability®" liegt daher in der Fähigkeit zur Neugier.

AM ANFANG STEHT DIE NEU-GIER

„Der Wunsch zu lernen ist allen edlen Menschen angeboren." Mit diesem Satz von Leonardo da Vinci begann die Einleitung und an der Stelle lohnt es sich, das Zitat noch einmal in Erinnerung zu rufen. Denn in der Tat wäre die Menschheit nicht weit gekommen, würden uns nicht Interesse, Faszination, Wissensdurst und die Bereitschaft, sich neuen, ungewohnten und komplexen Situationen zu stellen dazu verleiten, immer wieder Fragen zu stellen und nach Antworten zu suchen. Wir besitzen eine angeborene **Neugier**. Ohne Neugier könnten Babys nicht lernen, Kinder nicht zu Jugendlichen heranwachsen und nicht als Erwachsene reifen.

Der englisch-amerikanische Psychologe William McDougall war überzeugt, alle Tiere und auch der Mensch verfügten über einen artspezifischen Satz angeborener '**Instinkte**'. Beim Menschen nahm er verschiedene Kategorien von Instinkten an, darunter nicht nur die Neugier, sondern auch Angst, Abwehr, Flucht oder Selbsterhaltung. McDougall bezeichnete Neugier als den wichtigsten Kern der Motivation und Grundlage für die wissenschaftlichen und kulturellen Leistungen der Menschen.

Sein amerikanischer Kollege, der Psychologe Daniel E. Berlyne, definierte Neugier als ein **exploratives Verhalten** und untersuchte die Frage, welche situativen Bedingungen Neugier hervorrufen können. In seinen Versuchen kristallisierten sich **vier Aspekte** heraus:

1. Neuartigkeit

Ein Reiz oder eine Situation kann neuartig sein, weil das Individuum diesen Reiz oder die Situation noch nie zuvor erlebt hat und frühere Erfahrungen daher nicht direkt, reflexartig und automatisch übertragen kann.

2. Komplexität

Unter Komplexität ist der Grad an Vielfalt oder Verschiedenheit des Reizes oder der Situation gemeint. Je unähnlicher eine Situation zu bereits vorher erlebten ist oder je neuartiger, fremder oder gewöhnungsbedürftiger das empfangene Reizmuster ist, umso größer die Komplexität.

3. Ungewissheit

Ungewissheit ist ein Zustand, in dem man nicht weiß, was kommen wird. Dieser Mangel an Sicherheit wird bewusst wahrgenommen.

4. Konflikt

Ein Konflikt liegt vor, wenn Interessen, Zielsetzungen oder Wertvorstellungen zwischen Menschen unvereinbar sind oder unvereinbar erscheinen.
Lernen selbst kann eine Folge von Neugier und einem dadurch ausgelösten **Explorationsverhalten** sein. Das Explorationsverhalten selbst kann aber spiralformmäßig weitere gedankliche Konflikte erzeugen, die Berlynes Meinung nach nur durch den (zusätzlichen) Erwerb von Wissen gelöst werden können. Berlyne unterscheidet unter anderem folgende **Gedanken-Konflikte**:

ZWEIFEL

Der Zweifel ist ein inneres Schwanken zwischen zwei gegensätzlichen Polen, zum Beispiel zwischen der Tendenz, einer Aussage oder Erkenntnis zu glauben oder ihr nicht zu glauben.

PERPLEXITÄT

Perplexität – auch Verwirrung oder Ratlosigkeit – liegt vor, wenn der suchende und forschende Mensch zu einer Anzahl sich gegenseitig ausschließender Überzeugungen geführt wird. Perplexität zieht Zweifel nach und mit sich. Zweifel und Perplexität sind daher immer Zwillingsgeburten.

WIDERSPRUCH

Ein Widerspruch ist die fehlende Übereinstimmung zweier oder mehrerer Aussagen bzw. der Gegensatz zwischen zwei Erscheinungen, Prozessen oder Systemen, die einander bedingen, sich zugleich aber ausschließen. Generell sind Menschen gegenüber Widersprüchen relativ tolerant und schnell in der Lage, Widersprüche hinzunehmen, sich für eine Seite zu entscheiden oder Widersprüche gänzlich zu ignorieren. Erst im Laufe der eigenen Ontogenese (psychischen Entwicklung) lernen Menschen, mit Widersprüchen umzugehen.

Unsere Realität unterliegt ständigen Veränderungen und wir sollten – heute mehr denn je – in der Lage sein, die Veränderungen, die unser Umfeld an uns heranträgt, nicht nur zu verarbeiten, sondern sie pro-aktiv mit zu gestalten, um uns selbst in diesen veränderten Realitäten nicht zu verlieren. Lernen wir nicht, mit dem Wandel umzugehen und mit dem Neuen auch eine gewisse Gier zu entwickeln, unser Denken, Fühlen und Handeln dort anzupassen, wo es uns und unseren Kernkompetenzen entspricht, werden wir zum Opfer eben dieser Veränderungen.

Das jedem Menschen angeborene Streben nach Sicherheit garantiert in einer VUCA-gewordenen Welt auf Dauer kein (inneres) Gleichgewicht. Vor allem dann nicht, wenn die Notwendigkeit, Herausforderungen des Wandels anzunehmen und mit der eigenen Werte- und Denkhaltung in Einklang zu bringen, vom Streben nach Sicherheit und Konsens erstickt wird. Sicherheit und Tradition stellen dann Stolpersteine dar, wenn sie uns daran hindern, Zweifel, Perplexität, Widersprüche und Konflikte anzunehmen, auszuhalten und reflektiert zu lösen, um Veränderungen flexibel in das eigene Leben zu integrieren. Wenn wir uns von neuen Entwicklungen abschotten und nur unseren alten Mustern und Gewohnheiten folgen, verlieren wir unsere Flexibilität, persönliche Gestaltungsfreiheit und Unabhängigkeit – und damit nehmen wir uns unsere eigene Futability®.

Mögliche Treiber für Neugier	***Mögliche Treiber für Sicherheit***
Experimentierfreude	Kontrolle
Herausforderung und Wettbewerb	Überschaubarkeit und Vorhersehbarkeit
Suche nach Abenteuer, Selbst- und Grenzerfahrung, Veränderung, Verbesserung, neuem Wissen	Suche nach Geborgenheit, Heimat, Wohlbefinden, Entspannung
Vermeidung von Stillstand, Langeweile und Austauschbarkeit	Vermeidung von Überraschungen, Risiko, Angst, Unsicherheit, Fehlern, Versagen, Gefahren
Meine Treiber für Neugier:	*Meine Treiber für Sicherheit:*

Neugier, **Curiosità**, war eines der wichtigsten Lebensprinzipien Leonardo da Vincis. Sein ausgeprägtes Verlangen, die Dinge bis ins Innerste erkunden zu wollen, ließ ihn einen Forschungsstil entwickeln, der in seiner Gründlichkeit bis heute unerreicht ist. Sein nie endender Drang, sein Wissen zu erweitern und seine Umwelt zu sezieren, machte ihn zu einem wahren Meister kreativer Problemlösung. Am Anfang jeder seiner Forschungen, die sich durch die gesamte Bandbreite der Wissensgebiete zog, standen immer eine ungelöste Frage und der Mut, sich auf den Weg zu machen, eine Antwort zu finden. Nach der geistigen Enge des Mittelalters war das Streben nach Erkenntnis und Wissen eine echte Renaissance der gedanklichen Freiheit. Und Leonardo da Vinci wusste um die enorme Bedeutung lebenslangen Lernens. Noch im damals hohen Alter von 52 Jahren lernte er Latein. Womit bewiesen ist, dass Neugier und (spielerisches) Lernen nicht nur Kindern vorbehalten ist, sondern wir alle das Streben nach

Erkenntnis und höherem Wissen bis ins hohe Alter verfolgen können und sollten.

Die Hirnforschung hat nämlich mittlerweile bewiesen, dass Explorationsverhalten den Erwerb mentaler Strukturen fördert. Bei neugierigen Menschen sind die Nervenverbindungen besonders ausgeprägt, die im Belohnungssystem sitzen.[6] Das Belohnungssystem spornt uns zu zielgerichteten Handlungen an. Gleichzeitig wird der Hippocampus aktiviert, der für bestimmte Gedächtnis-Funktionen zuständig ist. Identifiziert der Hippocampus eine Erfahrung als neu, sendet er ein entsprechendes Feedback an das Belohnungssystem. Dort werden dann bestimmte Hirnbotenstoffe freigesetzt, die für positive Gefühle sorgen.

Exploratives Verhalten bringt Anpassungsvorteile mit sich und hilft, sich den Fragen und Herausforderungen unserer volatilen und sich permanent verändernden Welt zu stellen. Diese Form **epistemischer Neugier** – also die den Wissensdurst stillende und Erkenntnis erlangende Neugier – führt nicht nur zum besseren Verständnis, sondern auch zur Erforschung unserer (Um-)Welt.

In dem Wort Neugier stecken die Worte „Neu" und „Gier" – sehr passend für einen elementaren intrinsischen Antreiber, der **zum Lernen motiviert** und gleichzeitig die **Grundlage kreativer Prozesse** bildet. Wen die Gier nach Neuem antreibt, bewegt sich permanent **am Rande der eigenen Komfortzone** und ist schneller bereit, **Herausforderungen anzunehmen** und sich an ungemütlichen Fragen zu reiben, die **gewohnte Denk- und Handlungsmuster durchbrechen** können.

SELBST-CHECK: WIE VIEL NEU-GIER STECKT IN IHNEN?

Erinnern Sie sich an eine Situation, in der Sie vor Neugier hätten platzen können. Welche Situation war das und welche Emotionen spüren Sie noch heute, wenn Sie an diese Situation zurückdenken?

Situation: ____________________

____

Emotionen: ____________________

____

Wie ging es Ihnen, als die Neugier gestillt war? Welche Emotionen empfanden Sie?

Emotionen: ____________________

____

---

6 *Michael X. Cohen und Privatdozent Dr. Bernd Weber (Universität Bonn) in „Nature Neuroscience" (doi: 10.1038/nn.2228), 2008*

Schreiben Sie mindestens drei Themengebiete auf, die zurzeit Ihre Neugier wecken:

1. ____________________

2. ____________________

3. ____________________

Auf einer Skala von 1 bis 10, wobei 1 ,überhaupt nicht' bedeutet und 10 ,unbedingt', wie bereit sind Sie, Ihre Neugier zu befriedigen?

1 — 2 — 3 — 4 — 5 — 6 — 7 — 8 — 9 — 10

Und nun notieren Sie bitte mindestens 5 Gründe, warum Sie auf der Skala keine kleinere Zahl angegeben haben:

1. ____________________

2. ____________________

3. ____________________

4. ____________________

5. ____________________

Verhaltensänderungen – und die Wiedererweckung der eigenen Neugier ist eine Verhaltensänderung – erreicht man nicht durch Zwang, sondern durch die Suche nach der persönlichen Motivation. Das jedenfalls ist die Ansicht des renommierten US-Psychologen und Motivationsspezialisten Michael Pantalon, der in seinem Buch „Nicht warten - starten"[7] die Frage nach der kleineren Zahl als die entscheidende Schlüsselfrage definiert, um jeden einzelnen dazu zu bringen, die persönlichen Motive darzulegen, warum ein bestimmtes Ziel erreicht werden soll und kann. Anstatt zu verteidigen, warum Sie Ihrer Neugier bisher nicht nachgekommen sind, gelangen Sie über die Frage nach der kleineren Zahl (und den Antworten, die Sie dazu hoffentlich notiert haben!) zu Ihren intrinsischen Motiven und den Voraussetzungen, die bereits vorhanden sind, damit Sie Ihrem Ziel (einem Mehr an Neugier) ein Stück näher kommen können.

Ich wende diese Fragetechnik in meinen Seminaren regelmäßig an. Die Ergebnisse sind

7 *Michael Pantalon, „Nicht warten – starten: Das 7-Minuten-Programm zur Motivation", 2012*

jedes Mal verblüffend. Sie können das Ergebnis nämlich noch intensivieren, wenn Sie sich eine weitere Zusatzfrage stellen:

„Was ist das Schlimmste für mich daran, dass ich keine höhere Zahl nennen konnte?"

Das funktioniert natürlich nur dann, wenn Ihre angegebenen Werte unter 6 liegen. Alles über 6 zeugt generell schon von einer hohen Motivation und muss nicht weiter hinterfragt werden.

Mit der Frage nach dem Schlimmsten kommen Sie tiefer gelegenen Blockaden und Hemmnissen auf die Spur. Es könnte zum Beispiel sein, dass Sie bei der Beantwortung der Frage merken, dass Sie sich gar keine Zeit nehmen (oder nehmen können), Ihrer Neugier nachzugehen oder dass Sie zu müde, zu gestresst oder zu angespannt sind, um überhaupt noch Freude an der Neugier zu empfinden. Vielleicht stecken aber auch Ängste, Sorgen oder Bequemlichkeiten hinter der Neigung, Neugier zu unterbinden.

Welche Gründe auch immer Sie entdecken, es sind legitime Gründe. Sie sind nicht verdammungswürdig, sondern im ersten Schritt erst einmal „nur" hemmend und blockierend. Versuchen Sie daher, den Fokus auf die schon (oder noch) vorhandene Motivation zu lenken und fangen Sie die Umsetzung in kleinen Schritten an – und zwar genau so viel, wie Ihnen körperlich und seelisch gut tut. Neugier soll Spaß machen, das Gehirn durchpusten und keinen zusätzlichen Stress verursachen.

SELBST-CHECK: NEUGIER WECKEN

Schauen Sie noch einmal auf die Themengebiete, die Ihre Neugier wecken, und überlegen Sie sich nun fünf Schritte, die Sie unternehmen werden, um Ihre Neugier zu befriedigen.

Schritt	***Was brauchen Sie, um den Schritt zu unternehmen?***	***Wer kann Ihnen helfen, sollten Sie bei diesem Schritt alleine nicht weiter kommen?***	***Bis wann möchten Sie für sich ein Ergebnis erreicht haben?***	***Welche Emotion möchten Sie fühlen, wenn Sie den Schritt erreicht haben?***
1				
2				
3				
4				
5				

DIE HINWENDUNG ZUM NEUEN

Neugier beinhaltet immer die Bereitschaft, sich dem Neuen und Unbekannten zuzuwenden und zu lernen. Nachdem wir im ersten Teil des Buches den Ist-Zustand im MEGA-Zeitalter analysiert haben, ist es jetzt an der Zeit, den Blick in die Zukunft zu richten.

Und um das tun zu können, gehen wir zurück in die Vergangenheit, nämlich zum 17. September 1938. An diesem Tag wurde **Nikolai Dmitrijewitsch Kondratieff** (auch Kondratjew geschrieben), Professor für Wirtschaft, Volkswirtschaftler und Gründer des „Moskauer Konjunktur Instituts", in einem russischen Gulag hingerichtet. Verantwortlich für sein frühes Ableben waren die „**langen Wellen der Konjunktur**". Während die Sowjetregierung in der Krise den von Marx prophezeiten Zusammenbruch des Kapitalismus sah, war sich Kondratieff sicher, dass die Krise lediglich ein tiefes Tal zwischen zwei langen Strukturzyklen sei. Diese Aussage veröffentlichte er 1926. Die Sowjetregierung interpretierte seinen Aufsatz prompt als kontrarevolutionär, nahm Kondratieff 1930 fest und verdonnerte ihn in Suzal, 180 Kilometer östlich von Moskau, zur Einzelhaft, die acht Jahre später mit seiner Verurteilung und Hinrichtung endete.

Kondratieff entwickelte seine Theorie der langen Wellen damals auf Untersuchungen schwankender Zinssätze und Großhandelspreise für die USA, England und Frankreich. Er erkannte, dass die wirtschaftliche Entwicklung nicht nur durch kurze und mittlere Konjunkturschwankungen geprägt ist, sondern auch durch lange Phasen der Prosperität und Rezession. Diese langfristigen Zyklen wiederholten sich seiner Meinung nach alle 50 bis 60 Jahre.

Kondratieff war allerdings nicht der erste, der von langen Konjunkturwellen sprach. Die niederländischen Ökonomen Jacob van Gelderen und Samuel de Wolff hatten deren Existenz bereits 1913 bzw. 1921 aufgezeigt, ihre Theorie aber lediglich in holländischen Fachzeitschriften publiziert und somit blieben sie eine lange Zeit international unbekannt.

Kondratieff selbst verdankt seinen Ruhm dem österreichischen Wirtschaftswissenschaftler und Harvard-Professor **Joseph Alois Schumpeter**, der Kondratieffs Theorie der langen Wellen in seinem Standardwerk „Konjunkturzyklen" 1939 aufgriff. Schumpeter stellte fest, dass bestimmte technische Innovationen – so genannte **Basisinnovationen** – Auslöser der langen Konjunkturwellen sind. Basisinnovationen sind Innovationen, die umfassendes technisches Neuland erschließen und einen breiten Strom von Nachfolgeinnovationen mit weitreichenden wirtschaftlichen und gesellschaftlichen Konsequenzen auslösen. Basisinnovationen bringen zuerst bestimmte neue, billigere oder effizientere Güter auf den Markt. Werden diese Güter vom Markt – also den Konsumenten und der Gesellschaft angenommen – bestimmen sie in hohem Maße das Tempo und die Richtung des Innovationsprozesses quer durch die Wirtschaft. Sie führen zu einer gesamtwirtschaftlichen Welle wirtschaftlicher Entwicklung mit der Entstehung vieler neuer Arbeitsplätze und lösen einen erheblichen Strukturwandel in

Wirtschaft und Gesellschaft aus. Schumpeter nannte diesen Prozess „**Schöpferische Zerstörung**". Laut Schumpeter sind neue Ideen und Technologien, die alte verdrängen, der eigentliche Motor für Wohlstand und Wachstum. Die Spanne zwischen zwei Basisinnovationen nannte Schumpeter den „**Kondratieff-Zyklus**".

Basisinnovationen entstehen, weil sich bestimmte **Knappheiten** aufstauen, die die **Produktivität** hemmen und damit das Wirtschaftswachstum niedrig halten oder gar blockieren. Die Basisinnovation ist eine direkte Reaktion auf Knappheiten und hemmende Produktivitätsfaktoren und geht oft von sogenannten „**Pionierländern**" aus, die diese Basisinnovation als erste monopolisieren und „gesellschaftstauglich" machen. Von der räumlichen Konzentration aus werden diese Basisinnovationen ungleich in andere Länder und Erdteile gestreut, wobei die Erweiterung der technologischen Grenzen durch die Basisinnovation den Pionierländern immer einen globalen Standortvorteil verspricht. Damit hat die Basisinnovation in den Pionierländern (und darüber hinaus) erhebliche Auswirkungen sowohl auf internationale Machthierarchien als auch auf die nationale politische und gesellschaftliche Kultur.

Basisinnovationen verändern die Produktion, erschließen neue Märkte und Rohstoffquellen und schaffen neue Formen der Unternehmensorganisation. Daher sind die mit den Basisinnovationen einhergehenden neuen Zyklen nicht nur ein ökonomischer, sondern ein „gesamtgesellschaftlicher Prozess umfassender Neuorganisation, denn bis eine Technik ausgereift ist, bis die breite Öffentlichkeit davon überzeugt wurde, bis endlich ausreichend in die Infrastruktur investiert wird und allmählich genug ausgebildete Fachleute in der neuen Basistechnologie zur Verfügung stehen, dauert es Jahrzehnte."[8] Wenn sich eine Gesellschaft entschieden hat, eine Basisinnovation zu nutzen, erschließen sich an dieser Basisinnovation entlang neue Märkte – die blauen Ozeane. Sobald eine Basisinnovation in der Gesellschaft angekommen ist, ist ihr Potenzial zur Steigerung des Wirtschaftswachstums jedoch endlich. Wie endlich hängt von der spezifischen Art der Innovation, der Diffusionsgeschwindigkeit in andere Länder und Märkte, der Anzahl neuer Wettbewerber, Nachfrageelastizitäten und dem Verhalten der Menschen ab. Nach einem Zeitraum von 50 bis 60 Jahren ist eine Basisinnovation zur Routine und Bestandteil gesellschaftlichen Lebens geworden. Aus den ehemals blauen Ozeanen sind rote Ozeane geworden. Das Wirtschaftswachstum stagniert, Preiskämpfe, Krisen und Massenentlassungen sind nun an der Tagesordnung.

Kondratieff-Zyklen sind entscheidende Vehikel für einen langfristigen und grundlegenden Wandel in der Wirtschaft, der Veränderungen in Politik und Gesellschaft zwangsläufig nach sich zieht. Zeitlich auseinander liegende Cluster radikaler Innovationen haben allein in den letzten 250 Jahren die technologische Entwicklung befeuert, die technologischen Grenzen ausgedehnt und ganzen Volkswirtschaften zu Prosperität und Weltmachtstatus verholfen.

„Vom zweiten bis zum vierten Kondratieff-Zyklus gehörte Deutschland zu den technologischen Pionieren mit allen damit verbundenen Wohlstandsgewinnen. Die Frage ist aber, ob wir

8 *Erik Händeler, „Kondratieffs Gedankenwelt – Die Chancen im Wandel zur Wissensgesellschaft", 2014, S. 33 und S. 36*

auch beim fünften Zyklus wieder dabei sein werden", sagte Roman Herzog, Bundespräsident a. D. in seiner Rede, die er am 18. Juni 1996 anlässlich der BDI-Jahrestagung hielt. Heute, fast 20 Jahre später, wissen wir: Deutschland hat den 5. Kondratieff zwar mit Verzögerung umgesetzt, Pionierländer waren aber die USA und Japan, die den Schwung des neuen Zyklus jahrzehntelang nutzen, um die Welt mit Innovationen aus der Informationstechnologie zu überschütten.

DIE KONDRATIEFF-ZYKLEN BIS HEUTE:

Zyklus	***Basisinnovation***	***Gesellschaftliche Veränderung***
 *1780 – 1850*	*Dampfmaschine*	*Durch die Mechanisierung der Produktion kam es zur so genannten **Industriellen Revolution**, die nach und nach das klassische Handwerk ablöste. Das klassische Bild des „**Industriearbeiters**" entstand.*
 *1850 - 1890*	*Eisenbahn, Stahl*	*Neue Transportmittel ermöglichten nicht nur den **Massentransport**, sondern man erschloss sich neue Räume und neue Infrastrukturen. Ferdinand Lasalle gründete 1863 die erste **Gewerkschaft**, den „Allgemeinen Deutschen Arbeiterverein".*
 *1890 - 1940*	*Elektrizität, Chemie*	*Elektromotor, Radio, Energienetze und Telefon wurden „salonfähig". Großkonzerne, Monopole und Kartelle entstanden, die **Massenproduktion** wurde möglich. 1959 veröffentlicht Peter Drucker sein Buch „The Landmarks of Tomorrow" und prägt erstmals den Begriff des „**Wissensarbeiters**".*
 *1940 - 1980*	*Automobil, Petrochemie*	*Antriebsstoffe für Autos, Flugzeuge und Schiffe wurden preiswert. Die Automobilwirtschaft boomte und mit ihr die **individuelle Mobilität**. Die Industriegesellschaft begann allmählich ihren Zenit zu verlassen.*
 *1980 - heute*	*Informations-technik*	*Die Informationstechnik durchdringt alle Bereiche von Wirtschaft und Gesellschaft und führt zu neuen dezentralen Formen von Unternehmen und der Arbeit. **Information** wird zum wichtigsten Produktionsfaktor, der die Innovationsprozesse beherrscht. Das wirtschaftliche Wachstum ist mehr und mehr informations- und wissensbasiert. Der Wissensarbeiter hat den Industriearbeiter in vielen Bereichen abgelöst.*

Der amerikanische Ökonom William Thompson von der Universität Indiana vermutet in einem einflussreichen Essay[9], dass sich die Kondratieff-Zyklen (oder K-Wellen, wie er sie nennt) schon seit dem 10. Jahrhundert auf die technologische Entwicklung der Welt auswirken und ihren Ursprung im Jahre 960 in der chinesischen Song-Dynastie haben. Die Song-Dynastie war von 960 bis 1279 die herrschende Dynastie im Kaiserreich China und sicherte dem Land ein schnelles wirtschaftliches Wachstum und eine damals einzigartige gesellschaftliche Blütezeit. In dessen Folge gelangte das städtische Bürgertum zu Wohlstand und Reichtum. In der Song-Dynastie wurden Tiefenbohrungen nach Sole und Erdgas vorgenommen und die Militärtechnik verbessert. Um 1044 wurde das Schießpulver erfunden, die Literatur blühte auf und analog dazu gab es eine Zunahme öffentlicher wie privater Schulen und Bibliotheken. Der Ausbau des Seehandels im südchinesischen Meer und dem Indischen Ozean sowie die Wiederbelebung der Seidenstraße sorgten für eine Diffusion wichtiger Kapital- und Warenströme in andere Regionen der Welt. Die Wirtschaftswachstumsimpulse schoben sich laut Thompson zunächst von Norditalien an den Rand Eurasiens und dann über den Atlantik nach Nordamerika.

Auch er sieht die **Kondratieff-Zyklen als Grundmotoren gesellschaftlicher, politischer und wirtschaftlicher Veränderungen globalen Ausmaßes** und ist ebenfalls davon überzeugt, dass radikale und grundlegende Basisinnovationen auch in Zukunft die Weltwirtschaft verändern werden. Jeder Kondratieff-Zyklus hat zu seiner Zeit die technologischen Grenzen gesprengt und die Komplexitäten der Weltwirtschaft erhöht. Der klassische Kondratieff-Zyklus zerfällt in **vier Phasen**[10]:

1. PHASE „FRÜHLING":

Die Innovationstätigkeit steigt stark an; niedrige Rohstoffpreise und moderat steigende Preise kennzeichnen diese Phase. Die Frühlings-Phase ist eine gesunde Wirtschafts- und Expansionsphase, in welcher der Staat wirtschaftlich ein weitgehend passiver Mitspieler ist. Das Bankensystem ist gesund und es herrschen politische Stabilität und eine generelle Aufbruchsstimmung, die den allgemeinen Wohlstand steigern.

2. PHASE „SOMMER":

Im Sommer steigen Preise und Zinsen, Aktienkurse und Unternehmensgewinne stagnieren, der Kampf um neue Absatz- und Rohstoffmärkte nimmt zu und bringt soziale, politische und militärische Konflikte hervor. Es kommt zu einer primären Rezension von überschaubaren Ausmaßen. Die Stimmung wandelt sich von einer Überflussmentalität hin zu einem stärkeren Bewusstsein der Grenzen des Wachstums.

9 *William R. Thompson, „The Kondratieff Wave as Global Social Process", 2007, World System History, Encyclopedia of Life Support Systems, UNESCO / Ed. by G. Modelski, and R. A. Denemark, Oxford: EOLSS Publishers, www.eolss.net*

10 *Robert Rethfeld, Klaus Singer, „Weltsichten – Weitsichten", 2013, S. 251 ff*

3. PHASE „HERBST“:

Die Herbst-Phase ist im Wesentlichen geprägt durch eine Periode deflationären Wachstums. Der allgemeine Wohlstand legt verhalten zu, das Wachstum verläuft in flachen Kurven, die Aktienkurse steigen, die Zinsen fallen. Unternehmen verstärken den Einsatz billiger Produktionsmöglichkeiten und investieren in Rationalisierungsmaßnahmen. Grundlegend neue Erfindungen werden aber nicht mehr realisiert. Die Verschuldung nimmt stark zu und begünstigt spekulative Blasen. Generell herrscht ein gesellschaftlicher Überoptimismus, der ein neues Lebensgefühl begründet (z. B. die „Goldenen 20er-Jahre“).

4. PHASE „WINTER“:

Die Winter-Phase beginnt mit einem Kollaps von Aktien- und Anleihemärkten. Der allgemeine Wohlstand nimmt rapide ab, die Wirtschaftstätigkeit erlahmt bzw. stagniert bei niedrigem Wachstum. Trotz niedrigen Zinsniveaus werden Kredite in größerem Umfang nicht mehr bedient. Innovationen sind nur noch inkrementeller Natur d. h. bestehende Produkte, Dienstleistungen, Prozesse oder Geschäftsmodelle werden nur noch schrittweise verbessert. Insolvenzen nehmen zu, Währungskrisen, Handelskonflikte, sozialer Unfriede bis zur Radikalität sowie eine hohe Arbeitslosigkeit bestimmen das Bild. Parallel scheitern ehemals etablierte politische Bündnisse. Konflikte verschärfen sich und ufern aus.

Alle Indikatoren deuten darauf hin, dass wir uns momentan im Auslaufen eines Kondratieff-Zyklus befinden – ob es der auslaufende vierte oder der beginnende Winter des fünften Kondratieff ist, darüber streiten die Gelehrten. Die Autoren Rethfeld und Singer nehmen letzteres an und begründen ihre Annahme mit dem Ende der Dotcom-Zeit Anfang 2000, der auf beängstigende Art und Weise gestiegenen weltweiten Verschuldung und der wachsenden Gefahr von Kriegen, die wir aktuell an mehreren Krisenherden der Welt gleichzeitig verfolgen können. Die Autoren vermuten aber auch, dass der Wegfall des Ost-West-Konfliktes und der expandierende chinesische Markt die Herbst-Phase des jetzigen Kondratieff-Zyklus deutlich verlängert haben. „Jeder lange Zyklus hat seine eigenen Besonderheiten“, schreiben sie. „Die Art der treibenden Technologie spielt ebenso eine Rolle wie die Verteilung der Macht auf die Welt. Auch der Rhythmus des Generationswechsels und damit die durchschnittliche Dauer eines menschlichen Lebens spielt hinein. [...] Es liegt nahe, dass ein Auslaufen eines großen Innovationszyklus [...] die Frage aufwirft: Was kommt danach?“[11]

---

11 *Robert Rethfeld, Klaus Singer,"Weltsichten – Weitsichten", S. 256/257*

Der techno-ökonomische Paradigmenwechsel

Welche Zukunft wird unsere Kinder erwarten? Mit welcher Zukunft werden wir uns zu unseren Lebzeiten auseinandersetzen müssen? Die Dynamik und Vernetzung unserer Welt ist so rasant geworden und hat eine Komplexität erreicht, die es unmöglich macht, zukünftige Entwicklungen sicher vorauszusagen. Dennoch können wir bereits heute vorhandene Zahlen, Daten, Fakten und aktuelle Entwicklungen mit unserem Verstand kombinieren, um mögliche Veränderungen der kommenden Jahre und Jahrzehnte gedanklich durchzuspielen, die uns helfen, unsere „Betriebsblindheit" an manchen Stellen zu lüften und neue Optionen denk- und vorstellbar werden zu lassen. Und obwohl sich die Kondratieff-Zyklen immer wieder Kritiken ausgesetzt sehen, so ist Kondratieffs Verdienst der, dass er in seiner Theorie „grundlegende Zyklen in Psychologie, Investitionen und Wirtschaft eines Gesellschaftssystems unter einem Dach vereinigt."[12]

Die venezolanische Wissenschaftlerin Carlota Pérez beschreibt das Phänomen der langen Wellen daher auch als „**techno-ökonomischen Paradigmenwechsel**"[13], der tief in die gesellschaftlichen und kulturellen Gesamtentwicklungen ganzer Nationen eingreift. Ihr Konzept ist deshalb so interessant und hat verdientermaßen die Aufmerksamkeit auf sich gezogen, weil auch sie die Kondratieff-Zyklen interdisziplinär betrachtet und damit der rein ökonomischen Interpretation den Rücken kehrt. Aus ihrer Sicht sind die Kondratieff-Zyklen Auswirkungen eines Wechselspiels aus zwei Sphären, nämlich der technisch-wirtschaftlichen und der sozio-institutionellen Sphäre.

Stabiles Wachstum von zwei oder drei Jahrzehnten entsteht, wenn beide Sphären aufeinander abgestimmt sind und in die gleiche Richtung weisen. Klaffen die technisch-wirtschaftliche und die sozio-institutionelle Sphäre scherenartig auseinander, ist die Wirtschaft von einer ebenso langen Wechselphase aus Wachstum, Rezession und Depression geprägt. Ein kontinuierlicher Aufschwung kann nicht stattfinden, da beide Sphären disharmonisch voneinander entkoppelt sind. Wirtschaft und Gesellschaft laufen quasi in entgegengesetzte Richtungen oder verharren an unterschiedlichen Punkten der **Anpassung an veränderte Situationen** (hier treffen wir sie wieder, die **Adaptionsprobleme**).

Die Sphären entgleisen immer dann, wenn Knappheiten und Produktivitätsengpässe offenkundig sind und im Anschluss technologische Revolutionen den Markt erobern. Mit anderen Worten: Basisinnovationen müssen sich in einer Welt durchsetzen, die auf diese technologische Revolution nicht vorbereitet ist und in der alte Denk-, Handlungs- und Erfolgsmuster vorherrschen, die sich gegen eine institutionelle Neuerung erst einmal sträuben und die Anpassung verweigern. Die Verweigerung ist zutiefst menschlich, denn **jede radikale Veränderung zerstört unser Kohärenzsystem oder bringt es zumindest erheblich durcheinander**. Verhaltensänderungen brauchen daher eine Generation, denn Tradition, Routine, vergangene

12 *Robert Rethfeld, Klaus Singer, „Weltsichten – Weitsichten", S. 258*
13 *Carlota Pérez in: „Kondratieffs Zyklen der Wirtschaft – An der Schwelle neuer Vollbeschäftigung?", Hrsg. Hans Thomas/Leo A. Nefiodow, 1998, S. 18*

Erfolge und eine gewohnte Praxis lassen den notwendigen „Mindset-Change" erst einmal nicht offensichtlich werden. Deswegen agieren die bestehenden Institutionen in Wirtschaft, Gesellschaft und Politik nach dem Motto „business as usual", während die technologische Revolution schleichend Verbreitung sucht.

Bedrohliche Vorzeichen werden ignoriert, institutionelles Fehlverhalten und Fehlentscheidungen häufen sich – die öffentliche Wahrnehmung möglicher Konsequenzen und der Blick auf das große Ganze bleiben jedoch aus. Besitzstands-Interessen sorgen für Trägheit, Ignoranz und Ratlosigkeit dem Neuen gegenüber. Erst, wenn „die Diffusion eines neuen Paradigmas (= die revolutionäre Technologie) eine bestimmte kritische Masse erreicht hat, [...] zeigt sich unverhüllt das ganze Ausmaß sowohl des schmerzhaften Prozesses kreativer Destruktion als auch der Hindernisse für eine ungehemmte – und wohltuende – Entfaltung des neuen Potenzials."[14] Die schöpferische Zerstörung wird offensichtlich – und wer jetzt nicht vorbereitet ist, steht massiv unter Druck. Denn nun beginnt das schon erwähnte „Hase-und-Igel"-Spiel wieder und irgendjemand wird triumphierend sagen: „Ich bin schon da!"

Der Wandel auf der sozio-institutionellen Ebene ist folglich nicht so schnell vollzogen wie der Wandel auf der technisch-wirtschaftlichen Ebene, denn zuerst einmal muss ein gesellschaftlicher Konsens über die Veränderungsrichtung gefunden werden. Aus diesem Grund dauern Abschwungphasen oft Jahre oder Jahrzehnte, denn bis ein System wieder **strukturell-kohärent** ist, müssen Störfaktoren und Beharrungskräfte überwunden werden. Und die Veränderungen, die im Kielwasser technologischer Revolutionen notwendig sind, sind tiefgreifender und umwälzender als alles, was die große Mehrheit der an diesem Prozess beteiligten Menschen je erlebt hat. Es gibt daher keine Erfahrungen und keine bewährten Rezepte, die als Leitlinien herangezogen werden können. Der Transformationsprozess des Paradigmenwechsels vollzieht sich ganz häufig aufgrund von Versuch und Irrtum, weil alle Schräubchen, die man zum Beginn des Wandels noch einfach hätte drehen können, nun verrostet und verkantet sind.

„Wenn ein Problem gerade erst auftaucht, ist das Problem schwierig zu erkennen, aber leicht zu beherrschen. Wenn das Problem aber allen sichtbar ist, dann ist das Problem äußerst schwierig zu lösen. Es gehört zu den Fähigkeiten eines weisen Führers, ein Problem zu erkennen, bevor es offensichtlich ist." *Niccolò Machiavelli*

Den Entscheidern der Vergangenheit (und ich fürchte, die Entscheider der Gegenwart werden sich einreihen, wenn sie nicht bald der Blitz der Erkenntnis trifft) fehlte diese Weisheit. Gleich der drei Affen waren sie blind, taub und stumm und ignorierten, was sichtbar wurde (aber eigentlich nicht sein durfte). In Ermangelung ihrer Zivilcourage und Demut waren daher die Prozesse der Veränderung in der Vergangenheit stets leidvoll, schmerzhaft und immer

14 *Carlota Pérez in: „Kondratieffs Zyklen der Wirtschaft – An der Schwelle neuer Vollbeschäftigung?", Hrsg. Hans Thomas/Leo A. Nefiodow, S. 41*

geprägt von Massenarbeitslosigkeit, Vergeblichkeit durchlaufender Ausbildungen und Qualifikationen und Vernichtung des Lebensunterhalts derjenigen, die der Change brutal überrollte. Hohe Wanderbewegungen jobsuchender Menschen, Krisen und globale Konflikte waren fast immer die Folge.

Nimmt man nun aber die bisherigen fünf Kondratieff-Zyklen als Ausgangspunkt für die Frage nach zukünftigen Entwicklungen und möglichen (wirtschaftlichen) Potenzialen, sollte es dann nicht möglich sein, den schon begonnenen und zukünftig noch anstehenden gesellschaftlichen und wirtschaftlichen Veränderungen mit einer positiveren und konstruktiveren Haltung zu begegnen? Sollten wir dann nicht auch in der Lage sein, aus der Vergangenheit zu lernen und zumindest auf individueller Ebene die Weichen so zu stellen, dass uns die nächste Welle der Revolution – und sie wird kommen – nicht kalt erwischt, sondern uns zum „Mit-surfen" einlädt? Unter diesem Aspekt lohnt sich ein Blick auf den 6. Kondratieff-Zyklus. Denn geht man – allen Kritikern zum Trotz – davon aus, dass gesellschaftsverändernde Basisinnovationen entstehen, weil sich Knappheiten und Produktivitätsengpässe entwickelt haben, dann stellt sich daran anknüpfend nur eine einzige Frage:

Wo finden sich die Knappheiten und Produktivitätsengpässe der Zukunft?

Die wenigen Wissenschaftler, die sich weltweit mit den Kondratieff-Zyklen auseinandersetzen, haben sich dazu Gedanken gemacht. Einer davon ist Leo A. Nefiodow, einer der bekanntesten Vertreter der Theorie der langen Wellen und angesehener Vordenker der Informationsgesellschaft. Laut Nefiodow muss eine Neuerung vier Kriterien erfüllen, damit sie als Basisinnovation im Sinne der Kondratieff-Zyklen eingestuft werden kann[15]:

1. Die Basisinnovation muss die Innovationsrichtung maßgeblich bestimmen.

Die auf einer Basisinnovation beruhende Wertschöpfungskette muss aus einem Bündel vernetzter Technologien bestehen, die über mehrere Jahrzehnte die Richtung von Innovationsprozessen bestimmen können.

2. Die Basisinnovation muss die Funktion einer Lokomotive einnehmen.

Die aus der Basisinnovation hervorgehende Leitindustrie übt über mehrere Jahrzehnte einen entscheidenden Einfluss auf das Wirtschaftswachstum aus und übernimmt damit eine gewisse „Lokomotiv-Funktion".

15 *Leo Nefiodow/Simone Nefiodow, „Der sechste Kondratieff – die neue, lange Welle der Weltwirtschaft", 2014, S. 14 ff*

3. Die Basisinnovation muss einen langen Lebenszyklus versprechen.

Der Lebenszyklus der Basisinnovation und ihrer daraus hervorgehenden Leitindustrie muss einen Lebenszyklus von 40-60 Jahren besitzen.

4. Die Basisinnovation hat die Reorganisation der Gesellschaft zur Folge.

Die Verbreitung (Diffusion) der Basisinnovation bewirkt eine weitreichende Veränderung in der Gesellschaft bis hin zu Organisationsveränderungen in den Unternehmen.

Der 5. Kondratieff, an dessen Ende wir uns zurzeit (noch) befinden, steht ganz im Zeichen der Diffusion des Digital-Computers. Voraussetzung für eine erfolgreiche Diffusion ist, so fand Carlota Pérez heraus, immer ein Vehikel, auch „**Schlüsselfaktor**" genannt. Jede große gesellschaftsverändernde Basisinnovation rankt sich um einen sehr billigen Schlüsselfaktor, der auch langfristig billig zu bleiben verspricht. Hinter der Ausbreitung von Dampfmaschine und Eisenbahn standen unbegrenzte Reserven an billiger Kohle, hinter der Verbreitung des Automobils billiges Erdöl und hinter dem Siegeszug der Computer billige „Chips". Der Schlüsselfaktor „billige Chips" ermöglicht seit den 80er-Jahren den Massenvertrieb des Digital-Computers (und aller Folgegeräte) über alle Bevölkerungsschichten weltweit hinweg. In Verbindung mit der Öffnung des Internets für „Otto Normalverbraucher", führt der 5. Kondratieff nicht nur zu einer massiven Wissensvergrößerung, sondern sorgt auch dafür, dass dieses Wissen theoretisch jedem Menschen auf der Welt komplett zur Verfügung steht und 24/7 gepflegt und erweitert werden kann. Der 5. Kondratieff unterscheidet sich daher von allen vorangegangenen Zyklen, denn erstmals wird dieser Zyklus nicht durch die Ressource „Energie" getragen, sondern durch die Ressource „Information". *„Der rote Faden, der den 5. Kondratieff durchzieht, ist der produktive und effiziente Umgang mit Informationen."*[16]

Produktivitätsverbesserungen waren schon immer die wichtigste Quelle für Wirtschaftswachstum. Der amerikanische Wirtschaftswissenschaftler Robert Solow hat 1957 eine Antwort auf die Frage gefunden, was uns dauerhaftes Wachstum beschert. Sein „**Solow-Modell**" brachte ihm den Nobelpreis ein – und der Wirtschaft die Erkenntnis, dass nicht Arbeit und Kapital für dauerhaftes Wachstum sorgen, sondern **Produktivitätsfortschritte** („technical change"). Heute sind sich fast alle Ökonomen einig, dass der Wohlstand und Reichtum einer Gesellschaft auf lange Sicht eher von der Verbesserung der Arbeitsproduktivität, also von Innovationen, technischem Fortschritt und Verbesserungen im Management, abhängt als von anderen makroökonomischen Faktoren. Solow bewies 1957, dass allein in den USA seit der Wende zum 20. Jahrhundert sieben Achtel des amerikanischen Wirtschaftswachstums auf den technischen Fortschritt zurückgeführt werden konnten.

Das bedeutet im Umkehrschluss aber auch, dass uns die Arbeit nie ausgehen wird. Im

16 *Hrsg. Hans Thomas/Leo A. Nefiodow, „Kondratieffs Zyklen der Wirtschaft – An der Schwelle neuer Vollbeschäftigung?", S. 165*

Windschatten von Digitalisierung und Industrie 4.0 werden Berufe verschwinden, gleichzeitig aber neue entstehen – vergleichbar der evolutionären Veränderungsprozesse in der Biologie. Jede technologische Evolution ruft neue Bedürfnisse und Nachfragen hervor und verändert Anforderungsprofile der Menschen, die in diese Prozesse involviert sind.

Und vor genau so einer Veränderung stehen wir gerade. In der Hochzeit des Industriezeitalters kam es auf den effizienten Einsatz von Maschinen und Energie an. Heute zählt vor allem die Arbeitsproduktivität hinsichtlich der Informationsverarbeitung. Die Arbeitsproduktivität hängt von drei Größen ab – plus einer zusätzlichen vierten, die im Kreativzeitalter eine immer wichtigere Rolle einnehmen wird und nur erfüllt werden kann, wenn die anderen Faktoren der Arbeitsproduktivität erfüllt werden.

1. Fach- und Methodenkompetenz

Das Anlagevermögen der Zukunft liegt in den Köpfen der Menschen. Wissen, Kompetenz und Erfahrung sind kognitive Fähigkeiten und elementar, um die Produktivität eines Unternehmens und einer Gesellschaft als Ganzes zu erhalten. Verhängnisvoll wird es, wenn Gesellschaften, Unternehmen, aber auch Individuen versäumen, die Zerbrechlichkeit und Vergänglichkeit des Wissens zu würdigen und keine Maßnahmen ergreifen, diesen Wertschöpfungsfaktor zu hegen und zu pflegen. Und dazu gehört nicht nur das Er-Lernen neuer Denk- und Handlungsmuster, sondern auch das bewusste Ver-Lernen von vorhandenen, die in der heutigen Zeit nicht mehr zielführend sind.

2. Kooperationsfähigkeit

„Gruppenproduktivität ist im 5. Kondratieff wichtiger als gute Einzelleistungen"[17], denn viele Herausforderungen von morgen sind nur durch kollektive Denk-, Kreativ- und Innovationsprozesse zu bewältigen. Wachstum durch Kooperation lautet die Losung der Zukunft. Teams, Projektgruppen, Arbeitsgemeinschaften oder Communities, real oder virtuell, formen zukünftig gemeinsam bessere Chancen und Perspektiven. Eine gesunde Gruppenethik sollte daher für jeden einzelnen, aber auch für die Unternehmen oberste Priorität haben. Vielleicht ist es daher nicht ganz zufällig, dass Schüler beim PISA-Test 2015 erstmalig auch ihre Teamkompetenz unter Beweis stellen müssen.

3. Einsatzbereitschaft/Motivation

Fachkenntnisse und Kooperationsfähigkeit allein sind nicht ausschlaggebend für eine höhere Produktivität. Wenn die Menschen nicht bereit sind, ihr Wissen und ihre Kompetenz in den Dienst von Unternehmen, Abteilungen oder Teams zu stellen, wenn ihnen aufgrund schlechter

17 *Hrsg. Hans Thomas/Leo A. Nefiodow, „Kondratieffs Zyklen der Wirtschaft – An der Schwelle neuer Vollbeschäftigung?", S. 165*

Führung die Motivation genommen wird, Höchstleistung zu erbringen und Gratifikationskrisen das einzige sind, was den Mitarbeitenden blüht, knirscht es gewaltig im Unternehmensgetriebe. Fehltage, Fluktuation und Produktivitätseinbußen sind die Folge.

4. Freisetzung von Kreativität und Innovation

Der Mensch ist und bleibt die einzige Quelle von Innovationen. Kreativität und Innovation werden aber nicht auf Knopfdruck aktiviert, sondern müssen gezielt gefördert werden. Gerade am Beginn kreativer Prozesse kann Kreativität aus eigener Kraft heraus nur begrenzt mobilisiert werden. Wenn aber im Zuge der Zusammenarbeit eine vertrauensvolle Atmosphäre entsteht, kann ein Team erstaunliche kreative und damit produktive Leistungen erbringen. Das belegt auch die im Jahr 2014 erschienene globale Studie von Catalyst „Inclusive Leadership: The View From Six Countries", für die mehr als 1.500 Mitarbeiter in Australien, China (Shanghai), Deutschland, Indien, Mexiko und den USA befragt wurden. Die Studie bestätigt, dass sich das Gefühl der Zugehörigkeit erkennbar auf die Innovationskraft und Produktivität von Teams auswirkt.

Um die Produktivität der menschlichen Arbeit optimal zu steigern, müssen diese vier Größen ineinander greifen und sich gegenseitig synergetisch verstärken. In den alten Strukturen des Industriezeitalters ist das nicht möglich. Daher begann im Sog des 5. Kondratieffs ein **weltweiter informationsorientierter Strukturwandel**, der nach wie vor anhält. Immer mehr Unternehmen verschlanken ihre Strukturen, bauen Hierarchieebenen ab und delegieren Arbeit und Verantwortung auf Projektteams. Warum? Weil hierarchische Konstrukte zu träge und statisch sind. Informationen bleiben wie dickflüssiger Teig in ihnen kleben und werden verfälscht. Hierarchien untergraben die notwendige Gruppenethik und blockieren die Produktivität im schnelllebigen und volatilen Informationszeitalter.

Unternehmen, die diese Wandlungsprozesse bislang ignoriert haben, zeichnen sich unter anderem aus durch unfassbar lange Entscheidungswege und mangelnde Befugnisse von Mitarbeiterinnen und Mitarbeitern, Entscheidungen treffen zu dürfen, die nicht „von oben" abgesegnet sind. Mit solchen Unternehmen haben wir tagtäglich zu tun. Der Umgang mit ihnen ist zäh wie Kaugummi, weil auch wir – oft monatelang – auf Entscheidungen warten. Unsere Ansprechpersonen sind nicht selten hochgradig frustriert und entsprechend demotiviert, denn auch sie spüren ja, dass Entschlossenheit und Verbindlichkeit fehlen und damit das Image nach außen geschädigt wird.

Produktivität ist *der* entscheidende Standortfaktor weltweit. Zukünftig wird es mehr denn je darum gehen, Informationen schöpferisch und kreativ zu verarbeiten, um Lösungen zu finden für die kommenden gesellschaftlichen Veränderungen, die eine weitere Digitalisierung und Automatisierung der Arbeitswelt aber auch der demografische Wandel mit sich bringen werden. Produktivität wird eine elementare Rolle spielen, wenn es um die weiter fortschreitende Verschmelzung von Mensch und Maschine am Arbeitsplatz geht, um das Einbinden älterer Menschen in die Arbeitswelt, um das Zusammenarbeiten zwischen Führungskräften und Belegschaft, zwischen Männern und Frauen oder Deutschen und Ausländern. Unsere Arbeitswelt wird bunter, vielfältiger – und anders. Es werden die Nationen gewinnen, die aus dieser Vielfalt und den daraus resultierenden Veränderungen effektiv und effizient Gewinn ziehen und durch eine hohe Produktivität den Wohlstand der Menschen sichern.

Auf der Suche nach den Produktivitätsengpässen

Wie produktiv sind wir tatsächlich? Helfen die vorhandenen technischen Möglichkeiten, unsere Leistungsfähigkeit zu erhöhen? Sind wir in der Lage, das vorhandene Wissen zu nutzen und die kommenden Veränderungen produktiv und wertschöpfend zu gestalten? Diverse Studien der vergangenen Monate und Jahre haben die Produktivität in verschiedenen Bereichen unter die Lupe genommen. Sortiert man ihre Ergebnisse unter die vier Faktoren, die maßgeblich für die Arbeitsproduktivität sind, ergibt sich ein klares Bild.

1. FACH- UND METHODENKOMPETENZ

Im März 2014 veröffentlichte Haufe die Ergebnisse der Studie „Produktiver Umgang mit Wissen im Unternehmen". Die Studie zeigt, dass 51 % der Befragten erheblichen Nachholbedarf beim Umgang mit Wissen haben. Eine mangelnde Informationsbasis in den Unternehmen verhindert, dass Mitarbeiterinnen und Mitarbeiter in diesen Unternehmen effektiv und effizient tätig sein können. Fehler, falsche Entscheidungen und mangelnde Motivation sind die Folgen, die nicht nur finanzielle Auswirkungen haben, sondern sich auch in einem schlechten Betriebsklima widerspiegeln. Dabei sind für 87 % der Befragten die Mitarbeitenden sehr wichtige Erfolgsfaktoren, gefolgt von Wissen (71 %) und Weiterbildung (47 %). Hier zeigt sich, dass Wissen und Weiterbildung immer noch unterschiedlich gewichtet und lebenslanges Lernen in den Unternehmen nach wie vor stiefmütterlich behandelt wird. Die Entkoppelung von Wissen und Weiterbildung sorgt dafür, dass ein Großteil der Menschen mit der Informationsflut faktisch allein gelassen wird. Die Haufe-Studie zeigt das deutlich: 57 % der befragten Geschäftsführenden und Mitarbeitenden mit und ohne Personalverantwortung gaben nämlich zu, nicht zu wissen, wie man Wissen produktiv nutzt. Das sorgt für hohe Leistungsunterschiede innerhalb der Belegschaft, aber auch zwischen Führung und Mitarbeitenden. An dieser Stelle können sich Folge-Probleme in den Unternehmen wie an einer Perlenkette aneinander reihen, wie das „National Bureau of Economic Research" in der Studie „The Value of Bosses"[18] 2012

18 *Edward P. Lazear, Kathryn L. Shaw, Christopher T. Stanton, "The Value of Bosses", NBER Working Paper No. 18317, August 2012*

empirisch nachwies. Große Leistungsunterschiede führen zu konfliktreichen Investitionsentscheidungen, wenn es um die Weiterbildung der heterogenen Belegschaft geht. Schon Jack Welch, der legendäre CEO von General Electric (GE), soll gesagt haben: „Gib den besten Rennpferden die Peitsche". Mit anderen Worten: Stärke die Starken, denn sie sind die wahren Produktivitätsbringer. Und die Studie weist nach: Ersetzt man einen Chef, der zu den unteren 10 % der Leistungsträger zählt durch einen Vorgesetzten aus den oberen 10 %, erhöht sich die Gesamtleistung eines Teams mehr, als wenn man ein neunköpfiges Team um eine zehnte Person aufstocken würde. Ein weiterer positiver Nebeneffekt: Die Mitarbeitenden, die den leistungsstärkeren Chefs zugeordnet sind, verlassen das Unternehmen seltener. Um in der Bildersprache von Jack Welch zu bleiben, liegt es also nahe, auf die besten Rennpferde die besten Jockeys zu setzen, um olympiatauglich zu sein. Im Sport wäre etwas anderes auch völlig indiskutabel. In der Wirtschaft tun wir uns mit dieser Haltung extrem schwer. Dabei wurde die Wertschöpfung von Fach- und Methodenkompetenz auch in Deutschland wirtschaftlich unter die Lupe genommen, mit wenig überraschenden Ergebnissen: „Die Renditen des Humankapitals der Akademiker sind am höchsten."[19] Mittelmäßige Mitarbeiter sind mittelmäßige Investments. Das klingt nicht nur hart – das ist es auch. Fakt ist nämlich, dass die technische Entwicklung hier eine eindeutige Richtung vorgibt:

Alle Tätigkeiten, die in routinierte Arbeitsschritte zerlegt werden können – und deren Zahl steigt – werden über kurz oder lang automatisiert oder digitalisiert. Übrig bleiben die Tätigkeiten, bei denen Querdenken und komplexes Denken gefragt sind.

Das hat mit Mittelmäßigkeit nichts, aber auch gar nichts mehr zu tun! Dass Weiterbildung in der erwähnten Haufe-Studie daher nur mit 47 % zu Buche schlägt, lässt tief blicken. Effiziente Werkzeuge, Techniken und Skills, um Wissen zu verarbeiten und mit Wissen kreativ und produktiv umgehen zu können, fallen nicht vom Himmel, sondern müssen erlernt werden – entweder im Rahmen einer klugen Personalentwicklungsstrategie oder durch Eigeninitiative, wenn der eigene Arbeitgeber die Zeichen der Zeit nicht erkennt. Tröstlich ist immerhin, dass 76 % ein hohes Einsparpotenzial bei einem effizienteren Umgang mit Wissen sehen und 90 % der Befragten klar ist, dass eine höhere Wissensproduktivität signifikante Auswirkungen auf die Innovations- und Wettbewerbsfähigkeit hat. Es wird Zeit, diesen Erkenntnissen endlich auch Taten folgen zu lassen.

19 *Hrsg. Hans Thomas/Leo A. Nefiodow, „Kondratieffs Zyklen der Wirtschaft – An der Schwelle neuer Vollbeschäftigung?", S. 89*

2. KOOPERATIONSFÄHIGKEIT

Moderne Gesellschaften sind komplex und schnelllebig. Sie stehen vor Herausforderungen, die nur noch kollektiv gelöst werden können. In der Konsequenz bedeutet das die resolute Hinwendung zur Kollaboration. Wissen und Erfahrungen müssen in den Unternehmen so aufbereitet werden, dass sie für die gesamte Belegschaft nutzbar und Produktivitätsverluste vermieden werden. Eine Schlüsselfunktion nehmen hier die Führungskräfte ein, deren ethisches und moralisches Vorleben kooperativen Verhaltens zu einer der entscheidenden Kernkompetenzen wird. Denn wenn die Mitarbeitenden nicht animiert werden können, „Gedanken-Gut" und „Wissens-Ware" zu teilen, Ideen gemeinsam zu generieren und den „Informations-Markt" gemeinschaftlich zu pflegen, ist jede Form des kollaborativen Wissensmanagements zum Scheitern verurteilt.

Dass Kooperationsfähigkeit und das Teilen von Wissen und Erfahrungen zu einem elementaren Produktivitätstreiber der Zukunft gehören werden, zeigen auch zahlreiche Forschungen, die momentan an renommierten Universitäten in den USA durchgeführt werden – in einigen Fällen übrigens mit vielen hunderten Millionen Dollar gesponsert durch das Verteidigungsministerium oder die US Army. Ihr Ziel: Die vernetzte Intelligenz von Milliarden von Menschen mittels Gedankenübertragung. In unserem Gehirn steckt die wertvollste Ressource der Zukunft: Unser Wissen, unsere Erfahrungen, Gedanken, Gefühle und Know-how. Mit anderen Worten: Die Grundlage für Kreativität, Fortschritt und Entwicklung. Zurzeit gleicht unser Gehirn mehr einem Tresor: Ob wir seinen Inhalt teilen, können wir steuern; wir entscheiden, wem wir welche Informationen zukommen lassen oder auch nicht. Schaffen es findige Wissenschaftler jedoch, die Bastion der Gedankenkontrolle zu knacken, dann wäre dieser Tresor offen für die gesamte Menschheit. Die Vision der Erfinder ermöglicht dann zum Beispiel das Upload eigener Gedanken in einer Cloud. Es entstünden riesige Datenuniversen, die weltweit angezapft werden könnten. Der Kreativität wären keine Grenzen gesetzt – dem Missbrauch allerdings auch nicht.

Wird diese Vision Realität – und Computersteuerung per Gedankenübertragung, intelligente Häuser, die unseren Stresspegel nach einem lange Arbeitstag erkennen und entsprechend darauf reagieren sowie Super-Computer mit Rechnerleistungen von einer Million Notebooks gibt es bereits – dann stehen wir vor der vermutlich größten Frage der Menschheit: Was macht uns zu Individuen? Werden wir dann – Borg-ähnlich[20] – zu einer Super-Gesellschaft? Verlieren wir unseren Individualitätsstatus? Wenn Algorithmen die Welt diktieren und Gefühle virtuell geteilt werden können, welchen Wert haben dann zukünftig unsere persönlichen Erinnerungen? Wenn aus dem virtuellen „Gedanken-Sharing" Ideen und Innovationen entstehen – wem gehören dann diese Ideen und Innovationen?

20 *Die Borg ist ein fiktives Volk im Star-Trek-Universum. Sie haben ein kollektives Bewusstsein. Ihre Weiterentwicklung besteht aus der „Assimilation" anderer Rassen, indem sie deren Wissen und Erfahrungen in sich aufnehmen und ihrem eigenen Kollektiv zuführen.*

Alle Anzeichen deuten darauf hin, dass wir vor einer Ära der beispiellosen digitalen Vernetzung stehen. Das wird die Menschheit radikal verändern.

Doch nicht nur das. Auch unser Umgang mit einer stetig wachsenden Informationsflut wird uns vor immense Herausforderungen stellen. Dass wir sie allein schon heute kaum bewältigen können, zeigt die bereits erwähnte Haufe-Studie. Sie hat nämlich auch nachgefragt, wie Wissen in den Unternehmen geteilt und zur Verfügung gestellt wird. 56 % tauschen große Datenmengen über E-Mail, nur 2 % suchen dazu das persönliche Gespräch. Zudem wird Wissen bei 32 % der Befragten im Intranet und bei 30 % über E-Mail und Newsletter zur Verfügung gestellt. Nur 19 % teilen Wissen persönlich, telefonisch oder in Meetings und nur 3 % nutzen dazu „Collaboration Tools". Auch hier entstehen erhebliche Reibungs- und Produktivitätsverluste, wie eine internationale Studie von Czipin & Proudfoot Consulting Wien schon 2001 nachwies. Wichtiges Fazit dieser weltweiten Analyse: Obwohl das Potenzial zur Produktivitätssteigerung beispielsweise durch neue Technologien deutlich zugenommen hat, wird es nicht in gleichem Maße genutzt. 39 % der Arbeitszeit, umgerechnet 85 Arbeitstage im Jahr, wird in deutschen Unternehmen unproduktiv verschwendet. Produktivitätskiller sind zu großen Teilen Managementfehler: 45 % der Produktivitätsverluste bzw. insgesamt 38,3 verschwendete Arbeitstage entfallen auf „mangelnde Planung und Steuerung", 17 % bzw. 14,5 unproduktiv verbrachte Arbeitstage auf „mangelnde Führung und Aufsicht". Zusätzlich genannt werden „mangelnde Kommunikation", „mangelnde Arbeitsmoral", „EDV-Probleme" und „mangelnde Qualifikation". Ähnlich dramatisch sind die Ergebnisse einer 2012 durchgeführten Studie von Microsoft. Angestellte weltweit wurden befragt, wie viel Zeit sie während der Arbeit tatsächlich auch mit Arbeit verbringen. Das Ergebnis: Von 45 Stunden Bürozeit sind 17 Stunden unproduktiv. Als größte Produktivitätshemmnisse wurden genannt: Meetings, unklare Prioritäten und komplizierte Kommunikation.

Und die AKAD Hochschule fand 2014 in einer Studie heraus, dass die in Meetings vereinbarten To-dos nur zu 60 % umgesetzt werden. Effizienz ist auch hier eine dringende Notwendigkeit der Zeit: Lediglich drei Tage pro Arbeitswoche bleiben für produktives Arbeiten übrig. Der Rest fällt den gestiegenen Kommunikationsanforderungen und Ineffizienzen durch häufige Störungen zum Opfer.

Apropos Störungen: Der Londoner Psychologe Dr. Glenn Wilson bewies schon 2005 in einer Studie, dass Testpersonen durchschnittlich 10 Punkte weniger erreichen als eine Vergleichsgruppe, wenn sie während eines IQ-Tests von E-Mails und Telefonaten unterbrochen werden. Gleichzeitig gab die von Störungen unterbrochene Versuchsgruppe doppelt so hohe Werte für ihr individuell empfundenes Stresslevel an.

Auch die Wissenschaftler Gonzales, Mark und Harris von der Universität Kalifornien untersuchten das Phänomen der Störungen. Sie dokumentierten den Arbeitstag von 24 Personen mit der Stoppuhr und fanden heraus, dass die Mitarbeitenden nur ungefähr 11 Minuten ungestört an einer Aufgabe arbeiten können, bevor sie unterbrochen werden. Erst nach ungefähr

25 Minuten können sie zur eigentlichen Aufgabe zurückkehren und brauchen dann noch einmal 8 Minuten, um zur vollen Konzentration zurückzufinden.

Professor Dr. Christian Montag schrieb in einem Artikel des Magazins „Wirtschaftspsychologie aktuell", ein übermäßiger Online-Konsum sei besonders problematisch, wenn darunter die Produktivität leide.[21] Schätzungen zufolge kostet das fragmentierte Multi-Tasking allein die amerikanische Wirtschaft rund 650 Milliarden Dollar pro Jahr, Tendenz steigend.

Auch das Marktforschungsunternehmen Ipsos befragte 2014 mehr als 7.000 Personen in 10 verschiedenen Ländern und fand heraus, dass sich nur 54 % am Arbeitsplatz konzentrieren können. Als Stressfaktoren identifizieren sie den Lärmpegel in Großraumbüros und die fehlende Möglichkeit, selbst bestimmen zu können, wo sie arbeiten wollen. Da ist es nicht verwunderlich, dass 41 % der Studienteilnehmenden mit ihrer Arbeitsumgebung nicht zufrieden sind und sich gestresst und unter Druck fühlen.

Da **Kooperationsfähigkeit ein entscheidender Produktivitätsbeschleuniger** ist, geben die vorliegenden Zahlen zu denken, denn sie deuten alle darauf hin, dass die produktive Zusammenarbeit in den Unternehmen an allen Ecken und Enden hakt. Martin Heidenreich hat schon 1998 in seinem Aufsatz „Informationssysteme und ihre soziokulturellen Auswirkungen"[22] darauf hingewiesen, dass die wirksame Nutzung technischer Möglichkeiten Zeit braucht und die technischen Möglichkeiten nur dann wirklich effizient genutzt werden können, wenn sie gleichzeitig einhergehen mit der Entwicklung neuer Kommunikations- und Kooperationsformen. Schon er hat vor fast 20 Jahren betont, dass **die Enthierarchisierung der Unternehmen und Kommunikationsstrukturen oberste Priorität** haben sollte. Dabei ginge es, so betonte er, nicht primär um die „**Entmachtung betrieblicher Lähmschichten**", sondern vor allem auch um die **Entwicklung einer barrierefreien Kommunikationskultur**, die das „Verhältnis von persönlichen Interaktionen und technisch vermittelten Informations- und Kommunikationsbeziehungen neu ordnet". Die verstärkte Nutzung computergestützter Informations- und Kommunikationssysteme zieht – und hier nahm er das Ergebnis der Czipin & Proudfoot Consulting-Studie quasi schon vorweg – nicht automatisch auch Produktivitätssprünge nach sich. In den USA wurde dieses Phänomen schon einige Jahre zuvor als „**Productivity Paradox**"[23] (Produktivitätsparadox) diskutiert. Solche Paradoxien sind historisch nicht außergewöhnlich. Letztendlich hat sie Carlota Pérez im Rahmen ihrer Kondratieff-Forschungen deutlich herausgearbeitet. Diese Paradoxien entstehen immer dann, wenn die technisch-wirtschaftliche Sphäre und die sozio-institutionelle Sphäre auseinander driften, die technische Entwicklung also schneller voranschreitet als der menschliche und gesellschaftliche Lernprozess.

Nun ist die technische Entwicklung im Informationszeitalter rasant und mit Big Data und

21 *Wirtschaftspsychologie aktuell 2/2015: „Smartphones & Co: Warum wir auch digitale Freizonen brauchen", S. 19-22*

22 *Der Aufsatz erschien in: Hans-Joachim Braczyk, Gerhard Fuchs (Hrsg.), 1998: Informationstechnische Vernetzung - Berichte aus Projekten der Akademie für Technikfolgenabschätzung in Baden-Württemberg, S. 103-117*

23 *Das „Productivity Paradox" wurde von Erik Brynjolfsson, Management-Professor an der MIT Sloan School of Management entdeckt. Er verstand darunter den offensichtlichen Widerspruch zwischen den bemerkenswerten Fortschritten in der Rechnerleistung und dem gegenüberstehenden relativ langsamen Wachstum der Produktivität auf der Ebene der Gesamtwirtschaft und der Einzelunternehmen.*

Industrie 4.0 stehen uns beispielhaft zwei neue radikale Veränderungen mit eklatanten Auswirkungen auf unser Arbeitsleben bevor. Diese Entwicklungen kommen, während wir eigentlich noch dabei sind, unsere Arbeitsabläufe an die digitale Arbeitswelt und das veränderte Kommunikationsverhalten anzupassen. Und wie Heidenreich schon 1998 feststellte: **Es gibt kein einheitliches Hintergrundwissen mehr.** Während die Babyboomer sich noch problemlos an Schreibmaschine und Wähltelefone erinnern können, meiner Generation in der Grundschule die Alkoholfahne der Matrizen (Vorläufer der Fotokopie) Schwindel verursachte und wir zur Recherche von Aufsätzen Büchereien aufsuchen mussten, so sind meinem Sohn Faxgeräte völlig unbekannt und eine Verabredung „zum Spielen" heißt: Einloggen in ein Online-Game, während er sich parallel mit seinen Freunden über Skype unterhält.

Der Generationenkonflikt ist heute nicht nur eine Kontroverse über Moral, Werte und Normen, sondern vor allem über die Art und Weise ob, wie, wo, wann und womit wir kommunizieren und kooperieren.

Dieser technologische Graben zwischen den Generationen wurde aus meiner Sicht von den Unternehmen a) unterschätzt und b) deswegen überhaupt nicht begleitet. Dieses Unterlassen führt nun zu massiven Produktivitätsverlusten, weil die Kommunikation stockt und eine effiziente Kooperation damit an vielen Stellen absolut unmöglich ist. Wenn, wie die Haufe-Studie zeigt, Informationen und Wissen hauptsächlich virtuell ver- und geteilt und nur von 2 % der Befragten durch persönliche Gespräche begleitet werden, so wird an dieser Stelle völlig ignoriert, dass auch das Konsumieren von Informationen ganz unterschiedlichen individuellen Vorlieben unterliegt. Während die einen froh sind, nicht mit dem Kollegen sprechen zu müssen, bekommen für den anderen Daten, Zahlen und Grafiken erst dann Sinn, wenn sie im Gespräch mit Leben gefüllt werden. Während die einen problemlos über E-Mail kommunizieren, fehlen den anderen das gesprochene Wort und der menschliche Kontakt.

Wissen und Informationen sind interpretierbar und dass wir sie unterschiedlich interpretieren können, ist eine Besonderheit des Menschen! Durch die Reibung unterschiedlicher Auslegungen und die dadurch entstehenden Fragen und Wissens-Konflikte entstehen Kreativität und neues Denken.

Nur durch diese Reibung bekommen Sinnzusammenhänge eine andere Bedeutung. Nur so werden schnöde Zahlen zu interessanten Geschichten. Es ist fatal, wenn Unternehmen das nicht erkennen, denn **genau an dieser Stelle entstehen Produktivitätsverluste durch die ausbleibende schöpferische Auseinandersetzung mit Wissen**. Eine Kompetenz, die im Übrigen von Robotern so schnell nicht imitiert werden kann!

Wollen wir in Zukunft kooperativ zusammen arbeiten (und die Entwicklung wird uns dazu zwingen, genau diesen Weg einzuschlagen) müssen wir lernen, Informationsverluste zu vermeiden. Wir müssen lernen, in den Organisationen einen Rahmen und Verbindlichkeiten dafür zu schaffen, Informationen teilen, sie kooperativ verwerten und in einen sozialen Kontext betten zu können. Wir brauchen Verlässlichkeiten und Bewertungsmaßstäbe, wie mit Informationen umgegangen werden soll – auf Gesellschafts- und Unternehmensebene ebenso wie auf der individuellen Ebene. In den Unternehmen aber auch in Gesellschaft und Politik muss die Frage diskutiert werden, wie Menschen über alle Alters- und Bildungsschichten hinweg motiviert werden können, an einem informatisierten Wissenstransfer teilzunehmen und diesen produktiv mitzugestalten.

Im Augenblick sind wir von brauchbaren Lösungen weit entfernt – vielleicht sogar entfernter denn je. Alle Bemühungen mit einem entsprechenden finanziellen Unterbau konzentrieren sich auf die technischen und automatisierten Lösungen, weil hier der größte Wertschöpfungsfaktor vermutet wird. Ich bin aber überzeugt, dass wir endlich anfangen müssen, auch den zwischenmenschlichen, sozialen und psychologischen Kontext in die Gleichung einzubeziehen, damit wir einen wirklichen Evolutionsschritt nach vorne machen können. Sonst verlagern wir die Kommunikationsprobleme der Menschen über kurz oder lang auf die Mensch-Maschinen. Und wie das ausgehen kann, zeigt eindrucksvoll und gar nicht mehr so Science-Fiction-mäßig der Film „I, Robot".

3. EINSATZBEREITSCHAFT/MOTIVATION

Gallup stellte 2015 fest: Nur 15 % der Mitarbeiter haben eine hohe emotionale Bindung an ihren Arbeitgeber. 70 % hingegen fühlen sich emotional nur in geringem Maße an ihren Arbeitgeber gebunden und 15 % gaben an, überhaupt keine emotionale Bindung zu verspüren. Die mangelnde emotionale Bindung hat einen starken Einfluss auf die jährlichen Fehltage. Während die emotional hoch gebundenen Mitarbeitenden lediglich auf 3,8 Fehltage pro Jahr kommen, sind es bei den mäßig gebundenen schon 6,5 und bei den emotional gar nicht gebundenen Mitarbeitenden ganze 8,8 Fehltage.

Verursacher dieses Missstandes sind die Führungskräfte, die es nicht schaffen, die zentralen Bedürfnisse und Erwartungen ihrer Mitarbeitenden zu erfüllen. Und Demotivation ist enorm teuer. Ein Grund dafür liegt unter anderem darin, dass Demotivation und mangelnde Einsatzbereitschaft nicht nur einen schleichenden Qualitäts- und Produktivitätsverlust bewirken, sondern sich im Dauerzustand auch negativ auf die Gesundheit der Mitarbeiterinnen und Mitarbeiter auswirken. Burn-out, Depression und Herz-Kreislauf-Erkrankungen, Angst und sogar die erhöhte Zunahme von Krebserkrankungen können auf Demotivation, fehlende Wertschätzung und Anerkennung und den daraus resultierenden beruflichen Druck und Stress zurückgeführt werden. Hinzu kommt, dass Mitarbeiterinnen und Mitarbeiter mit einer geringen oder gar keiner emotionalen Bindung an den Arbeitgeber deutlich bereiter sind, innerhalb der nächsten zwölf Monate das Unternehmen zu verlassen. In Zeiten zunehmenden Fachkräftemangels ist ein Billigen von Fluktuationskosten und dem damit einhergehenden Abwandern von Know-how zerstörerisch.

Auch eine Studie der FOM[24], in der fast 1.000 berufsbegleitend Studierende befragt wurden, stellt fest, dass der durchschnittliche Verlust von Produktivität bzw. Arbeitsleistung bei den Befragten bei ca. 30 % und der durchschnittliche Verlust der Arbeitsfreude sogar bei 42 % liegen.

Gute Führung ist – wenig überraschend – der Schlüssel zur Motivation der Mitarbeiterinnen und Mitarbeiter. Führung und Motivation sind zwei Seiten einer Medaille. Und allein nur diese beiden genannten Studien zeigen, dass ein großes Potenzial für die Steigerung der Produktivität in den Unternehmen in Deutschland vorhanden ist.

Das bestätigt auch die Towers Watson Global Workforce Study 2014. Demnach schätzen nur 43 % der Befragten die Leistung ihres Top-Managements als effizient ein. Auch das wirkt sich auf das Engagement der Mitarbeitenden aus: 47 % machen lediglich „Dienst nach Vorschrift" oder lassen die eigenen Potenziale ungenutzt. Nur rund jeder Dritte (35 %) engagiert sich nachhaltig bei seinem Arbeitgeber. Ein nachhaltiges Engagement kann aber nur dann geschaffen werden, wenn Mitarbeiterinnen und Mitarbeiter ein Arbeitsumfeld vorfinden, das sie physisch, emotional und sozial unterstützt.

Jetzt könnten Kritiker einwenden, ein Unternehmen sei keine Sozialstation und das Leben kein Ponyhof. Richtig! Unternehmen haben den Auftrag, wirtschaftlich nachhaltig zu agieren, Umsatz und Gewinn zu steigern, innovativ zu sein, Arbeitsplätze zu schaffen und Kapital zu mehren, um es dann wieder investieren zu können.

Im Industriezeitalter war diese Rechnung auch noch relativ einfach. Arbeitsabläufe unterlagen der Taylorschen Prozesssteuerung, die vom arbeitsvorbereitenden Management detailliert vorgeschrieben wurden. Der „Organization Man" war der verlängerte Arm der Werkbank. Selbst denken und kreativ sein war eher hinderlich bei der Ausführung ewig gleicher Arbeitsschritte. Führung im Industriezeitalter hieß, die auf engem Raum produzierende Menschenmasse in eine Richtung zu lenken, sie zu organisieren, Ressourcen bereitzustellen und für sie Entscheidungen zu treffen, damit sie gute Arbeitsergebnisse erzielen konnten.

Das ist im Kreativzeitalter grundlegend anders. Heute benötigen wir den schöpferischen Input von Mitarbeiterinnen und Mitarbeitern. In unserer VUCA-Welt sind wir zwingend angewiesen auf ihre Einsatzbereitschaft, Motivation und Innovationskraft. Und der Anspruch an sie ist groß. Anders als früher dürfen, sollen und müssen sie heute die graue Masse zwischen den Ohren auch während der Arbeitszeit bewegen. Die Mitarbeitenden erwarten als Gegenleistung für den steigenden Druck und die zunehmende (kognitive) Belastung heute dafür – zu Recht – mehr Selbstbestimmung und Freiheit. In der Folge werden sie heute nicht mehr nur geführt, sondern müssen sich bei mehr Arbeitsflexibilität auch immer öfter selbst führen (können).

Damit wir uns aber überhaupt selbst führen und unsere Kreativität und schöpferische Kompetenzen abrufen können, brauchen wir, Sie ahnen es, Motivation. Es reicht aber an der Stelle nicht, die Motivation von außen zu aktivieren oder – schlimmer noch – von Führungskräften

24 *FOM Arbeitspapier Nr. 30, Büser, von Königsmarck, Stein, „Führungspraxis und Motivation"*

aufoktroyieren zu lassen. Vielmehr muss diese Form der Motivation aus uns selbst kommen.

Sind wir intrinsisch motiviert, möchten wir etwas um seiner selbst willen tun, weil es Spaß macht, unsere Interessen befriedigt oder eine Herausforderung darstellt. Bei der extrinsischen Motivation steht dagegen der Wunsch im Vordergrund, bestimmte Leistungen zu erbringen, weil man sich davon einen Vorteil (Belohnung) verspricht oder Nachteile (Bestrafung) vermeiden möchte. In der Motivationsforschung spielt der Ansatz der „Drei Großen Motive" („Big Three") von David McClelland eine zentrale Rolle. In seinem Buch „The Achieving Society" schrieb er, dass die menschliche Motivation drei dominante Bedürfnisse umfasst:

- Erfolg
- Macht
- Zugehörigkeit

Ihm gelang es nachzuweisen, dass die Anregung dieser Motive mit der Ausschüttung bestimmter Neurotransmitter[25] verbunden ist:

- Bei Anregung des Leistungsmotivs werden Vasopressin und Arginin ausgeschüttet.
- Im Falle des Machtmotivs sind es Epinephrin und Norepinephrin und
- im Falle des Zugehörigkeitsmotivs ist es das „Glückshormon" Dopamin.

Joachim Bauer, renommierter Medizinprofessor und Psychotherapeut aus Freiburg, vertritt in seinem Buch „Prinzip Menschlichkeit - Warum wir von Natur aus kooperieren" die These, dass Menschen nicht in erster Linie aus Egoismus und Konkurrenzdenken handeln, sondern vor allem aus der Motivation und dem Streben heraus, Zuwendung und Wertschätzung von anderen Menschen zu erfahren. Das Zugehörigkeitsmotiv ist also bei Menschen intrinsisch sehr stark ausgeprägt.

Neurobiologisch erwiesen ist, dass Ausgrenzung und fehlende soziale Kontakte zu Apathie und zum Zusammenbruch jeglicher Motivation führen. Eine schlechte Führung erzeugt automatisch und innerhalb ganz kurzer Zeit ein schlechtes Betriebsklima, das in der Folge zu Demotivation, Produktivitätsverlusten und einer Zunahme von Fehlzeiten führt. **Negatives Verhalten von nur einer Person verbreitet sich wie ein Virus und kann in Windeseile sehr unerwünschte Kettenreaktionen hervorrufen.**

Entscheidend ist es daher, in Unternehmen ein Gefühl der Gemeinschaftlichkeit zu implementieren, das der Belegschaft ein Gefühl des Zusammenhalts und der Zugehörigkeit vermittelt und gleichzeitig sinnstiftend wirkt. An dieser Stelle schließt sich der Kreis zur Koope-

25 *Neurotransmitter sind biochemische Botenstoffe, die an chemischen Synapsen die Erregung von einer Nervenzelle auf andere Zellen übertragen.*

rationsfähigkeit. **Motivation und Kooperationsfähigkeit bedingen sich wechselseitig.** Ohne Motivation und Einsatzbereitschaft ist ein kooperatives Verhalten nicht möglich. Die Schlüsselperson ist die Führungskraft. Sie stellt die Weichen für ein motivierendes Umfeld und kooperatives Verhalten. Versagt sie, hat das massive Auswirkungen auf die Produktivität. Und dass dieses Führungsversagen teuer ist, zeigt die Gallup-Studie seit 2001 alljährlich auf.

4. FREISETZUNG VON KREATIVITÄT UND INNOVATION

„Mehr Innovation, bitte!", titelte ein Artikel in der WELT am 11. Februar 2015. Der Artikel berief sich auf eine Forsa-Studie, in der 250 Top-Entscheider und 250 Berufseinsteiger befragt wurden. Sie bewerteten den Einfluss von Innovation mit 8,7 (von 10) Punkten. Mehr als ein Drittel der befragten Unternehmen hat für 2015 höhere Budgets für Innovationsvorhaben eingeplant. Damit wird deutlich, dass Innovation in der Wirtschaft einen hohen Stellenwert hat, Tendenz weiter steigend.

Allerdings zeigt die Umfrage auch, dass viele Unternehmen hinsichtlich der Umsetzung und des Verständnisses von Innovation noch großen Nachholbedarf haben. Insgesamt wurden in der Studie elf Maßnahmen abgefragt, die „nachweislich wichtig zur Förderung von Innovationen sind". Zwei der als am wichtigsten genannten Maßnahmen waren die „Konzentration auf Kundenwünsche" und „die Analyse der Kundenbedürfnisse". In der Tat helfen beide Maßnahmen. Sie verleiten jedoch sehr oft dazu, dass die Innovationen lediglich inkrementeller Art sind – also Verbesserungen und Weiterentwicklungen an bestehenden Produkten und Dienstleistungen. Das ist per se nicht schlecht oder schlimm. „Blaue Ozeane" findet man jedoch mit diesen Maßnahmen selten, denn fragen Unternehmen einen bestehenden Kundenstamm, was er sich wünscht, wird er nach einem um Nuancen besseren Produkt als dem bisher genutzten verlangen. Hier spielen nämlich wieder unsere mentalen Muster und unsere geringe Bereitschaft zur Veränderung eine Rolle. Einmal gelernte Abläufe sollen oft nur optimiert werden. Neue Abläufe oder die Bedienung neuer Produkte zu erlernen ist jedoch nur selten der Wunsch der bestehenden Kundschaft. Es würde sie nämlich aus gelernten Mustern reißen und für Unordnung sorgen, die in einer volatilen und anspruchsvollen Welt für viele gar nicht mehr erstrebenswert ist.

Wollen Unternehmen tatsächlich neue Märkte („Blue Oceans") entdecken, sind sie gezwungen, sich gedanklich vom bestehenden Kundenstamm zu lösen. Das gilt an dieser Stelle nicht nur für das Management, sondern auch für die am Innovationsprozess beteiligten Mitarbeiterinnen und Mitarbeiter. Auch für sie ist es im Innovationsprozess notwendig, sich von alten Denk- und Handlungsmustern zu lösen und ihren Gedanken Freiraum zu geben.

Damit das überhaupt möglich ist, brauchen innovative Unternehmen ein entsprechendes Innovationsklima und eine offene Fehlerkultur. Von den befragten Unternehmen in der Forsa-Studie wurden diese Faktoren zu Recht auch als sehr wichtig anerkannt. Jedes dritte Unternehmen hat zusätzlich angegeben, mit einem innerbetrieblichen Vorschlagswesen zu arbeiten. Und auch an dieser Stelle ist es wichtig zu verstehen, wie und unter welchen Bedingungen Kreativität entsteht, damit ein aufwändig implementiertes Vorschlagswesen überhaupt produktive Auswirkungen entfalten kann.

Ideen sind heilig und für die Person, die eine Idee entwickelt hat, etwas zutiefst Persönliches. Eine Idee zu teilen und sie im besten Fall dem Lob und im schlimmsten Fall der Kritik von Führungskräften und Kolleginnen und Kollegen auszusetzen, erfordert Mut und ist nur in einem Arbeitsumfeld möglich, das von Vertrauen geprägt ist. Wird schöpferische Leistung kritisiert, kann das nämlich zu einer **„Kreativitätskränkung"**[26] („creative mortification") führen, fand Ronald Beghetto, Professor für Pädagogische Psychologie an der Universität Connecticut, in einer Studie heraus. Eine Kreativitätskränkung führt zu Scham und ist oft verbunden mit einer Fähigkeitszuschreibung („Du bist kein guter Künstler" oder „Du kannst keine brauchbaren Ideen entwickeln"). In der Folge wird das kreative Streben vorübergehend oder gänzlich aufgegeben. Beghetto fand heraus, dass die Kreativitätskränkung dann abgeschwächt wird, wenn anstelle der personenbezogenen Kritik ein nicht personenbezogenes Feedback gegeben wird („Deine Zeichnung ist noch nicht gut genug" oder „Deine Idee ist noch verbesserungswürdig."). Hier sind also einerseits viel Fingerspitzengefühl und eine wertschätzende Feedbackkultur in den Unternehmen gefragt, um Kreativität nicht im Keim zu ersticken. Andererseits hat Beghetto festgestellt, dass kreative Menschen Kreativitätskränkungen abwenden können, indem sie:

1. lernen, mutig die eigenen Gedanken zu äußern
2. die Lust entwickeln, Meinungen zu widerlegen
3. überzeugt davon sind, es besser machen zu können

Diese Form der Widerstandsfähigkeit gegenüber Kreativitätskränkungen nenne ich **„resiliente Kreativität"**. Und auch sie ist kein Selbstläufer, sondern muss gelernt und gefördert werden, denn sie bedeutet ein „raus aus dem Anpassungsverhalten" und an den richtigen Stellen eine bewusste Abkehr vom Konsens und Mainstream. Spiegelt sich die Erlaubnis dazu in der Führungs- und Unternehmenskultur nicht wider, kann das innerbetriebliche Vorschlagswesen noch so ausgeklügelt sein und das Innovations-Budget ins Unendliche erhöht werden. Die Ergebnisse werden dennoch auf sich warten lassen, denn Neurobiologen haben herausgefunden, dass unser Gehirn vor allem dann auf Hochtouren läuft, wenn wir einen Zustand der Gelassenheit erreicht haben – also nicht unter Druck stehen oder in Furcht und Angst leben.

Sind Menschen Situationen ausgesetzt, die dafür sorgen, dass sie unter Druck geraten – und dazu gehört eben auch eine mangelhaft geäußerte Kritik an Ideen oder eine Kultur, in der Fehler bestraft werden, reagiert unser Gehirn extrem empfindlich und „schaltet ab". Handlungsleitende Muster können nicht mehr abgerufen werden und die Konzentration lässt nach. **Stress tötet Kreativität.**

---

26 *Ronald A. Beghetto (2014). Creative Mortification: An Initial Exploration (Abstract). Psychology of Aesthetics, Creativity, and the Arts, 8, 266-276.*

Dass im Umkehrschluss ein gutes Betriebsklima Kreativität fördert, hat Hedva Vinarski-Peretz, Lehrbeauftragte für Politikwissenschaften an den Universitäten von Bar-Ilan und Tel Aviv[27], herausgefunden. In ihrer Dissertation wies sie nach, dass qualitativ hochwertige Beziehungen im Mitarbeiter- und Kollegenkreis so etwas wie ein Energiehebel für allgemeines Engagement sind. Positive Beziehungen bewirken, dass man sicherer wird. Dadurch sinkt die Angst, neue, kreative Problemlösungen auszuprobieren. Damit die Beziehungsqualität Kreativität fördern kann, müssen drei Voraussetzungen erfüllt sein:

1. **Wertschätzung:** Menschen, die Kreativleistungen erbringen sollen oder müssen, haben angenehme Beziehungen zu den Menschen in ihrem Umfeld aufgebaut und fühlen sich anerkannt und wertgeschätzt.
2. **Kollaboration:** Das Gefühl herrscht vor, dass sich die Mitarbeitenden gegenseitig unterstützen und füreinander da sind. Hier zeigt sich sehr deutlich die wechselseitige Beziehung zwischen Kreativität und Kooperation.
3. **Dynamik:** Die Beziehung zum Kollegenkreis und zu den Führungskräften ist nicht von Demotivation geprägt, sondern sie wird als energetisierend und motivierend wahrgenommen. Und auch hier schließt sich der Kreis zum betrieblichen Produktivitätsfaktor „Motivation und Einsatzbereitschaft".

Zusätzlich sind drei sogenannte „Vermittlergrößen" notwendig, von denen Vinarski-Peretz annahm, dass sie zwischen das Beziehungserleben und das kreative Engagement geschaltet waren:

1. **Bindung an das Unternehmen:** Kreatives Engagement kann nur dort gedeihen, wo Menschen sich ihrem Arbeitgeber gegenüber loyal fühlen – und laut der Gallup-Studie von 2015 fühlen das nur noch ganze 15 %.
2. **Erlebte Ressourcenaktivierung:** Kreatives Engagement hängt entscheidend davon ab, inwieweit die jeweiligen Personen ihre körperlichen, geistigen und seelischen Ressourcen im Unternehmensumfeld aktivieren können und dürfen.
3. **Kreative Selbstwirksamkeit:** Kreatives Engagement kann sich dann entfalten, wenn Menschen gelernt und erfahren haben, dass sie neue Ideen entwickeln können und in der Lage sind, ihre kreativen Ziele zu erreichen. An dieser Stelle schließt sich der Kreis zur „kreativen Resilienz".

Aus den dargestellten Ausführungen wird deutlich, dass Deutschland zurzeit in allen vier Schlüsselfaktoren der Arbeitsproduktivität enorme Defizite aufweist. Erinnern wir uns noch einmal an Alvin Tofflers „**Zukunftsschock**". Ein „Zukunftsschock" ist „die erdrückende Belastung und vollkommene Desorientierung von Menschen, die in zu kurzer Zeit zu viele Verände-

27 *Hedva Vinarski-Peretz, Galy Binyamin & Abraham Carmeli (2011). Subjective relational experiences and employee innovative behaviors in the workplace (Abstract). Journal of Vocational Behavior, 78, 290–304.*

rungen durchmachen müssen." Nicht die Veränderung selbst löst Tofflers Meinung nach den Schock aus, sondern die Schnelligkeit, mit der sie sich vollzieht.

50 Jahre nach Tofflers Beschreibung des „Zukunftsschocks", am Ende des 5. Kondratieffs, ist die nächste technologische Entwicklung durch „Big Data" und „Industrie 4.0" bereits auf dem Vormarsch. Nach wie vor fehlen jedoch tragfähige Konzepte, die es den Menschen ermöglichen, die Schnelllebigkeit der Arbeitswelt zu verkraften und die Masse an Informationen sinnvoll und produktiv zu verarbeiten und kreativ zu nutzen. In der Folge liegt die (Arbeits-) Moral in vielen Unternehmen brach und die Motivation der Belegschaft ist auf einem Tiefpunkt angekommen. Es mangelt an kooperativer Zusammenarbeit, es fehlt an wertschätzenden Führungskonzepten, welche die Motivation und Einsatzbereitschaft von Mitarbeiterinnen und Mitarbeitern aktivieren und ein kreatives Arbeitsumfeld schaffen. Trotz aller technischen Fortschritte im Informationszeitalter wächst die Überforderung vom Top-Management bis hinunter auf die Sachbearbeiter-Ebene. Das führt dazu, dass der Informationsfluss ausgebremst wird und das (Wissens-)Ungleichgewicht in den Unternehmen wächst. **Destruktives Arbeitsverhalten** nimmt zu und kostet Wirtschaft und Gesellschaft Milliarden.

Auf der Suche nach den Knappheitsfeldern

Das destruktive Verhalten im betrieblichen Kontext ist nicht die einzige Wachstumsbarriere. Um eine mögliche Richtung des nächsten Kondratieff-Zyklus identifizieren zu können, ist es zusätzlich notwendig, nach großen Knappheitsfeldern zu suchen. Sie sind – vergleichbar mit Trüffeln – nicht immer leicht zu finden, aber wenn man sie identifiziert hat, Gold wert. Sie geben nämlich Hinweise auf Mängel, die vorhanden sind und behoben werden können. Knappheiten zeigen, positiv ausgedrückt, ein konkretes Aktionspotenzial. In ihnen verstecken sich unentdeckte Bedürfnis- und Geschäftsfelder und damit ein großes wirtschaftliches Entwicklungspotenzial, wenn man sich ihrer annimmt.

1. KNAPPHEITSFELD: SOZIALE UNORDNUNG

Im Februar 2014 präsentierte das Heidelberger Institut für Internationale Konfliktforschung (HIIK) mit dem „Conflict Barometer 2013" Daten und Analysen zum globalen Konfliktgeschehen. Die Zahlen sind so hoch wie nie seit 1945: Unter den insgesamt 414 beobachteten Konflikten zählte das HIIK 45 hochgewaltsame Konflikte, das heißt Auseinandersetzungen, die sich durch massiven Einsatz organisierter Gewalt auszeichnen und gravierende Folgen nach sich ziehen. 20 Konflikte stuften die Konfliktforschenden als Kriege ein. Im Juni 2015 legte das australische Institute for Economics and Peace (IEP) nach und veröffentlichte Zahlen aus dem

„Global Peace Index". Demzufolge starben allein im Jahr 2014 rund 200.000 Menschen weltweit durch Kriege und Terroranschläge, mehr als 50 Millionen Menschen weltweit sind auf der Flucht – der höchste Stand seit Ende des Zweiten Weltkrieges. Das IEP beziffert die Kosten durch Kriege, Terror und Flucht auf 14,3 Billionen US-Dollar – 15,3 % mehr als 2008. Diese 14 Billionen entsprechen laut der Studie 13,4 % des weltweiten Bruttoinlandsprodukts.

Der 2. Weltkrieg ist gerade einmal 70 Jahre her und doch können die Menschen es nicht sein lassen, sich flächendeckend gegenseitig umzubringen. Woher kommt das? Gibt es Gründe dafür, dass sich unsere Welt in zunehmender sozialer Unordnung befindet?

In der „**Grammatik des Krieges**", entwickelt von der Hamburger Arbeitsgemeinschaft Kriegsursachenforschung (AKUF) am Institut für Politikwissenschaften der Universität Hamburg, könnten die Antworten zu finden sein. Die AKUF hat den kriegsursächlichen Prozess in vier systematischen Analyseebenen zerlegt:

Widerspruch – Krise – Konflikt – Krieg.

Ein **Widerspruch** liegt vor, wenn gesellschaftliche Transformationsprozesse stattfinden, bei denen sich traditionell strukturierte Gesellschaften zu modernen (kapitalistischen) Gesellschaften wandeln. Dieser Transformationsprozess geht einher mit Widersprüchen, die sich äußern können in zwischenmenschlichen Beziehungen, materiellen Produktionsweisen, Veränderungen von Geschlechterrollen, Religion oder Politik. Hier liegt die Grundlage für erhebliche Konflikte, da sich „alt" und „neu", „traditionell" und „modern" oft unvereinbar gegenüberstehen. Die Hamburger AKUF nennt das die „Gleichzeitigkeit des Ungleichzeitigen". Diese Art widersprüchlicher Spannungen trifft vornehmlich auf Entwicklungsgesellschaften zu. Allerdings zeigen der Konflikt in der Ukraine genauso wie die zunehmenden Konflikte in Deutschland zwischen den „Rechten" und den „Linken", dass auch bei uns gesellschaftliche Transformationsprozesse zunehmend unverstanden sind und in der Folge Traditionalismus, Fundamentalismus, Rassismus und Gewalt hervorrufen können.

Diese Widersprüche werden laut AKUF aber nur dann kriegsursächlich, wenn die aufeinanderprallenden Weltbilder eine **Krise** hervorrufen, weil der objektive Transformationsprozess plötzlich zu einem subjektiven Problem wird. Es kommt zu Protesten, Auseinandersetzungen und gewalttätigen Zusammenstößen mit dem Ziel, den Transformationsprozess aufzuhalten. Ein **Konflikt** bricht aus. Wird dieser Konflikt nicht eingedämmt oder durch eine Mediation von außen beigelegt, verselbständigt sich die Gewalt. Es kommt zum **Krieg**.

Historisch wurde bisher jeder auslaufende Kondratieff-Zyklus von Konflikten und Kriegen begleitet – und auch der momentane Höchststand an Auseinandersetzungen zeigt den Mangel an sozialer Ordnung weltweit. Carlota Pérez hat mit dem Konzept des techno-ökonomischen Paradigmenwechsels ein mögliches Erklärungsmodell geliefert. **Veränderungen erzeugen eine Disharmonie im System.** Neben der technisch-gesellschaftlichen Ebene spielt deswegen bei allen Veränderungs- und Transformationsprozessen auch die individuelle psychologische Ebene eine Rolle. **Traditionsbrüche** – und jeder Veränderungsprozess bricht mit einer liebgewonnenen, gewohnten Tradition – **sorgen für Desorientierung und Sinnleere, wenn diese Prozesse unbegleitet und unvorbereitet auf Menschen einstürmen.** An dieser Stelle spielt es keine Rolle, ob diese Traditionsbrüche innerhalb von Familien, Unternehmen oder ganzen Gesellschaften stattfinden. Die Adaption an veränderte Rahmenbedingungen fällt schwer und die Sinnsuche wird dann zu einem hoffnungslosen Unterfangen, wenn der Zerfall von Traditionen, die Modernisierung oder Veränderung des eigenen Lebensumfeldes nicht als Chance, sondern als Bedrohung wahrgenommen werden.

„Industrie 4.0" und „Big Data" tragen in sich übrigens erheblichen gesellschaftlichen Sprengstoff, denn sie lassen eine Revolution der Arbeitswelt in nicht allzu ferner Zukunft vermuten, die enorme gesellschaftliche Veränderungen mit sich bringen wird. Im Windschatten dieses radikalen Wandels wird kein Stein auf dem anderen bleiben. Wehe dem, der dieses Pulverfass unterschätzt, denn **jeder Transformationsprozess hat das Potenzial, prinzipiell jeden Menschen zum Verlierer zu machen**. Angst ist daher ein allgegenwärtiger Begleiter. Fällt nämlich ein gesellschaftlicher Rahmen auseinander, verändern sich Persönlichkeiten, soziale Rollen und gesellschaftliche Positionen. Bekanntes wird entfremdet. Das erschüttert insbesondere Menschen mit einer geringen Selbstwirksamkeitserwartung in ihren Grundfesten. Menschen nämlich, die sich der Situation macht- und hilflos ausgeliefert fühlen und nicht darauf vertrauen, mit den neuen Gegebenheiten umgehen zu können. Das innere Chaos äußert sich dann oft in (gewaltsamer) Wut.

Die soziale Unordnung, die sich im weltweiten Kontext in kriegerischen Auseinandersetzungen äußert, aber auch durch mafiöse Strukturen, Korruption, (häusliche) Gewalt, zunehmende Kriminalität bis hin zum Drogenkonsum, kostete die weltweite Gemeinschaft Billionen US-Dollar, Tendenz weiter steigend. Die monetäre Ressourcenbindung dieser „**sozialen Unordnung**" stellt eine enorme Wachstumsbarriere und ein echtes Knappheitsfeld dar.

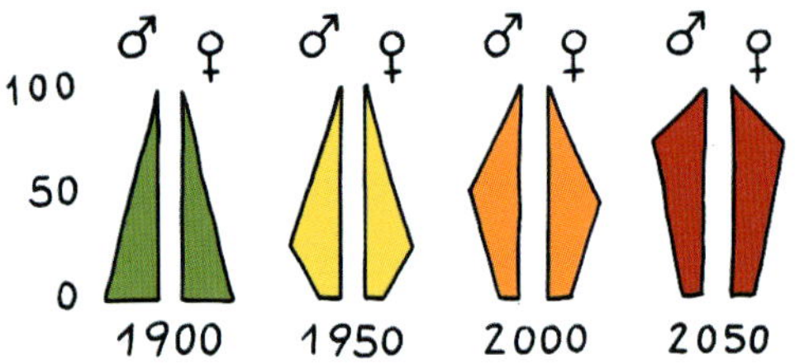

Mein Sohn ist Einzelkind und war zum Zeitpunkt, als ich dieses Kapitel schrieb, zehn Jahre alt. Ich selbst habe einen Bruder, mein Mann hat keine Geschwister. Sowohl seine als auch meine Eltern sind geschieden und neu verheiratet. In diesen neuen Familien gibt es jeweils ein weiteres Kind. Bislang sind die Stiefgeschwister – ebenso wie mein Bruder – kinderlos. Positiv ausgedrückt kumuliert unsere Familie zurzeit ungefähr 440 Jahre Lebenserfahrung in der Großeltern-Generation. Negativ ausgedrückt fehlt das Jungvolk, das unsere Familie in die nächste Generation katapultiert. Alle Hoffnungen ruhen derzeit auf den schmalen Schultern eines kleinen Jungen, der heute schon – unwissentlich – eine immense Last trägt. Denn unsere Familie wird nicht pyramidenförmig nach oben alt, sondern gießt trichterförmig ganz unten nur ein einzelnes Kind aus.

Unsere Familie ist in der Konstellation kein Einzelfall, sondern Normalität im 21. Jahrhundert. Diese Normalität hat weitreichende, gravierende Folgen, denn zum ersten Mal in der Geschichte der Menschheit altern Gesellschaften – nicht nur in Deutschland – und stellen „die jahrtausendealte Erfahrung einer wachsenden, sich immer wieder verjüngenden Bevölkerung in Frage."[28]

Junge, leistungsfähige Menschen, Personen im produktiven Alter, werden knapp. Bis zum Jahr 2020, so sagt das Statistische Bundesamt, werden 40 % der deutschen Bevölkerung über 60 Jahre alt als sein. Die Zahl der Menschen im Kernerwerbsalter von 20 bis 65 sinkt bis 2030 um 12 %. Oder anders ausgedrückt: Die Zahl der jungen Menschen bis zu 14 Jahren wird in Europa von 100 Millionen im Jahr 1975 auf wahrscheinlich 66 Millionen im Jahr 2050 fallen.[29]

Anfang 2015 veröffentlichte das Institut der deutschen Wirtschaft die Studie „Fachkräfteengpässe in Unternehmen". Die Engpassanalyse stellte fest, dass in 139 Berufen Fachkräfteengpässe bestehen (2013 waren es nur 111 Berufe). Von 6,7 Millionen Fachkräften in diesen Engpassberufen werden innerhalb der nächsten 15 Jahre 2,1 Millionen in Rente gehen. Schon heute haben immer mehr Unternehmen in Deutschland Probleme, ihre offenen Stellen zu besetzen. Problematisch dabei: In Zeiten des demografischen Wandels ist der Fachkräftemangel struktureller Art. Nicht die Konjunktur, sondern das Ausscheiden von Millionen Menschen aus dem Arbeitsleben in den kommenden Jahren sorgt dann für Vollbeschäftigung. „Langfristig drohen damit strukturelle Verwerfungen auf dem Arbeitsmarkt: Wenn dauerhaft Fachkräfte fehlen, gehen Wachstum und als Folge auch Jobs für Geringqualifizierte verloren. Den drohen

28 Henrik Müller, „Die sieben Knappheiten", 2008, S. 19
29 Europe's Demografic Future," Facts and Figures", Brüssel 2007

den Verlust an Wirtschaftswachstum beziffert Prognos auf 4.600 Mrd. EUR bis 2030."[30] Das wird Unternehmen in Deutschland vor erhebliche Probleme stellen.

Der Trendforscher Sven Gábor Jánszky ist der Meinung, dass es bis zum Jahr 2020 3-4 Millionen unbesetzte Jobs geben wird.[31] „Industrie 4.0" und die zunehmende Digitalisierung werden zwar vermutlich dazu beitragen, einerseits die Fachkräftelücke zu schließen, weil Arbeitsschritte, für die vorher Mannstunden eingesetzt wurden, überflüssig oder automatisiert werden. Da aber jede technologische Innovation wieder neue Jobs und Berufe hervorbringt, dürfte sich der strukturelle Fachkräftemangel vielleicht sogar noch verschärfen, weil zu vermuten ist, dass es für die neuen Berufe und Tätigkeitsfelder nicht genügend Menschen geben wird, die diesen Anforderungen entsprechend ausgebildet sind oder sich bei sinkenden Bevölkerungszahlen in Zukunft überhaupt noch ausbilden lassen können. Auch hier wird die Anpassung Jahrzehnte dauern und in der Folge die Innovationskraft der Unternehmen massiv gefährden, wenn wir nicht gegensteuern.

Zukünftig werden also Lösungen gebraucht, um die vorhandenen Mitarbeiterinnen und Mitarbeiter produktiver einsetzen zu können. Es wird immer wichtiger, auf die am Markt und in den Unternehmen vorhandenen Potenziale zu schauen und Konzepte zu entwickeln, wie das bestehende Fachkräftepotenzial auf neue Anforderungen und Kompetenzen vorbereitet werden kann - und das generationenübergreifend bis ins hohe Alter[32]. Diese Aufgabe ist keine rein unternehmerische, sie ist eine gesellschaftliche, die auch wieder Transformationsprozesse einleiten wird. Jánsky geht davon aus, dass die ältere Generation arbeiten muss bis sie 75 oder 80 Jahre alt ist – auch um das Problem der explodierenden Renten- und Sozialsysteme zu minimieren. Sollte diese Prognose eintreffen, dann stehen wir vor elementaren Fragen, die heute noch weitgehend unbeantwortet sind:

- Wie werden sich Karriereverläufe verändern, wenn Menschen 60 Jahre oder mehr arbeiten?
- Auf Basis welcher Kriterien werden junge Menschen zukünftig Berufs- und Ausbildungsentscheidungen treffen, wenn diese den Startpunkt für eine mindestens 60-jährige Arbeitsphase einleiten?
- Wie werden Phasen der Weiterbildung, Pause und Selbstverwirklichung sowie Phasen

30 *McKinsey, „Wettbewerbsfaktor Fachkräfte - Strategien für Deutschlands Unternehmen"*

31 *Bis zum Jahr 2020 soll laut dem Institut der deutschen Wirtschaft eine Lücke von 1,3 Millionen Fachkräften entstehen. McKinsey hat Arbeitsangebot und -nachfrage analysiert und für 2020 einen Fachkräftemangel von 2 Mio. Personen errechnet. Prognos sieht bis 2030 einen Engpass von 5,2 Mio. Personen. Das Institut für Arbeitsmarkt- und Berufsforschung (IAB) der Bundesagentur für Arbeit rechnet bis 2025 mit einem Rückgang des Erwerbspersonenpotenzials, also der Arbeitsangebotsseite, um 6,5 Mio. Personen, davon rund 5,4 Mio. Fachkräfte.*

32 *Das Institut der deutschen Wirtschaft ermittelte, dass im Juni 1999 lediglich 5,2 Millionen Personen ab 50 Jahren beschäftigt waren. Die Zahl stieg bis zum Jahr 2013 auf 9,1 Millionen. Der Anteil der älteren an allen Beschäftigten erhöhte sich im gleichen Zeitraum von 19 auf 31 Prozent. Der Grund: Die Generation der geburtenstarken Jahrgänge der 50er- und 60er-Jahre ist zunehmend in die Altersgruppe der über 50-Jährigen aufgerückt.*

der Familienfürsorge in zukünftige Lebens- und Karriereplanungen eingebaut und wie können und müssen Unternehmen darauf reagieren?

- Wie kann ein generationenübergreifendes Talentmanagement aussehen?
- Wie kann die Produktivität erhalten (oder gesteigert) werden, wenn zwischen den jüngsten Mitarbeitenden und den ältesten bis zu 60 Jahre oder mehr liegen?
- Wie kann über einen so langen Zeitraum die Arbeitskraft gesund erhalten werden?
- Wie werden sich zukünftig Innovationsprozesse verändern, wenn die Jüngeren die Älteren nicht mehr ablösen, sondern Schulter an Schulter über viele Jahrzehnte zusammenarbeiten?
- Wie kann eine Kultur der Kreativität und Innovationskraft aufrechterhalten werden, wenn Unternehmen aufgrund des Fachkräftemangels versuchen müssen, Mitarbeitende möglichst lange (vielleicht sogar wieder über viele Jahrzehnte) an das Unternehmen zu binden? Wie wird in diesem Fall aktiv der Betriebsblindheit entgegengesteuert? Wie können immer wieder Routinen aufgebrochen werden, ohne die Menschen zu überfordern?
- Wie teuer wird es zukünftig werden, geeignete Fachkräfte zu finden? Und wie können diese Kosten in Bezug gesetzt werden zur Wertschöpfung dieser Fachkräfte? Werden die Anforderungen an sie exponentiell steigen oder werden Hochqualifizierte zu „Luxusgütern", mit denen sich Unternehmen schmücken?

Welche Fragen fallen Ihnen noch ein? Und welche Antworten finden Sie?

„Der demografische Wandel erzeugt ein anderes generatives Muster in der Gesellschaft", heißt es in dem schon erwähnten Dossier von Matthias Horx aus dem Jahr 2005. „Er konfrontiert uns mit neuen Lebensphasen und -perspektiven, für die wir uns weder vorbereitet noch gewappnet fühlen. Er stellt unser altes Lebensphasen-Modell (Beruf, Familie, Rente) in Frage. Wo das Leben länger wird, vielfältiger und auch unberechenbarer, entstehen neue Herausforderungen."[33]

Der demografische Wandel stellt ein echtes Knappheitsfeld dar und bietet gleichzeitig hochspannende Zukunftsfragen, auf die wir in den kommenden Jahren und Jahrzehnten Antworten finden müssen.

33 *„Der Selfness-Trend" von Matthias Horx, www.zukunftsinstitut.de/verlag/zukunftsdatenbank_detail?nr=1147*

3. KNAPPHEITSFELD: GESTÖRTES KOHÄRENZGEFÜHL

Vielleicht wird man in einigen Jahren vom Weltwirtschaftsgipfel in Davos 2015 sprechen und ihn als einen historischen Wendepunkt markieren. Denn glaubt man der medialen Berichterstattung, fühlten sich die Top-Manager beim Treffen des „Who is Who" der internationalen Wirtschaftselite alles andere als zukunftssicher. Das Gefühl der sonst vorherrschenden Allmächtigkeit schien Gefühlen von Selbstzweifeln und Ohnmacht gewichen zu sein. Verunsicherung statt Alpha-Gehabe. Anstelle siegessicherer Wirtschaftsposen dominierten Schockstarre und der mühsame Versuch, die neue Komplexität der politischen und ökonomischen Dynamik zu verstehen. Die WELT spendierte diesem Ereignis daher am 25. Januar 2015 auch mehrere Sonderseiten mit dem Titel „Die überforderte Elite".

IS-Terror, Ukraine-Konflikt, Euro-Krise und Zinsverfall, Ölpreiskollaps oder die riesigen Flüchtlingsströme – einzelne Krisen, die sich summieren und unverständlich bleiben, wenn man sie nicht in einem größeren Zusammenhang sieht und nicht über den rein ökonomischen Tellerrand blickt. So radikal die Veränderungen sind, so klar dokumentieren sie auf der anderen Seite den schon erwähnten Zerfall der sozialen Ordnung in einem auslaufenden Kondratieff-Zyklus. Sie dokumentieren aber auch, was ich im ersten Teil des Buches schon beschrieben habe: Die Adaptionsprobleme im Rahmen sich permanent verändernder wirtschaftlicher und gesellschaftlicher Gegebenheiten, die auf ganz individueller Ebene für ein **gestörtes Kohärenzgefühl** sorgen.

Erinnern wir uns kurz, was Aaron Antonovsky darunter verstand: Vereinfacht ausgedrückt vertrauen Menschen mit einem intakten Kohärenzgefühl darauf, dass sie über die notwendigen Ressourcen verfügen, um innere und äußere Belastungen bewältigen zu können. Sie zeigen ein hohes Maß an Wohlbefinden, positiver Selbstwertschätzung und Zufriedenheit. Sie sind weniger ängstlich und resilienter gegenüber Stress und psychischen Störungen. Menschen mit einem gesunden Kohärenzgefühl fühlen sich Veränderungen gewachsen, wenn sie die damit einhergehenden Reize, Ereignisse oder Entwicklungen als strukturiert, geordnet, erklärbar und vorhersehbar empfinden können. Dazu müssen drei Komponenten erfüllt sein: Verstehbarkeit, Handhabbarkeit und Sinnhaftigkeit/Bedeutsamkeit.

Schaut man auf die Entwicklungen der letzten Monate und Jahre, wird es Ihnen vielleicht ähnlich gehen wir mir: Ich erarbeite mir die **Verstehbarkeit** der Zusammenhänge gerade durch das Schreiben dieses Buches und vielleicht hat es Ihnen bis hierhin schon geholfen, manche

Situationen zumindest rückwirkend besser nachvollziehen zu können. Das Gefühl der **Handhabbarkeit** fällt schwer, wenn im Wochen- manchmal sogar Tagesrhythmus eine Hiobsbotschaft die andere jagt. Und ich merke, dass das Aufrechterhalten von **Sinnhaftigkeit** und **Bedeutsamkeit** dessen, was ich tue, heute deutlich anstrengender ist als noch zu Beginn meiner Berufstätigkeit. Ich empfinde es heute als Glück und Luxus, selbständig zu sein, und mir meine eigenen Freiräume nehmen zu können, weil ich an zu vielen Beispielen im Freundes- und Bekanntenkreis sehe, wie viel höher der Druck sein kann, wenn diese Freiheit fehlt.

Liest man die Berichterstattung von Davos 2015, scheint es offensichtlich, dass den Top-Managern unserer Wirtschaftselite nun das passiert, was an der Basis vermutlich schon lange an der Tagesordnung ist: Das Kohärenzgefühl ist erschüttert. Und das hat Folgen auf ganz individueller Ebene. Im Top-Management schwindet das Gefühl, die „Dinge im Griff zu haben". „VUCA" ist das Schlagwort der Stunde, um eine Welt zu beschreiben, die in vielen Bereichen unverständlich und oft auch unerträglich geworden ist.

Planungssicherheit gehört der Vergangenheit an. Mit einer bemerkenswerten Folge: Mehr und mehr Top-Manager stehen zu ihren Selbstzweifeln, ergab eine gemeinsame Studie der Saïd Business School an der University of Oxford und der Personalberatung Heidrick & Struggles. Und sie nutzen ihre Zweifel als Quelle für Konzentration und neue Erkenntnisse. Deutlich wird in der Studie, dass sich die CEOs genau so schnell wie das Umfeld verändern und entwickeln müssen, in dem sie tätig sind. Sie benötigen eine extreme Anpassungsfähigkeit an die sich verändernde Dynamik und müssen in der Lage sein, in dieser Dynamik eine Balance zu finden. Dazu benötigen sie eine Denkweise, die von kontinuierlichem Lernen und Neugier geprägt ist, damit sie immer auf sämtliche Ungewissheiten in ihrem Umfeld vorbereitet sind. Mit anderen Worten:

Das Top-Management von heute muss lernen, im Zeichen von „**Futability®**" den Veränderungen und Herausforderungen der Zukunft pro-aktiv, flexibel und reflektiert begegnen zu können.

Doch das gilt nicht nur für das Top-Management der internationalen Wirtschaftselite, sondern für uns alle. Und dass wir von dieser Kernkompetenz in vielen Bereichen noch weit entfernt sind, spüren wir täglich. „Zu viel" ist an der Tagesordnung. Zu viel Unsicherheit, zu viele Wahlmöglichkeiten, zu viele Informationen, zu viel Unverständnis, zu viele Verpflichtungen, zu viel Druck, zu viel Eigenverantwortung, zu viel Konsens, zu viel Angst, zu viele Erwartungen. Demgegenüber steht „Zu wenig". Zu wenig Zeit, zu wenig Erholung, zu wenig Entspannung, zu wenig Muße, zu wenig Toleranz, zu wenig Ich, zu wenig Liebe und Zuwendung, zu wenig Nähe, zu wenig Wertschätzung, zu wenig Sicherheit, zu wenig Mut, zu wenig Pioniergeist, zu wenig Kreativität, zu wenig Freiraum, zu wenig Laissez faire. Die permanente Spannung zwischen „Zu viel" und „Zu wenig" erschöpft, laugt aus und raubt Energie. Und sie stresst, denn ein Entrinnen scheint oft kaum möglich. Das hat Folgen, wie eine Studie der Deutschen Rentenversicherung (DV) im November 2014 zeigte. Im Jahr 2013 betrug der Anteil derjenigen, die aufgrund einer psychischen Störung (vornehmlich Angststörungen, Alkoholprobleme und Depressionen) in die Erwerbsminderungsrente gegangen sind, 42,7 % an allen neuen Frührentnern. Ein trauriger Rekord. 1993 waren es nur 15,4 %. Der zweithäufigste Grund für den Eintritt in die Frührente waren Erkrankungen am Skelett, den Muskeln und dem Bindegewebe (13,6 %), gefolgt von Krebserkrankungen (12,3 %) und Herz- und Kreislauferkrankungen mit ebenfalls 12,3 %.

In einem Positionspapier der DV heißt es dazu: „Als ursächlich für die zunehmende Bedeutung psychischer Störungen in Behandlung und Rehabilitation werden die veränderten Arbeits- und Lebensbedingungen angesehen. Als Stressoren aus dem Arbeitsleben gelten z. B. steigende Arbeitslosigkeit, unsichere Arbeitsverhältnisse, Über- und Unterforderung, wachsender Konkurrenzdruck, ständige Erreichbarkeit, erhöhte Anforderungen an Flexibilität und Mobilität sowie ein schlechtes Betriebsklima. **Immer mehr moderne Arbeitsplätze verlangen den psychomental uneingeschränkt leistungsfähigen Beschäftigten**."[34]

Schon heute ist Suizid nach WHO-Angaben in der Altersgruppe der 15- bis 29-Jährigen die zweithäufigste Todesursache. Depressionen sind nur ein Grund. Drogen- und Alkoholsucht, Job- und Finanzprobleme, Hoffnungslosigkeit, chronische Schmerzen und Krankheiten sind weitere Ursachen für die hohe Selbstmordrate. Die DAK-Studie von 2014 zeigte auf, dass bis zu 12 % der Arbeitnehmer auf den zunehmenden Druck mit der täglichen Einnahme leistungssteigernder Medikamente reagieren. Und der AOK-Fehlzeitenreport von 2013 hat festgestellt, dass sich die Zahl der Krankheitstage aufgrund psychischer Störungen zwischen 2003 und 2013 um 60 % erhöht hat. Die Bundesanstalt für Arbeitsschutz beziffert die Produktionsausfallkosten aufgrund psychischer Verhaltensstörungen auf 6 Milliarden Euro jährlich. Diese wiederum sorgen für einen Ausfall an Bruttowertschöpfung von 10,5 Milliarden Euro.

All das zeigt, dass wir von einer inneren Balance weit entfernt sind. **Die stimmige Verbundenheit mit uns selbst und unserem sozialen Gefüge ist erheblich gestört.** Das stresst, macht uns auf Dauer krank und sorgt nicht nur für eine verminderte Produktionsfähigkeit, sondern zusätzlich auch für den dritten Knappheitsfaktor am Ende des 5. Kondratieff-Zyklus.

34 *Positionspapier der Deutschen Rentenversicherung zur Bedeutung psychischer Erkrankungen in der Rehabilitation und bei Erwerbsminderung, S. 10*

Niklas Luhmann, ein deutscher Soziologe und Gesellschaftstheoretiker, hat mal gesagt, Vertrauen sei ein „Mechanismus der Reduktion von sozialer Komplexität"[35], der dem einzelnen dazu diene, in seiner Umwelt handlungsfähig zu bleiben.

Vertrauen ist – theoretisch – unerschöpflich. Wir können uns 24 Stunden am Tag, sieben Tage in der Woche, 365 Tage im Jahr unseres Vertrauens bedienen – und es kostet uns nur: **Vertrauen**.

Vertrauen benötigen wir vor allem immer dann, wenn uns Situationen unbekannt sind und wir Risiken nicht abschätzen können. Im Idealfall vertrauen wir uns, unseren Mitmenschen und Institutionen. Je komplexer und volatiler unsere Umwelt ist, je weniger uns unsere Erfahrungen helfen, aktuelle oder zukünftige Probleme zu lösen und Sinnzusammenhänge zu entziffern, je mehr wir uns auf andere Menschen verlassen müssen, um Ziele zu erreichen, umso eher sind wir gezwungen, zu vertrauen. Komplexität und Optionenvielfalt zwingen uns oft, Ad-hoc-Entscheidungen zu treffen, von denen wir zum Zeitpunkt der Entscheidung nicht sagen können, ob sie von Erfolg gekrönt sein werden oder nicht. Wir vertrauen unserer Intuition und darauf, dass wir die Tragweite der Entscheidung und ihre möglichen Folgen bewältigen können. Greifen diese Mechanismen nicht, sind wir unfähig, Entscheidungen zu treffen. Vertrauen müsste daher einer der am höchsten gehandelten Werte in unserer Gesellschaft sein – doch das Gegenteil ist der Fall. Fast überall schwindet das Vertrauen.

Wenden wir uns an diesem Punkt gedanklich noch einmal dem Kohärenzsystem zu. Das Kohärenzsystem drückt aus, in welchem Ausmaß Menschen Vertrauen entwickeln, mit neuen, unbekannten und sich verändernden Situationen und Reizen umgehen zu können. Menschen mit einem intakten Kohärenzgefühl haben immer auch eine hohe Selbstwirksamkeitserwartung. Sie sind äußeren und inneren Umständen nicht hilflos ausgeliefert, sondern können sie pro-aktiv gestalten. Ist das Kohärenzgefühl gestört, ist in den meisten Fällen auch die Selbstwirksamkeitserwartung – zumindest vorübergehend – außer Kraft gesetzt. An diesem Punkt schwindet das Vertrauen in die eigenen Kompetenzen, das Vertrauen darauf, die Dinge „im Griff" zu haben. Unsicherheit macht sich breit. Werden Vertrauen und Sicherheit nicht mehr intrinsisch aktiviert, suchen Menschen Sicherheit und Vertrauen im Außen – in der Familie, bei Freunden, im Unternehmen, in der Gesellschaft, bei Parteien, Religionen und sonstigen Institutionen. Das funktioniert, so lange das Außen Sicherheit und Vertrauen geben kann.

Da das Lebensgefühl aber in der heutigen Zeit sehr stark von einem hohen Veränderungstempo geprägt ist, sind wir sehr oft nicht mehr in der Lage, mit Veränderungen Schritt halten zu können. Uns fehlt die Zeit, mit kühlem Kopf zu sondieren, uns einen Überblick zu

35 *Niklas Luhmann, „Vertrauen: Ein Mechanismus der Reduktion sozialer Komplexität", 2000*

verschaffen, unsere Stärken zu konzentrieren und aus einer Situation der Sicherheit und des (eigenen) Vertrauens heraus Entscheidungen zu treffen und Sinnhaftigkeiten wiederherzustellen. Das geht jedem einzelnen von uns so – das geht aber auch, wie schon ausgeführt, zunehmend der Entscheidungselite in unserem Land so, von denen wir ja bisher vertrauensselig annahmen, sie wüssten und könnten es besser.

Nun können sich also die Kohärenzgefühl-Erschütterten immer weniger auf Externe und Institutionen verlassen, um Gefühle von Sicherheit und Selbstwirksamkeit „aufzutanken". Ungewissheit ist zum Normalfall geworden und hat einen radikal grenzenlosen Charakter angenommen. Die Folge ist: **Das Gesamtsystem wird instabil.** Die Erschütterung des Kohärenzgefühls trifft nicht mehr nur einzelne, sondern es zieht sich durch die Gesellschaft. Und es trifft schon lange nicht mehr die Menschen am Rand der Gesellschaft, sondern zunehmend auch die gesellschaftliche Mitte.

Damit verändern sich die Handlungsoptionen eines jeden einzelnen. Wer heute bei seinen Entscheidungen auf Sicherheit und Zukunft setzt, wer klare Antworten auf diffuse Fragen erwartet, läuft eventuell Gefahr, sich existenzgefährdend zu verkalkulieren. Der Staat und staatliche Institutionen bieten kaum noch vollumfänglich Schutz und Sicherheit gegenüber prekären Lebenslagen, und sie werden es in Zukunft aufgrund des demografischen Wandels noch viel weniger tun können. Ein Beispiel dafür sind die Renten. Ich war zwölf Jahre alt, als Norbert Blüm 1986 vollmundig posaunte: „Die Renten sind sicher!" Mit 26 Jahren, gerade seit einem Jahr selbständig, schaute ich mir die Entwicklung der Abiturientenzahlen bis 2010 an und mir wurde klar: Blüms Rente ist sicher, aber meine wird es mit hoher Wahrscheinlichkeit nicht mehr sein. Das Vertrauen darauf habe ich mit Mitte zwanzig schon verloren.

2009 veröffentlichten Heinz Bude und Ernst-D. Lantermann die Studie „Exklusion, Vertrauen, Kompetenzen und Selbstsorge in unsicheren Zeiten"[36]. Sie fanden heraus, dass 60 % der deutschen Bevölkerung ihre finanzielle Situation als eine ständige Gratwanderung zwischen Meistern und Absturz erleben. 40 % machen sich große Sorge um ihren Arbeitsplatz, über 50 % befürchten, dass sie ihre Ansprüche im Alter deutlich senken müssen. 60 % glauben, dass in Deutschland die Häufigkeit sozialer Notlagen deutlich zunehmen wird, 30 % befürchten eine Erosion ihrer sozialen Netze und ihrer sozialen Einbindung. Diese Zahlen deuten auf einen eindeutigen Vertrauensschwund in die eigene Zukunft, aber auch in die staatliche Absicherung.

In der Folge nehmen Abstiegs-, Deklassierungs- und Ausgrenzungsängste flächendeckend zu, denn es betrifft eben nicht mehr nur die Unqualifizierten und von der Gesellschaft Ausgegrenzten. Die Studie konnte anhand der erhobenen Daten feststellen, dass es entscheidend darauf ankommt, **wie und mit welcher Haltung Menschen mit prekären Lebenssituationen umgehen**. Wichtige Rüstzeuge zur positiven Bewältigung sind:

36 *Heinz Bude, Ernst-D. Lantermann, „Vertrauen, Kompetenzen und gesellschaftliche Exklusion in prekären Zeiten", erschienen in: Positionen – Beiträge zur Beratung in der Arbeitswelt, Heft 1/2010*

- Einkommen
- Bildung
- berufliche Position
- verlässliche Freundschaften

Zusätzlich können die Menschen besser mit radikalen Lebensveränderungen umgehen, die ein reichhaltiges Set an **Unsicherheitsbewältigungs-Kompetenzen** aufweisen. Dazu gehören:

- ein hohes Maß an Ungewissheits- und Frustrationstoleranz
- Neugier
- Mut und Risikofreude
- Zielorientierung
- Selbststeuerungsgrund (Sinnhaftigkeit)
- Vertrauen (Selbstvertrauen, Sozialvertrauen, Institutionsvertrauen)

Schlüsselfaktor der Unsicherheitsbewältigungs-Kompetenzen ist das Vertrauen. Wer sich selbst, sozialen Gruppierungen und gesellschaftlichen Institutionen misstraut, kann logischerweise auch in prekären Lebenssituationen wenig Vertrauen entwickeln, sich aus dieser Lage befreien zu können (geringe Selbstwirksamkeitserwartung). Wer hingegen mit einer soliden Vertrauensbasis ausgestattet ist und die Unwägbarkeit und Vielschichtigkeit der Welt als Herausforderung und weniger als Bedrohung erfährt, kann mit prekären Ereignissen besser umgehen und sie für sich nutzen (hohe Selbstwirksamkeitserwartung).

Bude und Lantermann stellten fest, dass das Selbst-, Sozial- und Institutionsvertrauen sinkt, je länger prekäre Lebenslagen bestehen. In diesem Moment entsteht dann ein Teufelskreis, denn fehlt das Vertrauen, können sich auch die anderen Unsicherheitsbewältigungs-Kompetenzen nicht mehr kraftvoll entfalten. Gerade die wären aber notwendig, um die prekäre Lebenssituation überwinden zu können. Die Abwärtsspirale wird zusätzlich dadurch verstärkt, dass die gesellschaftliche Erwartungshaltung der Eigen- und Selbstverantwortung kontinuierlich wächst.

Gleichzeitig, so ergab die Studie, steigt das Risiko psychosomatischer Beschwerden erheblich. 55 % der Ressourcenarmen (geringes Vertrauen, mangelnde Kompetenzen zur Unsicherheitsbewältigung), aber nur 15 % der Ressourcenreichen (hohes Vertrauen, hohe Kompetenzen zur Unsicherheitsbewältigung) berichten in vergleichbar prekären Lebenssituationen über regelmäßige Niedergeschlagenheit, 43 % gegenüber 11 % über Angstgefühle, 28 % gegenüber 5 % über Antriebslosigkeit. Ähnliches gilt für das Risiko, sich in prekären Situationen überfordert zu sehen. 46 % der Ressourcenarmen, aber nur 2 % der Ressourcenreichen geben an, dass die Anforderungen ihre Möglichkeiten (oft oder immer) übersteigen.

„Wer schutzlos ist – ohne Kompetenzen und ohne Vertrauen – bedarf offensichtlich in besonderem Maße einigermaßen sicherer, überschaubarer, berechenbarer Lebensverhältnisse, damit er sich in einer prekären, unsicheren Lebenssituation als eigenständiges, souveränes Subjekt behaupten kann. Wer hohes Vertrauen in sich selbst setzt, in seine Mitmenschen und in gesellschaftliche Institutionen, fühlt sich weniger ausgeliefert und verunsichert, wenn seine Lebenssituation ins Negative abgleitet", heißt es in der Studie.

Eine hinreichende Ausbildung von Kompetenz- und Vertrauensprofilen setzt jedoch entsprechende Lern- und Erfahrungswelten voraus. Problematisch erscheinen in diesem Zusammenhang folgende Zahlen: Anfang 2014 veröffentlichte der GfK-Verein eine internationale Studie zum Vertrauen in Berufe. Den geringsten Zuspruch erhielten die Politiker mit gerade einmal 15 %. Auch das im Herbst 2013 veröffentlichte „Eurobarometer" machte deutlich, dass 73 % der Deutschen eher kein Vertrauen zu den Parteien haben.

Auch diese Umfragen deuten darauf hin, dass die Sphäre des Vertrauens unmittelbar tangiert ist. In der Studie von Bude und Lantermann heißt es dazu: „Immer weniger Bürger haben offensichtlich hinreichendes soziales und gesellschaftliches Vertrauen aufbauen können oder wollen, das doch, nach unseren Befunden, eine entscheidende Quelle selbstsorgenden Handelns gerade unter dem Eindruck prekärer Lebenssituationen ist. Wer den gesellschaftlichen Akteuren misstraut, der wird voraussichtlich weniger Vertrauen darin setzen, dass versprochene soziale Unterstützungsprogramme auch tatsächlich umgesetzt werden, und der wird auch weniger Vertrauen entwickeln, dass die gesellschaftlichen Akteure überhaupt in der Lage wären, für stabile, überschaubare und berechenbare Rahmenbedingungen seiner Lebensverhältnisse Sorge zu tragen."[37]

Selbstsorgendes Handeln und Vertrauen sind zwei Seiten einer Medaille. Schwindet das Vertrauen, schwindet auch die Fähigkeit zum selbstsorgenden Handeln. Der Mensch als System wird krank – und er steckt andere an!

Nachlassendes Vertrauen oder gar Misstrauen und Argwohn führen aber nicht nur zu gespaltenen Gesellschaften, ausgegrenzten Individuen und einer abnehmenden Fähigkeit, mit disruptiven Lebenssituationen umgehen zu können. Mangelndes Vertrauen ist gleichzeitig auch ein erheblicher wirtschaftlicher Kostenfaktor. In einem Umfeld, das von Misstrauen geprägt ist, herrschen Angst und Unsicherheit. Vermutungen, Verdächtigungen, Schuldzuweisungen, Vorwürfe, Desinteresse, taktische Winkelzüge und Frustration sind an der Tagesordnung. Arbeitsprozesse verlangsamen sich oder kommen im schlimmsten Fall gänzlich zum Erliegen. Kooperative Zusammenarbeit ist nicht (mehr) möglich und auch Kunden- und Lieferantenbeziehungen werden durch eine gestörte Vertrauensbasis in Mitleidenschaft gezogen. Seit der Finanzkrise 2008 ist das Vertrauen in die Banken beispielsweise bis heute nachhaltig

37 Heinz Bude, Ernst-D. Lantermann, „Vertrauen, Kompetenzen und gesellschaftliche Exklusion in prekären Zeiten", erschienen in: Positionen – Beiträge zur Beratung in der Arbeitswelt, Heft 1/2010

gestört. Die Marketing- und Markenberatung Prophet hat dazu im August 2014 eine Studie veröffentlicht[38] und stellte fest, dass immer noch etwa drei Viertel der Bundesbürger der Meinung sind, Banken seien nur auf ihren eigenen Vorteil bedacht und handelten kaum im Sinne ihrer Kunden.

Stephen M.C. Covey hat den Zusammenhang zwischen Vertrauen, Kosten und Schnelligkeit sehr simpel aber eindrucksvoll in zwei Gleichungen dargestellt[39]:

↓ Vertrauen = ↓ Schnelligkeit ↑ Kosten

Sinkt das Vertrauen, sinkt auch die Schnelligkeit, während die Kosten steigen.

↑ Vertrauen = ↑ Schnelligkeit ↓ Kosten

Steigt das Vertrauen, steigt auch die Schnelligkeit, während die Kosten sinken.

SELBST-CHECK:

Überlegen Sie einmal selbst, wie die beruflichen und privaten Beziehungen aussehen, in denen die Vertrauensbasis gestört ist im Vergleich zu denen, die auf der Grundlage von Vertrauen basieren. Welche Beziehungen „kosten" Sie mehr Energie? Welche Beziehungen bringen Ihnen den größeren „Gewinn"? In welche Beziehungen müssen Sie wenig „investieren" und haben dennoch das Gefühl, viel zu bekommen?

Dass diese Erkenntnis nur zum Teil in den Unternehmen angekommen ist, zeigt eine Umfrage von BDO[40]. Das Unternehmen befragte 2008 insgesamt 100 börsennotierte Unternehmen zum Thema „Vertrauen" und stellte fest, dass 43 % der Befragten Vertrauen als „sehr wichtig" und 47 % als „wichtig" einschätzten, wenn es um Umsatz und Absatz ging. Für 53 % war Vertrauen im Hinblick auf die eigenen Mitarbeiter „sehr wichtig", für 40 % „wichtig". Der angegebenen Wichtigkeit von Vertrauen stand allerdings vielfach keine entsprechende Unternehmenskultur gegenüber. 73 % gaben an, keine konkreten Pläne für die Vertrauenspflege nach innen oder außen zu haben und rund ein Drittel hielt die Einrichtung der Stelle eines Compliance Managers für gänzlich unnötig.

38 www.presseportal.de/pm/112455/2805685/vertrauenskrise-der-banken-h-lt-an-internationale-umfrage-unterstreicht-das-misstrauen-vieler

39 Stephen M. R. Covey, „Schnelligkeit durch Vertrauen", 2010, S. 28

40 BDO Deutsche Warentreuhand AG, „Vertrauen als Wirtschaftsfaktor", 2008

SCHLÜSSELFAKTOR MENSCH

Produktivitätsengpässe und Knappheitsfelder bestimmen unsere VUCA-Welt am Ende des 5. Kondratieff-Zyklus. Eine mögliche Richtung des 6. Kondratieff-Zyklus kann ermittelt werden, wenn die Produktivitätsengpässe und Knappheitsfelder auf Gemeinsamkeiten und mögliche Wachstumspotenziale hin untersucht werden.

SELBST-CHECK:

Überlegen Sie an der Stelle mit: Welche Gemeinsamkeiten zeichnen die von mir skizzierten Produktivitätsengpässe und Knappheitsfelder aus?

____

____

____

Sind Ihnen beim Aufschreiben der Gemeinsamkeiten schon Ideen zur Lösung eingefallen oder bieten Sie in Ihrem Unternehmen schon Lösungen an? Wenn ja, welche sind es?

____

____

____

Verallgemeinert basieren die von mir genannten Produktivitätsengpässe und Knappheiten auf in Unordnung geratene Systeme – wirtschaftliche, politische, gesellschaftliche und individuelle, den Menschen betreffende. Die alte Ordnung ist aus den Fugen geraten und an manchen Stellen zerstört. Erstmalig in der Geschichte der Kondratieff-Zyklen basieren Knappheiten und Produktivitätsengpässe nicht auf technischen Rückständen, mangelnder Mobilität, unzureichender Energieversorgung oder ungenügender Informationsverarbeitung, sondern sie sind **vom Menschen verursacht**.

Heute ist der Mensch das Nadelöhr, das schwache Glied in der Produktionskette, weil die Technik uns mittlerweile an vielen Stellen weit überlegen ist. Wir haben es nicht geschafft, uns physisch, psychisch oder schöpferisch der technischen Entwicklung anzupassen.

Alle technischen Weiterentwicklungen, die wir in Zukunft erwarten können – seien es die fortschreitende Digitalisierung, Big Data, Industrie 4.0 oder revolutionäre Entwicklungen in der Kybernetik, der Biotechnologie oder Medizin – werden dazu dienen, von Menschen verursachte Produktivitätsengpässe zu eliminieren. Digitalisierung und Industrie 4.0 werden einen elementaren Trend einleiten: **Die komplette Vollautomatisierung von Routine-Tätigkeiten.**

Unternehmen könnten an dieser Stelle auf einen Schlag ganz viele Produktivitätsengpässe beseitigen: Roboter werden nicht krank, sie kündigen und streiken nicht. Sie nehmen keinen Urlaub, sind nie demotiviert, kommunizieren bei korrekter Programmierung unmissverständlich und besitzen eine sehr geringe Fehleranfälligkeit. Das, was uns Menschen extrem schwer fällt und zu unfassbaren Produktionsverlusten führt, wird über Big Data zu einem einzigen Mausklick: Das Sortieren, Vergleichen, Sammeln und Verarbeiten von riesigen Datenmengen.

Das kann uns Angst machen – muss es aber nicht! Wenn es soweit ist, dass Digitalisierung und Industrie 4.0 vollumfänglich zum Einsatz gekommen sind, werden sich Arbeitswelt und Gesellschaft radikal verändert haben. Da wir diese Entwicklung nicht aufhalten können, liegt es an uns, sie pro-aktiv zu gestalten. Wir können uns heute schon Fragen stellen, die uns helfen, diesen disruptiven Change vorzubereiten:

- Eine Welt ohne Arbeit wird es nie geben. Auch in einem vollautomatisierten Unternehmen müssen Computer, Software und Roboter entwickelt und gewartet werden. Sie müssen mit uns und untereinander kommunizieren. Wo kommt an dieser Stelle der Mensch zum Einsatz? Welche Berufe und Tätigkeiten werden daraus entstehen?
- Eine Gesellschaft ohne Sozialsysteme sollte es im besten Fall nie geben. Wie werden sich unsere Sozialsysteme im Zeitalter des demografischen Wandels verändern (müssen)? Welche Berufe und Tätigkeitsfelder entstehen daraus?
- Auch eine alternde Gesellschaft muss innovativ und wettbewerbsfähig bleiben. Wie kann das sichergestellt werden? Welche Services, Dienstleistungen und Institutionen werden wir dafür brauchen?
- Eine Gesellschaft, in der Routinetätigkeiten vollautomatisiert sind, wird die Frage nach Bildung und Ausbildung anders beantworten müssen. Welche Schul- und Ausbildungssysteme benötigen wir zukünftig? Welche Werte und Kompetenzen müssen vermittelt werden?
- In einer Welt, in der prinzipiell jede Routinetätigkeit – vom Putzen über das Einkaufen bis hin zum Wäschewaschen, Autofahren, Arztbesuchen oder Bankgeschäften – vollautomatisiert werden kann, bleibt uns irgendwann sehr viel Zeit für die wirklich wichtigen Dinge im Leben. Welche werden das sein? Was wird uns unsere Daseinsberechtigung geben? Wie werden wir den Sinn unseres Lebens definieren? Was tun wir mit mehr Zeit?

Bis es soweit ist, können uns diese und viele weitere Fragen nachhaltig beschäftigen. Bis es soweit ist, kann uns zusätzlich aber auch eine weitere elementare Frage beschäftigen:

Wie bringen wir wieder Ordnung in unsere Systeme?

Wie reparieren wir, was während der letzten 5 Kondratieff-Zyklen und einer 250 Jahre alten Industriegeschichte vernachlässigt wurde? Wie erhalten wir unsere Umwelt und die Artenvielfalt auf dem Planeten? Wie können wir körperlich und mental gesunden? Wie schaffen wir ein motivierendes und kooperationsfreundliches Arbeitsumfeld in den Unternehmen? Wie reanimieren wir Zuversicht und Vertrauen? Wie befrieden wir die Konfliktherde auf der Welt? Wie sorgen wir für Versöhnung zwischen den Religionen? Wie stoppen wir die Spaltung von Gesellschaften? Wie erreichen wir es, dass wir für den anstehenden Wandel gewappnet sind und im Wettlauf mit Kollege Roboter zumindest gleichschnell ans Ziel gelangen?

Leo Nefiodow und Erik Händeler definieren den 6. Kondratieff als einen Zyklus, der die „**psychosoziale Gesundheit des Menschen**" in den Mittelpunkt rückt. Nefiodow schreibt dazu: „Zum ersten Mal wird der Mensch mit seinen psychischen, geistigen, seelischen, sozialen und spirituellen Bedürfnissen, Problemen und Potenzialen zur wichtigsten Quelle für Wachstum und Fortschritt."[41]

Schauen wir uns die Milliardenverluste an, die durch Krankenstände, Fehlzeiten und demotivierte Belegschaften verursacht werden, und addieren wir dazu die Billionen Dollar, die durch in Unordnung geratene Systeme entstanden sind, ergibt sich ein massives Wachstumspotenzial, wenn man allein nur diese Kosten um Bruchteile reduzieren könnte.

Ein Großteil der Knappheiten und Produktivitätsengpässe wird vermutlich durch Digitalisierung und Industrie 4.0 aufgefangen. Allerdings können auch eine ausgeklügelte Automatisierung und der cleverste Haushaltsroboter nicht darüber hinwegtäuschen, dass der Mensch als Lebewesen weiterhin auf der Erde leben wird. Und der Mensch soll und muss derjenige sein, der die per Vollautomation hergestellten Produkte kauft. Der Mensch wird weiterhin Gesellschaften gestalten, Unternehmen gründen, altern, krank werden, die Umwelt zerstören oder schützen, Kinder gebären, großziehen und ausbilden. Wir werden zwar in vielen Ländern der Welt weniger und älter – aber wir sterben nicht aus.

Daher wird, das ist meine feste Überzeugung, neben dem technischen Fortschritt der Mensch viel stärker als bisher in den Fokus rücken müssen. Fallen Routinetätigkeiten zunehmend weg, müssen sich die Menschen alternative Beschäftigungsmöglichkeiten erarbeiten, um prekäre Lebenssituationen weitgehend zu vermeiden. Bude und Lantermann haben allerdings eindrucksvoll dargestellt, dass diese Aufgabe nicht allein denen zugemutet werden kann, die schon vor einer disruptiven Lebensveränderung stehen. Ihnen fehlen dazu die Unsicherheitsbewältigungs-Kompetenzen. Daher ist diese Aufgabe auch eine Gesellschaftsauf-

41 Leo Nefiodow/Simone Nefiodow, „Der sechste Kondratieff – die neue, lange Welle der Weltwirtschaft", S. 180

gabe. Nehmen wir uns dieser Aufgabe nicht an, riskieren wir gespaltene Gesellschaften – und die sind immer eine Gefahr für Demokratie und Wohlstand! Das Anlagevermögen der Zukunft liegt daher nicht in den Robotern und Software-Programmen dieser Welt.

Der Schlüsselfaktor für zukünftigen Wohlstand ist der gesunde, kreative und schöpferisch tätige Mensch. Im 6. Kondratieff wird der Mensch im Mittelpunkt stehen. Er hat die Aufgabe, die Unordnung der Systeme zu beseitigen. Sein Fokus muss die Wiederherstellung des Kohärenzgefühls sein.

Ohne die Wiederherstellung des Kohärenzgefühls wird der Zerfall der Systeme weiter voranschreiten – in Unternehmen, Familien, Gemeinschaften, Gesellschaften, Nationen und bei all den Menschen, die schon heute gestresst und krank sind und ihr Leben als ein ewiges Zuviel wahrnehmen. Kreativität und Wertschöpfung werden sich verändern. Im 6. Kondratieff werden wir zu:

- Umfeld-Veränderern
- Lebens-Gestaltern
- Gruppen-Ermutigern
- Berufs-Pionieren
- Ausbildungs-Künstlern
- Führungs-Artisten
- Gewohnheits-Neugierigen
- Potenzial-Entdeckern
- Gesellschafts-Verantwortlichen

Vielleicht werden wir aber auch zu:

- Gen-Ethikern
- Integrations-Helfern
- Gleichheits-Verteilern
- Völker-Verständigern
- Kommunikationskultur-Förderern
- Psycho-Technikern
- Technik-Übersetzern[42]

Innovationen werden nicht mehr nur technischer Art sein. Wir werden in ein Zeitalter kommen, in dem **psycho-soziale Innovationen** eine (überlebens-)wichtige Rolle spielen. Wir werden attraktive Lebensmodelle entwickeln, zukunftsfähige Bildungschancen kreieren, innovati-

42 *Danke an dieser Stelle an meine Studierendengruppe der Universität zu Köln, die im Seminar „Von der Idee zur Marktrevolution" im Dezember 2015 die zweite Liste der Zukunftsberufe entwickelte.*

ve Führungsmodelle umsetzen, ein verändertes Gesundheitsbewusstsein schaffen, Mindsets verändern, Horizonte erweitern und Zusammenhalt und Gemeinschaft generationengerecht und nationenübergreifend definieren. Sehr sicher werden wir im Laufe dieses Prozesses auch die Systematiken von Markt und Wirtschaft anpassen, neue Unternehmensformen konzipieren und die Globalisierung (r)evolutionieren. Wir werden uns als Menschen in einen neuen Sinnzusammenhang stellen. Wir werden „Zeit" und „Geld" wieder voneinander trennen, weil wir endlich verstehen, dass sich Kreativität und schöpferisches Tun nicht in Geld und Zeit messen lassen. Wir werden begreifen, dass Normierung und Taktung der menschlichen Arbeit der Vergangenheit angehören, denn Routinetätigkeiten erledigt zukünftig Kollege Roboter oder eine ausgeklügelte Software.

Diejenigen, die die Entwicklung des 6. Kondratieffs mitgestalten, werden auf Augenhöhe, kooperativ und wertschätzend miteinander umgehen, weil sie verstanden haben, dass die Herausforderungen der Zukunft ausschließlich gemeinsam gestaltet werden können. Die Menschen, Unternehmen und Gesellschaften, die das heute schon erkennen, werden zu den kreativen Gestaltern der Zukunft zählen. Sie werden über viele Jahrzehnte Prosperität und Freiheit erlangen und das Lebensumfeld aller Menschen signifikant verbessern.

SELBST-CHECK:

Halten Sie dieses Zukunftsszenario für naiv?
Falls ja, dann horchen Sie jetzt an dieser Stelle einmal ganz tief in sich hinein und unternehmen Sie eine kleine gedankliche Fantasiereise. Stellen Sie sich diese von mir skizzierte Welt vor. Stellen Sie sich vor, was anders sein wird als heute. Überlegen Sie, welche Rolle Sie in dieser Welt einnehmen könnten. Ginge es Ihnen in dieser Rolle besser, schlechter oder gleich gut wie heute? Überlegen Sie auch, was Sie tun müssten, um schon heute eine solche Rolle einzunehmen oder auf Ihre Zukunfts-Rolle hinzuarbeiten. Was fehlt Ihnen dazu noch? Und was bringen Sie auch schon mit – an Erfahrung, Gedankenreichtum, Empathie und Kreativität?
Finden Sie das Bild immer noch naiv? Oder weckt dieses Bild nun Sehnsucht? Verspüren Sie Lust und Freude, auf eine solche Zukunft hinzuarbeiten? Erscheint Ihnen dieses Zukunftsziel jetzt attraktiv und erstrebenswert?

„Ad fontes - zurück zu den Quellen!", sagte Erasmus von Rotterdam 1511. Und im 6. Kondratieff werden wir zu den Quellen zurückkehren. Wir werden zu kreativen Gestaltern und aktiven Positionierern von Ideen und Lebensentwürfen. **Wir werden eine Renaissance der Renaissance erleben.** Vergleichbar der Menschen im 15. Jahrhundert werden wir uns als Künstler von etwas Neuem begreifen, als Schöpfer eines lebensgesunden Menschenbildes. Die Grundlage der menschlichen Existenz, unsere Weltanschauung, unsere Interessen, Werte, Wünsche, Visionen und Bedürfnisse sowie die Gesundung von Körper, Geist und Seele werden wieder in den Mittelpunkt unserer Wertschöpfung rücken.

Humanismus nannte sich diese Geisteshaltung im 15. Jahrhundert – Humanismus heißt sie noch heute. Der Humanismus führte zur Entwicklung unserer heutigen Wissenschaft. Er regte damals neue Ideale gesellschaftlicher Gerechtigkeit an – und er wird es auch im 6. Kondratieff wieder tun. „Humanismus ist eine demokratische und ethische Lebensauffassung: Alle Menschen haben die gleiche Freiheit und die Verantwortung, ihrem Leben Sinn zu geben. Mit Gefühl und Verstand können Menschen unter dieser Voraussetzung gemeinsam die Formen ihres Zusammenlebens gestalten. Grundlagen des Humanismus sind: Gleichheit und Freiheit der Menschen, Geltung der Vernunft. Diese Werte verankern die zentrale Stellung der Menschen und die Unverletzlichkeit und Unveräußerlichkeit ihrer Rechte in der Gesellschaft", heißt es auf der Internetseite des HVD – Humanistischer Verband Deutschland.

Wir werden erkennen und dafür sorgen, dass der Mensch aus eigenem Antrieb fähig ist, sich und seine Welt zu begreifen, kritisch zu hinterfragen und weiterzuentwickeln. Zeit dafür werden wir haben – Digitalisierung und Industrie 4.0 sei Dank!

Die Veränderungs-Muffel und Hardcore-Kapitalisten unter Ihnen werden während der letzten Seiten eventuell entsetzt den Kopf geschüttelt haben. „Wie soll das alles gehen?", werden Sie sich vielleicht fragen und direkt mit einem Totschlagargument anschließen wollen: „Und wer soll das alles bezahlen? Ein Unternehmen ist schließlich keine Sozialsta…"

Stopp! Das Argument hatten wir schon – und ich habe Ihnen nicht widersprochen. Ich bin ganz auf Ihrer Seite. Ich bin selbst Unternehmerin und habe ein großes Interesse daran, auch in 20 Jahren noch meine Brötchen verdienen und für die Rente sparen zu können, die mir der Staat vermutlich nicht mehr auszahlen wird. Ich weiß aber auch, dass beides kaum noch möglich sein wird, wenn wir nicht endlich anfangen, uns für die Zukunft zu wappnen.

An dieser Stelle gebe ich den Homines Oeconomici unter Ihnen noch eine Zahl mit auf den Weg: Der britische Wirtschaftswissenschaftler Andrew Oswald hat den Zusammenhang von Zufriedenheit und Produktivität untersucht und dafür eine Studie mit 700 Teilnehmenden durchgeführt. Das Ergebnis: Die glücklich gestimmten Teilnehmerinnen und Teilnehmer waren um durchschnittlich 12 % produktiver. Sie arbeiteten schneller bei gleich hoher Qualität. Eine gesunde, glückliche und zufriedene Bevölkerung produziert folglich mehr Vermögen und Wohlstand für alle.

Dass unsere Bevölkerung momentan nicht gesund, selten glücklich und an vielen Stellen zudem erschreckend unproduktiv ist, habe ich ausführlich dargestellt. Schaffen wir es, durch die Rückbesinnung auf ein humanistisches Weltbild, neue Kreativität zu entfachen, Stress und destruktives Verhalten zu reduzieren und in der Folge die Produktivität zu erhöhen, haben wir als Gesellschaft gewonnen. Schaffen wir es, den „Schlüsselfaktor Mensch" wieder in den Fokus zu rücken, sein Kohärenzgefühl wiederherzustellen und ihm im 6. Kondratieff eine Alternative zu bieten, die ihm die Angst vor dem Wandel nimmt, werden wir Blockaden lösen. Wie werden die Energien, die heute einzig dazu dienen, Veränderungen zu boykottieren und Ambivalenzen zu pflegen, in produktive Bahnen lenken.

1 2 3 4

*„Veränderungen begünstigen nur den,
der darauf vorbereitet ist."*

Louis Pasteur

DER FUTABILITY®-CIRCLE
TEIL 3

„Futability®“ heißt nicht nur, den Veränderungen und Herausforderungen der Zukunft pro-aktiv, flexibel und reflektiert begegnen zu können. „Futability®“ heißt auch, sich selbst eine entscheidende Frage zu stellen:

Wer bin ich heute – und wer möchte ich zukünftig sein?

Um den oft überfordernden Einwirkungen der Gegenwart und den unabsehbaren Herausforderungen der Zukunft standhalten zu können, benötigen wir **Veränderungskompetenz**. Wir brauchen die Fähigkeit, uns an neue Gegebenheiten anzupassen.

Veränderungen sind in die Zukunft gerichtete Prozesse – oft mit ungewissem Ausgang und von Unsicherheiten und Unbestimmtheiten überlagert. **Flexibilität**, **Reflexion** und **Pro-Aktivität** sind elementare Kernkompetenzen, welche die Fähigkeit zur **Futability®** bestimmen und helfen, festgefahrene Mindsets zu ändern, gedankliche Muster zu durchbrechen und Veränderungen bewusst zu gestalten, ohne von ihnen überrollt zu werden oder an ihnen zu zerbrechen. Diese drei Kernkompetenzen bilden die **humanistische Grundlage wirkungsvoller und nachhaltiger individueller und unternehmerischer Veränderungs-Prozesse.** Sie kommen nicht linear zum Einsatz, sondern zirkulär. Sie werden nicht einmalig aktiviert, sondern flechten sich – einmal verstanden – in das persönliche Kompetenz-Set eines jeden Menschen und können nach Bedarf abgerufen und aktiviert werden.

Der Futability®-Circle verhilft zu mentaler Souveränität, innerer Autonomie, emotionaler Freiheit und selbstbestimmter Anpassungsfähigkeit.

FLEXIBILITÄT

Am 23. Juni 2010 dürfte sich der Architekt Mosche Safdie Schweißperlen der Erleichterung von der Stirn gewischt haben: Nach nur vier Jahren Bauzeit wurde das Resort „Marina Bay Sands“ im Stadtstaat Singapur eröffnet. 4,6 Milliarden Euro soll das spektakuläre und ambitionierte Bauprojekt gekostet haben, das der Investor, Las Vegas Sands Corporation, als *„eines der herausforderndsten Bauprojekte der Welt“*[1] bezeichnete. Drei 55-stöckige Hoteltürme tragen auf 191 Meter Höhe einen 340 Meter langen Dachgarten. Die Anlage besteht aus einem

1 *https://de.wikipedia.orgplan/wiki/Marina_Bay_Sands#cite_note-23*

Kasino, einem Hotel, einem Konferenz- und Ausstellungszentrum, einem Einkaufszentrum, einem Kunst- und Wissenschaftsmuseum, zwei Theatersälen, diversen Verpflegungsmöglichkeiten, Bars und Nachtclubs sowie zwei schwimmenden Pavillons. Clou der gesamten Anlage ist jedoch der 146 Meter lange „Infinity Pool", der größte Outdoor-Swimmingpool der Welt in 200 Meter Höhe mit einem atemberaubenden Blick über Singapur. Pool und Dachgarten sind jedoch nicht nur eine optische Sensation, sondern gleichzeitig auch stabilisierendes Element, um die Bewegungen der Türme auszugleichen. Safdie, der für sein Megaprojekt einen Stapel Spielkarten als Ideenvorlage nahm, musste nämlich den sandigen Meeresboden in der Bucht in sein architektonisches Vorhaben einbeziehen und einen Weg finden, dem Gebäude zusätzliche Stabilität zu geben.

Stabilität ist bei architektonischen Großprojekten das A und O. Ob Marina Bay Sands, die 16 Kilometer lange Öresund-Brücke zwischen dem dänischen Seeland und der südschwedischen Provinz Schonen, das Burj al Arab oder das Burj Khalifa – alle Bauwerke eint:

- eine ambitionierte Vision
- eine im Verhältnis zur Baugigantonomie extrem kurze Projektdauer
- herausfordernder Baugrund durch Meeres- oder Wüstensand
- unvorhersehbare Einflussfaktoren wie Windstärken, Meeresströmungen, Materialerwärmung oder Materialverschleiß unter außergewöhnlichen und noch nie zuvor getesteten Bedingungen und klimatischen Extremen
- besondere Anforderungen an Baustoffe
- Improvisations- und Innovationsgeschick aller Beteiligten

Die Herausforderungen der Architekten, Baumeister und Investoren beruhten vor allem auf der Pionierleistung, die jedem dieser Bauprojekte zugrunde lag. Noch nie zuvor wurde zum Beispiel eine fast frei schwebende Plattform, auf der drei Airbus A 380 Platz hätten, in knapp 200 Meter Höhe errichtet. Eine vermeintlich unlösbare Aufgabe, bei der sich Mosche Safdie und alle am Bauprojekt Mitwirkenden nicht hätten zurücklehnen können – frei nach dem deutschen Dreisatz: „Das haben wir noch nie so gemacht, da könnte ja jeder kommen, wo kommen wir denn da hin?" Unter großem Zeitdruck mussten unzählige, noch nie da gewesene Probleme überwunden und Lösungen gefunden werden. Ein Zögern war inakzeptabel und konnte schnell zu enormen Kostenexplosionen führen. Scheitern und Erfolg waren also nur eine Haaresbreite voneinander entfernt.

Trotz vorhandener Bau- und Konstruktionspläne, klarer Kostenstrukturen und der Abwägung sämtlicher Risiken mussten alle Projektverantwortlichen zu jeder Zeit in der Lage sein, flexibel auf Unvorhergesehenes reagieren zu können, weil neu zusammengesetzte Baustoffe unerwünschte Nebenwirkungen hatten, globale Lieferwege gestört wurden oder Finanzkrisen die Fertigstellung gefährdeten. Der Druck war immens, denn selten verliefen diese Megaprojekte nach Plan. Und trotz des Einfallsreichtums, den Bauherren und Architekten immer wieder zeigten, war allen Beteiligten zu jeder Zeit klar: Top oder Flop würden sich erst nach Fertigstellung zeigen. Erfolgsgarantien gab es bis zum Festdrehen der letzten Schraube nicht.

Paradoxes Verhalten angewöhnen

Was lässt sich von diesen architektonischen Megaprojekten ableiten? Was können wir aus ihnen lernen, um der Kernkompetenz „Flexibilität" auf die Sprünge zu kommen und sie in unser Leben zu integrieren, damit wir auf veränderte Situationen zukünftig anpassungsfähiger reagieren können?

Vollendete Bauprojekte sind Wunderwerke der Veränderung: Von einer ersten Idee, über technische Zeichnungen, architektonische Baupläne, Kostenvoranschläge bis hin zum ersten Spatenstich, dem Richtfest und der feierlichen Eröffnung, ist die Erschaffung **ein stetiger Fluss der Wandlung**, bis die Fertigstellung erreicht ist.

Alle genannten Großprojekte eint der Erfolg am Ende einer langen Pionierleistung. Sie alle eint auch die erfolgreiche Überwindung von Krisen, Rückschlägen und zwischenzeitlichen Misserfolgen. Und in allen Projekten wohnt die unbesiegbare Schöpfungskraft des Menschen inne, der vermeintlich unlösbare Probleme mit einem kreativen Geist in innovative Meisterleistungen verwandelt. Eine hochkomplexe Kompetenz übrigens, zu der – ich wiederhole es immer wieder gern – Roboter und Maschinen nicht in der Lage sind!

Alle genannten Großprojekte beweisen: Es gibt keinen Trend, der unaufhaltsam aufwärts oder abwärts geht, wenn die an dem Vorhaben beteiligten Menschen in der Lage sind, auf plötzlich veränderte Rahmenbedingungen flexibel reagieren und ihre Kreativität und Lösungskompetenz aktivieren zu können.

Das normale und gesunde menschliche Verhalten setzt in Zeiten des Erfolgs Glückshormone frei, die uns euphorisch, optimistisch, visionär und nicht selten auch leichtsinnig in die Zukunft blicken lassen, während wir in Krisenzeiten – verständlicherweise – eher pessimistisch, realistisch und konservativ agieren. In Zeiten der radikalen und schnellen Veränderung birgt dieses erlernte Verhalten jedoch Risiken.

Die Dotcom-Ära ist dafür ein gutes Beispiel. In der allgemeinen Internet-Euphorie waren die Zeiten waren rosig, Kapital war zur Genüge vorhanden, jeder hoffte auf einen ordentlichen Profit. Also wurde investiert auf Teufel komm raus. Es herrschte Goldgräberstimmung und niemand konnte sich vorstellen, dass die virtuellen Goldadern irgendwann versiegen konnten. Doch die Firmen hielten nicht, was sie versprachen und Zinserhöhungen verteuerten die Kredite. Die Anschläge am 11. September und der Enron-Skandal schwächten die Wirtschaft zusätzlich – und unerwartet. Quasi über Nacht herrschte plötzlich Krisenstimmung. Pessimismus machte sich breit und stürzte die Märkte in eine Vertrauenskrise. „Kriegs- und Rezessionsängste münden im irrationalen Abschwung: 2003 sind die einst mit 300 Mrd. Euro bewerteten Firmen am Neuen Markt noch vier Mrd. Euro schwer, der Dax verliert 75 %."[2] So beschrieb es das Handelsblatt in einem „Rückblick auf wilde Jahre" am 5. März 2010.

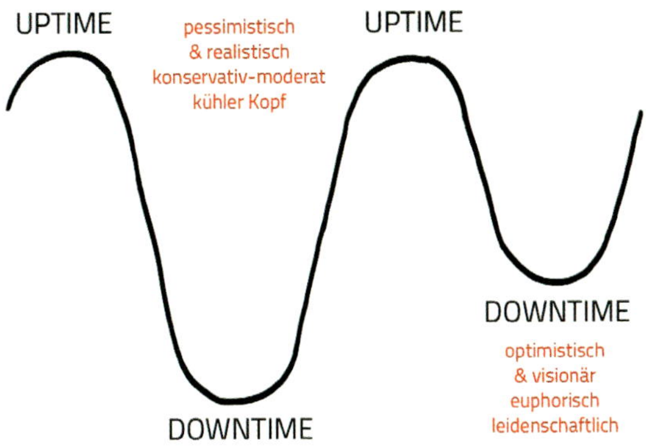

Vielleicht wären diese und die folgenden Krisen anders verlaufen, wenn Kapitalanleger, Unternehmenslenker und Entscheider frühzeitig gelernt hätten, sich ein **paradoxes Verhalten** anzugewöhnen. Eines, das jeder Architekt der genannten erfolgreichen Mega-Projekte in demütiger Weitsicht an den Tag gelegt hat – wohl wissend, dass kein Plan unfehlbar ist.

Anstatt in positiven Zeiten optimistisch und visionär zu reagieren, legten sie einen gesunden Pessimismus an den Tag, beurteilten ihr Projekt realistisch, konservativ-moderat und mit einem kühlen Kopf. Warum? Weil sie in den Zeiten, in denen das Bauprojekt reibungslos lief, im Zeit- und Finanzierungsplan war und keine externen Störungen die Fertigstellung gefährdeten, den Kopf frei hatten, sich über Eventualitäten und „Was-wäre-Wenns" Gedanken zu machen. Zur Erinnerung: **Stress tötet Kreativität.** Daher konnten sie in einer relativ stresslosen Zeit ihre positiven Energien mühelos bündeln und ohne Existenzangst und Druck überlegen, ob es zusätzliche Hürden in der Fertigstellung geben könnte oder nicht.

Und so waren sie auf die nächste Krise oft schon gedanklich vorbereitet, hatten verschiedene Szenarien durchgespielt und waren im Ernstfall schnell in der Lage, optimistisch, visionär und kreativ reagieren zu können.

Dieser **Paradigmenwechsel in der Verhaltensänderung und Situationsbewertung** ist extrem hilfreich. Aus eigener Erfahrung weiß ich, dass das Durchspielen von möglichen Krisenszenarien weitaus schmerzloser ist, wenn es einem geschäftlich, jobmäßig und emotional gut geht. Ist die Krise erst einmal da und trifft sie einen unvorbereitet, sorgen Ursachenforschung und Lösungsdruck für enormen Stress und zusätzliche Existenzangst.

Mein Mann und ich haben uns dieses paradoxe Verhalten mittlerweile angewöhnt, um **Kohärenzübergänge** nicht nur zu antizipieren, sondern auch, um sie gesünder, flexibler und stressfreier gestalten zu können. Das paradoxe Verhalten stärkt unsere emotionale Sicherheit, uns mit Szenarien der Zukunft auseinanderzusetzen und gedankliche „Was-wäre-Wenns" durchzuspielen. Wir haben Plan B und C in der Tasche und arbeiten parallel an den Umsetzungen. Das eröffnet uns zusätzliche Handlungsoptionen und nimmt uns die Angst vor Veränderungen, die vielleicht kommen werden – oder auch nicht. Wir sind vorbereitet und planen aus

2 *www.handelsblatt.com/finanzen/maerkte/boerse-inside/dotcom-blase-ein-rueckblick-auf-wilde-jahre/3383980.html*

einer Situation der Kraft, Stärke und positiven Energie heraus in die Zukunft.

Das bedeutet übrigens nicht, dass wir zu Berufspessimisten geworden sind. Ganz im Gegenteil blicken wir optimistischer in die Zukunft als je zuvor, eben weil mögliche Szenarien durchgespielt und schon heute Lösungsansätze entwickelt sind, die wir – wenn es hart auf hart kommen sollte – extrem schnell an die dann herrschende Situation anpassen können. Die Kunst liegt darin, in den richtigen Situationen loszulassen und in den notwendigen Situationen aktiv zu werden.

Dieser gedankliche Paradigmenwechsel sorgt für eine gesunde Demut, die in einem volatilen Wirtschaftsumfeld extrem hilfreich ist, um sich weder leichtsinnig vom Erfolg verführen noch von Misserfolgen dauerhaft entmutigen zu lassen. Dieser Paradigmenwechsel bildet die Grundlage für eine gedankliche und tatsächliche Flexibilität und Anpassungsfähigkeit, wenn sich das Business-Umfeld ändern sollte.

Flexibilität heute

Flexibilität ist nicht nur eine elementare Fähigkeit im Futability®-Circle, sondern auch eine unverzichtbare Kompetenz im Berufsleben. Fast schon selbstverständlich wird Mitarbeitenden die Fähigkeit abverlangt, sich an Veränderungen anpassen zu können – so als wäre Veränderungsfähigkeit zu einem neuen Naturgesetz erhoben worden. Karrieren verlaufen schon lange nicht mehr geradlinig, sondern mehr und mehr projektbezogen und angepasst an die Arbeitsbereiche, in denen gerade Vakanzen entstehen. Die Bereitschaft, Veränderungen und Change-Management-Prozesse mitzutragen, wird so implizit vorausgesetzt. Auch die Flexibilisierung von Arbeitszeiten wird in vielen Unternehmen gießkannenartig über der Belegschaft ausgeschüttet. Die Absicht dahinter ist sehr oft eine gute – jedoch die Erwartung, dass alle diese Flexibilisierung gutheißen, selbstverständlich umsetzen und vorbildhaft mit ihr umgehen können, ist naiv. Nicht selten hat daher die zurzeit in der Wirtschaft geforderte Flexibilität den Beigeschmack der Opferhaltung, begleitet von einem tief sitzenden Gefühl des Dilemmas: Beugen sich die Mitarbeitenden nicht, zeigen sie sich also unflexibel, laufen sie Gefahr anzuecken, als Störenfriede und Krawallbüchsen aufzufallen und aus dem Raster zu fallen. Wer sich nicht bewegt, ist draußen.

Unterwerfen sie sich jedoch der gewünschten Flexibilität, ohne zu wissen und jemals gelernt zu haben, wie man anpassungsfähig sein und gleichzeitig seine Autonomie bewahren kann, entsteht nicht selten ein Gefühl, sich für den Arbeitgeber oder das Projekt aufzuopfern. Einfluss- und Gestaltungsspielräume werden kleiner oder gar nicht mehr wahrgenommen. Es entsteht vor dem inneren Auge das Bild einer Marionette, die an den Fäden hängt, sich nach dem Gutdünken des Arbeitgebers in alle Richtungen bewegt und sich mehr und mehr von sich selbst und ihrer Arbeit entfremdet. Das stresst, sorgt für Unzufriedenheit, Demotivation und macht auf Dauer krank.

Diese Form der momentan in der Wirtschaft geforderten Flexibilität erzeugt auch Unsicherheit. Es ist nicht klar, wie mit ihr umgegangen werden kann, welche Risiken ein persönliches Anpassungsverhalten birgt und wie viel (versteckte) Willkür von Seiten der Unternehmen hinter der bedingungslosen Forderung nach Veränderungsbereitschaft steckt. Die Gefahr, durch das Aufgeben von verlässlichen Routinen und Kontinuitäten die Kontrolle über das eigene Leben zu verlieren, ist gefühlt oft sehr hoch.

Richard Sennett kritisiert in seinem Buch „Der flexible Mensch" eben diese Flexibilisierung und nennt als „den vielleicht verwirrendsten Aspekt der Flexibilität die Auswirkungen auf den persönlichen Charakter."[3] Er definiert Charakter als einen ethischen Wert, der von den Verbindungen zu anderen Menschen lebt, von ihnen abhängt und sich vor allem auf den langfristigen Aspekt unserer emotionalen Erfahrungen konzentriert. Ähnlich argumentiert auch Joachim Bauer in seinem Buch „Prinzip Menschlichkeit". Soziale Kontakte, zwischenmenschliche Zuwendung und Wertschätzung fördern Motivation und das Gefühl der Zugehörigkeit. Fehlen diese Komponenten in unserem Leben und verlieren wir soziale Bindungen und Beziehungen, kann es zu einem „Absturz" der Motivationssysteme kommen. Neurobiologische Forschungen haben gezeigt, dass das Gehirn ein gelungenes menschliches Miteinander durch Ausschüttung von Botenstoffen belohnt, die gute Gefühle und Gesundheit erzeugen. „Zum einen sind die Motivationssysteme des Gehirns in entscheidender Weise auf Kooperation und Zuwendung ausgerichtet und stellen unter andauernder sozialer Isolation ihren Dienst ein. Zweitens führen schwere Störungen oder Verluste maßgeblicher zwischenmenschlicher Beziehungen zu einer Mobilmachung biologischer Stresssysteme."[4]

Sennett kritisiert die gelebte Flexibilität der heutigen Arbeitswelt, die letztendlich die Kurzfristigkeit zwischenmenschlicher (Arbeits-)Beziehungen propagiert, denn entwurzelte und beziehungsarme Menschen sind mobiler, flexibler und veränderungsbereiter. Dazu sagte der französische Soziologe Alain Touraine folgerichtig: „Wer schon eine Veränderung durchgemacht hat und seiner Umwelt weniger verhaftet ist, wird bereitwilliger erneut umziehen."[5] Die Entwurzelten sind jedoch gleichzeitig oft in viel höherem Maße abhängig vom Erfolg der eigenen Arbeit und der Wertschätzung und Anerkennung, die sie in ihrer Karriere hoffen zu finden – quasi als Ersatz zu Nähe und Zuwendung im privaten Bereich.

Viele Unternehmen verkennen dieses **menschliche Dilemma** auf fatale Art und Weise! Einerseits fördern und fordern sie den beziehungs- und wurzellosen Mitarbeitenden. Andererseits jedoch fehlen in volatilen und vom Change geprägten Unternehmen Routinen, soziale Netzwerke, Verlässlichkeiten und das Leben menschlicher (Beziehungs-)Werte, die nicht nur Stabilität und Ankerpunkte bieten, sondern auch enormen Einfluss haben auf die Motivation, Resilienz und langfristige Gesundheit der Belegschaft.

3 *Richard Sennett, „Der flexible Mensch – die Kultur des neuen Kapitalismus", 2002, S. 11*
4 *Joachim Bauer, „Prinzip Menschlichkeit – Warum wir von Natur aus kooperieren", 2010, S. 71*
5 *Alvin Toffler, „Der Zukunftsschock", S. 73*

„Unsere umwelt- und erziehungsbedingten Dauer-Erwartungen veranlassen uns, nur in solche Beziehungen Gefühle zu investieren, von denen wir annehmen, dass sie dauerhaft oder verhältnismäßig langfristig sein werden."[6] *Alvin Toffler*

Genau diese Dauerhaftigkeit und Langfristigkeit fehlt jedoch in einer VUCA-gewordenen Welt. Charaktereigenschaften wie Treue, Verpflichtung oder Loyalität sind sinnentfremdet. Die Resultate sehen Unternehmen bei der „Generation Y", die nicht mehr bereit ist, kompromisslose Bindungen zu einem Arbeitgeber einzugehen, der nicht mehr versprechen kann und will als Zeit- oder Projektverträge. Und die Resultate sind auch zu spüren an der zunehmenden Demotivation bestehender Belegschaften, die noch in der Wertehaltung von Treue, Loyalität und Zugehörigkeit zu einem Arbeitgeber sozialisiert wurden, diese aber immer seltener erhalten und in sehr vielen Fällen daran zerbrechen.

Ist also die auch von mir geforderte Flexibilität nicht mehr als eine menschliche Zumutung? Ein persönliches Opfer, das kompromisslos erbracht werden muss, um die eigene Wettbewerbsfähigkeit zu erhalten? Bedeutet flexibel und anpassungsfähig zu sein, sich im Wandel zu verlieren und in einem permanenten, krank machenden Dilemma festzustecken?

Das, so denke ich, ist nicht der Fall. Sennetts und auch Tofflers Kritik sind mehr als berechtigt. Allerdings ist eines völlig klar: Wir können die aktuellen und kommenden Veränderungen nicht aufhalten. Wir werden sie erleben, wir werden uns anpassen und flexibel neue Antworten auf neue Herausforderungen finden müssen. Und dazu haben wir genau zwei Möglichkeiten: **Wir können an den Veränderungen wachsen – oder an ihnen zerbrechen.**

Die bisherige Definition von Flexibilität neigt dazu, Menschen zu brechen. Gemäß dem Darwinschen Prinzip überleben zurzeit nur diejenigen, die dem brutalen Veränderungsdruck standhalten. Das kann allerdings nicht die Lösung sein, denn die Schar der Verlierer wird immer größer! Daher gilt es, die Kernkompetenz „Flexibilität" mit neuem Leben zu füllen, sich von gedanklichen Paradigmen zu verabschieden und bisher gelernte Muster zu durchbrechen.

Die Flexibilität der Zukunft darf keinen Opfercharakter mehr haben, sondern sollte die Fähigkeit zur flexiblen und individuellen Gestaltung von Lebenssituationen fördern.

6 *Alvin Toffler, „Der Zukunftsschock", S. 73*

Flexibilität im Futability®-Circle

Um Flexibilität mit neuem Leben zu füllen, macht es Sinn, zum Ursprung des Wortes zurückzukehren. Flexibilität kommt aus dem lateinischen „flexibilis" und lässt sich übersetzen mit biegsam, nachgebend, elastisch. Im 15. Jahrhundert wurde die Biegsamkeit, die der Übersetzung von Flexibilität zugrunde liegt, im englischen Wortschatz verglichen mit einem Baum, der sich im Wind biegt, aber immer wieder zu seiner ursprünglichen Form zurückkehrt. Auf den Menschen übertragen, ging es bei der Flexibilität um eine „Dehnfähigkeit des Verhaltens", das sich unterschiedlichen Situationen anpassen kann, jedoch nicht gebrochen wird.

Hier zeigt sich schon ein erster elementarer Unterschied zur heutigen, von Sennett zu Recht kritisierten, Interpretation von Flexibilität: Ein Anpassen an äußere Umstände, ein „Biegen mit dem Wind" bedeutet in der ursprünglichen Definition nicht gleichzeitig auch die vollständige Entwurzelung, zu der sich heute viele Menschen gezwungen sehen. Im Gegenteil: In der originären Bedeutung liegt dem Wort Flexibilität Beständigkeit zugrunde. Die Beständigkeit nämlich, in die ursprüngliche Form zurückkehren zu können und sich nur dann situativ biegen und anpassen zu müssen, wenn es erforderlich ist. Nicht jedoch generell, immer und unwiderruflich.

Flexibilität bekommt damit den Charakter einer meteorologischen Vorhersage: Ziehen Winde auf und wird das Klima rau, ist eine höhere Flexibilität von Nöten als bei Sonnenschein und Windstille. Unsere Aufgabe ist es, das Wetter zu beobachten und dafür zu sorgen, dass Stämme und Äste bei Stürmen und Orkanen nicht brechen. Dauern Tiefdruckgebiete zu lange an, sollten wir uns selbst so viel Achtsamkeit und Fürsorge entgegenbringen, dass wir uns immer wieder Oasen der Windstille und Sonne suchen. Nichts anderes tun wir übrigens häufig ganz selbstverständlich im Winterurlaub: Wir fliehen vor der Kälte in die Wärme, um Sonne und Vitamin D zu tanken, damit unser Organismus den Winter gesünder und gestärkt übersteht.

Vor diesem Hintergrund kann Flexibilität ihren Schrecken verlieren, denn plötzlich erscheint es möglich, sich situativ zu biegen und zu beugen – so lange, wie es notwendig erscheint und ohne daran zu brechen. Allerdings – und hier beginnt der eigentliche Lernprozess – ist die Grundvoraussetzung dafür, dass wir **das Maß unserer eigenen mentalen, physischen und psychischen Biegsamkeit (er)kennen**. Ein dauerhaft maßloses Überspannen unserer Flexibilität führt zur Entwurzelung. Um dies zu verhindern, sollten wir unsere Elastizitätsgrenze achten und respektieren. Tun wir das nicht, riskieren wir – wie in der Physik auch – irreversible Spuren am Körper und am Material zu hinterlassen.

Um die **persönliche Wettervorhersage** zu erleichtern und die eigene Elastizitätsgrenze kennenzulernen, helfen „**10 neue Paradigmen für mehr Flexibilität in Beruf und Alltag**".

PARADIGMA 1:

Flexibilität heißt Lernen, Lernen heißt Flexibilität.

Unser Leben verläuft nicht statisch. **Veränderungen sind natürlicher Bestandteil allen Lebens.** Ob wir uns selbst (beruflich) neu orientieren oder ob uns von außen (berufliche) Veränderungen aufgedrückt werden, ob wir uns von einem Partner oder Freund freiwillig trennen oder durch Tod, Scheidung oder Ortswechsel getrennt werden, ob wir eine Ausbildung machen, studieren oder einfach nur ein gutes Buch lesen – in jeder Sekunde unseres Lebens lernen wir. In den meisten Fällen funktionieren dabei unsere alt bewährten Denk- und Handlungsmuster wunderbar. Je disruptiver jedoch eine Lebensveränderung ist, je dramatischer ihre Auswirkungen auf unser bisheriges Leben sind, umso stärker können wir spüren und erfahren, dass uns die alten Denk- und Handlungsmuster nicht immer helfen, die neue Situation zu bewältigen. Sehr oft geben uns disruptive Lebenssituationen den Anstoß zu lernen, da bisherige Deutungs- und Verhaltensmuster in diesem Moment ihren Dienst versagen.

Unser Gehirn besteht aus unzähligen Nervenzellen, die elektrische Impulse von einer Zelle zur nächsten weiterleiten. Dabei helfen Synapsen, die nicht nur die Impulse übertragen, sondern gleichzeitig auch Informationen speichern. Das besondere an diesen biologischen Botenträgern: Sie können die Impulsstärke verstärken oder abschwächen – je nachdem, wie oft ein Verbindungsweg benutzt und gebraucht wird. Vergleichbar mit einer viel befahrenen Autobahn sind die häufig gebrauchten Verbindungswege zwischen Nervenzellen ausgebauter als die weniger gebrauchten. **Synaptische Plastizität** nennt sich diese effiziente Arbeitsweise unseres Gehirns und sie ist die Grundlage dafür, dass unser Gehirn anpassungs- und lernfähig ist. An den Synapsen selbst hängen mehrere Zehntausend Dendriten. Sie tragen den Empfängerteil der Synapsen und haben kleine Dornen. Forscher vom Max-Planck-Institut konnten nachweisen, dass bei einer vielbenutzen Nervenautobahn beständig neue dendritische Dornen wachsen. Das bedeutet, dass „besonders aktive Nervenzellen nicht nur die Stärke ihrer Synapsen verändern, sondern sogar komplett neue Verbindungen bilden können."[7] Und eine höhere Dornendichte bedeutet gleichzeitig auch eine schnellere Informationsübertragung. Im Gegenzug schrumpfen oder verschwinden die Dornen bei wenig benutzten Nervenverbindungen. Synapsen sind also anpassungsfähig.

Unser Gehirn wächst mit seinen Aufgaben und ändert seine „Verschaltungen", wenn es neue Reize oder gar keine Reize verarbeiten muss. Es bleibt zeitlebens lernfähig und Lernen bedeutet in diesem Fall neurobiologisch nichts anderes als der flexible Auf- und Ausbau synaptischer Verbindungen im Gehirn. Es ist in vielen Bereichen eine **mentale Dauerbaustelle**, an der wir bis ins hohe Alter arbeiten können. Wenn unser Gehirn über einen längeren Zeit-

7 *Max-Planck-Forschung 1|13, „Das flexible Gehirn", S. 22*

raum intensiv gefordert wird, passt es sich den neuen Aufgaben an. Der Vergleich mit einem Muskel hinkt also nicht. Auch das Gefühl der Anstrengung, wenn wir etwas Neues lernen oder unsere Lernmuster verändern, ist erklärbar. Machen wir monate- oder jahrelang keinen Sport und hanteln plötzlich 10 Kilogramm, fangen die Armmuskeln an zu zittern. Der Muskelkater ist garantiert. Lernen wir intensiv oder versuchen wir, uns von überflüssigen und hinderlichen Lernmustern zu trennen, spüren wir die Anstrengung im Kopf – manchmal sogar bis zum Kopfschmerz. Ein sicheres Zeichen dafür, dass unser Gehirn richtig herausgefordert wurde. „Die neurologische Forschung lässt keinen Zweifel daran, dass unser Gehirn unerkannte und komplizierte Situationen benötigt, um neue Denkweisen auszubilden. Das Gehirn entwickelt sich, wenn man es ernsthaften Widerständen aussetzt."[8]

Wenn wir also über eine neue Form der Flexibilität reden, sollten wir unsere **Fähigkeit zur geistigen Flexibilität als Ausgangspunkt** nehmen. Wir können unsere Denk- und Verhaltensmuster bis ins hohe Alter anpassen und verändern. Geistige Flexibilität ist eine mentale Haltung, die Offenheit zum Lernen und die Bereitschaft zum Ver-Lernen beinhaltet. Unser Gehirn besitzt diese Fähigkeit. Rein (neuro-)biologisch gibt es für uns also keine Ausrede mehr, Gewohnheiten an neue Situationen anzupassen, neue Verhaltensweisen zu lernen und überflüssig gewordene abzustoßen.

SELBST-CHECK:

Was möchten Sie zukünftig gern lernen – und was wollen Sie bewusst ver-lernen?

PARADIGMA 2:

Flexibilität heißt, das Wesen der Vergänglichkeit zu begreifen.

„In Deutschland entsteht eine neue Generation humanoider Roboter."[9] So stand es in einem Artikel in der WELT am 14. Juli 2015. Weiter hieß es darin, diese Roboter seien in der Lage, Vermisste zu finden oder Opfer aus Trümmern zu ziehen. Sie seien außerdem lernfähig und könnten selbständig Entscheidungen treffen. Einige Wochen vorher erschien in der Wirtschaftswoche[10] ein Artikel über die Zukunft des 3D-Drucks. Zukünftig sei es möglich, Schuhe, T-Shirts, ja sogar Handys aus dem 3D-Drucker zu ziehen. Beide Nachrichten ließen mich aus mehreren Gründen aufhorchen.

Zum einen wurde mir völlig klar: Noch während ich dieses Buch schreibe, überrollt mich

8 *Alfred Rehn, „Gefährliche Ideen", 2012, S. 54*
9 *DIE WELT, „Retter der Menschheit" von Manuela Mild, 14. Juli 2015, S. 20*
10 *WirtschaftsWoche 23/29.05.2015, „Mach dein Ding", S. 23/24*

die technologische Entwicklung in einer Schnelligkeit und Art und Weise, die ich vor achtzehn Monaten, als ich anfing, das Vorwort zu schreiben, nicht erwartet hätte. In aller Deutlichkeit sprang mir ins Bewusstsein, dass mein Buch an einigen Stellen bereits veraltet, noch während ich es schreibe. Wenn Sie also dieses Werk irgendwann in der Hand halten, kann es gut sein, dass von mir skizzierte Szenarien bereits Wirklichkeit geworden sind oder die Wirklichkeit schon längst übertroffen haben.

In beiden Artikeln steckt aber noch eine andere Unmissverständlichkeit: **Die Welt, so wie wir sie bisher kannten, wird sich radikal verändern.** Wir sind nicht nur Zaungäste, sondern Mitgestalter und im besten Fall Nutznießer eines historischen Wendepunktes mit ungewissem Ausgang. Denn lassen wir uns nicht darüber hinweg täuschen, dass die unendlichen Möglichkeiten des 3D-Drucks, der Digitalisierung oder der Robotik einerseits Freiheiten und neue Gestaltungsmöglichkeiten eröffnen. Andererseits aber hat gerade der 3D-Druck das Potenzial, alte Fabrikstrukturen aufzulösen – und das nicht nur in den westlichen Industrienationen. Auch die Werkbanken dieser Welt in Indien, China oder Bangladesch können überflüssig werden. Und die von Foxconn erst im Jahr 2014 angeschafften „Foxbots" hätten sich noch vor der steuerlichen Abschreibung als eine Fehlinvestition entpuppt. So schnell kann das heute gehen!

Dass der Mensch mit diesen technologischen Siebenmeilenstiefeln kaum noch mithalten kann und echte Anpassungsprobleme hat, zeigt beispielhaft ein Artikel, der am 22. Dezember 2014 auf der Online-Seite des ORF[11] veröffentlicht wurde. In diesem Artikel geht es um die Einführung einer neuen Briefsortiermaschine im Postverteilerzentrum in Wals (Österreich). Diese Maschine ist in der Lage, 58.000 Briefe pro Stunde zu sortieren – im Vergleich zu 1.000 Briefen, die per Handsortierung bearbeitet werden können. Die Mitarbeitenden, die diese Maschine bedienen, verkraften diese Schnelligkeit jedoch kaum. Stetig steigende Krankenstände sind die Folge des hohen Arbeitstempos der Maschine, die eigentlich für mehr Effizienz und Produktivität sorgen sollte.

Veränderungen treten in immer kürzeren Abfolgen ein und immer häufiger lassen sich frühere Erfahrungen auf neue Situationen nicht mehr anwenden. **Unser Wissen ist nicht nur zerbrechlich geworden, sondern auch radikal endlich.** Die Beziehung zwischen Wissenserwerb und Veränderungsrate klafft zunehmend auseinander.

„Wir alle sind Bürger des Zeitalters der Vergänglichkeit", schrieb Alvin Toffler schon 1971 in seinem Buch „Zukunftsschock". Weil unsere Beziehung zu Dingen, Orten, Menschen, Ideen oder Informationen extrem kurzlebig geworden ist, wird unser Gefühl für Kontinuität erheblich gestört. „Je kürzer unsere Beziehungen zu Dingen dauern, desto mehr beschleunigt sich das Tempo unseres Lebens."[12] Dauerhaftigkeit ist ein Ideal aus vergangenen Zeiten, als jedes Ding

11 http://salzburg.orf.at/news/stories/2685714/
12 Alvin Toffler, „Zukunftsschock", S. 46

eine ihm zugemessene Dauer hatte, als sich das alltägliche Leben an Rhythmen und einer zyklischen Zeiterfahrung orientierte.

Heute haben wir Tag und Nacht durch die Nutzung von Licht egalisiert. Wir kaufen im Winter Spargel und können im Sommer in den Skiurlaub fahren. Alles ist jederzeit rund um die Uhr möglich und käuflich. Dauerhaftigkeit haben wir gegen Vergänglichkeit eingetauscht und dabei den Dingen ihre Zeit genommen. Und das bleibt nicht ohne Folgen.

Unsere **innere Verbundenheit** zu Dingen, Menschen, Ideen oder Informationen hat dramatisch abgenommen, während unsere Blindheit gegenüber der Endlichkeit zunimmt. Wir vergessen oder verdrängen, dass wir selbst der Vergänglichkeit unterworfen sind. Nicht nur Produkte und Ideen sterben, sondern auch unser „Gestern" ist unwiederbringlich vorbei. Wie viel „Morgen" wir noch haben, wissen wir nicht.

Die radikale Entfremdung von Zeit und Dingen ist eine Form der maßlosen Überspannung unserer Flexibilität und führt zu einer schmerzhaften Entwurzelung.

Um genau diese Entwurzelung zu verhindern, bedeutet Flexibilität auch, das Wesen der Vergänglichkeit zu begreifen. Vergänglichkeit im Sinne von Endlichkeit ist ein elementarer Bestandteil der Evolution. Genauso sind Veränderung und Anpassung wichtige Elemente der Fortentwicklung. **Stillstand bedeutet den Tod – niemals stillzustehen aber auch.**

Flexibilität heißt daher, eine **Balance** zu finden **zwischen Beschleunigung und Vergänglichkeit**. Sich die Realität der Vergänglichkeit bewusst zu machen, erfordert Überwindung. Vor allem in einer Gesellschaft, die von zwei gegenläufigen strukturellen Entwicklungen geprägt ist: Einerseits von permanenter Beschleunigung, Jugendwahn, ewiger Fitness, faltenloser Schönheit und grenzenlosem Fortschritt. Fortschritt ist ein elementarer Treiber des menschlichen Lebens und Überlebens. Fortschritt verändert und verbessert nicht nur in vielen Teilen unser Lebensumfeld und unsere Lebensbedingungen, sondern mit steigendem Fortschritt verbinden wir eine höhere Sinnhaftigkeit unseres Daseins. Die Zunahme fortschrittlicher Errungenschaften suggeriert Modernität, Dynamik und Mobilität – Attribute, die uns in einer schnelllebigen und wettbewerbsorientierten Welt als unverzichtbar verkauft werden. Fortschritt ist eng verbunden mit Wirtschaftlichkeit und Wettbewerbsfähigkeit. Sind wir nicht fortschrittlich, fallen wir zurück und gefährden unseren Wohlstands-Status Quo.

Amerikanische Studien, die seit 1958 in den USA durchgeführt werden, zeigen jedoch seit Jahren: Mehr Fortschritt macht nicht zwangsläufig auch glücklicher. Der Biophilosoph Eckart Volland begreift Fortschritt daher auch eher als ein Hamsterrad, als eine Illusion, als „ein Schutz gegen die Verletzlichkeit des Menschen in einem gleichgültigen Kosmos."[13]

Zusätzlich zwingt uns die demografische Entwicklung zu einem Umdenken. Unsere Gesellschaft altert und wandelt sich im besten Fall zu einer „reiferen" Gesellschaft, in der Werte

13 *www.3sat.de/page/?source=/scobel/161890/index.html*

wie Nachhaltigkeit, Verlässlichkeit und zwischenmenschliche Beziehungen eine steigende Bedeutung bekommen. Das Alter unserer Gesellschaft wird zunehmend sichtbarer. Und auch wenn uns das Alter heute moderner, sportlicher und aktiver anmutet und auch so in der Werbung verkauft wird, so kann es doch nicht darüber hinweg täuschen, dass Krankheit, Pflege, Einsamkeit und die mit dem Alter eintretende sichtbare Zeitlichkeit natürliche Begleiterscheinungen sind.

Eine alternde Gesellschaft kann Vergänglichkeit nicht ausklammern und negieren. Im Gegenteil. Eine alternde Gesellschaft hat die Verantwortung, eine „**humane Kultur des Alterns**"[14] zu schaffen. Das wird nicht ohne Mehrwert bleiben – auch für die junge Generation.

Grenzen des Möglichen, die Grenze der noch zur Verfügung stehenden Zeit und die Grenze des Lebens kennzeichnen das Wesen der Vergänglichkeit. Begreifen wir Endlichkeit und Vergänglichkeit (wieder) als einen natürlichen Prozess des Lebens, leben wir bewusster. Entscheidungen, Illusionen, Ideologien oder Dingen können wir mit einer kritischen Gelassenheit begegnen. Die mit dem Alter wachsende Fähigkeit, Wichtiges vom Unwichtigen zu trennen, führt zu Souveränität, Selbstbestimmung und befähigt, sich auf das Wesentliche zu konzentrieren. Überflüssiges kann abgestoßen werden. Als Belohnung wartet mentale Freiheit und Unabhängigkeit.

Höher, schneller, weiter, perfekter, jünger, schöner, exzessiver, komplizierter oder intensiver sind nicht mehr die Maxime einer Jugendkultur, sondern auch einer VUCA-gewordenen Welt. Eine humane Kultur des Alterns kann hier nicht mithalten, sondern ist gezwungen, sich zu bescheiden. Kraft, Schnelligkeit, Quantität und Oberflächlichkeit weichen Ausdauer, Besonnenheit, Qualität und Tiefe – in allen Bereichen unseres Lebens. Paradoxerweise sind genau das auch „die wesentlichen Möglichkeiten, den Verendlichungsprozess durch die Gewinnung von Tiefe zu besiegen bzw. sinnvoll zu bewältigen. An diese humanen Sinnqualitäten bleiben alle sonstigen gesellschaftlichen Steigerungs- und Beschleunigungsprozesse stets zurückgebunden."[15]

Flexibel zu sein ohne Entwurzelung zu erfahren, bedeutet, das Wesen der Vergänglichkeit in die eigene Wert- und Denkhaltung zu übernehmen. Eine aufgeklärte Zivilgesellschaft, die den Anforderungen der Zukunft gewachsen ist, verbindet Fortschritt, Wirtschaftlichkeit und Innovation mit Verlässlichkeit, Verletzlichkeit und Vergänglichkeit. Sie hält die Spannung zwischen den diametralen Polen nicht nur aus, sondern nimmt sie als Herausforderung an und wächst an der kreativen Reibung, die daraus entsteht.

---

14 *Thomas Rentsch, Technische Universität Dresden, „Werden zu sich selbst: Das Altern und die Zeitlichkeit des guten Lebens", Zeitschrift für Praktische Philosophie Band 1, Heft 1, 2014, S. 263–288, www.praktische-philosophie.org*

15 *Thomas Rentsch, ebenda*

SELBST-CHECK:

Stellen Sie sich folgende Fragen:

- *Was nehmen Sie in Ihrem Leben bewusst als endlich wahr? Wie viel Zeit schenken Sie sich selbst, diese Endlichkeit zu genießen und wertzuschätzen?*
- *In welchen Bereichen Ihres Lebens verzichten Sie bewusst auf Flexibilität, um mehr Stetigkeit und Tiefe in Ihr Leben zu integrieren?*

PARADIGMA 3:

Flexibilität heißt, Situationen zu analysieren.

Erinnern wir uns an die Biegsamkeit eines Baumes. Für ihn macht es biologisch keinen Sinn, sich zu neigen und flexibel zu sein, wenn kein Wind weht. Biegung und Elastizität bedeutet nämlich, unter Krafteinwirkung die Form zu verändern und bei Wegfall der einwirkenden Kraft in die Ursprungsform zurückzukehren, um Kräfte zu sparen. Dieser Energieaufwand ist unnötig, sogar schädlich, wenn er grundlos vorgenommen wird. Bäume biegen sich daher situationsabhängig, je nach Windstärke und Windrichtung.

Übertragen auf unsere **Flexibilität** heißt das: Sie **ist an (Lebens-)Situationen gebunden und sollte sich nie auf das Leben als Gesamtes beziehen**.

Situationen sind äußere Ereignisse, die immer im Zusammenhang mit zwischenmenschlichen Beziehungen stehen und daher von jedem von uns anders bewertet und verarbeitet werden. Alvin Toffler vertrat die Auffassung, dass jede Situation aus sechs bestimmbaren Komponenten besteht:

1. **Dingen** (die der Situation einen künstlichen oder naturgegebenen Rahmen geben)
2. **Orten** (keine Situation findet in einem „luftleeren Raum" statt)
3. **Menschen** (jede soziale Situation erfordert mindestens zwei humane Partizipanten)
4. **Strukturelles Netzwerk** (im Business-Kontext sind hier die Unternehmen gemeint)
5. **Informations-Geflecht** (zu jeder Situation liegen bestimmte Informationen vor – oder auch nicht)
6. **Dauer** (jede Situation hat einen Anfangs- und Endpunkt und nimmt eine gewisse Zeit in Anspruch)

Unsere Arbeits- und Wirtschaftswelt wurde in den letzten Jahren und Jahrzehnten zunehmend vernetzter, internationaler und digitaler. Folglich sind auch unsere Arbeits-Situationen komplexer geworden. Während eine Situation früher auf einen Ort begrenzt war, können heute mehrere Orte weltweit involviert sein. War die Belegschaft früher lokal, regional oder national zusammengesetzt, durchdringen heute mitunter so viele Nationen die Mitarbeiterschaft, dass die Geschäftssprache plötzlich Englisch ist – und nicht mehr Deutsch. Team-Meetings finden nicht mehr im Büro nebenan statt, sondern als Video-Konferenzen mit Teilnehmenden aus der ganzen Welt. Die Team-Mitglieder bringen unterschiedliche Verhaltensweisen und Zeitwahrnehmungen mit, andere kulturelle Hintergründe, eine fremde Art zu kommunizieren und Dinge auszulegen. Plötzlich entsteht aus einem einfachen Informations-Abgleich ein komplexes Interaktions-Geflecht. Neben den genannten sechs Komponenten gibt es daher zusätzlich noch weitere Merkmale, die heutige VUCA-Situationen definieren:

KOMPLEXITÄT

Komplexe Situationen zeichnen sich durch viele, voneinander abhängige und miteinander vernetzte Variablen aus mit der Folge, dass viele „Ursache-Wirkung-Beziehungen" bestehen. Die Beeinflussung einer Situationsvariablen hat fast immer auch Auswirkungen auf mindestens eine andere Situationsvariable. Die Komplexität einer Situation stellt daher hohe Anforderungen an die Fähigkeit eines Akteurs, Informationen zu sammeln, zu integrieren und Handlungen zu planen. Der vorhandene Grad an Erfahrung kann die Komplexität reduzieren, muss es aber nicht. Das Kohärenzgefühl und die Analyse der drei Komponenten Verstehbarkeit, Handhabbarkeit und Sinnhaftigkeit/Bedeutsamkeit kann Komplexität reduzieren und die Kompliziertheit lösen. Die vormals diffuse Dynamik bekommt Klarheit.

DYNAMIK (VOLATILITÄT)

Komplexen Situationen liegt immer auch eine starke (Eigen-)Dynamik zugrunde. Geschwindigkeit und Stärke der Dynamik sind höchst unterschiedlich und werden auch von Mensch zu Mensch anders wahrgenommen. Komplexe Situationen haben daher die unangenehme Eigenart, sich schnell und unverhofft verändern zu können. Zusätzlich sind sie in ein Zeitgefüge eigebettet, das häufig zusätzlichen Zeitdruck erzeugt, der wiederum eine völlig eigenständige Dynamik beinhaltet, weil Menschen Zeit individuell unterschiedlich wahrnehmen.

UNKENNTNIS, (FALSCHE) HYPOTHESEN, DILEMMATA, INTRANSPARENZ

Zielsetzungen und Variablen können einander widersprechen, sie können in einem Dilemma münden und in der Folgeabschätzung mitunter völlig intransparent sein. Mehrdeutigkeiten, falsche Hypothesen, Dilemmata und Intransparenz sind in komplexen Situationen systemimmanent. Hier kann und sollte der Versuch unternommen werden zu antizipieren, wie sich die Situation voraussichtlich verändern könnte. Helfen kann Strukturwissen, also das Wissen darüber, wie die einzelnen Variablen einer Situation zusammenhängen und sich gegenseitig beeinflussen. Strukturwissen ist jedoch kontextgebunden. Neue Informationen stören das Bild, gefährden das menschliche Bedürfnis nach (gedanklicher) Sicherheit und sorgen demzufolge für Unsicherheiten hinsichtlich vorzunehmender Handlungen oder Entscheidungen. Die aktive Verweigerung der Informationsaufnahme kann eine sehr verständliche Folge dieses Unsicherheitsgefühls sein.

In vielen Situationen unseres heutigen Arbeitslebens werden von uns Entscheidungen, Urteile oder Lösungen verlangt - oft unter großem Zeitdruck. Jede dieser Situationen ist gekennzeichnet durch die Beziehung, die wir zu den von Alvin Toffler genannten sechs Komponenten haben. Entscheidend ist aber auch unsere individuelle Wahrnehmung, wie komplex, dynamisch und intransparent uns eine Situation erscheint.

Jede Situation ist also nicht nur einzigartig, sondern auch zutiefst persönlich.

Flexibilität heißt an dieser Stelle, Situationen, die uns zu überfordern drohen oder die von uns eine hohe Entscheidungskompetenz mit vielleicht weitreichenden Folgen verlangen, kritisch zu analysieren. Welche Komponenten sind uns bekannt und vertraut? Welche durchschauen wir? Wo finden wir Unterstützung und Sicherheit? Und wie gehen wir mit der Komplexität, Dynamik und Intransparenz um, die diesen Situationen innewohnt? Welche Risiken sind für uns überschaubar und tragbar – und welche nicht?

SELBST-CHECK:

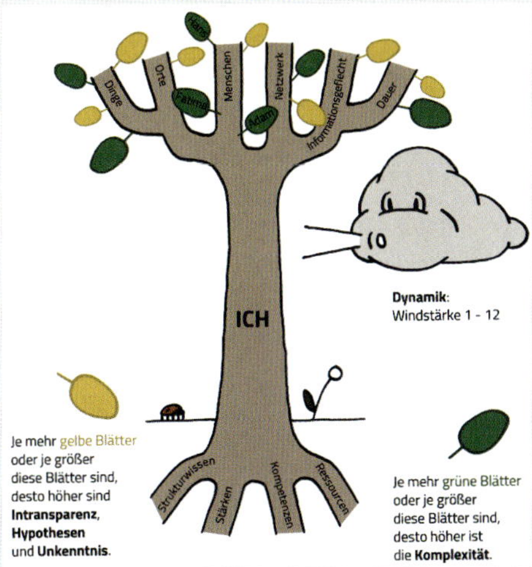

*Der „**Entscheidungsbaum**" kann Ihnen helfen, komplexe Situationen visuell darzustellen.*
*Der **Stamm** sind Sie. Aus dem Stamm heraus wachsen **sechs Äste**, nämlich die von Toffler genannten Situations-Komponenten. An jedem dieser Äste können Sie einzelne Situationskomponenten als **grüne Blätter** einzeichnen, wenn Ihnen die Komponenten bekannt sind.*
Am Ast „Menschen" tragen Sie zum Beispiel für jede an dieser Situation beteiligte Person ein Blatt mit dem jeweiligen Namen ein.

Wären „Adam“, „Hans“ und „Fatima“ in Ihrem Projektteam, würden an diesem Ast also drei Blätter wachsen. Sie können die Blätter auch größenmäßig unterscheiden. Wenn z.B. „Adam“ nur teilweise dem Projekt zugeordnet ist, könnte er ein kleineres Blatt bekommen als „Fatima“, die mit ihrer Kernkompetenz und Erfahrung für das Projekt erfolgsentscheidend ist.
Neben den grünen Blättern können Sie an jedem Ast auch **gelbe Blätter** *einzeichnen. Diese Blätter stehen für Hypothesen, Unkenntnis, Dilemmata, oder Intransparenz, die einem einzelnen Situations-Ast zugeordnet werden können. Erneut können Sie die Blätter je nach Gewichtung oder Problematik unterschiedlich groß zeichnen. Auch hier gilt jedoch: Ein Blatt pro Situationskomponente.*
Im ***Wurzelwerk*** *erfassen Sie alles das, was Sie in dieser komplexen Situation „nährt“: Strukturwissen, Stärken, Kompetenzen und Ressourcen. Schließlich bestimmen Sie noch die* ***Dynamik der Situation*** *– in diesem Fall die Windstärke von 1 (schwacher Wind) bis 12 (Orkan). Wie viel Biegsamkeit erfordert die komplexe Situation, vor der Sie stehen?*

Betrachten Sie Ihren Entscheidungsbaum am Ende: Wie viele grüne und gelbe Blätter hat er? Wie groß oder klein sind sie? Wie dicht oder dünn ist das Wurzelwerk, das dem Baum Halt gibt und welcher Windstärke müssen Sie sich stellen? Wie flexibel wollen oder können Sie jetzt sein? Wie fällt Ihre Entscheidung aus?

PARADIGMA 4:

Flexibilität braucht Wurzeln.

Die Strukturen unseres modernen Lebens sind herausfordernd. Multioptionen, die Zunahme an Eigenverantwortung in allen Bereichen des täglichen Lebens, technologische (R)Evolutionen, eine hohe Dynamik und ein nicht enden wollender Wettbewerbs- und Innovationszwang üben massiven Druck auf alle gesellschaftlichen Systeme aus und machen auch vor jedem Einzelnen keinen Halt. Die Forderung nach (noch) mehr Flexibilität mutet oft geradezu zynisch an, wenn das Gefühl des Driftens – des scheinbar ziellosen Dahintreibens – zunimmt und in vielen Bereichen des Lebens einen ungesunden Sog entfaltet.

In einem „**hypernervösen Zeitalter**“[16] die Nerven zu bewahren und die eigene Autonomie zu schützen, fällt daher zu Recht schwer und ist vor dem Hintergrund der bisherigen Definition von Flexibilität kaum möglich. Flexibilität im Futability®-Circle braucht daher Wurzeln, um der gefühlten und tatsächlichen Entwurzelung vorzubeugen.

16 *Kerstin Knipp, „Innere Mobilisierung – Warum wir so nervös sind“, www.eilkrankheit.de*

In der Biologie geben Wurzeln nicht nur Halt, sondern sind zugleich auch ein Organ der Nahrungsaufnahme. Als Wurzel wird aber häufig auch etwas bezeichnet, worauf eine Ursache zurückzuführen ist. Die „Wurzel des Übels", oder die „Wurzel des Problems". Im Futability®-Circle bedienen wir uns erneut des Bildes eines Baumes, der sich im Wind biegt. Unseren Fokus richten wir jetzt jedoch auf das nährende und Halt gebende Wurzelwerk, in diesem Fall die „**Wurzel unseres Seins**".

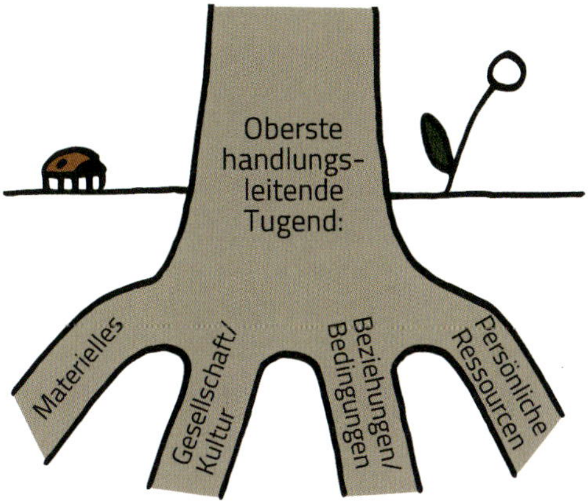

Wenn sich soziale und menschliche Systeme einem permanenten Druck ausgesetzt sehen, müssen wir – um gesund zu bleiben – diesem zerstörerischen Druck dauerhaft (Wurzel-)Kraft entgegensetzen, um handlungsfähig zu bleiben und uns weiterentwickeln zu können. Der amerikanische Professor und Pädiater Thomas Boyce prägte in den 70er-Jahren den Begriff des „Permanenzgefühls" und verstand darunter „den Glauben oder die Wahrnehmung, dass bestimmte zentrale, wertvolle Elemente der Lebenserfahrung stabil und überdauernd sind."[17] Unser Umfeld kann auf das **Permanenzgefühl** unseres Wurzelgeflechts positiv einwirken. Wie stark jedoch der Halt ist und wie groß das Wurzelwerk wird, liegt einzig bei uns und in unserer Verantwortung. Unsere (Wurzel-)Kraft zu pflegen ist eine unserer wichtigsten Lebensaufgaben, denn in einer volatil gewordenen Welt wächst das Bedürfnis nach Permanenz: Nach Stabilität und Fixpunkten, nach Wurzeln, die Verlässlichkeit geben, denn Verlässlichkeit schafft Vertrauen und Vertrauen reduziert die Komplexität.

Unser Wurzelwerk umfasst **vier elementare Leitbündel**, die in den **Stamm** münden. Die vier Leitbündel lehnen sich an die von Aaron Antonovsky definierten **generalisierten Widerstandsressourcen** („GRR – general resistance ressources") an, die uns gegen Stressoren jeder Art widerstandsfähig machen und die wir für eine gesunde Entwicklung brauchen.

Die Widerstandsressourcen ermöglichen einen konstruktiven Umgang mit Stress und erfüllen daher zwei Funktionen: Zum einen prägen sie kontinuierlich unsere Lebenserfahrungen und stärken im besten Fall dadurch unser Kohärenzgefühl. Zum anderen können die Widerstandsressourcen aktiviert werden, wenn es für die Bewältigung einer stresshaften (Veränderungs-)Situation notwendig ist („**Coping**"). Stressoren können ihr gesundheitsschädigendes Potenzial dann nicht entfalten, wenn einer Person ausreichend Widerstandsressourcen zur Verfügung stehen – das Wurzelwerk also breit ausgefächert und verzweigt ist.

17 *Aaron Antonovsky, „Salutogenese – Zur Entmystifizierung der Gesundheit", S. 52*

Unter dieses Leitbündel fallen materieller Wohlstand, Besitz und Geld. Unsere materielle Kultur und unser Umgang mit ihr scheinen sich jedoch zu wandeln. Schon lange sind Gebrauchsgegenstände nicht mehr zwingend Teil unseres kulturellen Erbes. Damit verändern sich Wertigkeiten, Identitäten und Statusdenken. Erhart Kästner, Autor des Buches „Aufstand der Dinge", kritisierte schon in den 70er-Jahren den modernen Umgang mit den Dingen, die nur noch als funktionierend gesehen wurden. Die Dinge „in ihrer Art wirklich wahrzunehmen, braucht Zeit und Vertrautheit mit den Dingen."[18] Kästner bemängelte – ähnlich wie Toffler – den Verlust der Sensibilität für Dinge.

Geld und materieller Besitz können Freude bereiten, Sicherheit geben und damit zu unserem Wurzelwerk beitragen – allerdings nur bis zu einem gewissen Grad, bevor sie uns unglücklich machen.

„Statt immer mehr zu wollen, werden die Menschen bescheidener und genügsamer. Sie lernen, den Wert der Dinge wieder zu schätzen."[19] Stephanie Rosenbloom von der New York Times interviewte zu diesem Thema vor einiger Zeit bekannte Glückspsychologen[20]. Das Ergebnis: Konsumenten wollen zurück zum Einfachen und Wahren, denn Kaufen macht nicht glücklich, zumindest langfristig nicht. Glücklicher machen stattdessen Urlaub, Freizeit, Hobbys – oder eine glückliche Ehe, fand Thomas DeLeire, Professor an der University of Wisconsin heraus. Freizeitaktivitäten schützen Menschen vor Einsamkeit und erhöhen ihre Interaktionen mit anderen. Auch Helga Dittmar, Assistenzprofessorin für Psychologie an der britischen Universität von Sussex, forschte gemeinsam mit Kollegen zum Materialismus[21]. Sie gingen der Frage nach, wie Materialismus und Wohlbefinden zusammenhängen und werteten dazu 151 Studien aus, die zwischen 1980 und 2013 zum Thema erschienen. Das Ergebnis: Eine rein materialistische Einstellung macht unglücklich. Materialisten gaben häufiger an, dass ihnen Verbundenheit zu anderen und Eigenständigkeit fehlten. Durch ihr Streben nach Geld und Besitz vernachlässigten sie Beziehungspflege und ihr Bedürfnis nach Fähigkeitserwerb. Außerdem leiden sie häufiger unter Kaufsucht, kritisieren sich selbst, rauchen und trinken häufiger, sind seltener fröhlich und fühlen sich insgesamt nicht gut.

---

18 *www.materielle-kultur.de/aufstand_der_dinge.html*

19 *Kerstin Ullrich, Christian Wenger, „Vision 2017 – Was Menschen morgen bewegt", 2008, S. 56*

20 *www.nytimes.com/2010/08/08/business/08consume.html?_r=2&scp=1&sq=but%20will%20it%20make%20you%20happy&st=cse*

21 *Helga Dittmar, Rod Bond, Megan Hurst (University of Sussex) & Tim Kasser (Knox College). (2014). The Relationship between Materialism and Personal Well-Being: A Meta-Analysis [Abstract]. Journal of Personality and Social Psychology, 107, 879-924.*

SELBST-CHECK:

Vervollständigen Sie Ihr Wurzelgeflecht:
Überlegen Sie, welche materiellen Dinge für Sie wichtig und unersetzlich sind. Welcher Besitz macht Sie glücklich? Welche materiellen Dinge verschaffen Ihnen ein Gefühl von Sicherheit und Stabilität? Überlegen Sie auch, auf welche materiellen Dinge Sie leichten Herzens verzichten könnten, ohne dass Ihr Gefühl von Sicherheit und Stabilität beeinträchtigt wird.

2. LEITBÜNDEL: GESELLSCHAFT/KULTUR

„Multi" ist der Appendix unserer globalisierten Welt und in der Tat verwöhnen uns gerade die westlichen Industriegesellschaften mit Multi-Optionen, Multi-Karrieren oder Multi-Kulturen. Auf „Multi" wollen wir nicht mehr verzichten, „Multi" wird aber in einer Welt der permanenten Veränderung zunehmend auch als fragwürdig und anstrengend angesehen. Nicht umsonst können wir vermutlich momentan einen steigenden Anstieg nationalistischer Tendenzen in allen Ländern der Europäischen Union beobachten. Doch die Wiederentdeckung nationaler Grenzen löst nicht die Probleme der Zukunft. Ohne „Multi" werden wir nämlich die kommenden Herausforderungen nicht bewältigen können.

Wir müssen allerdings lernen, uns auf diese Vielfalt einzulassen und mit ihr zu leben. Sämtliche Gesellschaften der Welt versagen hier momentan geradezu grandios. Integrationen scheitern unter anderem deswegen, weil „Gesellschaft und Kultur" nicht als elementare Wurzel unseres Seins begriffen, sondern selbstverständlich als gegeben hingenommen werden. Wir alle sind jedoch mit unserer Geburt Teil einer Gesellschaft, Teil einer Nation und Teil einer Kultur, die sich aus Politik, Religion, Werten und Traditionen formt.

Die Kultur beeinflusst uns, unser Denken und Handeln. Für Geert Hofstede, emeritierter Professor für Organisationsanthropologie und Internationales Management an der Universität Maastricht ist Kultur die „gemeinschaftliche Programmierung des Selbst, die die Mitglieder eines Kulturraums (z. B. eine Nation) miteinander teilen."[22]

Mit dem Berufseintritt werden wir zusätzlich Teil einer weiteren Kultur, der Unternehmenskultur. Und auch hier sind wir – ob wir wollen oder nicht – wieder mit „Multi" konfrontiert: Wir haben erneut Multi-Optionen, können Multi-Karrieren wählen und müssen uns nicht selten mit Multi-Jobs auseinandersetzen. Das ist herausfordernd, nicht immer einfach und selten konfliktfrei. Nicht umsonst spielen die Einführung von Führungs-Kultur, Fehler-Kultur oder Diversity-Kultur eine so große Rolle in den Unternehmen. Und nicht ohne Grund sind die Unternehmen, die keine dieser Kulturen pflegen, weniger innovativ, weniger erfolgreich und weniger attraktiv als Arbeitgeber.

22 *www.wirtschaftspsychologie-aktuell.de/strategie/strategie_20100617-kulturelle-werte-bei-der-arbeit.html*

Unser (Da-)Sein in kulturellen Gesellschaften und Organisationen bedeutet, dass wir auf sie Einfluss nehmen können. Wir können mit ihnen und an ihnen wachsen und unser Wurzelgeflecht vergrößern, damit Integration (anderer Gesellschaften und Kulturen) möglich wird. Kulturelle Werte können uns in einer volatilen Welt Halt und Stabilität geben und gleichzeitig zu Verbindungen mit anderen führen. Inwieweit wir uns in Gesellschaft und Kultur einbringen, entscheiden wir natürlich jederzeit selbst. Viel spricht jedoch dafür, dass gesellschaftliches Engagement nicht nur für mehr Halt sorgt, sondern gleichzeitig auch zu mehr sozialer Kompetenz führt. Das ergab zumindest eine Online-Befragung von Osnabrücker Wirtschaftspsychologen[23]. Sie untersuchten die Auswirkungen vom Ehrenamt und konnten nachweisen, dass ein Ehrenamt nicht nur mit einer stärkeren sozialen Orientierung und Tatkraft einhergeht, sondern auch die Selbststeuerung und das Nachdenken über sich selbst angeregt werden.

SELBST-CHECK:

Vervollständigen Sie Ihr Wurzelgeflecht:
Welche gesellschaftlichen und kulturellen Werte sind Ihnen wichtig? Welche dieser Werte geben Ihnen Stabilität und Sicherheit? Welche dieser Werte transportieren Sie? An welchen Werten arbeiten Sie aktiv mit und an welchen Stellen lassen Sie andere gesellschaftliche und kulturelle Werte zu? Wo kreuzt sich ihr Wurzelgeflecht mit anderen Wurzelgeflechten?

3. LEITBÜNDEL: BEZIEHUNGEN/BINDUNGEN („EMBEDDED INDIVIDUALITY")

Wir leben in einer individualistisch geprägten Gesellschaft. Traditionelle Abhängigkeiten wurden weitestgehend abgelöst durch die **Suche nach Zugehörigkeit** und der entscheidenden Frage, wie die hohen Ansprüche an Individualität in ein Konstrukt der Gemeinschaft und Zugehörigkeit eingebunden werden können. **Wie lassen sich dauerhafte Beziehungen mit dem Gefühl der Freiheit verbinden?** Der Wunsch nach Zugehörigkeit und Wurzeln ist in einer globalisierten Welt, in der sich alles mit allem vermischt und nichts mehr so richtig „irgendwo hin" gehört, schon lange kein Einzelwunsch mehr, sondern zunehmend eine Gesellschaftsfrage. Das Bedürfnis, als Individuum irgendwo „eingebettet" zu sein („Embedded Individuality"[24]), wächst. Berufliche und private Kontakte zu anderen Personen spielen dabei eine große Rolle. Je stärker man diese Beziehungen spürt und wahrnimmt, und umso mehr ein Verlust dieser Kontakte schmerzen würde, desto größer ist die soziale Einbindung und desto mehr Halt verspricht sie. Familie, Freunde und bedeutsame Bezugspersonen im beruflichen wie im privaten Bereich formen dieses Beziehungs-Netzwerk, dienen als soziale Ressourcen und helfen, verlässliche Rückzugsräume zu schaffen. Die Neuropsychologie hat mittlerweile unzweifelhaft

23 *Uwe Peter Kanning & Janine Woike (2015). Sichtung von Bewerbungsunterlagen: Ist soziales Engagement ein valider Indikator sozialer Kompetenzen? [Abstract]. Zeitschrift für Arbeits- und Organisationspsychologie, 59 (1), 1-15.*

24 *Kerstin Ullrich, Christian Wenger, „Vision 2017 – Was Menschen morgen bewegt", S. 40*

bewiesen, dass sich menschliche Beziehungen und Bindungen auf die Ausschüttung des Bindungshormons Oxytocin auswirken. Beziehungen zu anderen Menschen stellen ein Grundbedürfnis unseres Seins dar. Deswegen sind „Menschen mit hoher emotionaler Bindung weniger gestresst, seltener krank, motivierter bei der Arbeit, produktiver und sie wechseln seltener den Job."[25]

SELBST-CHECK:

Vervollständigen Sie Ihr Wurzelgeflecht:
Welche Bindungen und Beziehungen im beruflichen sowie im privaten Umfeld geben Ihnen Stabilität und Sicherheit? Welche Bezugspersonen sind Ihnen wichtig? Auf welche Netzwerke möchten Sie nicht verzichten?

4. LEITBÜNDEL: PERSÖNLICHE RESSOURCEN

Die persönlichen Ressourcen spielten bereits beim Paradigma 3 eine Rolle. In komplexen beruflichen Situationen geben uns Strukturwissen, Stärken, Kompetenzen und Ressourcen Halt und Sicherheit. Die persönlichen Ressourcen haben jedoch noch mehr zu bieten. Antonovsky verstand darunter einerseits die genetische, konstitutionelle und immunologische Ausstattung des Menschen. Andererseits fasste er darunter aber auch die im Laufe des Lebens erworbenen Dispositionen wie Strukturwissen, Stärken, Kompetenzen und Ressourcen, emotionale Stabilität, Ich-Identität, Handlungskompetenzen und soziale Kompetenzen. Zusätzlich sind drei weitere Faktoren Teil der persönlichen Ressourcen, die ich an dieser Stelle etwas genauer vorstellen möchte, denn sie haben starke Auswirkungen darauf, wie resilient Menschen sind, wie gut sie mit Stress umgehen und sich an veränderte Situationen anpassen können.

a. Selbstwirksamkeit

Das Konzept der Selbstwirksamkeitserwartung wurde von dem Psychologen Albert Bandura in den 1970er-Jahren entwickelt. Menschen mit einer niedrigen Selbstwirksamkeitserwartung glauben, dass sie mit ihrem Können und ihren Fähigkeiten nicht viel erreichen können. Sie sehen sich häufiger als Opfer. Ihnen fehlt das Gefühl der Selbstbestimmtheit.

Demgegenüber glauben Menschen mit einer hohen Selbstwirksamkeitserwartung an die Wirksamkeit ihrer Handlungen. Sie sind überzeugt, dass sie fähig sind, zu lernen, mit einer Situation umzugehen oder sich an Veränderungen anzupassen. Ihren Erfolg schreiben sie dem eigenen Können zu, Misserfolg eher dem Zufall. Schaffen sie es, ein schwieriges Problem zu

25 *Kerstin Ullrich, Christian Wenger, „Vision 2017 – Was Menschen morgen bewegt", S. 116*

lösen, schätzen sie ihr Können danach höher ein und gehen beherzter neue Herausforderungen an. Menschen mit einer hohen Selbstwirksamkeitserwartung haben im Regelfall auch ein starkes Kohärenzgefühl und sind in der Lage, ihre Widerstandsressourcen in problematischen oder stressigen Situationen flexibel zu aktivieren.

Auch im Beruf spielt die Selbstwirksamkeit eine große Rolle. Alexander Stajkovic, Professor für Organizational Behavior an der School of Business der University of Wisconsin-Madison, und sein Kollege Fred Luthans veröffentlichten 1998 die vielbeachtete Metaanalyse[26] zur Beziehung zwischen Selbstwirksamkeit und beruflicher Leistung. Sie konnten zeigen, dass Selbstwirksamkeit im beruflichen Kontext Auswirkungen auf die Arbeitsleistung hat. Je überzeugter man vom eigenen Können ist, desto besser ist die konkrete Leistung, die man erbringt. 2009 wies Prof. Dr. Andrea Abele-Brehm von der Friedrich-Alexander-Universität Erlangen-Nürnberg nach, dass die *beruflichen Selbstwirksamkeitserwartungen*[27] die spätere Zufriedenheit mit der eigenen Karriere bestimmen.

b. Vertrauen

Ein durchdringendes, andauerndes und dennoch dynamisches Gefühl des Vertrauens ist elementarer Bestandteil des Kohärenzgefühls von Antonovsky. Vertrauen selbst entsteht schon sehr früh. Babys kommen mit einem Urvertrauen auf die Welt – „ein Vertrauen, mit dem es sich dem Leben anvertraut und sein Leben den Bezugspersonen anvertraut."[28] Wenn Menschen Stimmigkeit mit sich und der Umwelt empfinden, entsteht Vertrauen. Wenn uns Bezugspersonen vertrauen, wächst nicht nur unser Selbstvertrauen, sondern das hat auch Auswirkungen auf unsere Kompetenz. Zu diesem Ergebnis kam eine Arbeitsgruppe von Uta Wilkens vom Lehrstuhl Arbeitsmanagement und Personal der Ruhr-Universität Bochum[29]. Wenn Führungskräfte für Vertrauen und Ressourcen sorgen, sind die Mitarbeitenden besser in der Lage, neue unbekannte Aufgaben und Probleme zu lösen. Vertrauen in uns selbst stärken wir aber auch, wenn wir etwas lernen und mit Erfolg anwenden, wenn wir schwierige Situationen erfolgreich gemeistert oder Mut bewiesen haben. Studien zeigen, dass Vertrauenserleben zu wirklicher Stressreduktion führt. Zusätzlich „eröffnet Vertrauen Perspektiven und ermöglicht Handeln in komplexen und vertrackten Situationen. Aus dem Vertrauen wagt man den Sprung ins Nichts."[30]

26 *www.wirtschaftspsychologie-aktuell.de/lernen/lernen_20090714_Alexander_Stajkovic_Selbstwirksamkeit.html*

27 *www.wirtschaftspsychologie-aktuell.de/lernen/lernen_20090305_Andrea_Abele_Einflussfaktoren_auf_die_Karriere.html*

28 *Theodor Dierk Petzold, „Praxisbuch Salutogenese – Warum Gesundheit ansteckend ist", 2010, S. 143*

29 *Uta Wilkens, Lehrstuhl Arbeitsmanagement und Personal (Hrsg.). (2014). Portal zum Kompetenzmanagement: www.kompetenzmanagement.rub.de*

30 *Herbert Quandt-Stiftung, Gedanken zur Zukunft 19, „Vertrauen – die Bedeutung von Vertrauen für das soziale Kapital unserer Gesellschaft", Heinz Bude, S. 11*

c. Selbstwertgefühl

Das Selbstwertgefühl ist der subjektive Wert, den sich eine Person selbst zuschreibt, sei es in Bezug auf die Persönlichkeit und die eigenen Fähigkeiten, die Erinnerungen an die Vergangenheit, das Ich-Empfinden oder das Selbstempfinden. Methodenkompetenz, Kenntnisse oder Erfahrungen können das Selbstwertgefühl zusätzlich stärken. Ulrich Orth, Professor für Entwicklungspsychologie an der Universität Bern, hat gemeinsam mit Kollegen die Entwicklung des Selbstwertgefühls[31] untersucht. Seine Erkenntnis: Wer arbeitet, seine Arbeit mag und in einer Beziehung lebt, ist sich seines Werts stärker bewusst. Bis zum Alter von 60 Jahren steigt das Selbstwertgefühl an. Erst danach - mit dem Ausscheiden aus dem Arbeitsleben – nimmt es wieder ab.

SELBST-CHECK:

Vervollständigen Sie Ihr Wurzelgeflecht:
Ergänzen Sie Strukturwissen, Stärken, Kompetenzen und Ressourcen. Überlegen Sie zusätzlich: Was mögen Sie an sich? Was empfinden Sie an sich wertvoll? Wer oder was gibt Ihnen (Selbst-) Vertrauen? Welchen Organisationen oder Institutionen vertrauen Sie?

5. STAMM

Die vier elementaren Leitbündel führen in den Stamm. Der Stamm hält Widerständen stand, biegt sich, wenn notwendig, trägt die Krone, die von Jahr zu Jahr wächst und ist bei aller Elastizität von Stamm, Ästen und Blättern über das Wurzelgeflecht fest mit dem Boden verankert. In diesem Stamm steckt ein fundamentales Element, das ihm zusätzlich zu den Wurzeln Halt und Stabilität gibt: Die oberste handlungsleitende Tugend.

Eine Tugend ist eine hervorragende Eigenschaft, eine wichtige und erstrebenswerte Charaktereigenschaft. Etwas ausführlicher werden die Tugenden im Paradigma 9 vorgestellt. Hier soll es im ersten Schritt um die Tugend, also die Charaktereigenschaft gehen, die unsere Handlungen maßgeblich lenkt und beeinflusst. Stellen Sie sich vor, Ihre oberste handlungsleitende Tugend wäre „Respekt". Dann wäre es Ihnen nicht nur wichtig, dass Sie Menschen Respekt zollen, sondern dass auch Sie im Gegenzug respektvoll behandelt werden. Treffen Sie auf Menschen, die diese – für Sie – oberste handlungsleitende Tugend nicht leben, sich also Ihnen und anderen Menschen gegenüber respektlos verhalten, geraten Sie in einen Konflikt. Sie erleben eine schmerzhafte Grenzübertretung hinsichtlich Ihrer Grundeinstellung zum Miteinander, das in allererster Linie respektvoll verlaufen soll. Ihr Handlungs- und Wertesystem gerät nun in

31 *Ulrich Orth (University of Bern), Jürgen Maes (Bundeswehr University Munich) & Manfred Schmitt (University of Koblenz–Landau). (2015). Self-Esteem Development Across the Life Span: A Longitudinal Study With a Large Sample From Germany [Abstract]. Developmental Psychology, 51 (2), 248-259.*

Gefahr. Ist es ein Mensch, dem Sie neutral gegenüber stehen, können Sie eine Grenze ziehen oder den Kontakt abbrechen. Anders sieht es aus, wenn die respektlose Person ein Vorgesetzter ist oder eine Kollegin, mit der Sie zusammen arbeiten müssen. Oder noch schlimmer: Das Unternehmen, in dem Sie arbeiten, pflegt eine generell respektlose Unternehmenskultur.

Fühlen wir uns - aus welchen Gründen auch immer - gezwungen, uns einem Verhalten anzupassen, das unsere eigene Wertehaltung elementar verletzt, macht uns das zutiefst unglücklich, unzufrieden und es schwächt auf Dauer unser Wurzelgeflecht „Selbstwertgefühl". Kennen wir unsere oberste handlungsleitende Tugend nicht, sind viele Konflikte, in die wir geraten, unverständlich. Kennen wir aber unsere elementarste handlungsleitende Tugend, können wir da Grenzen ziehen, wo unser Werte-Kanon verletzt wird.

SELBST-CHECK:

Vervollständigen Sie Ihren Baumstamm:
Was ist Ihre oberste handlungsleitende Tugend?

PARADIGMA 5:

Flexibilität heißt, Muster zu durchbrechen.

Betrachten Sie noch einmal Ihr Wurzelwerk: Wie viele und welche Stärken, Kompetenzen und Ressourcen stehen Ihnen zur Verfügung? Welches Wissen, welches Know-how und welche Erfahrungen nähren Ihren Baum? Je nach Situation, vor der Sie stehen, können Ihnen Ihre Wurzeln ausreichend Halt geben – oder auch nicht. Bläst der Wind in Orkanböen, sind Sie eventuell gezwungen, sich situativ anpassen zu müssen.

Jeder von uns wird bei ganz unterschiedlichen Situations-Komponenten Anpassungsschwierigkeiten haben, die uns zum Beispiel von Reisen in andere Länder wohl bekannt sind und als „Kulturschock" bezeichnet werden. Ein Kulturschock tritt immer dann besonders stark auf, wenn wir – ohne entsprechende Vorbereitung – mit einer fremden Lebensweise konfrontiert werden und die uns vertraute Umgebung einem gänzlich unbekannten und fremdartigen Lebensumfeld weicht. Wir fühlen uns – um beim Bild des Baumes zu bleiben – entwurzelt. Wir wissen aber, dass wir in absehbarer Zeit wieder in unser gewohntes Umfeld zurückkehren. Daher schaffen wir es normalerweise recht gut, uns dem neuen Umfeld anzupassen, weil wir im Laufe unseres Lebens gelernt haben, verschiedene Situationen mit unterschiedlichen Kontexten zu bewältigen. Unser stetig wachsendes Wurzelwerk hat Schritt für

Schritt zu einer **Erweiterung unserer situativen Handlungskompetenz** geführt, sodass wir im Normalfall in jeder neuen Situation unsere Kompetenzen, Stärken, Ressourcen, Erfahrungen und unser Know-how abrufen können. Unser Gehirn hat aus den unterschiedlichen Erfahrungen bestimmte „**Erfahrungs-Muster**" gebildet.

Dazu eine kleine Anekdote: Im Februar 2014 sind wir umgezogen – zum vierten Mal innerhalb von zehn Jahren. Mein damals 10-jähriger Sohn sinnierte nun darüber, wie lange wir wohl in unserem neuen Zuhause bleiben würden und versuchte, unsere vergangenen Umzüge zu rekapitulieren: „Zuerst haben wir in einer Wohnung gewohnt, dann sind wir in ein Haus gezogen, dann wieder in eine Wohnung und jetzt wohnen wir wieder in einem Haus." Es herrschte einige Sekunden angestrengtes Schweigen, dann rief er – fast schon erleichtert: „Hey, das ist ja ein Muster!" In der Tat zeigte unser Umzugsverhalten für ihn ein klares Schema. Anhand dieses für ihn jetzt sehr verständlichen Musters müssten wir uns also logischerweise beim nächsten Umzug wieder eine Wohnung suchen.

„Wir benötigen Bezugsrahmen, um denken zu können. Ohne gedankliche Rahmen sind wir verloren, da alle Gedanken auf Bezugssystemen, Annahmen, allgemein akzeptierten Konventionen und Definitionen fußen."[32] Vereinfacht ausgedrückt: Unser Gehirn ist permanent auf der Suche nach Mustern, um Lernen zu erleichtern, Informationen zu clustern, Komplexitäten zu reduzieren, Erfahrungen zu speichern und wieder abrufen zu können.

Erinnern Sie sich an dieser Stelle noch einmal an das Paradigma 1: Flexibilität heißt Lernen, Lernen heißt Flexibilität. Häufig gebrauchte Verbindungswege zwischen Nervenzellen sind ausgebauter als die weniger gebrauchten. Jedes bewährte Denk- und Verhaltensmuster ist eine gut ausgebaute Nervenbahn in unserem Gehirn. Unserem Gehirn fällt es leicht, in diesen „Bahnen" zu denken.

Durch die Beschleunigung des Wandels wird das Verhältnis zwischen vertrauten und neuen Situationen jedoch radikal und in immer schnellerer Abfolge geändert. Das führt dazu, dass wir viel häufiger als früher eine Neubewertung unseres Arbeitskontextes und unserer Umwelt vornehmen müssen. Das reißt uns jedes Mal aus unseren gewohnten und vertrauten Mustern heraus. Dieses Herausreißen – also das **mentale Anpassen an neue Situationen** – ist vergleichbar mit dem Verlassen einer Autobahn, um auf einem holprigen Feldweg weiterzufahren. Wo vorher mühelos eine hohe Geschwindigkeit möglich war, sorgen nun Schlaglöcher und andere Hindernisse für eine totale Entschleunigung der Reise. Der Feldweg wird erst dann besser befahrbar, wenn die Hindernisse aus dem Weg geräumt sind und die Fahrbahn befestigt wurde. Das dauert jedoch einige Zeit und erfordert Mühe, Einsatzbereitschaft, Geduld und Hartnäckigkeit.

Gary Marcus, Psychologieprofessor an der New York University, teilt unser Denken in zwei Ströme auf[33]:

---

32 *Alf Rehn, „Gefährliche Ideen", S. 34*
33 *Ausführlich beschrieben in: Gary Marcus, „Murks - Der planlose Bau des menschlichen Gehirns", 2009*

1. **Das Reflexsystem (kontextuelles Gedächtnis):**
   Es agiert schnell, automatisch, unbewusst und hilft bei der Bewältigung alltäglicher Situationen.
2. **Das Reflexionssystem:**
   Es ist zuständig für Logik, Objektivität, bewusste Entscheidungen und hilft uns beim Umgang mit neuen Herausforderungen.

Problematisch dabei ist aus seiner Sicht, dass das Reflexionssystem entwicklungsgeschichtlich dem dominanten Reflexsystem nachgeschaltet ist. Automatismen drängen sich daher immer in den Vordergrund. Das Reflexsystem sorgt dafür, dass wir unserem Gedächtnis Informationen entnehmen, die in einem Kontext (Muster in Form von Erinnerungen, Anhaltspunkten oder Zusammenhängen) abgespeichert wurden – unser sogenanntes Strukturwissen, das wir aus der Analyse komplexer Situationen kennen. Die Kontextbindung funktioniert aber nur dann wirklich gut, „wenn die Situation, in der wir eine bestimmte Information brauchen, derjenigen gleicht, in der wir die Information gespeichert haben – wohingegen sie uns in die Quere kommt, wenn eine Diskrepanz zwischen den vergangenen und den aktuellen Umständen besteht."[34]

Je mehr wir also unter (Veränderungs-)Druck stehen, desto stärker klammern wir uns an Vertrautes und Bekanntes („**Vertrautheitseffekt**"). Just in dem Moment, wo wir also flexibel und offen reagieren müssten, gewinnen vertraute Muster eine wachsende Bedeutung.

Die Kontextbindung unseres Gedächtnisses erweist sich daher in unserem volatilen Arbeitsalltag zunehmend als Stolperstein, denn sie hat die Schnelllebigkeit der Moderne entwicklungsgeschichtlich noch nicht eingeholt. Spätestens mit der Verbreitung der Wissensarbeit gehören „Routine-Jobs" zu einer aussterbenden Art – aber noch immer benötigt unser Gehirn die Mustererkennung zur Erinnerung, Vereinfachung, Clusterung und Bewältigung von Situationen.

Flexibilität heißt nicht, die Muster vollständig aufzugeben. Das würde jede Effizienz untergraben. Allerdings stehen wir vor der persönlichen Herausforderung:

1. zu erkennen, welche Denk- und Verhaltensmuster in unserem persönlichen Kontext nicht mehr ökonomisch sind oder uns sogar blockieren
2. individuelle Strategien zu entwickeln, die uns helfen, unser Reflexionssystem zu stärken

An der Stelle hilft es, sich erneut das Paradigma 1 in Erinnerung zu rufen: Unser Gehirn ist in der Lage, mentale Muster zu durchbrechen, Neues zu lernen und alte Datenverbindungen aufzugeben, wenn deren Nutzung sich als nicht mehr zweckmäßig erweist. In sehr vielen Fällen kann es tatsächlich helfen, ein oder zwei Nächte über einem Problem zu schlafen, um aus dem Reflexverhalten in einen Reflexionsmodus zu rutschen.

---

34 *Gary Marcus, „Murks - Der planlose Bau des menschlichen Gehirns", S. 39*

Mittel- und langfristig hilft aber auch, sich das am Anfang des Kapitels vorgestellte paradoxe Verhalten anzugewöhnen, denn das Reflexverhalten kommt immer dann besonders stark zum Tragen, wenn wir unter Druck – also unter Stress – stehen. Je mehr Strategien wir hypothetisch durchspielen, umso gelassener können wir in Extremsituationen reagieren und umso schneller rutschen wir auch hier wieder vom Reflexmodus in den Reflexionsmodus. Eine neue Datenverbindung ist gelegt, die durch Lernen und neue Erfahrungen ausgebaut werden kann. Mit der Zeit lernt unser Gehirn, dass bestimmte Situationen nicht mehr zwingend Stress und Druck auslösen müssen.

PARADIGMA 6:

Flexibilität bedingt Kreativität bedingt Flexibilität.

1991 nahm Christopher Henshilwood in der Blombos-Höhle in Südafrika seine Arbeit auf. Und was er dort wenige Jahre später entdeckte, ist nicht unumstritten, aber sensationell. So sensationell, dass die Menschheitsgeschichte umgeschrieben werden könnte. Henshilwood und sein Team fanden nicht nur mit abstrakten Ritzzeichnungen versehene 77.000 Jahre alte Ockersteine, sondern auch die Überreste einer mit Ockerfarbe verzierten Schmuckkette, zuletzt getragen vor vermutlich 75.000 Jahren. Sollte die Datierung korrekt sein, wären diese Artefakte fast doppelt so alt wie die bisher gefundenen kulturellen Überreste längst vergangener Kulturen. Die Wiege des modernen Menschen wäre also nicht nur hinsichtlich seiner anatomischen Gestalt, sondern auch hinsichtlich seiner kognitiven Fähigkeiten auf dem zweitgrößten Erdteil der Welt zu finden.

Wissenschaftler streiten darüber, ob Henshilwoods Funde die Notwendigkeit der Umschreibung unserer Menschheitsgeschichte markieren oder nicht. Seine Ausgrabungen stellen bislang die einzigen kulturellen Nachweise dieser Zeitepoche dar und sind damit aus Sicht vieler nicht geeignet, einen generellen Trend oder eine Neuschreibung zu rechtfertigen. Die Kumulation kreativ-künstlerischer Pionierleistungen fand nämlich zu einem späteren Zeitpunkt statt.

Ob aus Elfenbein geschnitzte Figuren von Wildpferd, Mammut, Bär oder Leopard, der „Löwenmensch" aus der Hohlenstein-Stadel-Höhle oder das älteste Musikinstrument der Welt, eine Flöte aus Schwanenknochen - sie alle können auf 35.000 bis 40.000 Jahre vor unserer Zeit datiert werden. Die Häufung dieser künstlerischer Funde, die ein hohes Maß an Kreativität bewiesen, legen nahe, dass die Menschheitsentwicklung vor rund vierzig Jahrtausenden einen gewaltigen Sprung gemacht hat: Der „**kreative Big Bang**" – die bedeutendste **kognitive (R)Evolution**, der Ursprung unserer heutigen Denk- und Wahrnehmungsvorgänge, welche die Grundlage aller Kulturen weltweit bildet. Und das, obwohl die anatomischen Voraussetzungen wie Schädelform, Gehirngröße und –bau, für diesen kognitiven Sprung schon seit mindestens 100.000 Jahren angelegt waren. Und genau an dieser Stelle entwickelt sich eine hochinteressante Frage, die bis heute nicht eindeutig geklärt ist: Wie konnte es zu diesem Entwicklungsschub kommen – und warum?

Kunst ist die symbolträchtigste Variante menschlichen Verhaltens und ein radikales Merkmal, das den modernen Menschen von früheren, archaischeren Menschenformen unterscheidet. Die Herstellung von Malereien oder Schmuck, das Mischen von Farbe oder das Ritzen von Symbolen erfordert nicht nur Kreativität und abstraktes Denken. Damit Kunst eine soziale Bedeutung bekommen kann, müssen Menschen in der Lage sein, sich miteinander über deren Symbolgehalt und Bedeutung zu verständigen.

Um künstlerisch tätig zu sein, benötigte der moderne Mensch, der vor rund 40.000 Jahren die Weltbühne betrat, also deutlich andere Fähigkeiten als die Frühmenschen. Der Brite Steven Mithen, Professor für Vor- und Frühgeschichte an der University of Reading und Experte auf dem Gebiet der kognitiven Archäologie, versucht in seinen Forschungen, archäologische Funde mit neueren Erkenntnissen der Hirnforschung und Entwicklungspsychologie in Einklang zu bringen. In dem Artikel „Durch Mutation in die Moderne"[35] vergleicht er das Gehirn eines Neandertalers, aus dessen Zeit es – zumindest bis heute – keine nachweislichen Beweise künstlerischen Handelns gibt, mit dem Aufbau eines Schweizer Taschenmessers.

Die unterschiedlichen Reize, die wir tagtäglich aufnehmen, werden nach den Erkenntnissen der Entwicklungspsychologie im Gehirn in verschiedenen, eigens dafür zuständigen Modulen verarbeitet, beispielsweise in einem Modul für Sprache, für physikalisch-technische Vorgänge, für Lebewesen oder für soziale Beziehungen.

Auch das Gehirn des Neandertalers verfügte über diese Module, allerdings konnte bei ihm jedoch – wie bei besagtem Schweizer Taschenmesser – immer nur eines aktiviert und genutzt werden. Erst der moderne Mensch war, so die Hypothese von Mithen, in der Lage, die Einzelmodule situativ miteinander zu verbinden und fluide Übergänge zu schaffen. Diese sogenannte **kognitive Fluidität** (cognitive fluidity) ermöglichte das Denken und Wissen in neuen Zusammenhängen. Erst die **flexible Verbindung** zwischen unterschiedlichen „Schubladen" im Gehirn inspirierten kreative Handlungen wie zum Beispiel das Malen von Bildern oder das Herstellen von Schmuck. In beiden Fällen werden nämlich die technischen Fähigkeiten des Malens oder Schmuckfertigens in einem sozialen Kontext genutzt.

Die Fähigkeit der kognitiven Fluidität alleine erklärt jedoch noch nicht, warum der „moderne Mensch" den Neandertaler ablöste. Richard Klein, Professor an der Universität Stanford und einer von Henshilwoods schärfsten Kritikern, glaubt, der Zivilisationsursprung liege in der Reorganisation des Gehirns aufgrund einer genetischen Spontan-Mutation im Erbgut der anatomisch modernen Afrikaner begründet. Diese Mutation hätte rasch zu einem Selektions-

35 *www.wissenschaft.de/archiv/-/journal_content/56/12054/1571882/Durch-Mutation-in-die-Moderne/*

vorteil geführt. Kleins Idee lässt sich jedoch weder beweisen noch widerlegen. Interessanter sind daher die Thesen anderer Anthropologen, die vermuten, dass der „kreative Big Bang" das Ergebnis einer lange andauernden Entwicklung der menschlichen Sprache war, denn die Fähigkeit zu sprechen, kommt einem evolutionären Urknall nahe.

Während uns die Kognition die Fähigkeit gibt, Dinge in Beziehung zu setzen, in „Was wäre wenn"-Kategorien zu denken und Erfahrungen zu abstrahieren, fördert Sprache den (kulturellen) Austausch und macht es überhaupt erst möglich, über die eigenen Vorstellungen, Gedanken und Ideen mit anderen Menschen zu reden. Über Sprache können gemeinsame Werte und Normen transportiert und soziale Konstrukte erschaffen werden. Eine Kultur bildet die Voraussetzung dafür, dass Menschen effizient in Gruppen zusammen arbeiten und damit wesentlich schneller und flexibler auf neue Herausforderungen reagieren können.

Die flexible Anpassung an verschiedene Lebensräume und veränderte Umweltbedingungen war durch den Spracherwerb nicht nur möglich, sondern gleichzeitig auch Grundlage für den Erfolg des „modernen Menschen". Dem evolutionären Druck einer sich ständig verändernden Umwelt konnte gemeinsam begegnet werden. Kreative Lösungen waren möglich, weil die Sprache den Menschen plötzlich erlaubte, die richtigen Fragen zu stellen und (Sinn-)Zusammenhänge zu erklären. Wissen und Erfahrungen gingen nicht mehr verloren, sondern konnten mithilfe von Sprache, Kunst und Musik an die nächste Generation weitergegeben werden. Ein „**Kreislauf der Kreativität**" entstand, denn heute wissen wir, dass Kreativität neurobiologisch als „Neuformation von Informationen" verstanden werden kann. Im weitesten Sinne ist Kreativität die Fähigkeit, (Wissens-)Lücken durch die Schaffung von neuen Sinnbezügen oder spielerischer Theoriebildung zu schließen. Die Grundlage dafür ist, Informationen überhaupt neuronal speichern und flexibel wieder abrufen zu können, denn Kreativität kann nur entzünden, was schon im Gedächtnis vorhanden ist. Das evolutionäre Aufschließen der mentalen Schubladen, die Fähigkeit, deren Inhalte neu zu kombinieren und sich sprachlich darüber auszutauschen, verschaffte dem „modernen Menschen" radikale Vorteile und bugsierte ihn innerhalb kurzer Zeit an die Spitze der Evolution.

Kreative Problemlösungen sind übrigens – bis heute – ohne den Gebrauch von Sprache kaum möglich und überhaupt nicht effektiv. Und ohne die Fähigkeit zur Kreativität können wir die in der heutigen Arbeitswelt geforderte geistige Flexibilität nicht erbringen. **Geistige Flexibilität und Kreativität sind zwei Seiten einer Medaille.** Sie bedingen sich gegenseitig. Der „kreative Big Bang" vor 40.000 Jahren zeigt das deutlich.

Die uns evolutionsgeschichtlich vererbte kognitive Fluidität haben wir jedoch in vielen Bereichen erfolgreich aus unserem Alltag gedrängt – und zwar schon von frühester Kindheit und Jugend an. Unser Bildungssystem gleicht dem von Mithen beschriebenen Schweizer Messer: Wir sind zwar zum schubladenübergreifenden Denken in der Lage und bräuchten es auch dringend in einem aktivierten Zustand! In unserem Schul- und Ausbildungssystem wird es jedoch konsequent abtrainiert. Die Schublade „Mathematik" wird nicht kombiniert mit der für „Musik". Die Schublade der „Naturwissenschaften" wird unabhängig von der für „Sozialwissenschaften" geöffnet. Kreative Fähigkeiten und flexibles Denken finden in keiner Weise Niederschlag in Benotung und Leistungsbewertung. Doch damit nicht genug.

Auch in vielen Unternehmen herrschen Verhältnisse wie in einem Neandertaler Gehirn: Abteilung A hat mit Abteilung B und C nur insofern zu tun, weil sie zufällig unter der gleichen Firmenadresse zu erreichen sind. Fluides Miteinander und ein kreativer Austausch finden so gut wie nie statt. Da ist es kein Wunder, dass in vielen Unternehmen nicht nur die Kreativität auf der Strecke bleibt, sondern auch die so viel beschworene Flexibilität.

Mihály Csíkszentmihályi, emeritierter Professor für Psychologie an der University of Chicago und Erfinder des „**Flow**"[36], hat die Verbindung von Kreativität und Flexibilität in einem Satz perfekt zusammengefasst: *„Kreative Menschen verfügen über die erstaunliche Fähigkeit, sich fast jeder Situation anzupassen und sich mit dem zu behelfen, was gerade zur Verfügung steht, um ihre Ziele zu erreichen."*[37] Ich füge allerdings noch einen weiteren Satz hinzu: *„Man muss sie nur lassen!"*

Xiao-Ping Chen, Professorin für Management an der Universität Washington, hat in einer Studie herausgefunden, dass Autonomie – also die Möglichkeit zur Selbstbestimmung – Kreativität freisetzt[38]. Und ihre Kollegin, Nora Madjar von der Universität Connecticut, stellte in einer wissenschaftlichen Untersuchung[39] fest, dass Angepasstheit im Sinne von Konformität Menschen hemmt, neue, flexible und nichtkonforme Wege zu gehen. Das Ergebnis: Mehr Routine und deutlich weniger Kreativität.

Die Evolution hat uns – ob durch zufällige Mutation oder lange Entwicklung – ein wunderbares Geschenk gemacht: Wir sind die einzige Spezies der Welt, die nicht nur mit einem Gehirn ausgestattet ist, das uns die Fähigkeit zum kognitiven Denken ermöglicht, sondern zusätzlich auch noch die anatomischen Voraussetzungen erfüllt, um aus unartikulierten Lauten Wörter und Sätze bilden zu können. Kognitives Denken in Verbindung mit Sprache wenden wir erst vergleichsweise kurz an – aber selbst ein Rückblick auf mindestens 40.000 Jahre Menschheitsgeschichte sollten uns ermutigen, diese Fähigkeiten nicht brach liegen zu lassen, denn das können wir uns nicht leisten!

36 *Der Begriff „Flow" bezeichnet das Gefühl der völligen Vertiefung und des Aufgehens in einer Tätigkeit. Vergleichbar etwa mit einem Schaffens- bzw. Tätigkeitsrausch.*

37 *Mihály Csíkszentmihályi, „Kreativität – Wie Sie das Unmögliche schaffen und Ihre Grenzen überwinden", 1997, S. 80*

38 *Dong Liu and Xiao-Ping Chen [University of Washington] & Xin Yao [University of Colorado at Boulder] (2011). From Autonomy to Creativity: A Multilevel Investigation of the Mediating Role of Harmonious Passion (Abstract). Journal of Applied Psychology, Vol. 96, No. 2, 294-309.*

39 *Nora Madjar (University of Connecticut), Ellen Greenberg (Sofia University) & Zheng Chen (University of South Florida). (2011). Factors for Radical Creativity, Incremental Creativity, and Routine, Noncreative Performance (Abstract). Journal of Applied Psychology, Vol. 96, No. 4, 730–743.*

Seit Entstehung der Welt befinden sich alle Lebewesen in einem **evolutionären Wettrüsten** – auch wenn uns das unsere hochtechnologisierte Welt leicht vergessen macht. Doch der Anpassungsdruck ist nach wie vor da – im Tier- und Pflanzenreich ebenso wie in unserer menschlichen Kultur.

Und gerade hier wird das evolutionäre Wettrüsten schon lange nicht mehr nur auf biologischer Ebene geführt, sondern seit mindestens 40.000 Jahren vor allem auch auf kognitiver. Damit hat der Anpassungsdruck eine zutiefst persönliche Komponente erhalten, denn ein Großteil der Anpassungsleistung, die von uns erwartet wird, sollen und müssen wir heute in Eigenregie erbringen.

Dass wir dazu in der Lage sind, zeigt die Geschichte. Die Technologiesprünge der letzten 250 Jahre, Erfindungen in der Medizin oder Kunst und Musik, wären ohne unsere Fähigkeit zur Kreativität nicht möglich gewesen. Unsere Fähigkeit zur Kreativität wird es uns auch in Zukunft ermöglichen, flexibel zu reagieren, wenn die Anzahl unstrukturierter Probleme weiter zunimmt und zu vielen dieser Probleme die Lösungen fehlen. Wir sind bestens ausgestattet, unser vorhandenes Wissen gedanklich von einer Schublade in die nächste zu packen und je nach Anlass neu zu ordnen. Geistige Flexibilität, den Nährboden für Kreativität, müssen wir nicht erlernen, wir sollten sie nur wieder aktivieren und in unser Leben integrieren.

SELBST-CHECK:

Ihre Hausaufgabe für die nächsten Wochen und Monate:
Überlegen Sie sich ein oder zwei Gewohnheiten, die Sie verändern können, um mehr Flexibilität und Kreativität in Ihrem Alltag zu kultivieren.

Damit an dieser Stelle kein (neuer) Stress entsteht, schiebe ich noch folgende Hinweise nach: Kreativität bedeutet nicht, den Picasso zu mimen oder ein zweiter Einstein zu werden. Die Forschung unterscheidet mittlerweile zwischen sogenannter ***„Alltagskreativität"*** *(„everyday creativity" oder auch „little c") und* ***bahnbrechenden, schöpferischen Leistungen*** *(„Big C"). Letztere kennen wir alle. Diese Form der schöpferischen Leistung ist jedoch – verglichen mit der „Alltagskreativität" – sehr selten. „Alltagskreativität" klingt leicht abwertend und so, als ob sie lediglich eine kleine Spielerei zwischen Hausarbeit, Job und Kindererziehung wäre. Doch das ist nicht der Fall. „Alltagskreativität" wird inspiriert durch das, was wir im Alltag erleben, durch die Menschen, auf die wir treffen, durch Reisen, Bilder, Texte oder Musik. Ein Gespräch mit einem Kollegen ruft plötzlich ein „Aha-Erlebnis" hervor, das Feedback von der Chefin löst ein Problem oder das Beobachten der eigenen Kinder beim Spielen führt wie aus dem Nichts heraus zu einer Idee.*

Paul Silvia, Psychologieprofessor an der Universität North Carolina in Greensboro, hat in seinen Studien zur „Alltagskreativität"[1] herausgefunden, dass

- *glückliche und aktive Menschen im Alltag kreativer sind,*
- *Offenheit (sich für viele Themen und Aktivitäten zu interessieren) und Gewissenhaftigkeit (zielstrebig und genau zu handeln) mit Kreativität einhergehen und*
- *negative Gedanken und Gefühle nicht an die augenblickliche Kreativität gekoppelt sind.*

Leonardo da Vinci, einer der ganz wenigen Menschen, der Zeit seines Lebens einige „Big Cs" erfand, hat das auch ohne wissenschaftliche Studien erkannt und nach sieben Prinzipien[2] gelebt, die ihm nicht nur geistige Flexibilität bis ins hohe Alter schenkten, sondern gleichzeitig auch seine Schöpfungskraft auf unglaubliche Art und Weise beflügelten:

1. ***Curiosità** steht für das unstillbare Streben nach Wissen und neuen Erkenntnissen.*
   Tipp: Entdecken Sie Ihre Neugier (wieder). Tipps dazu finden Sie in Teil 2 dieses Buches.
2. ***Dimostrazione** ist die Bereitschaft, neue Erfahrungen zu sammeln.*
   Tipp: Tun Sie etwas, was Sie schon lange machen wollten oder machen Sie irgendetwas ganz bewusst zum ersten Mal.
3. ***Sensazione** umfasst das Schärfen der eigenen Wahrnehmungen.*
   Tipp: Arbeiten und (er-)leben Sie mit allen Sinnen.
4. ***Sfumato** heißt, Spannungen zwischen Gegensätzen auszuhalten und den Umgang damit zu lernen.*
   Tipp: Vertrauen Sie Ihrer Intuition. Entdecken Sie kreatives Potenzial in Widersprüchen.
5. ***Arte & Scienza** ist das Streben nach einer Balance zwischen Kunst und Wissenschaft.*
   Tipp: Öffnen Sie Ihre Schubladen im Gehirn und entwickeln Sie ganzheitliche Sichtweisen.
6. ***Corporalità** ist die Hinwendung zur Körperlichkeit.*
   Tipp: „Mens sana in corpore sano" – in einem gesunden Körper steckt ein gesunder Geist. Gehen Sie achtsam mit Körper, Geist und Seele um.
7. ***Connessione** ist die Würdigung der Verbundenheit aller Dinge.*
   Tipp: Trainieren Sie systemisches Denken: Öffnen Sie Ihre mentalen Schubladen und verbinden Sie diese miteinander.

Und nun setzen Sie sich bitte noch einmal an Ihre Hausaufgabe.

---

1 Paul J. Silvia, Roger E. Beaty, Emily C. Nusbaum, Kari M. Eddington, Holly Levin-Aspenson & Thomas R. Kwapil (University of North Carolina at Greensboro). (2014). Everyday Creativity in Daily Life: An Experience-Sampling Study of "Little c" Creativity [Abstract].Psychology of Aesthetics, Creativity, and the Arts, 8 (2), 183-188.

2 Ausführlich beschrieben in: Michael J. Gelb, „Das Leonardo-Prinzip – Die sieben Schritte zum Erfolg", 1998

PARADIGMA 7:

Flexibilität ist ein Balance-Akt zwischen Annäherung und Abwendung.

SELBST-CHECK:

Denken Sie nach: Wie viele Situationen fallen Ihnen spontan ein, in denen Sie in letzter Zeit gezwungen waren (oder noch immer gezwungen sind), sich beruflich anzupassen (an einen neuen Aufgabenbereich innerhalb der Firma, einen neuen Job, an Umstrukturierungsmaßnahmen, einen neuen Chef, ein neues Team, ein neues Projekt, einen neuen Wettbewerber, an neue Produkte oder Technologien, an neue Wertehaltungen innerhalb der Firma...)? Bitte fragen Sie sich bei jeder Situation, die Ihnen eingefallen ist:

- *Haben Sie diese Anpassung freiwillig vorgenommen bzw. freiwillig mitgemacht oder wurden Sie durch äußere Umstände gezwungen?*
- *Wie viel inneren Widerstand spürten Sie (oder spüren Sie noch) in Bezug auf die Veränderung?*
- *Wenn Sie Widerstand spürten (oder noch spüren), was war (oder ist) daran das Schlimmste für Sie?*
- *Fürchten Sie sich aufgrund dieser gemachten Erfahrungen vor weiteren Veränderungen oder Anpassungszwängen?*
- *An welchen Stellen hat sich durch die Anpassung Ihre persönliche Bedürfnispyramide verschoben? Empfinden Sie dieses Verschieben positiv oder negativ?*

„Um überleben zu können, um das zu vermeiden, was wir als ‚Zukunftsschock' bezeichnet haben, muss der Mensch anpassungsfähiger und beweglicher werden als je zuvor. Er muss auf völlig neue Weise wieder Halt finden, denn seine bisherigen Wurzeln – Religion, Staat, Gemeinschaft, Familie oder Beruf – sind dem Druck des Beschleunigungsschubs kaum noch gewachsen."[40]

Diese Zeilen stammen – ich wiederhole es immer wieder gern – aus dem Jahr 1971, aus einer Zeit, in der wir noch analog lebten, arbeiteten und kommunizierten. Und auch Konfuzius war sich schon sicher: „Wer immer glücklich sein möchte, muss sich oft verändern."

Um ein „Mehr" an Flexibilität kommen wir also nicht herum. Und obwohl unser Gehirn ja alle Ausstattungskomponenten dafür mitbringt, fällt sie uns doch so oft so schwer. Woran liegt das?

Change-Prozesse – egal ob auf persönlicher oder beruflicher Ebene – verändern. Im priva-

40 *Alvin Toffler, „Zukunftsschock", S. 36*

ten Bereich ist die Ankunft eines Kindes ein klassischer Prozess der Veränderung. Der bisherige Lebensrhythmus wird plötzlich fremdbestimmt, Wünsche und Bedürfnisse einer weiteren Person verändern das eigene Leben und eigene Wertehaltungen. Nun ist die Geburt eines Kindes – im Regelfall – ein freudiger Anlass. Die Veränderungsschmerzen werden daher von kurzer Dauer sein und auch gern „erlitten", denn selten werden schlaflose Nächte wieder so süß...

Überrollt eine Familie ein Pflege- oder schwerer Krankheitsfall, sehen die Veränderungsschmerzen schon ganz anders aus. Sie sind stärker, oft mit Trauer und Verzweiflung verbunden, und sie belasten extrem.

Ähnlich sieht es aus mit Change-Prozessen in Unternehmen. Nur in sehr seltenen Fällen haben die Mitarbeitenden ein Mitspracherecht. Im „besten" Fall sind die Führungskräfte involviert und die Mitarbeitenden harren der Dinge, die da kommen. Ich habe in letzter Zeit sehr häufig mit Unternehmen gesprochen, die – nach einem vermeintlich reibungslos verlaufenen Change-Management-Prozess – plötzlich in Mitarbeiterumfragen feststellen, dass die Motivation auf einem neuen Tiefpunkt angelangt ist. Und sie fragen sich, was schief gelaufen ist. Eine ganze Menge!

Eine „rigide" – also eine nicht flexible – Haltung im Rahmen von Change-Prozessen hat mehrere Gründe.

Unter „**Rigidität**" versteht man die „Unbeweglichkeit des Menschen, an Einstellungen, Gewohnheiten oder Handlungen hartnäckig festzuhalten, obwohl dies aufgrund veränderter Außenbedingungen nicht mehr angebracht ist und eine andere Handlungs- oder Denkweise sinnvoller wäre. Rigidität bedingt damit eine fehlende Flexibilität bzw. eine verminderte geistige Umstellungsfähigkeit."[41]

Der bekannte Psychologe und Kommunikationsforscher, Paul Watzlawick, nannte diese Haltung die „**Ökonomie des Verhaltens**", die er in dem sehr sehenswerten Youtube-Video „Wenn die Lösung das Problem ist"[42] wie folgt beschreibt:

> „Wir halten fest an dem, was sich einmal als erfolgreich erwiesen hat – und zwar auch dann, wenn die Umweltbedingungen sich bereits soweit geändert haben, dass die Lösungen, die einmal die bestmöglichen und vielleicht auch die einzigen waren, nicht mehr zutreffen und auf diese Weise die Lösung zum Problem wird."

Mit anderen Worten: Wir beharren auf Standpunkten und Verhaltensweisen, obwohl sich die Voraussetzungen für diese Standpunkte und Verhaltensweisen schon lange geändert haben. Ich glaube, solche Situationen kennen wir alle. Doch warum tun wir das?

Diese Frage hat sich auch Shaul Oreg gestellt, Lehrbeauftragter für Organisationspsychologie am Institut für Soziologie und Anthropologie der Universität Haifa. Eines seiner aktuellen Forschungsprojekte befasste sich mit dem **Ambivalenzerleben** im Rahmen von Change-Pro-

41 *www.neuro24.de/show_glossar.php?id=1474*
42 *www.youtube.com/watch?v=UltQrQDgedO*

zessen in Unternehmen (**RTO – „resistance to change"**)[43]. Einer Sache oder Situation gegenüber ambivalent eingestellt zu sein, ist für die Betroffenen sehr nervenaufreibend. **Ambivalenz ist ein Stressfaktor ersten Grades**, denn wir haben grundsätzlich immer das Bedürfnis, uns in unterschiedlichen Situationen *eindeutig* zu verhalten. Können wir uns nicht eindeutig verhalten, entsteht Ambivalenz – im Fall unternehmerischer Change-Prozesse nämlich zwischen dem **persönlich erlebten Widerstand** und dem **gefühlten Vertrauen ins Unternehmen**. Der Widerstand äußert sich in der von Watzlawick beschriebenen „Ökonomie des Verhaltens". Mitarbeitende kleben an ihren Aufgaben, weigern sich, neue Verhaltensweisen zu übernehmen, sind zusätzlich genervt, frustriert und insgesamt veränderungsunwillig – obwohl sie im besten Fall Vertrauen in das Unternehmen haben und wissen, dass die Veränderung Sinn macht.

Richtig unangenehm wird es, wenn der Wandel sowohl Vorteile als auch Nachteile mit sich bringt. Der neue Aufgabenbereich ist spannend und zukunftsgerichtet, aber die dazu notwendige Schulung dauert lange oder der Chef ist fordernd oder die Arbeitslast steigt ins Unermessliche. Die jetzt entstehende Ambivalenz ist der Kern des Konflikts bei Veränderungen. Vor allem dann, wenn die Veränderung unausweichlich ist. In seinen Forschungen konnte Oreg nachweisen, dass die gefühlte Ambivalenz aus **zwei Quellen** gespeist wird:

1. Der in der Person verankerte Widerstand.
   Ökonomie des Verhaltens: „Ich mache lieber Dinge, die ich gewohnt bin/gelernt habe."
2. Das dem Veranlasser des Change-Prozesses entgegengebrachte Vertrauen.
   „Auf ihn oder sie kann ich zählen."

Aus diesen Erkenntnissen ergeben sich **vier mögliche Varianten**, wie Veränderungen wahrgenommen werden können:

Variante	*Persönlicher Widerstand*	*Vertrauen in den oder die Veranlasser*	*Ambivalenz dem Veränderungs-Prozess gegenüber*
1	Hoch	Hoch	Ja
2	Hoch	Niedrig	Ja
3	Niedrig	Hoch	**Nein**
4	Niedrig	Niedrig	Ja

Deutlich wird, dass nur dann, wenn der persönliche Widerstand gering und gleichzeitig das Vertrauen in die Veranlassenden oder das Unternehmen groß ist, ein Change-Prozess nicht von ambivalenten Gefühlen geprägt ist. Erst dann kann tatsächlich die für Veränderungsprozesse notwendige Flexibilität gezeigt werden. Sonst nicht!

43 *Shaul Oreg (University of Haifa) & Noga Sverdlik (The Open University of Israel and Interdisciplinary Center Herzliya). (2011). Ambivalence Toward Imposed Change: The Conflict Between Dispositional Resistance to Change and the Orientation Toward the Change Agent (Abstract). Journal of Applied Psychology, Vol. 96, No. 2, 337–349.*

Auf das Vertrauen in die Organisation oder auf das gefühlte Vertrauen gegenüber den Vorgesetzten, die einen Change-Prozess dirigieren, können wir jedoch nur relativ wenig Einfluss nehmen. Entweder ein Vorgesetzter versteht die Notwendigkeit, ein Vertrauensverhältnis zu schaffen – oder nicht. Entweder ein Unternehmen bemüht sich, einen Veränderungsprozess vertrauensvoll zu kommunizieren und zu begleiten – oder nicht. Natürlich können wir selbst Vertrauen schenken – aber ob das Geschenk angenommen wird, steht leider auf einem ganz anderen Blatt.

Fokussieren wir uns daher lieber auf den persönlichen Widerstand, den wir alle sicherlich in der einen oder anderen Situation schon durchlebt und gefühlt haben. Ihn können wir nämlich aktiv beeinflussen.

Jede Veränderung bedeutet eine Abkehr von erlernten Denk- und Verhaltensmustern.

Dass unser Gehirn in solchen Situationen gern den Weg des geringsten Widerstandes nimmt, habe ich bereits ausführlich erläutert. Veränderung bedeutet Mehrarbeit für das Gehirn und für uns durchaus auch ein unkalkulierbares Risiko, das mit Angst verbunden sein kann.

An dieser Stelle lohnt es sich jedoch, die Borg aus der Serie „Star Trek – Raumschiff Enterprise" zu zitieren, die in solchen Momenten mit einem einzigen Satz und sehr unprätentiös für eine klare Veränderungshaltung sorgen: „Widerstand ist zwecklos".

Und auch wenn wir uns auf keinen Fall von einer anstehenden Veränderung mit Haut und Haaren assimilieren lassen sollten, so hilft uns andauernder Widerstand tatsächlich überhaupt nicht weiter. Eine widerständige Haltung kann sich nämlich nachteilig auf Gesundheit und Produktivität auswirken. Weisen Mitarbeitende ausschließlich auf Probleme hin oder stellen sie nur Negatives in den Vordergrund, kann das dem Unternehmen zwar helfen, Prozesse zu verbessern, gleichzeitig tun sich die Mitarbeitenden damit aber selbst keinen Gefallen. Das ergab eine Studie der Michigan State University[44] unter der Leitung von Management-Professor Russell Johnson. Negativ eingestellte Arbeitnehmer sind geistig erschöpfter, ihre eigene Arbeitsleistung leidet, sie sind weniger bereit, kooperativ und hilfsbereit zu sein, was zu Spannungen im Team führen kann, und sie weisen häufiger destruktive Verhaltensweisen auf. Mitarbeiter, die jedoch neben ihrer Kritik auch Verbesserungsvorschläge äußern, haben nicht nur eine deutlich positivere Ausstrahlung auf ihr Umfeld – sie sind auch produktiver.

Widerstand ist eine Abwehrhaltung. Widerstand zu fühlen, zeigt, dass wir mit einer Situation an einer bestimmten Stelle überfordert sind, sie uns Unwohlsein oder sogar Angst bereitet. Insofern ist Widerstand ein wichtiges Indiz dafür, dass wir uns mit einer Situation bewusst auseinandersetzen sollten, denn interessant ist, was beim Widerstand körperlich mit uns passiert.

44 *http://msutoday.msu.edu/news/2015/workplace-negativity-can-hurt-productivity/*

Alle Informationen, die wir tagtäglich aufnehmen, werden im Gehirn zuerst in der Amygdala verarbeitet. Sie ist gewissermaßen der „Türwächter" für alle eingehenden Reize. Als Teil des limbischen Systems und damit „Zentrum für emotionale Intelligenz" beeinflusst sie Emotionen und Erinnerungen in vielfältiger Weise. Sie speichert Erinnerungen darüber ab, ob etwas angenehm oder unangenehm (stressvoll) war und spielt so eine wichtige Rolle bei der emotionalen Bewertung und Wiedererkennung von Situationen sowie der Analyse möglicher Gefahren. Die Amygdala ist durch ein dickes Nervenbündel mit dem Hypothalamus verbunden, der Zentrale des vegetativen Nervensystems und gewissermaßen die „Schnittstelle" zwischen nervöser und hormoneller Regulation der Körperfunktionen. Der Hypothalamus regt die Produktion von **Adrenalin** in den Nebennieren an und schüttet unter anderem auch die Hormone **CRH** („Stressgen", hat Auswirkungen auf das Nervensystem, den Kreislauf sowie den Stoffwechsel), **Dopamin** („Glückshormon", beeinflusst Motivation, Emotion und kognitive Prozesse) und **Oxytocin** („Kuschelhormon", erhöht die Paarbindung und schafft Vertrauen) aus.

Löst eine Situation bei uns Widerstand aus, hat Amygdala ihren Dienst aufgenommen und signalisiert an den Hypothalamus: Gefahr im Anmarsch! Adrenalin wird ausgeschüttet. Diese Reaktion ist evolutionsgeschichtlich betrachtet eine, die das Überleben der Menschen gesichert hat. Unsere Vorfahren vor 40.000 Jahren haben tatsächlich tagtäglich gefährliche Situationen meistern müssen. Heute sind die Situationen, denen wir die Stirn bieten, selten von solcher Dramatik gefärbt. Unsere körperlichen Reaktionen gleichen aber noch immer denen vor 40.000 Jahren.

Befinden wir uns also in einem ungewollten Veränderungs-Prozess, der in uns Widerstand hervorruft, nimmt unser Körper neurobiologisch eine Abwehrhaltung ein. In diesem **Abwendungsmodus** erleben wir ein deutliches Gefühl von negativem Stress.

Anders sieht es aus, wenn wir einem Veränderungs-Prozess positiv entgegenblicken und motiviert sind, die Veränderung mitzutragen. Amygdala gerät nun nicht in Panik, sondern signalisiert Entspannung an den Hypothalamus. Unser Körper befindet sich im **Annäherungsmodus**. Das Annäherungssystem ist mit unserem inneren **Belohnungssystem**, dem **Lustzentrum**, verbunden. Das Verlangen nach Belohnung ist ein so machtvoller Antrieb menschlichen Handelns, dass Dopamin ausgeschüttet wird, weil uns schon der Gedanke an die kommende Veränderung motiviert und wir Lust haben, das Ziel der Veränderung zu erreichen. Die zusätzliche Ausschüttung des Hormons Oxytocin hilft uns, das nötige Vertrauen aufzubauen, die Situation meistern zu können. Haben wir das Ziel erreicht, überkommt uns ein Gefühl des Wohlbefindens.

Erinnern wir uns kurz zurück an das **Kohärenzgefühl** von Aaron Antonovsky: Die Grundlage dafür, dass wir in **Stimmigkeit** mit uns und unserer Umwelt leben, ist ein **durchdringendes, andauerndes** und dennoch **dynamisches Gefühl des (Selbst-)Vertrauens**.

Situations- und kontextbezogenes Vertrauen (Annäherung) und Misstrauen (Abwendung) entwickeln sich dynamisch. Wenn Menschen in Stimmigkeit mit sich und ihrer Umwelt sind, arbeiten Abwendungs- und Annäherungsmodus Hand in Hand und stehen sich nicht gegenseitig im Weg. In Konfliktsituationen hemmt jedoch das Abwendungssystem das Annäherungssystem. Der von Shaul Oreg beobachtete **Ambivalenzkonflikt** ist die Folge.

Wichtig ist es nun, vom Abwendungsmodus wieder in den Annäherungsmodus zurückzukehren, denn ein permanenter Zustand der Abwendung versetzt den Körper in einen Stresszustand, der auf Dauer schwere gesundheitliche Folgen nach sich ziehen und Stresserkrankungen und Depressionen im wahrsten Sinne des Wortes kultivieren kann.

Doch nicht nur die Gesundheit leidet, wenn wir uns in einem ständigen Modus des Misstrauens und der Abwendung befinden. Auch unser Kohärenzgefühl ist beeinträchtigt und damit haben wir keinerlei Rückgriff mehr auf unsere kreativen Ressourcen. Leiden wir unter „**Perma-Stress**", empfinden wir regelmäßig Angst oder fokussieren wir uns ausschließlich auf Probleme, stärken wir unser Abwendungssystem und schwächen gleichzeitig unseren Annäherungsmodus als ausgleichendes Element.

In vielen Unternehmen und daher auch in vielen Change-Management-Prozessen wird die Anregung des Abwehrsystems – bewusst oder unbewusst – kultiviert. Durch eine fehlende Vertrauens- oder Fehlerkultur oder aufgrund der Tatsache, dass Veränderungen sehr häufig nicht dynamisch von innen heraus, sondern durch externen Druck erfolgen. Hervorgerufen zum Beispiel durch die Notwendigkeit der Kosteneinsparungen, einen verschärften Wettbewerb oder als Folge von eklatantem Missmanagement. Keines dieser Szenarien stärkt den Anwendungsmodus, sondern sie alle beruhen auf der Abwendung von Gefahren und sie alle implizieren nicht selten auch eine große Arbeitsplatzunsicherheit für die Belegschaft. **Drei Veränderungstypen** treten nun sehr häufig in Erscheinung:

1. DIE REBELLEN

Ihre Haltung: „Ich lass mich nicht kaputt machen, ich setz mich zur Wehr!"
Ihr Widerstand nach außen ist besonders stark ausgeprägt. Sie äußern ihren Unmut, sind offen unzufrieden und versuchen, Allianzen zu schmieden. Dienst nach Vorschrift ist hier noch die beste aller Folgen.

2. DIE ENTMUTIGTEN

Ihre Haltung: „Hoffentlich stehe ich das durch."
Ihr Widerstand ist nach innen und oft auf die eigene Person gerichtet. Sie leiden still, reagieren mit Angst, Depression oder Vermeidungsstrategien. Häufige Krankheitsausfälle sind die Folge.

3. DIE FAHNENFLÜCHTIGEN

Ihre Haltung: „Ihr könnt mich mal...!"

Sie analysieren die Situation glasklar, sind hochgradig unzufrieden, fühlen sich in ihrer Leistung nicht wertgeschätzt und sind aber gleichzeitig geistig mobil und unabhängig genug, ihre Konsequenzen zu ziehen. Und das tun sie auch. Ergibt sich der richtige Moment, kündigen sie oder wechseln die Abteilung.

Zusätzlich gibt es einen vierten Veränderungstyp, der elementare Eigenschaften mitbringt, die im Rahmen von „Futability®" einer besonderen Würdigung bedürfen:

4. DIE STEHAUFMÄNNCHEN

Ihre Haltung: „Es gibt ein Licht am Ende eines jeden Tunnels."
Stehaufmännchen sind besonders resiliente Menschen, die auch bei starkem und anhaltendem Stress nicht die Ruhe verlieren. Das Wort „Resilienz" kommt aus dem lateinischen „resilire" und ist mit dem englischen „resilience" verwandt. Es lässt sich übersetzen mit Spannkraft, Widerstandsfähigkeit, Elastizität. Und hier treffen wir auf unser schon bekanntes Bild eines Baumes, der sich im Wind bewegt, dessen Stamm und Äste bei starker Belastung aber nicht brechen, sondern immer wieder in den Ausgangszustand zurückkehren. Resiliente Menschen haben starke innere Schutzmechanismen etabliert, die es ihnen ermöglichen, flexibel, situations- und bedürfnisbedingt immer wieder in den Annäherungsmodus zu schalten. Ihre Fähigkeit, in stressigen Situationen nicht nur die Nerven zu behalten und ihren Job weiter gut verrichten zu können, sondern mit ihrer optimistischen Grundhaltung gleichzeitig auch eine positive Wirkung auf Kolleginnen und Kollegen ausüben zu können, ist unbezahlbar.

Es liegt auf der Hand, dass die **Stehaufmännchen** aus Unternehmenssicht eine sehr hohe Wertschätzung erfahren sollten. **Ihre Stärke ist eine hohe Flexibilität, mit veränderten Situationen umgehen zu können, ohne daran zu zerbrechen.**

Es ist leider auch genauso offensichtlich, dass diese Wertschätzung in Wirklichkeit selten genug ausgesprochen wird. Stehaufmännchen sind weder rebellisch noch entmutigt. Auch Wechselgelüste bringen sie nur dann mit, wenn es für sie sinnhaft ist – nicht jedoch aus Trotz, gekränkten Eitelkeiten oder Wut. Mit anderen Worten: In einem hoch volatilen Umfeld werden sie oft schlicht und ergreifend nicht auffällig, weil sie unbeirrt weiter arbeiten und keinerlei destruktives Verhalten an den Tag legen. Werden Stehaufmännchen allerdings dauerhaft nicht wertgeschätzt, kann sich auch ihre Haltung ändern. Sie werden sich dann ein für sie gesünderes Umfeld suchen. Klar ist jedoch: **Verlassen Stehaufmännchen ein Unternehmen, gehen die wirklichen Leistungsträger!**

In Veränderungs-Prozessen – egal ob sie auf beruflicher oder privater Ebene erfolgen – ist es wichtig, aus einem Abwendungsmodus wieder in einen Annäherungsmodus zu kommen. Ein Annäherungsmodus kann aktiviert werden, indem im Change-Prozess **sinnvolle und attraktive Ziele** gefunden werden. Im Unternehmenskontext werden diese attraktiven und sinnhaften Ziele im besten Fall durch die Unternehmensführung vorgegeben. Ein kleiner Hinweis dazu am Rande: Gehaltserhöhungen oder sonstige Gratifikationen reichen im Regelfall als attraktives und sinnhaftes Ziel nicht aus, sondern hier geht es um authentische, realistische Zukunftsvisionen, die mit dem Change realisiert werden sollen. Nur so kann **Vertrauen** entstehen und damit eine weitere Grundlage für einen Annäherungsmodus gelegt werden.

Im privaten Kontext oder bei einer Veränderung, die von der Unternehmensführung nicht positiv begleitet wird, ist es sehr hilfreich, sich die sinnhaften und attraktiven Ziele selbst zu erarbeiten, um aus dem Gefühl des Widerstandes und Misstrauens in ein Gefühl des Vertrauens und der Zuversicht zu gelangen. Wie das funktioniert, wird im Kapitel „Reflexion" ausführlich erklärt.

SELBST-CHECK:

Wie bewerten Sie Ihre momentane Veränderungssituation auf einer Skala von 1 bis 10, wobei 1 ,totale Abwendung' bedeutet und 10 ,totale Annäherung':

1 2 3 4 5 6 7 8 9 10

Liegt Ihr Wert unter 8, notieren Sie bitte mindestens 5 Gründe, warum Sie auf der Skala zukünftig eine höhere Zahl angeben möchten:

1. ______________________

2. ______________________

3. ______________________

4. ______________________

5. ______________________

Folgende Fragen können Ihnen helfen, vom Abwendungs- in den Annäherungsmodus zu kommen:

- *Welche positiven Aspekte bringt die Veränderung mit sich?*
- *Welche Ressourcen habe ich, um die Veränderung bewältigen zu können?*
- *Was habe ich bei früheren Veränderungsprozessen gelernt, was mir aktuell helfen kann?*
- *Welche Bedürfnisse habe ich hinsichtlich des Veränderungsprozesses?*
- *Welche Aspekte des Veränderungsprozesses flößen mir (Selbst-)Vertrauen ein?*
- *Wer kann mich unterstützen, wenn ich alleine nicht weiter komme?*

PARADIGMA 8:

Flexibilität heißt, Pionierarbeit zu leisten.

In Veränderungssituationen ist Flexibilität gefordert. **Veränderungen sind in die Zukunft gerichtete Prozesse, die wir mit dem Wissen aus der Vergangenheit von der Gegenwart aus steuern.** Allein an diesem Satz wird deutlich, dass Veränderungen alles andere als lineare, planbare Prozesse sind und viel Raum für Glück, Zufall und Unberechenbarkeit lassen. Veränderungsprozesse gleichen daher immer auch dem „Fischen im Trüben". Wir können die Angel zwar vorbereiten und einen attraktiven Köder am Haken befestigen. Aber wo die Fische schwimmen und wann sie anbeißen, liegt außerhalb unseres Ermessensbereichs.

Nicht-Wissen ist in Veränderungsprozessen daher systemimmanent. Das bedeutet, Flexibilität benötigt eine gesunde Prise **Pioniergeist**. Nicht nur, um auf Eventualitäten reagieren zu können, sondern auch um eine entsprechende Grundhaltung zum Veränderungsprozess einnehmen zu können. Die Grundhaltung nämlich, dass jeder Veränderungsprozess der Reise des Kolumbus gleichen kann. Aufgebrochen, einen neuen Seeweg nach Indien zu entdecken, ist er in Amerika gelandet. Seine Reise ist nicht gescheitert – sie brachte nur ein anderes als das antizipierte Ergebnis.

Kolumbus war ein Pionier, genauso wie unendlich viele Menschen vor und nach ihm. Was aber genau ist ein Pionier? Eine Definition findet man im Gabler Wirtschaftslexikon. Dort heißt es: „Der Pionier ist im Sinne von Schumpeters dynamischem Unternehmer jemand, der neue Kombinationen von Produktionsfaktoren einführt und am Markt durchsetzt. Ein herausragendes Merkmal von Pionieren ist Kreativität, aber auch Durchsetzungsfähigkeit und Eigeninitiative. Vom Pionier unterschieden wird der Routinier."[45]

Die Antwort schließt, so finde ich, viele Menschen aus. Nämlich die, die keine Unternehmer sind und die Unternehmer, die sich nicht um Produkt-, sondern um Serviceinnovationen bemühen. Versucht man sich dem Begriff des „Pioniers" weiter zu nähern und nicht beim mentalen Bild der frühen nordamerikanischen Siedler oder dem produzierenden Unternehmer kleben zu bleiben, dann ist ein Pionier jemand, der Neues entdeckt, jemand, der etwas zum ersten Mal macht, Bahnbrecher, Trendsetter, Vordenker, Vorreiter, Wegbereiter, Regelbrecher[46]. Und hier wird das Bild eines Pioniers zugänglicher, alltagstauglicher. Denn etwas zum ersten Mal zu machen, das kennen wir alle. Der erste Schultag, der erste Arbeitstag, der erste Tag an der Uni, der erste Sex, die Geburt des ersten Kindes, die erste Hochzeit – es gibt unendlich viele Gelegenheiten und Begebenheiten, wo wir etwas zum ersten Mal tun, oft ohne dass es uns in dem Moment bewusst ist. Wir machen es, weil wir es wollen, ein Ziel verfolgen – und manchmal auch, weil Notwendigkeiten und Verpflichtungen dahinter stehen.

---

45 *http://wirtschaftslexikon.gabler.de/Definition/pionier.html*
46 *Ein Interview mit Sven Gábor Jánzsky über „Die DNA der Rulebreaker" finden Sie auf meinem Blog: https://futability.wordpress.com/2015/03/23/interview-die-dna-der-rulebreaker/*

Zugegeben, aus diesen „Alltags-Entjungferungen" entstehen noch keine bahnbrechenden Innovationen im Sinne Schumpeters. Das jedoch ist nicht die Art von Pioniergeist, die immer gefragt ist. Der Pioniergeist Schumpeters ist eng gekoppelt an schöpferische Leistungen, das „Big C". Neben den schöpferischen Leistungen gibt es noch die Alltagskreativität – und auch die sollte begleitet sein von einer Art „Alltags-Pioniergeist", denn ohne den ist wirkliche Kreativität de facto nicht möglich.

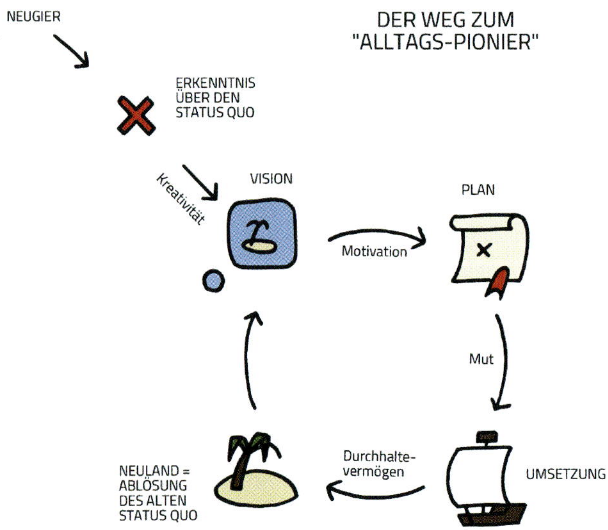

Wie also sieht dieser „Alltags-Pioniergeist" aus? Die erste Vorstellung, von der Sie sich verabschieden sollten ist, dass Pioniergeist nur den wirklich schlauen Menschen vorbehalten ist oder denen mit einem hohen Bildungsstand, mit viel Geld und einem entsprechenden Elternhaus, das wirre Ideen mit fragwürdigem Ausgang fördert, ohne mit der Wimper zu zucken.

Pioniergeist ist eine Fähigkeit, die erlernbar ist und in verschiedenen Schritten abläuft. Pioniergeistig zu sein ist letztendlich nichts anderes als eine Neuprogrammierung unserer Denk- und Handlungsmuster. Unser Gehirn wird das am Anfang weniger lustig finden, sich aber problemlos dieser Herausforderung stellen, denn nur so kann es wachsen und neue Nervenautobahnen bilden.

Worauf also muss sich unser Gehirn einstellen? Der Weg zum „**Alltags-Pionier**" ist – einmal aufgedröselt – fast schon erschreckend simpel. Am Anfang steht die Gier – die **Neugier**. Im 6. Kondratieff steht der Mensch im Fokus und mit ihm unter anderem auch die Wiederentdeckung seiner schöpferischen Kraft. Ohne Neugier ist das nicht möglich. Wie Neugier funktioniert und wie wir sie Schritt für Schritt wieder entdecken können, habe ich im zweiten Teil dieses Buches ausführlich dargestellt. Wer eine Erinnerungsstütze braucht, blättert einfach noch einmal zurück auf Seite 130.

Ist die Neugier erst einmal geweckt, betrachten wir die Welt mit anderen Augen. Wir sind dann – aber auch erst dann – wirklich in der Lage, **Erkenntnis über einen Status Quo** zu erlangen. Oder wie Alf Rehn es treffend und direkt formulierte: „Die Welt braucht Ketzer – Menschen, die sich mit dem Status Quo nicht abfinden wollen."[47]

47 Alf Rehn, „Gefährliche Ideen – von der Macht den ungehemmten Denkens", S. 232

Genauso ist es! Neugierde lässt uns ketzerisch werden. Wir wandeln uns vom angepasst akzeptierenden zu einem neugierig hinterfragenden Menschen – und das ist gut so! Wer nicht fragt, bleibt dumm – das hat uns schon die Sesamstraße gelehrt. Und wer nicht hinterfragt, steht gedanklich still. Wer Probleme hinnimmt oder die Lösung vertagt, akzeptiert den Status Quo. Und das ist nie gut, denn Probleme sind wie Magneten: Sie ziehen weitere Probleme an und verschlimmern damit den Status Quo. Neugier ist eine gesunde Vorkehrung gegen die Anhäufung von Problemen. Sie kann uns dazu bringen, (frühzeitig) Spielregeln zu brechen oder Systeme herauszufordern, die zu dogmatisch geworden sind.

Pioniere bleiben jedoch bei der Erkenntnis über einen bestehenden Status Quo nicht stehen. Ihre Neugier verleitet sie dazu, nach Alternativen und Lösungen zu suchen. Sie entwickeln **Kreativität**, um den Status Quo zu verändern und eine **Vision** zu entwickeln. Im Jahr 2011 hat sich ein Psychologenteam der TU München mit der motivierenden Kraft von Visionen[48] beschäftigt. Das Team fand heraus, dass Visionen dabei helfen, die eigene Motivation zu stärken und zu besonderen Leistungen anzuspornen. Dazu sollte die Vision zwei Voraussetzungen mitbringen:

1. Die Vision muss bildlich gut vorstellbar sein.
2. Die Vision sollte mit den unbewussten Motiven eines Menschen übereinstimmen. Es gibt drei unbewusste Motivtypen: das Anschluss-, Macht- und Leistungsmotiv. Beim *Anschlussmotiv* ist es Menschen wichtig, gemeinsam mit anderen ein Ziel zu erreichen und positive soziale Kontakte herzustellen. Wer vom *Machtmotiv* geleitet ist, möchte Dinge voranbringen und den eigenen Erfolg nicht aus den Augen verlieren. Beim *Leistungsmotiv* steht die Lösung herausfordernder Aufgaben im Vordergrund.

Konstruktive, bildhafte Visionen sind elementare Treiber, um Ziele zu erreichen. Damit ist auch die nächste Voraussetzung für Pioniergeist festgelegt. Pioniere entwickeln nicht nur Visionen, sondern sie arbeiten einen **Plan** aus, um die Vision umzusetzen. Viele Pioniere erleben jetzt den von Mihály Csíkszentmihályi beschriebenen „Flow-Zustand". Da die Motivation, einen Plan zu erstellen, aus einer eigens entwickelten Vision gespeist wird, die auf der Erkenntnis beruht, einen bestehenden Status Quo verändern zu wollen, ist die Motivation intrinsisch oder autotelisch. **Autotelisch** bedeutet in diesem Zusammenhang, dass die Planung um ihrer selbst willen durchgeführt wird, denn sie trägt das Ziel bereits in sich: die Veränderung des Status Quo. Selbst Menschen, denen planerische Tätigkeiten ansonsten eher fremd sind und schwer fallen, werden sich in dieser Situation als hochkonzentriert, projektierend, entwickelnd und entwerfend erleben. „Flow"-Erlebnisse sind ein gesundes Aphrodisiakum ohne Nebenwirkungen und Dickmacher. Personen, die im „Flow" sind, sind zufrieden, glücklich und hoch motiviert. Im „Flow"-Zustand werden Kreativität, Produktivität und Effizienz gesteigert und Stress vermindert. Anforderungen und Können sind auf hohem Niveau aufeinander abgestimmt.

48 PSYCHOLOGIE HEUTE, Heft 7, Juli 2011, „Konstruktive Visionen", S. 16

SELBST-CHECK:

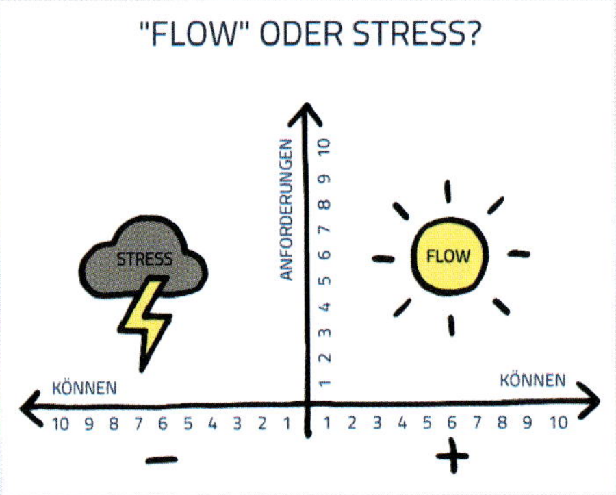

Ob Sie selbst im „Flow"-Zustand sind, können Sie – wenn Sie es nicht gerade fühlen – anhand der folgenden Skala testen, indem Sie Anforderungen, die eine Tätigkeit Ihnen abverlangt, von 1-10 bewerten. Danach nehmen Sie Ihr Können unter die Lupe, das Sie für die Erledigung einer Tätigkeit brauchen. Liegt Ihr Können im positiven Bereich, befinden Sie sich im „Flow". Bewerten Sie Ihr Können als nicht ausreichend für die Tätigkeit, dann entsteht Stress. In diesem Fall überlegen Sie bitte ganz konkret, wer oder was Ihnen helfen kann, Ihr fehlendes Können aufzufrischen. ***Pioniergeist sollte nie am Können scheitern!***

Pioniere begnügen sich nicht nur mit der Planung, sondern Sie beginnen mit der **Umsetzung**. Wie Christoph Kolumbus, der es nicht bei der Idee beließ, einen neuen Seeweg nach Indien zu finden, stechen auch moderne „Alltags-Pioniere" in See. Doch Vorsicht: Das Wasser ist trüb und die Sicht schlecht. Vorsichtige Seeleute bleiben jetzt im sicheren Hafen. Pioniere jedoch lassen sich nicht beirren. Sie haben **Mut** und machen sich dennoch auf den Weg.

Schon Alfred Adler, Begründer der Individualpsychologie, unterstrich die Bedeutung von Mut für die Entwicklung einer optimalen emotionalen Gesundheit und sagte: „Die größte Gefahr im Leben ist, dass man zu vorsichtig wird."[49] Am Mut hindert einen häufig die Angst. **Angst ist ein guter Ratgeber, aber dauerhaft kein guter Begleiter.** Glauben Sie mir an der Stelle: Ich weiß, wovon ich rede. Zu viel Angst schnürt einem die Luft ab und lässt das Leben an einem vorbeiziehen.

Angst und Mut sind zwei Seiten einer Medaille. Wir brauchen beide in gesunder Balance, um uns weiterzuentwickeln.

Um Mut zu entwickeln, lohnt es an der Stelle, sich an das persönliche Wurzelwerk zu erinnern. Vertrauen, Selbstwirksamkeit und Selbstwertgefühl wirken wie persönliche Leuchttürme, wenn Sie in See stechen. Dieses Wurzelwerk nebst Ihren Kompetenzen, Ressourcen und Stärken ist im Regelfall eine ausreichende Basis, denn Mut heißt, Zutrauen zu sich selbst zu entwickeln. Und das ist eine Fähigkeit, die das Leben uns lehrt.

49 PSYCHOLOGIE HEUTE, Heft 7, Juli 2011, „Alfred Adler: Begründer der Individualpsychologie", S. 75

Der deutsche Philosoph Immanuel Kant sah die Ursachen für selbst verschuldete Unmündigkeit in „Feigheit und Faulheit" sowie in einem „Mangel an Entschlusskraft und Mut, sich aus der Bevormundung durch andere zu befreien". Kant war der Überzeugung, für viele Menschen sei es bequemer, andere für sich denken und handeln zu lassen und sich damit auch der Verantwortung für ein eventuelles Scheitern zu entziehen[50].

DAS KARUSSELL FÜR MUTIGE

Mutig zu sein heißt, etwas zu tun, obwohl wir Angst haben. Das „**Karussell für Mutige**" zeigt die einzelnen Phasen auf, die Mutige durchlaufen. Ich habe das Bild eines Karussells gewählt, weil es einem Kreislauf nahekommt und ich persönlich sehr viel Mut brauche, um auf eines zu steigen. Mir wird nämlich schon beim Zuschauen schlecht. Ob Sie bei dem Bild bleiben, es durch eine Achterbahn, ein übergroßes Hamsterrad oder sonstige Vorstellungen ersetzen, die Ihnen viel Mut abverlangen, bleibt Ihnen überlassen. Der Idee eines Kreislaufs sollten Sie jedoch folgen.

Zum Mutigsein gehört, **Misserfolge** einzuplanen. Scheitern ist auch hier systemimmanent. Sie erinnern sich an das Fischen im trüben Wasser oder das Navigieren, ohne eine gute Sicht zu haben. Das kann schief gehen – genauso wie jeder Veränderungsprozess einen anderen Ausgang nehmen kann als den geplanten.

Um die Misserfolge so gering wie möglich zu halten und die eigene Angst oder Nervosität zu beruhigen, beseitigen Mutige **Unsicherheiten**. Und zwar die, welche ihnen bekannt sind.

Mutige vollbringen **Taten**. Dem Thema Pro-Aktivität widme ich noch ein ganzes Kapitel, daher werde ich an der Stelle noch nicht genauer auf das Thema Pro-Aktivität eingehen. Mutige Menschen lernen, ihrer **Intuition** zu vertrauen. Wer intuitiv handelt, lässt sich von seinen Emotionen leiten. Eine Forschergruppe um Joseph Mikels, Assistenzprofessor an der DePaul University in Chicago, hat vor einigen Jahren den Nutzen von Intuition[51] untersucht. Die Forscher haben Intuition mit Affektheuristik verglichen, dem übergreifenden, schnell verfügbaren „guten Gefühl" oder „schlechten Gefühl", das sich stimmig anfühlt. Das „gute" oder „schlechte"

---

50 *Wikipedia (https://de.wikipedia.org/wiki/Beantwortung_der_Frage:_Was_ist_Aufkl%C3%A4rung%3F#cite_note-4), Verweis auf Immanuel Kant: Beantwortung der Frage: Was ist Aufklärung? In: Berlinische Monatsschrift 4 (1784), S. 481-494.*

51 *Joseph A. Mikels (DePaul University), Sam J. Maglio (New York University), Andrew E. Reed (Stanford University), Lee J. Kaplowitz (State University of New York at Buffalo). (2011). Should I Go With My Gut? Investigating the Benefits of Emotion-Focused Decision Making (Abstract). Emotion, Vol. 11, No. 4, 743-753.*

Gefühl wird neurobiologisch vom orbifrontalen Cortext über den Augenhöhlen orchestriert, der den Zusammenhang zwischen Gefühlen und Emotionen im Gehirn zuvor „emotional markiert"[52], also abgespeichert hat. Mikels Team stellte fest, dass 65 % der Studienteilnehmer objektiv und subjektiv zum besten Ergebnis kamen, wenn sie auf ihren Bauch hörten. Nur 26 % wählten die beste Alternative, wenn sie rational entschieden. Die Autoren der Studie empfehlen, bei komplexen Entscheidungen und wenn es hart auf hart kommt, der eigenen Intuition zu vertrauen und die Alternative mit dem „guten Gefühl" zu wählen.

Schließlich überwinden mutige Menschen **Grenzen**. Ob diese Grenzen groß oder klein, mentaler oder tatsächlicher Natur sind, spielt keine Rolle und unterliegt auch keiner Wertigkeit. Es kommt an der Stelle nur darauf an, dass diese Grenze ein Hindernis darstellt, dessen Überwindung individuell Mut erfordert. Auch das Überwinden von Grenzen kann in einem Misserfolg enden – und an der Stelle beginnt sich das „Karussell für Mutige" erneut zu drehen.

Irgendwann wird Ihnen dieses Karussell keinen Schwindel oder keine Angst mehr verursachen, denn dann hat sich Mut – wie viele andere schon vorher genannten Eigenschaften, die ein flexibles Verhalten unterstützen – als Handlungskompetenz in Ihren Wurzelbereich der persönlichen Ressourcen eingebettet.

Haben Pioniere Mut gefasst und sich in den Umsetzungs-Modus begeben, brauchen sie nun **Durchhaltevermögen**, um ihr Ziel zu erreichen. Die wenigsten Pioniervorhaben gelingen über Nacht. „Geduld und Spucke" sind notwendig, bis das Neuland erreicht und der alte Status Quo abgelöst oder verändert ist.

Die erste bewusste Pionierleistung ist oft ein steiniger Weg, denn nicht selten bedeutet sie, dass wir mit alten Traditionen, Denk- und Verhaltensmustern brechen oder gegen landläufige Erwartungen agieren. Doch der Lohn ist groß. Nicht nur das „Flow"-Erleben ist wirklich jede Mühe wert, denn dieser Zustand wirkt sich unglaublich positiv auf das eigene Wurzelwerk aus und lässt die Leitbahn „Persönliche Ressourcen" wachsen und gedeihen. Hat man einmal einen Status Quo durchbrochen und durch eine eigene positiv bewertete Vision ersetzt und diese bis zum Erreichen des Neulands verfolgt, bestehen gute Chancen, dass sich Pioniergeist als dauerhaftes Denk- und Handlungsmuster durchsetzt.

SELBST-CHECK:

Vier Fragen zur Anregung Ihres Pioniergeistes:

1. *Wann haben Sie das letzte Mal nach Höherem gestrebt?*
2. *Wann haben Sie das letzte Mal Grenzen überschritten?*
3. *Wann haben Sie das letzte Mal Unbekanntes erforscht?*
4. *Wann haben Sie das letzte Mal etwas zum ersten Mal gemacht?*

52 *GEOWISSEN 32/2003, „Die verkannte Macht der Gefühle", S. 28*

PARADIGMA 9:

Flexibilität führt zu mehr Glück im Beruf.

Die bisherigen acht Paradigmen zeigen: Flexibilität ist eine wichtige Kernkompetenz, auf die in der heutigen Welt kaum verzichtet werden kann. Flexibilität im „Futability®-Circle" begründet und verstärkt zahlreiche Charaktereigenschaften. Allerdings gibt es selten Standardlösungen oder Standardantworten, wie wann und warum jemand flexibel sein sollte. Flexibilität ist situationsabhängig und basiert auf der individuellen Bereitschaft eines jeden einzelnen, in den jeweiligen Situationen Anpassungsfähigkeit zu zeigen – oder auch nicht. Flexibilität kann zusätzlich aber auch für mehr Glück im Beruf sorgen, wie ein Forscherteam um Claire Johnston, Doktorandin beim Schweizer Forschungsschwerpunkt „Überwindung der Verletzbarkeit im Verlauf des Lebens" an der Universität Lausanne, herausgefunden hat.

Ihr Team nahm das Thema der beruflichen Anpassungsfähigkeit genauer unter die Lupe und definierte darunter die Fähigkeit, „Hürden im Job zu überwinden, die eigene berufliche Entwicklung zu steuern und dabei zu so etwas wie einer beruflichen Identität zu kommen. Oder auch einfach nur auf Karrierekurs zu bleiben."

Die Schweizer Forscher haben den von Mark L. Savickas, Professor an der Northeast Ohio Medical University, entwickelten **Career Adapt-Abilities Scale (CAAS)** aus dem Englischen ins Deutsche übertragen und sie anhand einer repräsentativen Schweizer Stichprobe von 1.204 Berufstätigen überprüft. Dieser Fragebogen zur beruflichen Anpassungsfähigkeit misst die folgenden vier Fähigkeiten[53]:

1. *Ein echtes Anliegen haben (**concern**):*
   „Ich bin mir der Entscheidungen bewusst, die ich bezügliche Ausbildung und Beruf treffen muss."
2. *Sich selbst steuern (**control**):*
   „Ich setze mich für meine Überzeugungen ein."
3. *Neugierig sein (**curiosity**):*
   „Ich suche nach Gelegenheiten, um als Person zu wachsen."
4. *Sich etwas zutrauen (**confidence**):*
   „Ich bin bereit, neue Fertigkeiten zu lernen."

Die Forscher fanden heraus, wenn man sich gut beruflichen Schwierigkeiten anpassen und sich vor allem selbst steuern kann, verwirklicht man seine Ideale des guten Lebens im Beruf und erlebt dadurch weniger Stress und mehr (berufliches) Glück.

53 *Journal of Vocational Behaviour 83 (2013) 295–304, „Validation of the German Version of the Career Adapt-Abilities Scale and its relation to orientations to happiness and work stress"*

Berufliche Anpassungsfähigkeit hilft, so die Ergebnisse der Forschungen, in der Arbeitswelt auf Herausforderungen mit Problemlösungskompetenz reagieren zu können. Sie ist die Grundlage für persönliche Bewältigungs- und Selbstregulations-Mechanismen. Wenn Menschen mit potenziell belastenden Situationen wie Arbeitslosigkeit oder Karriereübergängen (Jobwechsel oder Beförderungen) konfrontiert werden, reagieren viele (aber eben nicht alle!) automatisch mit den genannten Dimensionen der Anpassungsfähigkeit „**Concern – Control – Curiosity – Confidence**". Die Studienergebnisse zeigen hier ganz klar, dass berufliche Anpassungsfähigkeit zum Katalysator für das eigene Glückstreben wird und zu einem gelasseneren Arbeitsalltag und weniger Stress führen kann. Im Rahmen der Studie wurde Stress definiert als ein „unangenehmer Zustand psychologischer Spannungen". Die Spannungen resultieren daraus, dass die wahrgenommenen Anforderungen des Arbeitsplatzes die wahrgenommen Ressourcen des Individuums übersteigen, das nun seinerseits dadurch den Job-Anforderungen nicht mehr gerecht werden kann oder glaubt, gerecht werden zu können. Berufliche Stressreaktionen sind eine potenzielle Bedrohung für das persönliche Wohlbefinden (bei der Arbeit). In der „Positiven Psychologie" stehen drei Merkmale im Mittelpunkt der positiven Lebenseinstellung:

1. Das Erleben **positiver** subjektiver **Erfahrungen**
2. An sich selbst (und anderen) wahrgenommene **positive Eigenschaften**
3. Ein **positives Umfeld**

Auch Glück ist ein Aspekt des Wohlbefindens und Grundlage einer optimistischen Lebenseinstellung. Martin Seligman, einer der Begründer der „Positiven Psychologie", nennt in seinem Buch „Der Glücks-Faktor: Warum Optimisten länger leben" **drei Bereiche, die Einfluss auf unser Glücksempfinden haben**:

1. Positive Emotionen:

Optimisten leben im Durchschnitt und im Vergleich zu den Pessimisten 19 % länger als ihre prognostizierte Lebenserwartung.[54] Er empfiehlt daher, das eigene Glücksgefühl zu steigern, indem man sich mit Vergangenheit, Gegenwart und Zukunft beschäftigt. Es sei ein Trugschluss zu glauben, dass die Vergangenheit eines Menschen seine Zukunft irreversibel bestimmt. Im Gegenteil. Er rät, die eigenen Erinnerungen der Vergangenheit positiv umzuwandeln und zukünftig darauf zu achten, wie bestimmte Lebensereignisse enden, denn das färbt unsere Erinnerung an das gesamte Geschehen. Optimismus kann trainiert werden, indem man sich permanent die Wirkungsweisen von Annäherungs- und Abwendungsmodus verdeutlicht und individuell immer wieder stimmige Wege findet, eine gesunde Balance zwischen Annäherung und Abwendung zu halten.

54 *Martin E.P. Seligmann, „Der Glücksfaktor - Warum Optimisten länger leben", 2012, S. 30*

2. Charakterstärken und Tugenden

Dan Popov, Mitbegründer des von den Vereinten Nationen und vom Dalai Lama geehrten Virtues Project®, hat in seiner Doktorarbeit in den 80er-Jahren sieben Hauptreligionen untersucht und dabei 325 Tugenden identifiziert, die in 3.000 Jahren Menschheitsgeschichte eine Rolle spielten und noch immer spielen. Diese Tugenden bilden gewissermaßen eine gemeinsame ethische Wertebasis aller Menschen weltweit. Seligman und seine Kollegen haben vergleichbare Untersuchungen vorgenommen. Sie stellten außerdem fest, dass Tugenden durch Charakterstarken definiert werden. Unter Charakterstärken versteht Seligman positiv bewertete Eigenschaften eines Menschen. Diese sollen veränderbar und damit auch trainierbar sein, da sie auch von den Lebensumständen einer Person abhängen. Seligman hat zu sechs Tugendbereichen 24 Charakterstärken abgeleitet, aus denen sich individuelle Signaturstärken ergeben. Signaturstärken sind Charakterstärken, die einem Menschen eigen und besonders 'typisch' für ihn sind und deren Anwendung als belebend und erfüllend angesehen wird.

1. **Weisheit und Wissen**
   Charakterstärken: Kreativität (1), Neugier (2), Urteilsvermögen (3), Liebe zum Lernen (4), Weisheit (5)
2. **Mut**
   Charakterstärken: Authentizität (6), Tapferkeit (7), Durchhaltekraft (8), Enthusiasmus (9)
3. **Liebe und Humanität**
   Charakterstärken: Freundlichkeit (10), Bindungsfähigkeit (11), Soziale Intelligenz (12)
4. **Gerechtigkeit**
   Charakterstärken: Teamfähigkeit (13), Fairness (14), Führungsvermögen (15)
5. **Mäßigung**
   Charakterstärken: Vergebungsbereitschaft (16), Bescheidenheit (17), Selbstregulation (18), Vorsicht (19)
6. **Spiritualität und Transzendenz**
   Charakterstärken: Schönheitssinn (20), Dankbarkeit (21), Optimismus/Hoffnung (22), Spiritualität (23), Humor (24)

3. Lebensräume

Um im Beruf glücklich und erfüllt zu sein, sollte man in einem Umfeld arbeiten, in dem man seine Signatur-Stärken einsetzen kann. Dabei ist Beruf nicht gleich Beruf. Seligman unterscheidet zwischen *Job* (wo nur das Geld zählt), *Karriere* (wo es nur um den Aufstieg geht) und *Berufung* – der ideale Zustand, denn hier schwingt die Leidenschaft für eine Tätigkeit mit, während Geld und Beförderung nebensächlich sind. Wer seinen Beruf als „Berufung" sieht, erfährt sehr häufig den Zustand des „Flow". Menschen, bei denen das zutrifft, sind glücklicher mit ihrer Arbeit als andere. Claudia Harzer forscht an der Universität Zürich zur Persönlichkeitspsychologie und Diagnostik und fand heraus, dass „Personen, die vier und mehr Signaturstärken bei der Arbeit anwenden können, mehr Spaß bei der Arbeit haben. Sie gehen mehr in ihrer Arbeit auf, empfinden sie als sinnvoller und sind zufriedener mit ihrem Beruf. Diese Personen empfinden ihre Arbeit auch eher als Berufung als Personen, die drei und weniger Signaturstärken am Arbeitsplatz einsetzen können."[55]

Die Orientierung zum Glück allein reicht allerdings jedoch nicht aus, um Verhaltensanpassungen oder Änderungen der eigenen Arbeitsumgebung zu realisieren. Entscheidend ist zusätzlich die **Anpassungsfähigkeit**, denn eine starke **Orientierung zum Glück** (der Wunsch, den momentanen „Job" in eine „Berufung" zu modifizieren) kann **berufliche Anpassungsfähigkeit** auslösen (pro-aktive Suche innerhalb oder außerhalb des Unternehmens nach dem Umfeld, das den Flow-Zustand während der Arbeit ermöglicht), was wiederum den **Stress am Arbeitsplatz** senkt. Der Mensch ist nicht mehr Opfer einer unglücklich machenden Situation, sondern ergreift pro-aktiv die Chance, an dieser Situation etwas zu ändern. Glückstreben ist folglich zwar eine elementare Richtschnur bei der Planung und Ausübung der beruflichen Tätigkeit in verschiedenen Lebensbereichen. Aber Flexibilität ist zusätzlich erforderlich, um das gewünschte Verhalten und das gewünschte (berufliche) Resultat zu erzielen.

SELBST-CHECK:

Reflektieren Sie:
Was sind Ihre Singnaturstärken und können Sie diese momentan in Ihrem Beruf anwenden?

PARADIGMA 10:

Flexibilität braucht als Korrektiv Pro-Aktivität und Reflexion.

„Ich rufe auf zu mehr Flexibilität. In der Wissensgesellschaft des 21. Jahrhunderts werden wir alle lebenslang lernen, neue Techniken und Fertigkeiten erwerben und uns an den Gedanken gewöhnen müssen, später einmal in zwei, drei oder sogar vier verschiedenen Berufen zu arbeiten."[56] So mutmaßte Bundespräsident a. D. Roman Herzog in seiner „Berliner Rede" am 26. April 1997.

55 *Harzer, C., Ruch, W. (2012), „When the job is a calling: The role of applying one's signature strengths at work." In: The Journal of Positive Psychology (Nr. 7, S. 362–371).*
56 *Bundespräsident a. D. Roman Herzog, „Aufbruch ins 21. Jahrhundert", Hotel Adlon, Berlin, 26. April 1997*

Heute ist die „Ruck-Rede" aktueller denn je. Überforderung, Leistungsdruck und fehlende Orientierung sind an der Tagesordnung. Unbestritten ist, wir brauchen geistige Flexibilität, um den momentanen und zukünftigen Veränderungen begegnen zu können. Flexibilität, Mobilität und ständige Erreichbarkeit sind die Freiheitsbegriffe der Spätmoderne. Ohne Korrelativ drohen wir jedoch, den roten Faden der eigenen Identität und stetigen Entwicklung zu verlieren, so wie es Richard Sennett in seinem Buch „Der flexible Mensch" nicht zu Unrecht befürchtete.

Flexibilität alleine reicht also nicht aus, um zukunftsfähig zu sein. Je nachdem, in welchen Branchen Sie tätig sind, welche Berufe Sie erlernt haben oder noch erlernen werden, ob Sie selbständig sind oder angestellt – die kommende Automatisierung und Digitalisierung droht in alle Bereiche unseres Lebens vorzudringen. Sie wird vor kaum einer Branche und kaum einem Beruf Halt machen. Aufhalten können wir diesen Prozess nicht – aber wir können lernen, die Chancen, die in dem fundamentalen Wandel liegen, zu nutzen.

Wir kommen allerdings um eine ernsthafte Auseinandersetzung mit unseren individuellen Wünschen, Werten und Visionen nicht herum. Wenn wir unter deutlich veränderten Vorzeichen gesund und leistungsfähig bleiben und unseren Beruf auch zukünftig noch mit Glück und Freude ausfüllen wollen, wenn wir uns von ständiger Erreichbarkeit, Mobilität und Flexibilität nicht dauerhaft verformen lassen wollen, wenn wir eine Balance zwischen flexibler Anpassung an neue Situationen und einem Festhalten an zeit- und situationsstabilen Zielen und Werten anstreben, brauchen wir ein Korrelativ.

Wenn wir unser Leben in einer immer komplexer werdenden Welt nicht nur verstehen, sondern auch pro-aktiv gestalten und die Hoheit über unsere Entscheidungen nicht aus der Hand geben wollen, wird es immer wichtiger, von Zeit zu Zeit innezuhalten und zu reflektieren, ob der persönlich eingeschlagene Weg noch der richtige ist und ob unsere Signaturstärken noch zu unserem (beruflichen) Umfeld passen oder nicht.

Vielleicht ist es jetzt oder irgendwann notwendig, an der einen oder anderen Stelle Kurskorrekturen vorzunehmen, um für mehr Stimmigkeit, Glück und Zufriedenheit zu sorgen oder den Zustand des Wohlbefindens überhaupt wiederherzustellen. Reift die Erkenntnis einer Lebensveränderung, hilft blinder Aktionismus nicht. Er kann im Gegenteil dafür sorgen, dass wir aufgrund der uns permanent umgebenden Optionen-Vielfalt den Überblick verlieren, unsere eigene Flexibilität überdehnen und Fehlentscheidungen treffen. Vor denen sind wir natürlich nie gefeit, jedoch schadet eine Risikoabwägung nie. Im Futability®-Circle braucht Flexibilität daher als Korrektiv immer auch „Reflexion" und „Pro-Aktivität".

REFLEXION

„Wir trösten uns mit der Vorstellung, dass eine plötzliche Veränderung etwas ist, das außerhalb der normalen Ordnung der Dinge abläuft. Wir können uns nicht vorstellen, dass plötzliche, radikale irrationale Veränderungen zum Grundmuster unseres Lebens gehören. Aber genauso ist es. Und die Chaostheorie lehrt uns, dass die Linearität, die wir bei allem, von der Physik bis zur Fiktion, für selbstverständlich halten, einfach nicht existiert. Die Linearität ist eine künstliche Art der Weltbetrachtung."
Dr. Ian Malcolm, Mathematiker, Experte für Chaostheorie[57]

Der Wunsch nach dem „perfekten Leben", nach möglichst wenig Konflikten, viel Konformität, wenig Paradoxien und möglichst keinen Paradigmen-Wechseln, bestimmt in vielen Bereichen unser Denken und Handeln – nicht nur privat und beruflich, sondern auch gesellschaftlich. Deutschland hat es sich im Konsens gemütlich gemacht. Das macht uns unsagbar träge, extrem berechenbar und statisch. Als Nation aber auch in unseren jeweiligen Mikro-Kosmen, in denen wir leben, negieren wir dadurch Chancen, die unsere Multioptionen-Welt bereithält und erhöhen unser persönliches (und unternehmerisches) Risiko. Gleichzeitig merken wir, dass uns unser Bestreben nach Sicherheit immer öfter in ein Dilemma manövriert. Indem wir uns nämlich Veränderungen verweigern und getreu dem deutschen Dreisatz leben:

1. Das haben wir schon immer so gemacht!
2. Da könnte ja jeder kommen!
3. Wo kommen wir denn da hin!

Wir wiegen uns in der vermeintlichen Sicherheit, durch Ausblendung der um uns herum stattfindenden Veränderung, den Status Quo zu sichern. Doch das Gegenteil ist der Fall. Wir hegen und pflegen unseren Besitzstand und demonstrieren Wohlstand und Erfolg – wie in dem bekannten Werbespot eines Bankinstitutes aus den 90er-Jahren – durch „mein Haus", „mein Auto", „mein Boot". Doch diese Form der Linearität und Sicherheit, die wir uns wünschen, die uns die Werbung als erstrebenswert suggeriert und die so bequem wäre, gibt es nicht – und es hat sie auch nie wirklich gegeben! Zyklen sind faszinierende Elemente unseres Seins und Veränderungen sind Teil der Weltgeschichte. Ohne Veränderung wären die Lebewesen auf der Erde aus dem Stadium der Einzeller nicht herausgekommen – vermutlich hätten sie nicht einmal das erreicht.

Dass wir glauben, durch Linearität und Algorithmen Veränderungen kontrollieren zu können, ist ein rein menschliches Konstrukt, das dem Geist der Vernunft entspringt.

57 *Michael Crichton, „DinoPark", 1991, S. 219*

Vor allem das Nachkriegsdeutschland der 50er-Jahre sehnte sich nach Linearität. Nach dem Chaos und der Zerstörung, die Hitler-Deutschland der Menschheit hinterlassen hatte, war der Wunsch nach Stabilität, Anpassung, Sicherheit und Zugehörigkeit groß. Ein geregeltes Leben war ein – zu Recht – begehrenswertes Ziel. Eines, von dem man glaubte, es könne die Wunden heilen, die der 2. Weltkrieg hinterlassen hatte. Lineare Lebensläufe sollten eine lineare Charakterbildung gewährleisten und die verworrenen Kriegsbiografien ablösen. Für die Kriegsgeneration war das ein Teil des Heilungsprozesses, der – getrieben durch das Wirtschaftswunder – funktionierte und an die Kindergeneration als Erfahrung und erstrebenswertes Lebensziel weitergegeben wurde. Gefüttert durch die Macht der Werbung, die an diesem Ideal bis heute festhält, so als gäbe es kein Morgen, das schon wieder ganz anders aussehen könnte.

Diese Kindergeneration – meine Elterngeneration – hatte in sehr vielen Fällen tatsächlich den Luxus fester Arbeitsplätze von der Ausbildung bis zur Rente. In Braunschweig, der Stadt, in der ich aufgewachsen bin, hörte man nicht selten: „Mein Vater ist VWler" oder „Meiner ist Siemensianer". Eine lebenslängliche Zugehörigkeit zu einem Konzern wurde schnell zum Charakteristikum und zur vollständigen Identifizierung.

In dem Wissen und der Erfahrung, berufliche Linearität ist möglich und erstrebenswert, weil sie Sicherheit und Wohlstand verspricht, ist meine Generation groß geworden. Mit diesen Vorstellungen wurden wir dann aber Zeitzeuge des fünften Kondratieffs, des phänomenalen Eroberungsfeldzuges durch Computer und Internet. Und wir begannen langsam zu begreifen, dass unser Lebensentwurf aufgrund dieser Entwicklung zwangsläufig anders aussehen muss als der unserer Eltern. Manche passten sich schnell an, andere fühlen sich bis heute um ihr erlerntes Sicherheitskonzept betrogen und die dritte Gruppe ist überlastet und überfordert, weil Handlungskonzepte fehlen, mit den veränderten Anforderungen umgehen zu können.

Die (Arbeits-)Welt hat sich radikal gewandelt. Während wir die ersten „Technologiehüpfer" in den 80er- und 90er-Jahren noch fast wie im Zeitraffer beobachten konnten, so radikalisiert und multipliziert sich der technische Wandel jetzt und in Zukunft.

Unser Arbeitsleben ist heute schon in vielen Bereichen technologisiert – das unserer Kinder wird digitalisiert, automatisiert, roboterisiert und virtualisiert sein. Diese Veränderung hat bereits begonnen und sorgt schon jetzt für ein so volatiles und dynamisches Umfeld, dass ein lebenslanger Verbleib in einem Unternehmen und einem Beruf zunehmend unrealistischer wird, wenn rechts und links des Weges bekannte Berufe aussterben und neue Beschäftigungsfelder entstehen.

Die gefühlte berufliche Linearität ist in der jüngeren Geschichte lediglich ein Ausrutscher von kurzer Zeitdauer. Sie wird es in dieser Form nicht mehr geben – ob uns das gefällt oder nicht. Unsere Lebensläufe heute und die unserer Kinder sind **fraktal** und **dynamisch**.

Sie passen sich damit einem durch hohe Bewegung und Komplexität gekennzeichneten

Unternehmens- und Wirtschaftsumfeld an. Und mit dieser globalen Veränderungsdynamik und Komplexität wächst gleichzeitig die Unordnung, die Nicht-Linearität, das Chaos. Also genau das, was wir zu Recht als Unsicherheit erleben und mit Verwirrung und Stress quittieren.

Doch es gibt Hoffnung, denn wie der fiktionale Mathematiker Dr. Ian Malcolm an anderer Stelle im Buch „DinoPark" feststellt: „Innerhalb der komplexen Vielfalt eines Systems haben wir tatsächlich verborgene Gesetzmäßigkeiten festgestellt."[58]

In der Tat liefert die **Chaosforschung** eine anschauliche Grundlage, um dynamische und komplexe Vorgänge besser verstehen zu können. Die Chaosforschung beschäftigt sich mit der „Dynamik der Entstehung von Ordnung und Chaos und deren gegenseitigen Übergängen."[59] Ihr Ziel ist es, Instabilitäten und das Wechselspiel von Zufall und Voraussagen zu verstehen. Der US-amerikanische Meteorologe Edward Lorenz gilt als Wegbegleiter der Chaostheorie. Er entdeckte, dass das chaotische Wetter Ordnungsmuster aufweist, so genannte „seltsame **Attraktoren**" (Anziehungspunkte). Attraktoren determinieren das Chaos, das heißt, sie wirken wie ein imaginäres Ziel, auf das ein chaotisches System langfristig zustreben kann und dadurch ein relativ geordnetes Verhalten annimmt. Auch in einem scheinbaren Chaos lassen sich also immer wieder Muster finden. Der Attraktor selbst hat eine fraktale Dimension. Als **Fraktal** bezeichnet man bestimmte natürliche oder künstliche Gebilde oder geometrische Muster, die einen hohen Grad von Selbstähnlichkeit aufweisen. Ein chaotisches System sucht systemimmanent nach Stimmigkeit (**Kohärenz**) und erneuert sich dadurch quasi selbst (**Autopoiese**) und zwar so, dass die Integrität der Struktur gewahrt bleibt. Voraussetzung für die Selbsterneuerung ist jedoch die vorausgegangene Instabilität eines Systems. Um das Verhalten chaotischer Systeme zu untersuchen, bleibt einem meist nichts anderes übrig, als sich Schritt für Schritt vorzutasten. Die Mathematiker nennen das „**Iteration**".

Krisenhafte Lebenssituationen könnten gemäß der Chaostheorie „als Übergänge in ungeordnete Bewusstseinszustände verstanden werden"[60], sind sich der Psychologe und Physiologe Michael Stadler von der Universität Bremen und Thomas Fabian vom Bremer Institut für Gerichtspsychologie sicher. Unsere VUCA-gewordene Welt und die ihr innewohnende Dynamik und Unordnung bieten in diesem Zusammenhang ein modernes Sinnbild von Instabilität par excellence. Sie stellt uns vor die große Herausforderung, in diesem Chaos Attraktoren zu finden, um die Selbsterneuerung zu aktivieren – sei es auf individueller, unternehmerischer oder gesellschaftlicher Ebene.

Der Soziologe Walter L. Bühl sagt dazu: „Die Chaostheorie ist vor allem von Bedeutung für die Beschreibung und Erklärung von Krisen und Übergangszuständen, in denen entweder bisher wirksame Attraktoren plötzlich an Größe zu- oder abnehmen, sich verlagern oder völlig

---

58 *Michael Crichton, „DinoPark", S. 105*

59 *Hermann Haken, „Die Selbstorganisation komplexer Systeme – Ergebnisse aus der Werkstatt der Chaostheorie", 2003, S. 11*

60 *Thomas Fabian/Stadler, Michael: A chaos theoretical approach to delinquent behavior in psychosocial stress situations. in: Gestalt Theory, An international multidisciplinary journal, 13. Jg., Heft 2/1991, Opladen 1991, S. 98 ff.*

verschwinden, oder in denen sie ihre vorher reguläre Struktur verlieren."[61]

In jeder Dynamik gibt es Orte der Ruhe.

Wenn wir uns das verinnerlichen, können wir Chaos wieder als einen natürlichen Bestandteil des Lebens, der Evolution und der Veränderung begreifen und annehmen. Damit haben wir bereits den ersten Schritt getan, um mit Zuständen von Unsicherheit, Planungslosigkeit und Instabilität umgehen zu können. In einem bewusst als dynamisch und veränderungsstark wahrgenommenem Umfeld können wir dann Turbulenzen und Unordnung akzeptieren und brauchen sie nicht mehr zu fürchten. Wir bewegen uns an diesem Punkt vom Abwendungsmodus in den Annäherungsmodus.

Die **Reflexion** ist im Futability®-Circle daher eine elementare Ergänzung zur Flexibilität und die Vorstufe zur Pro-Aktivität. In der Philosophie bezeichnet „Reflexion" den willkürlichen Vorgang des Nachdenkens, der Überlegung, der Kontemplation und prüfenden Betrachtung. Reflexionsprozesse sind daher nichts anderes als **Prozesse der Bewusstwerdung**. Sie schaffen Distanz zu einer Situation, einer Person oder einem Ding durch bewusstes Innehalten und Sondieren. Dadurch erwirkt die Reflexion Freiräume, damit wir eigenständig auf unsere Umwelt reagieren und bewusst überlegen können, welchen Lebenssituationen wir uns wieder annähern wollen und welchen nicht. Die Fähigkeit zur Reflexion dient daher als eine Art „**Regulierungsmodul**", um Störungen und Instabilitäten im Umfeld und bei uns selbst so schnell wie möglich zu erkennen und zu beseitigen. Gleichzeitig befähigt es uns zu einer gesunden Interaktion mit unserem Umfeld. Diese positive Rückkopplung ist notwendig, damit wir in dem **interaktiven Adaptionsprozess** die notwendigen und richtigen Impulse geben, um genau die dynamischen Veränderungen anzustoßen, die uns gut tun und stimmig sind. Die Reflexion hilft, Spannungen zwischen Ordnung und Chaos, Wachstum und Stagnation, Flexibilität und Beständigkeit zu regulieren und eine Art „persönlichen Existenzschutz" aufzubauen, um die eigene Autonomie zu stärken. Reflexion hilft uns bei unserer Suche nach seelischem, geistigem und körperlichem Wohlbefinden und ist daher im beginnenden Zeitalter des 6. Kondratieff-Zyklus eine unabdingbare Fähigkeit.

Reflexion als Prozess der Selbstregulation

Der deutsche Medizinsoziologe Ronald Grossarth-Maticek versteht unter einer flexiblen situations- und bedürfnisangepassten Selbstregulation „jede individuelle Aktivität, die in der Lage ist, Bedingungen herzustellen, die zu erfahrenem und gelebtem Wohlbefinden führen."[62]

---

61 *Walter L. Bühl, „Sozialer Wandel im Ungleichgewicht. Zyklen, Fluktuationen, Katastrophen. Soziologische Gegenwartsfragen", Neue Folge, Band 49, Stuttgart 1990, S. 124 ff*

62 *Ronald Grossarth-Maticek, „Autonomietraining – Gesundheit und Problemlösung durch Anregung der Selbstregulation", 2000, S. 1*

Das Wohlbefinden beeinflusst einerseits das Gefühl innerer Zufriedenheit und Lust, andererseits stärkt es unseren Lebenswillen und das Immunsystem. Wohlbefinden entsteht, wenn wir in der Lage sind, unsere wichtigsten Bedürfnisse und Ziele mit Lust zu befriedigen. Selbstregulation kann daher auch als ein Verhalten beschrieben werden, „zum richtigen Zeitpunkt das Richtige zu tun und damit zu Wohlbefinden und Bedürfnisbefriedigung zu finden."[63] Was für jeden einzelnen das Richtige ist, hängt von der jeweiligen Situation und den individuellen Bedürfnissen ab. Starre Regeln der Selbstregulation gibt es nicht, wohl aber **Merkmale einer guten Selbstregulation**:

- ein hohes Maß an Wohlbefinden
- Verfolgen persönlich wichtiger Ziele
- Bewahrung der inneren Selbständigkeit und Autonomie
- Zukunftsoptimismus
- Erprobung unterschiedlicher Verhaltensweisen, bis sich Erfolg einstellt
- flexible Verhaltensanpassung
- Registrieren und im besten Fall Vermeiden von seelisch-körperlicher Überforderung
- ausgeprägtes Gefühl der Eigenkompetenz
- Selbstbeobachtung und Orientierung an den Konsequenzen eigenen Verhaltens
- ausreichende körperliche Bewegung
- gesunde Ernährung

Eine gesunde Selbstregulation hat positive Auswirkungen auf viele Faktoren[64]:

- gute Integration von Emotionen und rationalen Komponenten
- Fähigkeit, Verhaltensweisen mit langfristig positiven Folgen zu erreichen
- ausgeprägtes Kompetenzgefühl für das Erreichen von Lust und Wohlbefinden
- erlebte Anerkennung im Berufsleben
- soziale Autonomie und Freiheit von sozialen Repressionen
- soziales Zugehörigkeitsgefühl
- Normal- oder Idealgewicht
- normaler Blutdruck
- erholsamer, tiefer Schlaf
- Fähigkeit zur regelmäßigen Erholung

Die Selbstregulation ist ein äußerst komplexer systemischer Vorgang. Neurobiologisch sind zwei Systeme am Regulierungsvorgang beteiligt: Das Basissystem und der präfrontale Cortex, vergleichbar dem von Gary Marcus beschriebenen psychologischen Reflex- und Reflexionssystem (Seite 206). Die Kunst der Selbstregulation besteht darin, „Fürsorge für beide Funda-

63 *Ronald Grossarth-Maticek, ebenda, S. 44*
64 *Die vollständige Liste findet sich bei Grossarth-Maticek, „Autonomietraining", S. 1 und 2*

mentalsysteme" zu entwickeln und „Impuls und Kontrolle miteinander zu verbinden."[65] Beide Systeme sind für Gesundheit und Wohlbefinden elementar, wenn wir über den Prozess der Selbstregulation in der Lage sind, sie auszubalancieren. Wenn wir es also schaffen, die Waage zu halten zwischen unserer emotionalen Seite und der Vernunft, zwischen kurzfristiger Bedürfnisbefriedigung und dem Erreichen langfristiger Entwicklungsziele und Zukunftswünsche.

Selbstregulation ist immer dann notwendig, wenn wir veränderten gesundheitlichen, beruflichen oder zwischenmenschlichen Rahmenbedingungen gegenüberstehen und ein gewohnter Verhaltensfluss unterbrochen wird. Veränderungen sorgen dafür, dass Ist- und Sollwerte voneinander abweichen – also zum Beispiel unsere Ziele und Wünsche (**Soll-Zustand**) nicht mehr der Realität entsprechen oder im augenblicklichen Umfeld nicht umgesetzt werden können (**Ist-Zustand**). Das Abweichen von Ist- und Soll-Zustand verursacht immer dann Stress, wenn diese Abweichung nicht freiwillig erfolgt oder mit dem Verlust der eigenen Autonomie einhergeht.

Wenn wir uns selbst regulieren, sind wir in der Lage, mit veränderten Rahmenbedingungen umzugehen, unser Denken, Fühlen und Verhalten anzupassen und den Zustand des Chaos wieder in einen Zustand von Stimmigkeit und Kohärenz zu verwandeln. Die Selbstregulation ist ein Prozess der Kreativität und Problemlösung – mit einem gesunden Wohlbefinden als nicht zu unterschätzende Nebenwirkung. Die Selbstregulation hilft, zu unserer ureigenen Identität zurückzufinden, das eigene Leben in der Hand zu haben und gewissermaßen die „eigene Stimme"[66] wiederzufinden.

Ist beim Regulierungsprozess unser Handeln gefragt, ist es wichtig, dass es auch als eigenes Handeln wahrgenommen wird und nicht, als würde es von außen aufoktroyiert. Das ist relevant, damit die intrinsische Motivation aufrechterhalten werden kann, die einem Regulierungsprozess innewohnt. In diesem Prozess der persönlichen Weiterentwicklung regulieren wir – je nach Bedarf und Notwendigkeit:

- den Umgang mit unseren Emotionen
- unsere Fähigkeiten und Kompetenzen, um zielgerichtetes und realitätsgerechtes Handeln zu verwirklichen
- die Bedürfnisbefriedigung und Verfolgung längerfristiger, attraktiver Ziele

Der selbstregulierende Reflexionsprozess läuft in **drei Schritten** ab und mündet anschließend in die Pro-Aktivität. Der erste Schritt im Reflexionsprozess ist die „**Sondierung**" mit der Kernfrage „Was stresst mich?" Sind die Stressoren identifiziert und seziert, beginnt im zweiten Schritt die „**Neuausrichtung**" mit der Kernfrage: „Was ist mein Wunsch?" Hier ist die Suche

65 *Joachim Bauer, „Selbststeuerung – Die Wiederentdeckung des freien Willens", 2015, S. 15*
66 *Philosophie Magazin April/Mai 2014, Nr. 03/2014, Michael Hampe. „Wir brauchen keine Experten der Vernünftigkeit", S. 64*

nach Bedürfnissen und Wünschen entscheidend, die sich aus der Regulierung des Stressors ergeben. Danach geht es im dritten und letzten Schritt der Reflexion um die **Ressourcen-Flexibilität**, also darum, das im Bereich der „Flexibilität" erarbeitete Wurzelgeflecht auf den neuen Attraktor anzuwenden. Die Kernfrage lautet hier: „Welche Ressourcen möchte ich aktivieren, um meinen Wunsch zu erreichen?"

Sind diese drei Schritte durchlaufen, folgt im Futability®-Circle die Pro-Aktivität, die bewusst gesteuerte Umsetzung.

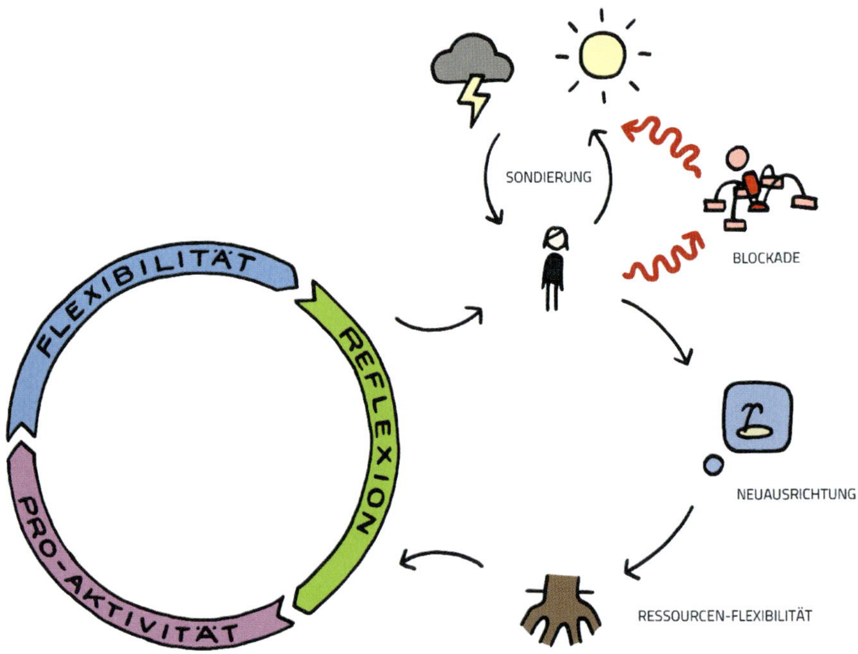

SCHRITT 1: SONDIERUNG

„Was stresst mich?"

Am 29. April 1945 befreiten Soldaten der amerikanischen Armee das Konzentrationslager in Dachau. Was sie vorfanden, übersteigt auch heute noch jegliche Vorstellungskraft. Abgemagerte Menschen, Leichenberge und der Gestank der Toten empfingen die Alliierten, die eigentlich glaubten, in Dachau nur ein Waffen- und Benzinlager zerstören zu sollen. Am 29. April 2015, 70 Jahre später, kehren Befreier und Befreite gemeinsam nach Dachau zurück. Der Fernsehsender HISTORY hat daraus die bewegende Dokumentation „Die Befreier“[67] gedreht, die am 18. Juli 2015 ausgestrahlt wurde. Einige der Bilder in der Dokumentation wurden zum ersten Mal gezeigt – in einer Deutlichkeit und Grausamkeit, die mich bis ins Mark erschütterte. Gleichzeitig hat mich die Kraft und Stärke der Befreiten, die teilweise auch zum ersten Mal über ihre Erlebnisse in den Konzentrationslagern berichteten, zutiefst bewegt. Ihre geistige Fitness und ihren Lebenswillen, die sie – trotz der Traumata, die sie als Jugendliche erlitten – auch im hohen Alter noch zeigten, hat mich unglaublich beeindruckt. Woher nahmen sie die Kraft, diese furchtbare Zeit und die entsetzlichen Verluste zu überwinden?

Diese Frage stellte sich auch Aaron Antonovsky, der während einer Forschungsarbeit über die Auswirkungen der Wechseljahre eine Frauengruppe der Geburtsjahrgänge 1914-1923 untersuchte. Zufällig stellte sich heraus, dass ein Teil dieser Frauen während des Zweiten Weltkriegs in einem Konzentrationslager inhaftiert war. Wie zu erwarten, war ein Großteil von ihnen gesundheitlich signifikant stärker belastet. 29 % der ehemals inhaftierten Frauen bescheinigte Antonovsky jedoch eine relativ gute psychische Gesundheit.

Antonovsky beeindruckten diese Ergebnisse sehr, und sie definierten in der Folge seinen weiteren Forschungsweg. Nicht die Tatsache, dass die meisten Frauen körperliche und seelische Schäden davon getragen hatten, sondern dass ein Teil der Frauen dieses schwere Trauma gut verarbeitet hatte, faszinierte ihn.

Von nun an ging er konsequent der Frage nach, warum Menschen – trotz vieler potenziell gesundheitsgefährdender Lebensereignisse – gesund bleiben. Was ist das Besondere an den Menschen, die trotz extremer Belastungen widerstandsfähig sind, während andere, mit vermeintlich geringerem Stress im Leben, dauerhaft ausgebrannt sind und krank werden?

Aus diesen Überlegungen und weiteren Forschungen entwickelte Antonovsky die **Salutogenese** als ein Konzept der Entstehung von Gesundheit. Im Gegensatz zur Pathogenese, die sich damit beschäftigt, warum der Mensch krank wird, fokussiert sich die Salutogenese auf die Frage: „Was hält den Menschen gesund?“

Für die Frage, was „Gesundheit“ bedeutet, ist es sinnvoll, die Definition der WHO als Maßgabe heranzuziehen, die **Gesundheit als „vollständiges körperliches, soziales und geistiges Wohlbefinden“** betrachtet. Gesundheit ist also mehr als die Abwesenheit eines Schnupfens. Neben dem Ausbleiben körperlicher Krankheitssymptome bedeutet Gesundheit auch eine stimmige Einbettung in das Umfeld und ein achtsamer Umgang mit sich selbst. Gesundheit ist keine Ware. Sie lässt sich nicht konsumieren und kann auch nicht als selbstverständlich vorausgesetzt werden. Gesund zu sein bedeutet, aktiv dafür zu sorgen, nicht krank zu werden und auszubrennen.

67 *www.history.de/sendungen/die-befreier/sendung.html*

Das systemisch ganzheitliche Verständnis von „**Gesundheit als Entität von Körper, Geist und Seele**" ist die Grundlage für die Wiederherstellung der Kohärenz in einem in Unordnung geratenen System oder in einer als chaotisch empfundenen Situation.

Für Antonovsky waren Gesundheit und Krankheit daher auch keine linearen Zustände, sondern seiner Meinung nach bewegt sich der Mensch permanent in einem Kontinuum zwischen Gesundheit und Krankheit. Tagtäglich sind wir Reizen unserer Umwelt ausgesetzt, wir gehen – bewusst oder unbewusst – in Resonanz mit unserer Umgebung und lernen im besten Fall, uns situativ anzupassen. Wenn wir morgens das Haus verlassen und es ist kalt, ziehen wir uns warm an. Wenn wir Durst haben, trinken wir. Wenn wir müde sind, gehen wir ins Bett. Tun wir das nicht, stressen wir unseren Körper und stören unseren empfindlichen Organismus. Wir riskieren, krank zu werden. Zusätzlich gibt es Reize, die wir als seelische Erschütterungen wahrnehmen, die eine große Bandbreite an Reaktionen hervorrufen können wie Depressionen, Ängste oder chronische Erkrankungen. Der Psychologe George A. Bonnano von der Columbia University untersucht seit Jahren, wie Menschen auf traumatische Erfahrungen reagieren, und auch er kommt – ähnlich wie Antonovsky – zu dem Ergebnis, dass ernsthafte psychische und physische Schäden nach traumatischen Ereignissen nur bei weniger als 30 % der Betroffenen auftreten.

Wir scheinen also über eine gewisse generelle Widerstandsfähigkeit zu verfügen, die wir aktivieren können, wenn unsere Gesundheit in einen Zustand der „Unordnung" (**Entropie**) gerät. Antonovsky nahm an, dass Entropie – „die allgegenwärtige Tendenz menschlicher Organismen, ihre organisierten Strukturen zu verlieren"[68] – ein integraler Bestandteil des menschlichen Lebens ist. Gleichzeitig besitzt ein System jedoch die Fähigkeit, diese Ordnung auch wieder aufbauen zu können (**negative Entropie**). Entropie kann erzeugt, aber niemals vollständig vernichtet werden. Zwischen Entropie und negativer Entropie herrscht ein beständiges Wechselspiel.

Der salutogene Ansatz geht der Frage nach, welche Widerstandsressourcen ein Mensch hat und welche Schutzfaktoren ihn gesund halten, um die seelische und körperliche „Elastizität" und Flexibilität zu stärken. Mit anderen Worten: Welche Ressourcen stehen uns zur Verfügung, um ein in Chaos geratenes System – sei es der eigene Körper oder eine unvorhergesehene Veränderung, die uns Stress verursacht – wieder in Balance und Stimmigkeit zu bringen? Und wie können wir diese Ressourcen flexibel, bedürfnisgerecht und situativ aktivieren?

Die **Sondierung** ist der erste Schritt, diese Stimmigkeit wiederherzustellen. Die Sondierung aktiviert das Steuerungsmodul der „Reflexion". Um die Frage „**Was stresst mich?**" beantworten zu können, müssen wir den Zustand unseres Kohärenzgefühls analysieren, indem wir die Stressoren sezieren, die unser Gefühl der Stimmigkeit in ein Chaos verwandelt haben. Die beiden **Kernfragen der Sondierung** lauten daher:

68 *„Was hält Menschen gesund? Forschung und Praxis der Gesundheitsförderung", Band 6, S. 25*

1. An welchen Stellen muss mein Kohärenzgefühl wieder hergestellt werden?
2. Wo sind meine Stressoren und Spannungszustände?

Das Kohärenzgefühl

Das Kohärenzgefühl ist „eine globale Orientierung, die das Ausmaß ausdrückt, in dem jemand ein durchdringendes, überdauerndes und dennoch dynamisches Gefühl des Vertrauens hat, dass erstens die Anforderungen aus der inneren oder äußeren Erfahrenswelt im Verlauf des Lebens strukturiert, vorhersagbar und erklärbar sind und zweitens die Ressourcen verfügbar sind, die nötig sind, um den Anforderungen gerecht zu werden. Und drittens, dass diese Anforderungen Herausforderungen sind, die Investition und Engagement verdienen."[69] Das Kohärenzgefühl mit den Bestandteilen **Verstehbarkeit**, **Handhabbarkeit** und **Bedeutsamkeit/Sinnhaftigkeit** habe ich bereits ausführlich erklärt. Wer hierzu eine kleine Auffrischung braucht, blättert einfach zurück auf die Seite 101.

Das Kohärenzgefühl ist entscheidend dafür, wie gelungen wir mit einer lebensverändernden Situation umgehen können – egal ob im beruflichen oder privaten Kontext. Unser Kohärenzgefühl ist umso stärker, je öfter wir erlebt haben, dass wir auf unvorhergesehene Situationen Einfluss nehmen können und dass unser Leben nicht chaotisch und willkürlich abläuft. Dazu sind **drei Grunderfahrungen** notwendig, die ich hier der Vollständigkeit halber noch einmal erwähne:

1. **Emotionen:** Emotionale Zuwendung und soziale Beziehungsqualitäten und das Gefühl von Sicherheit und Konsistenz bilden die Grundlage für Verstehbarkeit.
2. **Balance:** Die Ausgewogenheit von Über- und Unterforderung, ganzheitliche Aufgaben und Rollenklarheit sorgen für ein Gefühl der Handhabbarkeit.
3. **Partizipation:** Entscheidungsspielräume, Einfluss und die soziale Bewertung (Akzeptanz, Macht, Lohn, Prestige) nehmen Einfluss auf die Bedeutsamkeit/Sinnhaftigkeit.

Je öfter wir die Erfahrungen machen, dass wir neue Situationen erfolgreich bewältigen und Veränderungen nicht zum Opfer fallen müssen, umso größer ist unsere Selbstwirksamkeit. Wir erfahren, dass wir in der Lage sind, uns vom Zustand des Chaos hin zu einem Gefühl

69 *„Was hält Menschen gesund? Forschung und Praxis der Gesundheitsförderung", Band 6, S. 30*

von Stimmigkeit bewegen zu können. Wir lernen, auf unsere Problemlösungskompetenz und unsere innere Stärke zu vertrauen. Unser Gefühl der Selbstwirksamkeit steigt – Teil unseres Wurzelgeflechts „Persönliche Ressourcen".

Veränderungen machen an diesem Punkt keine Angst mehr, sondern wir sind in der Lage, ihnen flexibel zu begegnen. Sollten wir eine neue Situation dennoch als spannungsauslösend empfinden, sind wir schnell in der Lage, Stressoren ausfindig zu machen und selbstschützende Gegenmaßnahmen zu ergreifen. Ein starkes Kohärenzgefühl sorgt also dafür, dass:

- wir Emotionen entwickeln, die zielgerichtet und fokussiert sind
- unsere Situationsbewertung günstig ausfällt und wir uns flexibel anpassen können
- wir Situationen erfolgreich bewältigen, weil wir dafür eine motivierende Handlungsbasis schaffen

Das Kohärenzgefühl als globale Orientierung, inwieweit wir darauf vertrauen, mit Stressoren umgehen zu können, ist kein Coping-Mechanismus, sondern es schafft „eine kognitiv-emotional günstige Ausgangslage, die es den Betroffenen ermöglicht, flexibel solche Coping-Strategien auszuwählen, die geeignet erscheinen, mit der jeweiligen Anforderung umzugehen."[70] Menschen mit einem hohen Kohärenzgefühl sind daher schneller und flexibler in der Lage, in den Annäherungsmodus zu wechseln und verharren sehr viel seltener im Widerstand.

Entscheidend ist die Komponente der „**Dynamik**". Unser Leben folgt keinem linearen, planbaren Konzept, sondern wir werden fortwährend mit neuen Lebenssituationen konfrontiert, auf die wir im besten Fall flexibel reagieren können. Das flexible Reagieren fällt den Menschen leichter, die ein stark ausgeprägtes Kohärenzgefühl haben, die also neue Lebenssituationen als verstehbar, handhabbar und bedeutsam einstufen und gleichzeitig ein hohes Vertrauen haben, die neue Situation gut bewältigen zu können. Das hohe Vertrauen aktiviert ein **situativ-angepasstes Coping**, bei dem individuell die Ressourcen genutzt werden, die aus Sicht eines jeden Einzelnen für die bestehende neue Situation zur Verfügung stehen.

Im Umkehrschluss bedeutet das, dass es **keine Standardantwort auf den Umgang mit Veränderungen gibt**. Die Lösung liegt stattdessen in der konsequenten individuellen Reflexion, die darin besteht, das eigene Kohärenzgefühl zu analysieren und zu stärken, um unter aktiver Nutzung der Widerstandsressourcen persönliche Coping-Strategien aktivieren zu können. Coaching, Mentoring oder Gesprächstherapien können dabei eine sehr sinnvolle Unterstützung sein.

---

70 *Alexa Franke, „Das Modell der Salutogenese", Aufsatz, 2010, S. 12*

Stressoren und Spannungszustände

Forschungsergebnisse[71] zeigen, dass das Kohärenzgefühl starke Auswirkungen vor allem auf die psychische Gesundheit hat: Dänische Forscher haben 2001 in einer Stichprobe von über 2.000 Angestellten herausgefunden, dass diejenigen mit einem hohen Kohärenzgefühl deutlich weniger Stresssymptome erlebten als die mit einem niedrigen Kohärenzgefühl. Ein stark ausgeprägtes Kohärenzgefühl schützt zusätzlich vor Burn-out. Eine Stichprobe von 1.000 technischen Designern hat gezeigt, dass psychosomatische Symptome und emotionale Erschöpfung abnehmen, je stärker das Kohärenzgefühl ausgeprägt ist. Und eine weitere Untersuchung konnte bestätigen, dass ein niedriges Kohärenzgefühl mit schlechter physischer und psychischer Gesundheit zusammenhängt.

Das Kohärenzgefühl wird aber nicht nur durch zahlreiche Lebensbereiche und Erfahrungen beeinflusst, sondern auch durch die aktuellen Arbeitsbedingungen. Das ergab eine Studie der Universität Zürich, die das **arbeitsbezogene Kohärenzgefühl**[72] („**Work-SoC**") untersucht und festgestellt hat, dass der Arbeitsbelastungs-Faktor mit dem Arbeitsressourcen-Faktor korreliert. Je größer die Arbeitsbelastung war und je geringer die eigenen Arbeitsressourcen wahrgenommen wurden, umso größer war das Stressgefühl der befragten Personen.

Zu einem ähnlichen Ergebnis kommen auch René Ziegler, Professor für Sozial- und Wirtschaftspsychologie an der Universität Tübingen und Christian Schlett, die Formen der Arbeitszufriedenheit untersucht und dabei **fünf Formen der Arbeits(un)zufriedenheit**[73] herauskristallisiert haben:

	Globale Arbeitszufriedenheit	*Resignation*	*Arbeitssituation*	*Bewertung der Arbeit*
Stabilisierte Zufriedenheit *„Ich bin mit meiner Arbeit wirklich zufrieden und wünsche mir für die nächste Zukunft nur, dass alles so gut bleibt."*	sehr hoch	kaum	wenige Stressoren	sehr positiv
Progressive Zufriedenheit *„Ich bin mit meiner Arbeit wirklich zufrieden – gerade auch, weil ich es dabei noch weiter bringen kann."*	hoch	wenig	wenige Stressoren	positiv-hoffnungsvoll

71 *Zeitschrift für Gesundheitspsychologie, Jan. 2015, Vol. 23, Issue 1, S. 20-30, Georg F. Bauer, Katharina Vogt, Alice Inauen, Gregor J. Jenny, „Work-SoC–Entwicklung und Validierung einer Skala zur Erfassung des arbeitsbezogenen Kohärenzgefühls"*

72 *Zeitschrift für Gesundheitspsychologie, Jan. 2015, Vol. 23, Issue 1, S. 20-30, Georg F. Bauer, Katharina Vogt, Alice Inauen, Gregor J. Jenny, „Work-SoC–Entwicklung und Validierung einer Skala zur Erfassung des arbeitsbezogenen Kohärenzgefühls"*

73 *René Ziegler, Christian Schlett (2013), „Formen der Arbeitszufriedenheit: Untersuchungen zur Validität der Selbstzuordnungsmethode sowie zu Unterschieden in der Valenz der Arbeit, der Arbeitssituation und der dispositionalen Affektivität" [Abstract]. Zeitschrift für Arbeits- und Organisationspsychologie, 57 (2), S. 51-76*

	Globale Arbeitszufriedenheit	***Resignation***	***Arbeitssituation***	***Bewertung der Arbeit***
Resignative Zufriedenheit *„Ich bin mit einer Arbeit zufrieden – ich sage mir, es könnte viel schlimmer sein."*	mittel	hoch	wenige Stressoren	eher positiv als negativ
Konstruktive Zufriedenheit *„Ich bin mit meiner Arbeit nicht zufrieden, weil mich wichtige Punkte ärgern. Ich glaube aber, dass sich in Zukunft einige dieser Punkte ändern."*	niedrig	wenig	viele Stressoren	eher positiv als negativ
Fixierte Zufriedenheit *„Irgendwie bin ich mit meiner Arbeit unzufrieden, aber ich weiß auch nicht, was ich tun soll."*	sehr niedrig	sehr hoch	viele Stressoren	negativ

Je mehr Stressoren die Arbeitssituation aufweist, umso höher wird die Arbeitsunzufriedenheit. Das sind keine wirklich überraschenden Ergebnisse. Überraschend ist vielmehr, dass sich diese Erkenntnis noch nicht flächendeckend in den Unternehmen durchgesetzt und zu grundlegenden Veränderungen in der Arbeitskultur geführt hat.

Stress sind „immer wiederkehrende lang anhaltende Erlebnisse von Enttäuschung, Aufregung und extremem Unwohlsein, ohne die Fähigkeit, Verhaltensstrategien zu entwickeln, die es den Menschen ermöglichen, wieder in ein lang anhaltendes inneres Gleichgewicht zu kommen."[74] Stressoren sind Lebenserfahrungen, die charakterisiert werden können durch Inkonsistenz, Unter- oder Überforderung oder fehlende Teilhabe an Entscheidungsprozessen. **Stress ist daher nichts anderes als eine Störung der Selbstregulation.** Unser bisheriges Verhalten reicht in belastenden Situationen nicht aus, die Bedingungen derart zu verändern, dass die Stresssituation verhindert, überwunden oder gemildert wird, denn erlernte abrufbare Reaktionen zur Stressregulierung liegen nicht vor oder können nicht abgerufen werden. Das heißt, die Unordnung, die ein bestimmter Stressor in ein System bringt, kann nicht automatisch „aufgeräumt" werden, weil dazu die notwendigen Denk- und Handlungsoptionen fehlen. Stressoren können **endogen** (d.h. von der betroffenen Person selbst ausgehend wie z. B. eine hohe Selbsterwartung) oder **exogen** (von außen an die Person herangetragen) sein. Exogene Stressoren im Berufsleben sind zum Beispiel:

74 Ronald Grossarth-Maticek, „Autonomietraining", S. 63

- unklare Rollen
- Veränderungen (z. B. Jobwechsel, Versetzungen, Change-Prozesse, Arbeitslosigkeit)
- Konflikte
- übermäßige Arbeitsbelastung
- Fremderwartungen
- mangelnde Vorhersehbarkeit (z. B. fehlende Ziele und Visionen, unklare Leistungserwartungen)
- fehlende Prioritäten
- ungesunde Arbeitsbedingungen (z. B. Lärm)

Die täglichen Stimuli, denen wir ausgesetzt sind, stellen immer eine Herausforderung dar, denn wir müssen individuell entscheiden, ob die Stressoren für uns positiv oder negativ sind – also ob ein Stressor uns überfordert (**Abwendungsmodus**) oder ob ein Stressor willkommen und gewollt ist (**Annäherungsmodus**).

Negative Stressoren nehmen Einfluss auf unser Gesundheits-Krankheits-Kontinuum und versetzen den Organismus in einen Zustand erhöhter Alarmbereitschaft. Unser Körper reagiert auf dauerhafte physische oder psychische Überlastungssituationen. Es gibt kaum eine chronische Erkrankung, bei der Stress keine Rolle spielt. Stress schwächt das Immunsystem und beeinträchtigt unsere Fähigkeit, Coping-Strategien anzuwenden, also Ressourcen zu aktivieren, die uns vom Abwendungs- in den Annäherungsmodus führen und für Entspannung sorgen. Unbewältigter Stress macht uns aber nicht nur krank, sondern unterbindet auch jede Form von Flexibilität und Kreativität und führt daher zu einer eingeschränkten mentalen Beweglichkeit in der Lösung beruflicher, gesellschaftlicher oder privater Probleme.

Dem beruflichen Stress kommt noch eine besondere Bedeutung zu, denn er ist häufig die Folge von gestörter „**sozialer Selbstregulation**"[75], das heißt, einer fehlgeleiteten Kommunikation oder fehlgeleiteten Aktivitäten innerhalb eines Teams, die ein gemeinsames Ziel verfolgen sollen. Die Folgen mangelnder sozialer Selbstregulation sind immens. Ich habe Sie im 1. Teil dieses Buches im Kapitel „Adaptionsprobleme" (Seite 80) bereits ausführlich dargelegt.

An dieser Stelle schließt sich nun der Kreis, wenn es um adäquate Lösungen geht, denn der selbstregulierende Reflexionsprozess ist nicht nur ein Werkzeug für Individuen, sondern kann problemlos auch von Teams genutzt werden.

Wenn wir negativ gestresst sind, fühlen wir uns demotiviert und erleben ein Ungleichgewicht zwischen den externen Anforderungen, die an uns gestellt werden und den uns zur Verfügung stehenden individuellen Ressourcen. Eine konsequente Stressbewältigung kann daher letztendlich nur durch eine Verhaltensänderung herbeigeführt werden. Der erste wichtige Schritt auf diesem Weg ist, nicht gegen den Stress zu arbeiten, denn dann bleiben wir im **Abwendungsmodus**, sondern einen Weg zur Entspannung zu finden, damit wir in den Annäherungsmodus kommen. Dieser Weg beginnt mit der Sezierung des Stressors.

75 Ronald Grossarth-Maticek, „Autonomietraining", S. 62

Die Sezierung des Stressors

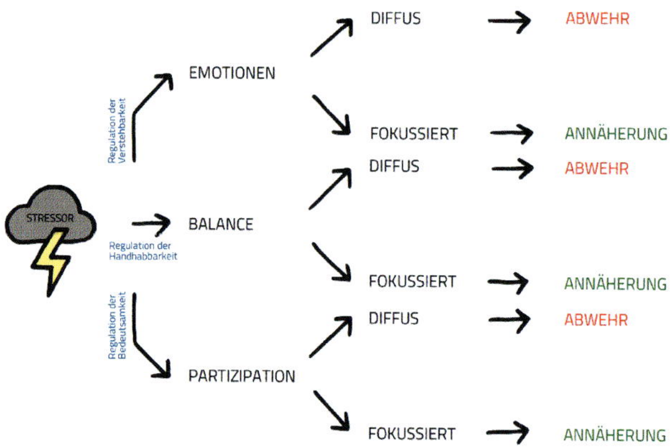

Ein Stressor nimmt Einfluss auf drei Regulationsmuster, die auf dem Kohärenzgefühl basieren: Die Regulation der Verstehbarkeit, der Handhabbarkeit sowie die Regulation der Bedeutsamkeit. Um Klarheit darüber zu bekommen, ob ein Stressor positiv oder negativ ist, und um geeignete Coping-Strategien zu entwickeln, ist es notwendig, den Stressor zu sezieren. Wir beginnen jetzt quasi mit dem Prozess der **Iteration** – der **schrittweisen Zerlegung des chaotischen Zustandes**.

REGULATION DER VERSTEHBARKEIT

Die Regulation der Verstehbarkeit sorgt für eine emotionale Stimmigkeit. Emotionen sind „der entscheidende Antrieb unseres Tuns und unverzichtbarer Kompass beim Navigieren durchs Leben."[76] Emotionen sind unsere konzentrierte Lebenserfahrung und damit vergleichbar mit einem Wegweiser: Sie regulieren, ob wir an einem aktuellen Ziel festhalten oder neue Herausforderungen annehmen. Haben wir nie gelernt, Handlungen und Emotionen miteinander zu verbinden, fehlen uns die emotionalen Wegweiser. Umso wichtiger ist es, dass wir die Chance haben, konsistente Erfahrungen wie emotionale Zuwendung, Bindung und Sicherheit zu machen, um **Verstehbarkeit** für Menschen und Situationen entwickeln zu können. Die Erfahrung ist wichtig, um Vertrauen aufbauen zu können. Werden Veränderungsprozesse nicht verstanden, hat das direkten Einfluss auf unsere Emotionen. Das Gefühl von Sicherheit bricht weg – Angst kann entstehen, das Vertrauen schwindet. Soziale Bindungen verändern sich, Wut, Ärger oder Trauer können die Folge sein. Werden **Emotionen „diffus"** wahrgenommen, können sie zum Problem ersten Ranges werden und alles andere überlagern. Diffus sind die Emotionen dann, wenn die Ursache des Stressors nicht klar ist oder der Stressor als bedrohlich empfunden wird, ohne dass wir genau sagen können, warum. Das Durchbrechen diffuser Emotionen fällt daher oft schwer. Der **Abwendungsmodus** ist die Folge.

76 GEOWISSEN 32/2003, „Die verkannte Macht der Gefühle", S. 24

Ein konkretes Beispiel:

Stellen Sie sich vor, Sie bekommen einen neuen Chef oder eine neue Chefin. Diese Tatsache allein ist ein Stressor, denn Sie müssen sich an eine neue Führung gewöhnen, die mit großer Wahrscheinlichkeit bisher gewohnte Muster durchbricht und Auswirkungen auf Ihr gesamtes Arbeitsverhalten haben wird. Die neue Chefin oder den neuen Chef haben Sie erst einmal gesehen und eigentlich auch als nett und zugänglich wahrgenommen. Dennoch stehen Sie der Person aus irgendeinem Grund misstrauisch gegenüber. Sie haben ein ungutes Bauchgefühl und können nicht lokalisieren, wo das Gefühl herkommt oder wodurch es ausgelöst wurde. Sie empfinden die Emotionen noch nicht als bedrohlich. Da Sie den Ursprung Ihrer emotionalen Reaktion jedoch noch nicht lokalisieren können, sehen Sie – zumindest momentan – keine Möglichkeit, aus der negativen Emotion und der Abwehrhaltung gegenüber Ihrer neuen Führungskraft auszubrechen.

Sind die **Emotionen fokussiert**, dann ist die Ursache des Stressors klar oder der Stressor wird als akzeptabel empfunden. Das vermittelt Gefühle von Sicherheit und Konsistenz, die wiederum die Selbstwirksamkeit stärken. Das Vertrauen ist hoch, sich auf seine Emotionen verlassen zu können. Der Ursprung der Emotionen kann exakt lokalisiert werden. Der **Annäherungsmodus** ist die Folge.

Ein konkretes Beispiel:

Stellen Sie sich wieder vor, Sie bekommen einen neuen Chef oder eine neue Chefin. Und wieder haben Sie die neue Führungskraft erst einmal gesehen und erneut als nett und zugänglich wahrgenommen. Das ungute Bauchgefühl, dass sich eingestellt hat, können Sie in diesem Fall jedoch klar lokalisieren. Sie haben in der Vergangenheit schon einmal bei der ersten Einschätzung einer Führungskraft falsch gelegen. Sie haben die Person damals als nett empfunden, jedoch entpuppte sich die Zusammenarbeit mit der Führungskraft als enorme Belastung. Sie können den Ursprung Ihres Bauchgefühls lokalisieren und kennen die Ursache.

Um ein starkes Kohärenzgefühl entwickeln zu können, brauchen wir positiv-fokussierte und zielgerichtete Emotionen, denn sie sind eine wichtige Grundlage zum Aufbau langfristiger zwischenmenschlicher Bindungen. Fokussierte Emotionen, emotionale Zuwendung und soziale Beziehungsqualitäten verringern das Gefühl von Chaos in einer Veränderungssituation und stärken unser Gefühl der Verstehbarkeit. Um eine diffuse Emotion in eine fokussierte umzuwandeln, helfen **drei Schritte**:

1. Annehmen:

Emotionen wie Ärger, Angst, Wut, Trauer, Ekel oder Ohnmacht sind universelle Emotionen, die auf der ganzen Welt verstanden werden. Sie sind Warnsignale, die uns zeigen, dass etwas nicht stimmt. Obwohl positive Emotionen angenehmer sind, so haben negative Emotionen seit Menschengedenken eine wichtige Überlebensfunktion: Sie entscheiden über Freund oder Feind, Angriff oder Flucht, Gefahr oder Entspannung. Und obwohl die negativen Gefühle einen archaischen Nutzen hatten, heißt das nicht, dass wir ihnen heute machtlos ausgeliefert sind. Im ersten Schritt hilft es, die diffusen Emotionen anzunehmen und zuzulassen. Hier gilt das gleiche Prinzip wie bei einem Stressor: Nehmen wir die diffusen, unangenehmen Emotionen an, bewegen wir uns auf den Annäherungsmodus zu. Negieren wir sie oder versuchen, gegen sie anzukämpfen, verstärken wir den Abwehrmodus, in dem wir uns aufgrund der diffusen Emotionen sowieso schon befinden.

2. Analysieren:

Hinter jeder Emotion steckt ein Bedürfnis. Unterdrücken wir unsere Emotionen, unterdrücken wir gleichzeitig auch die Bedürfnisse, die den Emotionen zugrunde liegen. Frustrieren wir uns selbst, indem wir unsere Bedürfnisse nicht wahrnehmen oder ignorieren, hat das körperliche Beschwerden zur Folge. Emotionen erhöhen also die Chance, unsere Bedürfnisse erfüllen zu können. Wichtig ist daher, dass wir herausfinden, welches Bedürfnis sich hinter unseren Emotionen versteckt.

3. Kommunikation:

Erkennen wir, dass hinter unserer Angst zum Beispiel das Bedürfnis nach mehr Sicherheit steht oder dass unsere Wut daher rührt, dass wir uns wünschen, unser Gegenüber würde uns oder unsere Leistung sehen, dann verlieren unsere Emotionen das Nebulöse. Plötzlich ist die Emotion verstehbar, weil dahinter ein für uns wichtiges Bedürfnis steht. Wir brauchen nun auf unseren Gesprächspartner nicht mit den Worten zugehen: „Du machst mich unsagbar wütend!", sondern können mit ihm in den Dialog treten. Das Gespräch eröffnen wir, indem wir zum Beispiel sagen: „Die Situation hat bei mir Wut hervorgerufen, weil ich mir von Ihnen gewünscht hätte, dass Sie meine Leistung gesehen hätten, die zu dem Erfolg von Projekt XY geführt hat."

Bedürfnisse hinter den Emotionen wahrzunehmen und zu kommunizieren, führt automatisch zu mehr Stimmigkeit mit uns und unserer Umwelt. Wir können Situationen verstehen und daraus entstehende Konflikte kommunikativ beilegen.

REGULATION DER HANDHABBARKEIT

Schauen wir uns jetzt die zweite Dimension des Stressors an, die Regulation der Handhabbarkeit, die für eine **Balance** zwischen Belastung und Entlastung, zwischen Über- und Unterforderung sorgt. Ein Zustand kann hier als „**diffus**" empfunden werden, wenn die Überlastung steigt, die externen Anforderungen also die individuellen Ressourcen übersteigen und das Gefühl übermächtig wird, den Wald vor lauter Bäumen nicht mehr sehen zu können. Der Arbeits- und Anforderungsberg erscheint schier endlos und man rutscht in die Opferhaltung, weil die Abarbeitung als nicht mehr möglich erscheint. In der Folge sinkt die Motivation. Die Lustlosigkeit steigt und das Gefühl der Erschöpfung und Überforderung auch. Der **Abwendungsmodus** ist aktiviert.

> *Ein konkretes Beispiel:*
>
> *Versetzen Sie sich wieder in die Situation mit dem neuen Chef oder der neuen Chefin. Neben dem unguten Bauchgefühl können Sie nicht einschätzen, wie sich Ihre Arbeitsbelastung konkret verändern wird. Sie fühlen sich schon jetzt gestresst und wissen aus Erfahrung, dass ein Führungswechsel mit zusätzlicher Arbeit verbunden ist – und genau das befürchten Sie bei der neuen Führungskraft auch. Ihre Motivation ist an einem Tiefpunkt angelangt, denn Ihre Arbeitssituation empfinden Sie nun als wirkliche Belastung.*

Mündet die Regulation der Handhabbarkeit jedoch in eine **fokussierte Balance**, dann ist der Stressor eine klar definierte Herausforderung. Das vom Stressor verursachte Problem wird als handhabbar empfunden, die nächsten Schritte zur Lösung sind klar und die Motivation ist hoch, die neue Situation in den Griff zu bekommen. Der **Annäherungsmodus** ist aktiviert.

> *Ein konkretes Beispiel:*
>
> *Denken Sie an den neuen Chef oder die neue Chefin. Sie haben das ungute Bauchgefühl lokalisiert und wissen, es kommt daher, dass Sie sich bereits schon einmal beim ersten Eindruck einer neuen Führungskraft getäuscht haben. Sie haben sich damals vorgenommen, beim nächsten Führungswechsel etwas vorsichtiger zu agieren. Sie wissen, dass Sie sich und der Führungskraft Zeit geben sollten, sich aneinander zu gewöhnen und besser kennenzulernen. Sie wissen auch, was Ihnen in Bezug auf ein gutes Verhältnis zu Ihrer Führungskraft wichtig ist. Da Ihnen Ihre Arbeit Spaß macht, sind Sie motiviert, sich auf die Kennenlernphase einzulassen und sie mitzugestalten.*

Um ein starkes Kohärenzgefühl entwickeln zu können, müssen wir in der Lage sein, Situationen günstig zu bewerten. Über- und Unterforderung müssen wir selbst kontrollieren können, um eine Ausgewogenheit herzustellen, sodass langfristig weder die Gefahr des Burn-outs noch des Bore-outs droht. Eine Balance zwischen externer Arbeitsbelastung und individuellen Arbeitsressourcen stärkt unser Gefühl der Handhabbarkeit. Um ein diffuses Gefühl der Balance in ein fokussiertes Gefühl umzuwandeln, helfen erneut die drei Schritte Annehmen – Analysieren – Kommunizieren.

1. Annehmen:

Stellen Sie fest, dass Sie nicht in Balance sind und Überforderung, Lustlosigkeit, Antriebslosigkeit oder Demotivation überhandnehmen, hilft es auch hier, diesen Zustand erst einmal anzunehmen. Die Annahme ist der erste Schritt zum Anwendungsmodus.

2. Analysieren:

Versuchen Sie herauszufinden, welche Gründe hinter Lustlosigkeit, Antriebslosigkeit oder Demotivation liegen. Ist der Grundtreiber eventuell eine unterdrückte Emotion? Dann macht es Sinn, nach den Bedürfnissen zu forschen. Oder liegt der Grund darin, dass die Aufgabenverteilungen unklar sind oder Ihnen für Ihr Aufgabengebiet elementare Kenntnisse fehlen? Dann überlegen Sie konkret, wer und was Ihnen jetzt an dieser Stelle helfen könnte. Oder brauchen Sie vielleicht einfach nur mal eine Auszeit? Dann nehmen Sie sich frei!

3. Kommunizieren:

Haben Sie die Gründe Ihrer diffusen Balance analysiert, sind Sie jetzt wieder in der Lage, in den Dialog zu treten – mit der Führungskraft, mit Kolleginnen oder Kollegen oder mit externen Beratern oder Coaches, die Ihnen helfen können, Ihr Handeln zu fokussieren.

Die Wiederherstellung unserer Balance führt automatisch zu mehr Stimmigkeit mit uns und unserer Umwelt. Über- oder Unterforderung kann frühzeitig erkannt und gebannt werden.

REGULATION DER BEDEUTSAMKEIT

Schauen wir uns nun den dritten und letzten Bereich an, die Regulation der Bedeutsamkeit. Teilhaben zu können, sorgt für ein Gefühl des Eingebettetseins. Wir fühlen uns wahrgenommen und wertgeschätzt und haben einen bedeutsamen Platz im Leben. Gegenseitige Akzeptanz, Achtung und Respekt spielen hier eine große Rolle. Entscheidend ist zusätzlich das Ausmaß, in dem das Leben generell als sinnvoll und lebenswert erachtet und es als lohnend empfunden wird, sich für etwas einzusetzen. Eine **diffuse Partizipation** liegt vor, wenn Entscheidungsspielräume nicht klar sind, Einflussmöglichkeiten schwinden oder die soziale Bewertung der eigenen Person sinkt. Der Sinn für die Arbeit oder der Sinn der Veränderung gehen verloren oder werden gar nicht mehr wahrgenommen. Die innere Kündigung droht, der **Abwehrmodus** ist aktiviert.

Ein konkretes Beispiel:

Versetzen Sie sich wieder in die Situation mit dem neuen Chef oder der neuen Chefin. Neben dem unguten Bauchgefühl und dem Gefühl der Überforderung stellt sich nach einiger Zeit heraus, dass Sie Ihre Intuition tatsächlich nicht getäuscht hat. Die neue Führungskraft krempelt nicht nur die gesamte Abteilung um, sondern verteilt auch die Aufgaben und Zuständigkeiten neu. Ein Aufgabengebiet, an dem Sie noch Spaß hatten, übernimmt nun ein Kollege. Dafür müssen Sie jetzt eine Tätigkeit übernehmen, die Ihnen nicht nur keinen Spaß macht, sondern die auch zusätzlich noch für eine größere Arbeitsbelastung sorgt. Die Führungskraft ist Argumenten gegenüber wenig zugänglich und wertet Ihre Einwände als Kritik an der eigenen Person. Ihr Ansehen in den Augen der Führungskraft ist durch die zunehmenden Konflikte gesunken. Der Sinn und die Bedeutsamkeit Ihrer Arbeit schwinden immer mehr.

Liegt jedoch eine **fokussierte Partizipation** vor, dann sind die persönlichen Entscheidungsspielräume klar. Innerhalb der neuen Situation kann Einfluss genommen werden, ohne dass eine soziale Abwertung stattfindet. Die externe Akzeptanz der eigenen Person ist hoch, Können und Kompetenzen sind sinnhaft in das System eingebettet und verleihen ein stimmiges Gefühl der Bedeutsamkeit. Sie befinden sich im **Annäherungsmodus**.

Ein konkretes Beispiel:

Denken Sie an den neuen Chef oder die neue Chefin. Sie haben sich auf Ihr ungutes Bauchgefühl verlassen und sich und der neuen Führungskraft Zeit zur Eingewöhnung gegeben. Getrieben durch Ihre hohe Motivation haben Sie Ihre Freude an Ihrer Arbeit klar kommuniziert und gute Leistung gezeigt. Ihre neue Führungskraft hat das erkannt und wertgeschätzt. Sie haben in den letzten Wochen ein vertrauensvolles Arbeitsverhältnis aufbauen können und vor einigen Tagen hatten Sie ein erstes Feedback-Gespräch. Ihre Führungskraft bestätigte Ihnen im Gespräch Ihre guten Leistungen und fragte Sie, ob Sie Interesse hätten, einen zusätzlichen Verantwortungsbereich zu übernehmen. Sie sind sehr stolz über dieses Zeichen der Akzeptanz und fühlen sich in der Situation mit der neuen Führungskraft jetzt sehr wohl. Nach wie vor gehen Sie gern und motiviert zur Arbeit.

Um ein starkes Kohärenzgefühl entwickeln zu können, ist es wichtig, dass wir dem Leben generell, aber auch einzelnen Situationen und Veränderungen, Sinn und Bedeutsamkeit verleihen können. Fehlen Entscheidungsspielräume, schwinden unsere Einflussmöglichkeiten. Wird unser sozialer Status bedroht, sinkt gleichzeitig die Sinnhaftigkeit für das, was wir tun. Selbst wenn ansonsten Verstehbarkeit und Handhabbarkeit einer Situation gegeben sind, ist unser Kohärenzgefühl stark beeinträchtigt, wenn wir nicht gleichzeitig auch ein Gefühl der Bedeutsamkeit empfinden. Mit fehlender Verstehbarkeit und mangelnder Handhabbarkeit können wir einigermaßen gut umgehen, wenn uns dafür ein starkes Gefühl der Bedeutsamkeit und Sinnhaftigkeit trägt. Um eine diffuse Partizipation in eine fokussierte Partizipation umzuwandeln, helfen auch hier wieder die drei Schritte Annehmen – Analysieren – Kommunizieren.

1. Annehmen:

Das Annehmen der diffusen Situation ist auch hier wieder der erste Schritt in Richtung des Annäherungsmodus.

2. Analysieren:

Versuchen Sie herauszufinden, was Sie tun können, um das Lebensgefühl der Teilhabe zurück zu erlangen. Was brauchen Sie, damit die Situation, in der Sie sich befinden, (wieder) Sinn macht? Was kann Ihnen helfen, Ihr Gefühl der Bedeutsamkeit wieder zu erlangen? Wer kann Sie dabei unterstützen? Welche Schritte sind notwendig? Was wünschen Sie sich?

3. Kommunizieren:

Wenn Sie Ihre Situation analysiert haben, gehen Sie erneut in den Dialog. Werben Sie für Ihr Anliegen und setzen Sie die Hebel in Bewegung, die Ihnen helfen, den unbefriedigenden Ist-Zustand in einen wünschenswerten Soll-Zustand zu verwandeln.

Befinden wir uns in einem Stressmodus und empfinden wir in dieser Situation hauptsächlich diffuse Emotionen und eine diffuse Balance und Partizipation, schwinden Selbstwirksamkeit und Autonomie. Der Widerstand wächst und anstelle eines flexiblen Verhaltens ist Rigidität plötzlich das Gebot der Stunde. Der **Abwendungsmodus** läuft auf Hochtouren.

Aus diesem Kreislauf können wir uns nur befreien, indem wir die schrittweise Sezierung des Stressors vornehmen, um seine Mächtigkeit zu dezimieren und mögliche Coping-Strategien zu entwickeln. Schaffen wir es, vom Abwendungs- in den Annäherungsmodus zu kommen und gelingt es uns, den filetierten Stressor in kleinen Häppchen zu verdauen, wächst damit unser Gefühl der Stimmigkeit mit uns und unserer Umwelt. Gleichzeitig wächst auch unser Selbstvertrauen, denn wir haben gelernt, mit dem Stressor umzugehen und sind ihm nicht zum Opfer gefallen. Unsere Selbstwirksamkeit steigt und unser Kohärenzgefühl wird gestärkt.

Mit der Iteration Ihres Stressors können Sie eine als chaotisch, frustrierend und verwirrend wahrgenommene Situation sondieren und ihre Selbstregulation flexibel anregen.

SCHRITT 2: NEUAUSRICHTUNG

„Was ist mein Wunsch?"

In meiner bisherigen Berufstätigkeit habe ich geschätzt an die 1.000 Lebensläufe gecheckt, hunderte Studierende hinsichtlich ihres Berufseinstiegs beraten und mit unzähligen Frauen über ihre Karriereperspektiven und -wünsche diskutiert. Gerade in den letzten Jahren beobachte ich, dass die Karriereplanungen immer dezidierter werden, die beruflichen Vorstellungen ambitioniert sind – und das ist auch gut so. Was ich jedoch auch feststelle ist, dass bei aller Planung und den vielen Ambitionen sehr oft etwas auf der Strecke bleibt: Die **Leidenschaft** für eine Sache, eine **Vision**, und die sinngebende Antwort auf die Frage nach dem **Warum**.

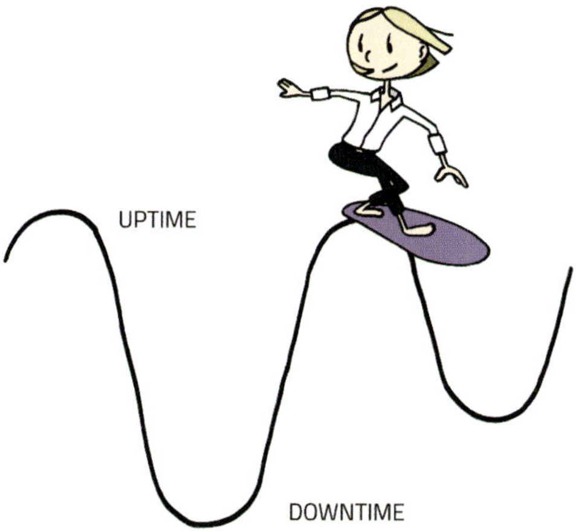

Ambitionen, Ziele und klare Vorstellungen sind – ohne Zweifel – elementare Voraussetzungen für ein erfolgreiches Berufsleben. Wenn Ambitionen und Ziele aber nur vom Verstand geleitet werden, weil der Berufsweg „Sicherheit" verspricht, einem die Beförderung „zusteht" oder der Job bei der Firma XY „vernünftig" ist, geht die Rechnung langfristig nicht unbedingt auf. Wenn ein Job oder eine Beförderung angenommen wird, „weil es gerade passt", oder „weil das jetzt der nächste logische Schritt ist", oder „weil ich nicht absagen kann, sonst fragen die mich nie wieder", dann fehlt der Entscheidung die Leidenschafts-Komponente. Ohne Herzblut und ohne ein Brennen für eine Sache wird es in einer VUCA-gewordenen Welt auf Dauer sehr schwer, Krisen oder Veränderungen zu akzeptieren und durchzustehen.

Erinnern Sie sich an der Stelle noch einmal an das paradoxe Verhalten, das ich auf Seite 182 vorgestellt habe. In einer „**Downtime**" – also in einer Krise oder Veränderungssituation – optimistisch, visionär, euphorisch und leidenschaftlich zu sein, kann im schlimmsten Fall unmöglich werden, wenn die eigene Karriere vernunftgesteuert ist und Leidenschaft, Vision und eine sinngebende Antwort nach dem „Warum?" nicht vorhanden sind. Schlechte Zeiten lassen einen dann buchstäblich im Tal feststecken. Das berufliche Kohärenzgefühl, das auf Sicherheit, Verstand und Logik aufgebaut war, ist schon in ruhigen Zeiten sehr labil, wenn die Sinnhaftigkeit fehlt. In Krisenzeiten jedoch wird die fehlende Sinnkomponente als echter Mangel wahrgenommen und sorgt für Stress.

Ist man allerdings von Visionen getrieben, empfindet man wirkliche Leidenschaft für eine Sache, den Job oder auch für das Unternehmen und ergibt das tagtägliche Tun einen Sinn, dann hat man in Krisen- oder Stresszeiten genügend „**Momentum**", um sich einigermaßen unbeschadet aus dem Tal der Tränen herauszuarbeiten.

Jede Krise ist auch ein Kohärenzübergang und damit eine Phase der Kreativität, denn es kann etwas Neues entstehen.

Bei den Menschen mit „Momentum" ist der Impuls, die Kohärenz wieder herzustellen, die eigene Situation zu verbessern oder sich wieder mit Leidenschaft einer Sache widmen zu können stärker, als im Sog des Chaos zu versinken, der von der Krise oder der Veränderung ausgeht.

Sinnhaftigkeit, Leidenschaft und Visionen sind starke **Attraktoren**. Die Bedeutsamkeit des eigenen Lebens, des eigenen Tuns und des Eingebettetseins („embeddedness") in das persönliche Umfeld sind mächtige Orientierungspunkte.

Wenn Menschen über ihre Arbeit reden als hätten sie einen leichten Infekt und Sätze fallen wie „Bis Freitag halte ich jetzt auch noch durch..." oder „Bis zum Urlaub schaffe ich es schon...", dann steckt dahinter eine Opferhaltung, die Kraft und Energie raubt und auf Dauer krank macht. Wer mit dieser Opferhaltung in die Rente geht, für den kann der Ruhestand ein großes Problem werden. Denn wer schon vorher Sinnhaftigkeit und Leidenschaft aus seinem Leben ausgeklammert hat, dem werden diese Elemente erst recht schmerzlich fehlen, wenn das Werkstor oder die Bürotür zum letzten Mal hinter einem zugefallen sind und das „**Lebenszeit-Management**" nun plötzlich in den eigenen Händen liegt und nicht mehr fremdbestimmt wird.

Bei Menschen, die Leidenschaft und Emotion in ihre Arbeit integrieren, wird der Beruf zur „**Berufung**". Das, was sie tagtäglich tun, ist für sie kraft- und sinngebend und Teil ihres Lebensinhalts. Das Wochenende, der nächste Urlaub oder der Ruhestand sind nicht die Möhren, die zum Durchhalten und Weitermachen motivieren, sondern sie stellen zusätzliche Phasen der Bedeutsamkeit dar.

Auch Antonovsky betonte immer wieder das motivationale Element der Bedeutsamkeit für ein stimmiges Gefühl der Verbundenheit. Bei den ehemaligen KZ-Häftlingen stellte er fest, dass „diejenigen, die ein starkes Kohärenzgefühl hatten, immer wieder von Lebensbereichen sprachen, die ihnen wichtig waren, die ihnen am Herzen lagen, die in ihren Augen „Sinn machten" – und zwar in der emotionalen, nicht nur in der kognitiven Bedeutung des Terminus."[77]

Neurophysiologisch ist mittlerweile bewiesen, dass **im Gehirn die größten Veränderungen möglich sind, wenn Emotionen ausgelöst werden**.

Als wichtige Lebensbereiche, die bei jedem Menschen innerhalb der Bedeutungsgrenze lie-

77 *Aaron Antonovsky, "Salutogenese – Zur Entmystifizierung der Gesundheit", S. 35*

gen sollten, weil „zu viel von unseren Energien und ein zu großer Teil unseres Selbst so unausweichlich mit ihnen verbunden sind"[78], definierte Antonovsky **vier Bereiche**[79]:

1. die eigenen Gefühle
2. die unmittelbaren zwischenmenschlichen Beziehungen
3. die wichtigste eigene Tätigkeit
4. existenzielle Fragen (Tod, unvermeidbares Scheitern, persönliche Fehler, Konflikte oder Isolation)

Diese vier Bereiche sind **systemisch miteinander verbunden**. Jeder von uns ist in Systeme eingebettet, die zueinander in Wechselwirkung stehen. Wir selbst – als System Individuum – sind über unmittelbare persönliche Beziehungen mit anderen Systemen verbunden, sei es die Partnerschaft, die Familie, der Freundeskreis oder die Arbeitskollegen. Jedes dieser Systeme wirkt einzeln und miteinander. Die Organisation, aber auch Muster, Zusammenhänge und Dynamiken zwischen den einzelnen Systemen und System-Mitgliedern können sich kohärent zueinander verhalten, also in Resonanz gehen. Sie können aber auch von Konflikten geprägt sein, die für Dissonanz und Chaos sorgen und damit die stimmige Verbundenheit mit dem jeweiligen System unterbrechen.

In komplexen Systemen gibt es keine einfachen, linearen Ursache-Wirkungs-Zusammenhänge. Jede Handlung wirkt sich auf vielfältige Art und Weise auf das Gesamtsystem aus und entwickelt eine **Eigendynamik**.

Klammern wir einen oder mehrere dieser vier Bereiche aus unserem Leben aus, unterbrechen wir nicht nur unsere eigene stimmige Verbundenheit, sondern nehmen gleichzeitig auch – bewusst oder unbewusst – Einfluss auf andere Systeme. Das Kohärenzgefühl wird an diesem Punkt geschwächt. Gestehen wir diesen vier Lebensbereichen jedoch ihre Wichtigkeit zu und ziehen wir sie in den eigenen Bedeutungsradius, müssen wir zusätzlich aber immer noch individuell die Frage klären, ob diese vier Lebensbereiche auch sinnhaft genug sind und als Herausforderung wahrgenommen werden, für die sich unser Energieaufwand lohnt. Hier schwingen erneut Leidenschaft, Vision und die bedeutsame Antwort auf die Frage nach dem Warum als mächtige Attraktoren mit.

In der Chaosforschung sind Attraktoren die Anziehungspunkte, die dafür sorgen, dass ein chaotischer Zustand wieder in ein geordnetes Verhalten übergehen kann. Attraktoren sind in dynamischen Systemen bedeutsame Zielzustände, denen sich ein System annähert. Ein Attraktor sorgt für Stimmigkeit und Kohärenz in einem System der Unordnung. Dieses Prinzip funktioniert nicht nur in der Physik, sondern auch wir brauchen Attraktoren, um un-

78 *Aaron Antonovsky, "Salutogenese – Zur Entmystifizierung der Gesundheit", S. 39*
79 *Aaron Antonovsky, „Salutogenese – Zur Entmystifizierung der Gesundheit", S. 36*

sere Selbstregulation in eine bestimmte Richtung lenken und in den verschiedenen System-Dimensionen, in denen wir leben und arbeiten, Kohärenz herstellen zu können. Unser individuelles Kohärenzgefühl – und damit auch unser Resilienzniveau – erhöht sich signifikant, wenn es uns gelingt, unserem Leben und dem Geschehen um uns herum auch in stressigen und veränderungsreichen Zeiten eine Bedeutung zu geben.

Dr. Jochen Brandtstädter, emeritierter Professor für Entwicklungspsychologie der Universität Trier, hat jahrzehntelang zur „**Psychologie gelingender Lebensführung**" geforscht. Seine Forschungen untermauern Antonovkys Annahmen eines multidimensionalen Gesundheits-Krankheits-Kontinuums. Auch Brandtstädter ist sicher, dass wir uns diesem Kontinuum Zeit unseres Lebens aktiv annähern müssen. Brandtstädter fand heraus, dass Glück, Wohlbefinden und psychische Gesundheit nicht nur momentane Zustände sind, sondern als Entwicklungsperspektive über das gesamte Leben hin betrachtet werden sollten. Neben soziokulturellen und historischen Umständen, Wertfragen und Besonderheiten der einzelnen Lebensphasen spielen auch seiner Meinung nach Ressourcen und Ziele (Attraktoren) eine wichtige Rolle bei der – wie er es nennt – „positiven Entwicklung". Unter Entwicklung versteht er die „Veränderung in der Art und Weise, wie Reize beantwortet, Informationen verarbeitet und Probleme bewältigt werden."[80] Die positive Entwicklung bezeichnet Brandtstädter als eine „**Lebenskunst**", die in einem positiven Gesundheitsverhalten, befriedigenden (sozialen) Aktivitäten, langfristigen Zielen, Selbstkultivierung und kritischem Optimismus besteht. Als bedeutsam definierte er die flexible Zielanpassung sowie Sinnfindung und Emotionsregulation.

Attraktoren als Ziele, Zielzustände, Wünsche oder Anziehungspunkte helfen, dem Idealzustand von „Gesundheit" nahezukommen – dem körperlichen und seelisch-geistigen Wohlbefinden. Voraussetzung dafür ist, dass Attraktoren für uns so bedeutsam sind, dass wir es als lohnend empfinden, uns für die Erreichung dieser Attraktoren leidenschaftlich zu engagieren.

Was ist mein Wunsch?

Die große Frage, vor der wir nun Zeit unseres Lebens in jeder beruflichen oder privaten Phase der Neuausrichtung immer wieder stehen, lautet: „Was ist mein Wunsch?" In der Phase der **Reflexion** ist das Finden unseres Attraktors der zweite Schritt, nachdem die Sondierung des Stressors abgeschlossen ist.

Die „Attraktor-Findung" können wir ähnlich filetieren wie den Stressor, den Sie zuvor ja schon seziert haben. Der Weg zum Attraktor verläuft in drei Schritten:

80 *Jochen Brandtstädter, Ulman Lindenberger (Hrsg.), „Entwicklungspsychologie der Lebensspanne", 2007, S. 36*

1. Analyse des **Ist-Zustandes** (Sezierung des Stressors)
2. Formulierung des **Soll-Zustandes** (akute Bedürfnisfindung)
3. Finden des **Wird-Zustandes** (der zukünftige Attraktor)

1. ANALYSE DES IST-ZUSTANDES

Bei der Analyse des Ist-Zustandes bedienen wir uns der Ergebnisse aus der Stressor-Sezierung. In der ersten Phase der Reflexion haben Sie den Stressor zerlegt. Den Stressor haben Sie auf „Emotionen", „Balance" und „Partizipation" hin überprüft und festgestellt, in welchen Bereichen der Stressor dafür sorgt, dass Sie im Abwendungsmodus sind. Bei der Analyse des Ist-Zustandes ist es jetzt zusätzlich relevant zu schauen, welche **Dauerkomponente** der Stressor aufweist. Unterschieden werden **drei Typen von Stressoren**:

1. Chronische Stressoren

Chronische Stressoren sind stresshafte Lebenssituationen, denen eine Schlüsselfunktion im Leben zukommt. Das Phänomen, das den Stress verursacht, ist ein andauernder oder anwachsender Mangel, ein anhaltender Verlust oder eine dauerhafte Depression, verbunden mit der kontinuierlichen Erfahrung inadäquater Handlungsmöglichkeiten. Chronische Stressoren sind generalisiert und langlebig und haben großen Einfluss auf unser Kohärenzgefühl. Oder wie Antonovsky es formuliert: „Sie sind die primären Determinanten des Kohärenz-Niveaus."[81]

2. Stresshafte Lebenssituationen

Stresshafte Lebenssituationen sind herausragende Ereignisse, die in Zeit und Raum spezifiziert werden können. Hierbei handelt es sich um die „Life-Events", die Holmes und Rahe in ihrem Stresstest definiert haben (wer seine Erinnerung dazu auffrischen möchte, blättert zurück auf Seite 88). Während sich chronische Stressoren negativ auf das Kohärenzgefühl auswirken, kann das für die „Life-Events" nicht zwingend vorhergesagt werden. „Life-Events" rufen Anspannung hervor. Ob die jedoch als *schädlich*, *neutral* oder *förderlich* angesehen werden, hängt entscheidend von der generellen Stärke des Kohärenzgefühls der Person ab, die diese „Life-Events" erlebt.

3. Akute Alltags-Widrigkeiten

Werden „Life-Events" wie zum Beispiel ein Wohnungswechsel, ein Schulwechsel oder das Durchfallen der Führerscheinprüfung als schädlich angesehen, können sie als akute Alltags-Widrigkeiten angesehen werden – ebenso wie eine flapsige Bemerkung vom Chef, die Einarbeitung einer neuen Kollegin oder ein erhöhtes (aber befristetes) Arbeitspensum am Arbeits-

81 *Aaron Antonovsky, „Salutogenese – Zur Entmystifizierung der Gesundheit", S. 44*

platz. Es kann sein, dass auf diese Widrigkeiten keine automatischen Anpassungsreaktionen möglich sind, jedoch nehmen die akuten Alltags-Widrigkeiten keinen generellen Einfluss auf unser Kohärenzgefühl. Treten die Alltags-Widrigkeiten gelegentlich auf oder sind sie von vorübergehender Dauer, können sie als Stressoren ignoriert werden, auch wenn sie Anpassungsfähigkeit erfordern. Anders sieht es aus, wenn die Alltags-Widrigkeiten ständig wiederkehren – also der Chef ständig blöde Bemerkungen macht oder das Arbeitspensum nicht mehr befristet, sondern dauerhaft erhöht ist. In diesem Fall könnte die Alltags-Widrigkeit zu einer stressigen Lebenssituation oder einem chronischen Stressor werden. Ein Ignorieren ist dann nicht mehr sinnvoll.

Aus dieser Dreiteilung wird deutlich, dass Stressoren nicht nur allgegenwärtig sind, sondern die Konsequenzen von Stressoren nicht notwendigerweise immer negativ sein müssen. Die Radikalität eines Stressors ist entscheidend abhängig von der Dauerkomponente und der Resilienz der Person, die auf den Stressor reagieren muss. Hier wird deutlich, dass die Bewertung eines Stressors ausschließlich individuell erfolgen kann. Es macht keinen Sinn, allgemeingültige Regeln aufzustellen, wie mit stressigen Situationen umgegangen werden soll, wenn überhaupt nicht davon ausgegangen werden kann, dass jeder Mensch auf eine als Stressor definierte Situation gleich reagiert und mit ähnlichen Folgewirkungen zu kämpfen hat.

Wenn wir zum Beispiel ein hohes Arbeitspensum im Job gesellschaftlich immer als Stressor definieren, dann könnte folgendes passieren: In einem Unternehmen mit einem schlechten Betriebsklima wird einer arbeitsfreudigen Person nahegelegt, weniger zu arbeiten, denn zu viel Arbeit würde Stress verursachen. Der Person selbst macht aber ihr hohes Arbeitspensum nichts aus, weil sie nämlich leidenschaftlich und visionär einer Arbeit nachgeht, die für sie bedeutsam ist. Eine einmalige Bemerkung wird bei der arbeitsfreudigen Kollegin vermutlich ohne Folgen bleiben. Häufen sich jedoch die spitzen Bemerkungen und wird der Ton schärfer, kann die vom übergeordneten System aufgedrückte Meinung – in diesem Fall die Meinung der Kollegenschaft – verheerende Auswirkungen haben.

Durch den Gruppendruck sieht die arbeitsfreudige Person nämlich nun ihre Einbindung in die Kollegenschaft bedroht. Auf Dauer kann daher die vorgefertigte Meinung eines Schwarms zum Arbeitspensum einer Person dazu führen, dass diese ihr Arbeitspensum tatsächlich hinterfragt und Stress bekommt.

Jedoch ist der Stressor nicht die Arbeit an sich, die ihr ja eigentlich Sinn und Bedeutsamkeit vermittelt, sondern die Ursache des Stressors liegt in der Angst, die Zugehörigkeit und Kohärenz mit der Gruppe „Kollegen" zu verlieren.

Es macht daher sehr viel Sinn, Stressoren individuell zu sezieren und in der Folge ausschließlich **individuelle Coping-Ressourcen** in den Mittelpunkt zu stellen und nach „allen Quellen der negativen Entropie zu suchen, die die aktive Adaption an die Umgebung erleichtern können."[82]

82 *Aaron Antonovsky, „Salutogenese – Zur Entmystifizierung der Gesundheit", S. 30*

SELBST-REFLEXION:

Schauen Sie sich Ihren Stressor noch einmal an: Welcher Kategorie können Sie ihn zuordnen? Ist er ein chronischer Stressor oder wird der Stressor durch eine stresshafte Lebenssituation hervorgerufen? Fokussieren Sie sich ab jetzt auf die Bereiche, in denen der Stressor bei Ihnen einen Abwendungsmodus hervorruft.

2. FORMULIERUNG DES SOLL-ZUSTANDES

Bei der Formulierung des Soll-Zustandes geht es darum, dass Sie **das akute Bedürfnis hinter dem Stressor finden**, der Sie in einen Abwendungsmodus zwingt. An dieser Stelle kommen wir noch einmal zurück auf Edward L. Deci und Richard M. Ryan, die ich auf Seite 48 bereits kurz vorgestellt hatte. Interessant für die Ermittlung und Formulierung des Soll-Zustandes sind die von Deci und Ryan definierten **drei psychologischen Grundbedürfnisse**:

1. Das Bedürfnis nach Kompetenz (effectancy):

Das Bedürfnis nach Kompetenz beeinflusst von Geburt an unsere Entwicklung von Fähigkeiten und Techniken. Es äußert sich in der Freude am Lernen, die eine optimale Anpassung an eine veränderte Umwelt verstärkt. Hier finden sich starke Parallelen zum Kohärenzgefühl und dem Aspekt der „Handhabbarkeit" von Antonovsky. Das Gefühl von *Handhabbarkeit* kann gestärkt werden, je mehr Kompetenzen, Erfahrungen und Fähigkeiten ein Mensch erlangt.

2. Das Bedürfnis nach Autonomie/Selbstbestimmung (autonomy):

Deci und Ryan verstehen unter Autonomie die „tief im Organismus verwurzelte Tendenz zur Selbstregulation der eigenen Handlungen."[83] Die Selbstregulation ist mit der Erfahrung von Ganzheit, Freiwilligkeit und Vitalität verbunden und zur effektiven Anpassung an Veränderungen unabdingbar. Auch hier finden sich erneut Parallelen zur salutogenen Grundhaltung von Antonovsky: Eine autonome Selbstregulation stärkt die Komponente der „*Bedeutsamkeit*" im Kohärenzgefühl.

3. Das Bedürfnis nach sozialer Eingebundenheit (affiliation):

Das Bedürfnis, Teil einer Gruppe zu sein, ist ein archaisches Überbleibsel, das in Urzeiten das Überleben der Menschen gesichert hat. Das Eingebundensein in Gruppen oder in ein soziales Netzwerk sorgt für eine optimale Ressourcen-Nutzung, für Schutz und effektive Weitergabe

83 *https://de.wikipedia.org/wiki/Selbstbestimmungstheorie*

von Wissen und Werten. Auch hier schließt sich der Kreis zum Kohärenzgefühl von Antonovsky, denn das emotionale Gefühl der sozialen Eingebundenheit entspricht der Komponente „*Verstehbarkeit*".

Deci und Ryan konnten nachweisen, dass die psychologischen Grundbedürfnisse ursächliche Mechanismen dafür sind, dass sich Menschen flexibel an Veränderungen im sozio-kulturellen Umfeld anpassen können. In der Regel streben wir daher immer danach, diese drei Grundbedürfnisse zu befriedigen. Wie viel Bedeutung wir ihnen jedoch beimessen, schwankt individuell erheblich. Wir verhalten uns in den Momenten, in denen wir unsere psychologischen Grundbedürfnisse anstreben, effizient, zeigen beste Integrationsfähigkeit und spüren ein hohes Maß an Wohlbefinden. Unterdrücken wir jedoch – bewusst oder unbewusst – die Befriedigung unserer psychologischen Grundbedürfnisse dauerhaft, deaktivieren wir unsere Selbstregulation. Diese Form der defensiven Anpassung hat daher immer negative Konsequenzen für die Vitalität und Gesundheit, für die psychische Flexibilität und für ein tief empfundenes Wohlbefinden.

Die psychologischen Grundbedürfnisse sind daher Wachstums- und Entwicklungsbedürfnisse, denn sie sind die Grundlage für das Entstehen intrinsischer Motivation – der natürlichen Tendenz, Herausforderungen zu suchen und die eigenen Fähigkeiten unter Beweis zu stellen. Sind wir intrinsisch motiviert, spüren wir ein hohes Maß an Wohlbefinden und Lust.

SELBST-REFLEXION:

Werfen Sie jetzt einen Blick auf Ihren Stressor und die Abwendungsmodi, die sich aus ihm ergeben. Welche Bedürfnisse sollten befriedigt werden, um die Abwendungsmodi in Annäherungsmodi umzuwandeln? In welche der drei Kategorien der psychologischen Grundbedürfnisse fallen Ihre Bedürfnisse?

Sind wir über das Maß akuter Alltags-Widrigkeiten hinaus gestresst, klaffen in der Regel Ist- und Soll-Zustand auseinander. Der Stressor steht der Befriedigung unserer Bedürfnisse im Weg bzw. nur die Befriedigung der Bedürfnisse kann den Stressor eleminieren.

Um einen gesunden Coping-Mechanismus in Gang zu setzen, ist daher an dieser Stelle entscheidend, welche individuelle Bedürfnisbefriedigung dem vorhandenen Stressor die negative Energie entziehen kann. Wichtig ist, dass die Bedürfnisse, die dem Stressor gegenüber gestellt werden, erreichbar und glückfördernd sind. Erfüllen die Bedürfnisse diese beiden Voraussetzungen nicht, sollte man sich umgehend von ihnen trennen, denn die einzige Möglichkeit, Auftrieb zu bekommen, ist, Ballast abzuwerfen, der unzufrieden macht oder für zusätzliche Belastungen sorgt.

Auch an dieser Stelle wird noch einmal die Individualität von Stressoren deutlich: Selbst wenn ein Stressor – zum Beispiel eine Veränderungssituation im Unternehmen – bei unterschiedlichen Menschen psychisch und physisch Chaos und Zerstörung anrichtet, so sind die Reaktionen darauf bei jedem individuell anders. Ebenso wie die Bedürfnisse, die befriedigt werden müssen, um das Kohärenzgefühl wiederherzustellen.

3. FINDEN DES WIRD-ZUSTANDES

Sind Stressoren seziert und die entsprechenden Bedürfnisse erarbeitet, die dem Stressor entgegenwirken können, geht es im letzten Schritt darum, den Blick in die Zukunft zu richten. Eine Bedürfnisbefriedigung kann situativ positiv auf einen Stressor einwirken. Ist der Stressor gelegentlich, zeitlich und räumlich spezifiziert oder dauerhaft begrenzt, kann die akut-situative Bedürfnisbefriedigung ausreichen, um die Stimmigkeit wieder herzustellen, die durch den Stressor zerstört wurde.

Im Prozess der Selbstregulation ist es sehr wichtig, die Dauerhaftigkeit eines Stressors zu analysieren, denn wenn der Stresszustand lange anhält oder immer wiederkehrt, ist es möglich, dass die Bedürfnisbefriedigung quasi nur eine lokale Betäubung darstellt, die Wunde darunter aber weiter gärt. Damit aus der Stresssituation kein dauerhaftes Dilemma wird und wir uns nicht wie Sisyphos vollends verausgaben, weil wir immer wieder ein Bedürfnis befriedigen, hinter dem ein Stressor weiterhin munter sein Unwesen treibt, brauchen wir einen stärkeren Magneten, der Ordnung ins Chaos bringt.

Eine gesunde Selbstregulation erfordert jetzt einen Attraktor, der dem Ist- und Soll-Zustand zwar Tribut zollt, gleichzeitig aber die Blickrichtung in die Zukunft lenkt und einen Wird-Zustand anstrebt. Die Zukunfts-Dimension sorgt dafür, dass Vorfreude auf den angestrebten Attraktor entsteht. **„Menschen haben ein Zukunftsbedürfnis."**[84] Wird dieses Bedürfnis genährt, bleiben wir vital, gesund, entwickeln – intrinsisch motiviert – Perspektiven für unser weiteres Handeln und legen damit den Grundstein für ein gelingendes Leben.

Der **Attraktor** stellt einen **(Herzens-)Wunsch**, eine **angestrebte Idealvorstellung** dar, der **übergeordnete Sinnhaftigkeit und Bedeutsamkeit** in unserem Leben beigemessen wird. Dadurch wird so viel Energie und Anziehungskraft freigesetzt, dass es möglich wird, einen unhaltbaren, stressigen Zustand nicht nur situativ, sondern auch dauerhaft zu ändern. Anstelle von: „Ich will, dass der Meier endlich aufhört mich zu mobben", könnte ein übergeordneter Wunsch zum Beispiel lauten: „Ich wünsche mir ein kooperatives, freundliches Miteinander mit meinen Kollegen." Anstelle der Aussage: „Ich will den Stress in meinem Leben loswerden", könnte der Attraktor hier lauten: „Ich wünsche mir eine entspannte Haltung dem Leben gegenüber." Die Formulierungen machen deutlich, dass für das Erreichen der Attraktoren oftmals tiefgreifende

84 Joachim Bauer, „Selbststeuerung – Die Entdeckung des freien Willens", S. 88

Veränderungen notwendig sind, um den neuen, erstrebenswerten Zustand herbeizuführen. **Ad-hoc- Bedürfnisbefriedigungen können hier langfristig zu kurz greifen.**

Bei der Formulierung eines Wunsches geht es also darum, genau die innere Kraft freizusetzen, die uns in die Lage versetzt, die Selbstregulation derart anzuregen, dass dauerhafte und chronische Zustände geändert werden und dadurch die Kohärenz und ein gesundes Wohlbefinden und Gleichgewicht wiederhergestellt werden können.

„Um ein umfassendes körperliches, seelisches und soziales Wohlbefinden zu erlangen, ist es notwendig, dass sowohl einzelne als auch Gruppen ihre Bedürfnisse befriedigen, ihre Wünsche und Hoffnungen wahrnehmen und verwirklichen sowie ihre Umwelt meistern bzw. sie verändern können." *Ottawa-Charta zur Gesundheitsförderung von 1986*

Auch in der Ottawa-Charta wird die Befriedigung von Bedürfnissen und Wünschen eindeutig in Korrelation zu Gesundheit und Wohlbefinden gesetzt.

Ein Wunsch ist das frühe Stadium des Willens und gleichzeitig dessen Motor. Ein starker Wunsch, ein Attraktor, der bedeutsam und sinnhaft ist, erfüllt **drei wichtige Funktionen**:

1. Er **beeinflusst die Zukunft**, weil er einen erstrebenswerten Wird-Zustand formuliert, den es lohnt, zu erreichen.
2. Weil es sich lohnt, diesen Zustand zu erreichen, wird die **intrinsische Motivation** angekurbelt. Aus ihr heraus kommt unsere innere Kraft, eine Situation ändern zu wollen und auch ändern zu können.
3. Weil die intrinsische Motivation angekurbelt wird, verursacht das Erreichen des Wunsches Lust und setzt damit nicht nur **positive Emotionen** frei, sondern auch den Lustbotenstoff Dopamin, der uns in den **Annäherungsmodus** versetzt.

Wünsche sollten daher immer:

- positiv formuliert sein
- positive Emotionen und ein Lustgefühl auslösen

Wünsche haben viel mit **Sehnsucht** zu tun. Die Sehnsuchtsforscherin Susanne Scheibe hat die berufsbezogene Sehnsucht genauer unter die Lupe genommen und festgestellt: Sehnsucht kann dazu dienen, dem Leben eine Richtung zu geben. In ihrer vergleichenden Studie[85] zwischen insgesamt 1.000 Befragten aus Deutschland und den USA war zu erkennen, dass Personen mit starker Sehnsucht ihrem Leben eher eine Richtung gaben und besser mit Dingen

85 *Susanne Scheibe, Fredda Blanchard-Fields, Maja Wiest & Alexandra M. Freund (2011). Is Longing Only for Germans? A Cross-Cultural Comparison of Sehnsucht in Germany and the United States (Abstract).Developmental Psychology, 47 (3), 603–618.*

umgehen konnten, die sich nicht umsetzen ließen. Gleichzeitig waren sie aber auch eher unzufrieden, gaben häufiger ein geringeres Wohlbefinden und einen schlechteren Gesundheitszustand an.

Damit Wünsche nicht in eine zehrende Sehnsucht abdriften oder wir uns Wünsche auferlegen, die uns selbst überfordern und dann negative Wirkungen auf unser Wohlbefinden entfalten, ist es notwendig, Wünsche und Sehnsüchte zu steuern. Scheibes Studie zeigt deutlich, dass Menschen, die ihr Sehnsuchtserleben regulieren können, nicht unglücklicher sind als jene mit einem schwach ausgeprägten Sehnsuchtsgefühl.

Wünsche werden positiv und pro-aktiv reguliert, indem **Wunschlösungen** definiert werden. Lösungen werden im Regelfall kognitiv erarbeitet. Kognitiv erarbeiteten Lösungen fehlt allerdings häufig die innere Beteiligung. Basiert die Lösung jedoch auf einem Wunsch, gesellt sich zur kognitiven Lösungs-Komponente jetzt noch die emotionale Komponente. Mit der Formulierung einer Wunschlösung werden Wunsch und Wirklichkeit verwoben. Der Wunschlösung kann daher ein **Kompromiss** zugrunde liegen, wenn die Verwirklichung des Wunsches vorübergehend nicht möglich ist, die Realisierung eine lange Zeit dauert oder viel Geld kosten würde. Die Wunschlösung stellt daher gewissermaßen einen Zwischenschritt auf dem Weg zum Traumziel dar. Wichtig ist dabei, dass der gefundene Kompromiss immer so bedeutsam ist, dass die drei Funktionen des Wunsches (Blick in die Zukunft, Freisetzen der intrinsischen Motivation und Erreichen eines Annäherungsmodus) nicht beeinträchtigt werden.

SELBST-REFLEXION:

Betrachten Sie jetzt noch einmal Ihren Ist- und Soll-Zustand. Sind die gefundenen Bedürfnisse ausreichend, Ihren momentanen Stressor zu beseitigen? Sollte sich der Stressor nicht positiv verändern, ist es an der Zeit zu schauen, welcher übergeordnete bedeutsame Wunsch hinter Ihrem Bedürfnis und damit hinter Ihrem Stressor stecken kann.

Was blockiert uns?

Schön wäre es, wenn es mit dem Finden eines Attraktors und der Formulierung von Wunschlösungen getan wäre. Doch so einfach ist es leider nicht immer. Häufig stehen uns Blockaden im Weg, um unseren Wünschen Taten folgen zu lassen. Blockaden entstehen immer dann, wenn wir unangenehme Erlebnisse hatten, die wir nicht verarbeiten konnten oder wenn schmerzhafte Erfahrungen immer wiederkehren. Sie hindern uns daran, Neues als spannend zu empfinden und stressfrei zu lernen. Sie werden immer dann sichtbar und spürbar, wenn wir innere Widerstände wahrnehmen oder uns selbst mit Glaubenssätzen an der Realisierung unserer Wünsche behindern. Dazu gehören zum Bespiel Sätze wie:

- „Ist ja toll, dass ich jetzt einen Wunsch formuliert habe. Aber ich bekomme schon meinen Alltag nicht geregelt – wie soll ich da erst die Wunschlösung umsetzen."
- „Das Leben ist kein Wunschkonzert – ich muss der Realität ins Auge sehen."
- „Ein Wunsch ist was für Leute, die Glück haben. Dazu gehöre ich nicht. Mir hat noch nie jemand einen Wunsch erfüllt."

So oder ähnlich können sie lauten, die inneren Stolpersteine. Aus meiner Erfahrung gibt es sieben grundsätzliche Blockaden, die unserer Selbstregulation im Weg stehen können. Es liegt in unserer Verantwortung, sie zu erkennen und aus dem Weg zu räumen.

BLOCKADE 1: ANGST

Angst in der einen oder anderen Ausprägung kennen wir alle. Angst war ursprünglich eine sehr wertvolle und überlebenswichtige Funktion. Heute dient Angst immer noch als ein gutes und ernst zunehmendes Warnsignal. Allerdings sollte Angst nicht zu übermächtig werden und dazu führen, dass wir uns nichts mehr zutrauen. Hinter der Angst steckt das Bedürfnis nach Sicherheit. Lösen wir Angst auf, weil wir an entscheidenden Stellen unser Sicherheitsbedürfnis befriedigen, entsteht mentale und tatsächliche Freiheit – denn nun ist alles möglich, was wir uns vorstellen können und was uns erstrebenswert und bedeutsam erscheint. Lösen wir Ängste nicht auf, wird Vermeidung zur Gewohnheit (eine Auffrischung dazu auf Seite 31).

SELBST-REFLEXION:

Was wäre anders, wenn Sie Ihre Angst durchbrechen? Wie würde sich dieses Anderssein anfühlen? Welches Bedürfnis steckt hinter Ihrer Angst?

BLOCKADE 2: OHNMACHT

Ohnmacht ist eine starke Blockade, die sich äußert durch Sätze wie „Das kann ich nicht!" oder „Das darf ich nicht!" oder „Das ist unmöglich!" Ohnmacht kann dazu führen, dass wir die Verantwortung von uns selbst auf andere schieben, denn in Ohnmachts-Situationen fühlen wir und hilflos ausgeliefert und glauben, keine eigenen Einflussmöglichkeiten zu haben.

SELBST-REFLEXION:

Was brauchen Sie, um wieder mehr Einfluss über Ihr Leben zu bekommen? Wie sollte es sich anfühlen, wenn Sie selbstmächtiger sind? Was wird sich positiv verändern?

BLOCKADE 3: MACHT-OHNMACHT

Bei einer Macht-Ohnmacht-Blockade sind mindestens immer zwei Personen involviert: Eine, die Macht ausübt und eine andere, bei der die Machtausübung ein Gefühl von Ohnmacht erzeugt. Man kann diese Struktur in Eltern-Kind-Beziehungen, Partnerbeziehungen oder in der Konstellation Mitarbeiter-Führungskraft finden. Bei dieser Blockade schwingen gelernte Bewertungs- und Verhaltensmuster gegenüber anderen mit. Sätze wie: „Der ist mein Chef, dem kann ich das nicht sagen!", oder auch der Ausspruch: „So lange du deine Füße noch unter meinen Tisch stellst...", sind typische Indikatoren für Macht-Ohnmacht-Strukturen – also Beziehungsgeflechte, die nicht auf Kooperation und Augenhöhe beruhen.

SELBST-REFLEXION:

Wie sehen Ihre Macht-Ohnmacht-Konstellationen aus? Wo sind Sie selbstmächtig und wo fühlen Sie sich ohnmächtig? Welche dieser Konstellationen behindern Sie aktiv an der Umsetzung Ihrer Wünsche? Was brauchen Sie, um diese Konstellationen – möglichst konfliktfrei – zu durchbrechen?

BLOCKADE 4: NEID

Robert Lembke hat es mal so formuliert: „Mitleid bekommt man geschenkt, Neid muss man sich verdienen." An diesem Satz ist durchaus etwas Wahres dran. Das macht den Neid aber nicht erträglicher. Neid ist nämlich ein unumstößlicher Indikator für einen Mangel. Neid entsteht immer dann, wenn wir uns mit anderen vergleichen und feststellen, die haben etwas, was wir gern hätten. Aber auch wir selbst können Empfänger von Neidgefühlen sein. Während der Neid von anderen für manche ein Zeichen von Belohnung und Erfolg darstellt, kann er für andere ein wirkliches Hemmnis darstellen, die eigenen Wünsche und Ziele zu verfolgen. Neid, den wir anderen gegenüber empfinden, führt zu Unzufriedenheit, Selbstzweifeln und Selbstmitleid bis hin zu Depressionen.

SELBST-REFLEXION:

Was verursacht Ihnen Neid? Woher kommt dieses Gefühl? Welcher Mangel verbirgt sich dahinter? Welches Bedürfnis sollten Sie befriedigen, um den Mangel bei sich zu beseitigen?

BLOCKADE 5: RESIGNATION

Resignation ist eine Form der inneren Kapitulation. Die individuell eingesetzten Ressourcen waren mehrfach nicht ausreichend, das erwünschte Ziel zu erreichen und man hat es nun aufgegeben, überhaupt noch zum Ziel zu kommen. In der Resignation steckt eine gute Portion Ohnmacht und Hilflosigkeit. Wer resigniert, hat sich und sein Unterfangen aufgegeben und rutscht von der Aktivität in die Passivität. Dieser Zustand ist wie ein Energieloch. Egal was wir unternehmen, alles wird von dem Gefühl der Resignation aufgesogen und versickert. Resignation hat einen depressiven Charakter und kann im Extremfall zu Selbstmordgedanken führen. Resignation schwächt unser Immunsystem.

SELBST-REFLEXION:

Ist die Resignation dauerhaft oder nur vorübergehend? Können Sie sich aus der Resignation selbst befreien? Wenn ja, was würde Ihnen genau jetzt gut tun und zu mehr Energie verhelfen? Wenn Sie das Gefühl haben, sich aus der Resignation nicht selbst befreien zu können, nehmen Sie Hilfe in Anspruch.

BLOCKADE 6: HOFFNUNGSLOSIGKEIT

Hoffnungslosigkeit ist die Steigerung der Resignation. Ohne Hoffnung schwinden unsere Selbstheilungskräfte. Wir sind außerstande, in die Zukunft zu schauen, Pläne zu schmieden oder Lösungen für Probleme zu finden. Ohne Hoffnung haben wir keine Zuversicht und sind nicht in der Lage, Veränderungen vorzunehmen. Der Motor für jegliches menschliche Handeln ist Hoffnung. Wird uns diese Grundlage entzogen, werden wir depressiv und krank.

SELBST-REFLEXION:

Sollten Sie das Gefühl der Hoffnungslosigkeit dauerhaft spüren und zwar derart, dass es Ihnen jegliche Energie und jeglichen Lebenssinn raubt, suchen Sie sich Hilfe.

BLOCKADE 7: GESELLSCHAFTLICHE BLOCKADEN

Gesellschaftliche Blockaden entstehen meist innerhalb rigider Hierarchiesysteme. Sie geben vermeintliche Sicherheit, verhindern aber im schlimmsten Fall die freie Entwicklung und persönliche Veränderung. Klassische Systeme, in denen hierarchische Strukturen an der Tagesordnung sind, sind Unternehmen, Schul- und Ausbildungsinstitutionen, aber auch Kindergärten, Alten- und Pflegeheime oder sonstige öffentliche und religiöse Institutionen. Die ihnen innewohnenden Strukturen sind notwendig, um das jeweilige System am Leben zu erhalten und sie sind so lange *kein* Problem, solange innerhalb dieser Strukturen eine freie Entwicklung möglich ist. Das ist aber nicht immer der Fall. Wenn zum Beispiel ein Lehrer keine andere Meinung außer seiner eigenen zulässt, ein Vorgesetzter einzig über den Faktor Macht führt oder ein Pfleger pflegebedürftige Menschen würdelos und respektlos behandelt, entstehen gesellschaftliche Blockaden. Jede dieser Situationen prägt sich ein und hinterlässt Spuren – oft in Kombination von Angst oder Ohnmachtsgefühlen. Das Gefühl, sich in einer Opferhaltung zu befinden, ist nicht selten die Folge.

SELBST-REFLEXION:

Wie geht es Ihnen in dem System, in dem Sie tätig sind? Inwieweit haben Sie das Gefühl, sich frei entfalten zu können? Werden Sie als Person wertgeschätzt und respektiert? Können Sie Ihre Wünsche und Bedürfnisse in diesem System kommunizieren und umsetzen? Wenn nicht, was brauchen Sie, um diese Situation zu ändern?

Wenn Sie feststellen, dass Blockaden die Umsetzung Ihres Wunsches verhindern und Sie auch die Zerlegung Ihres Wunsches in Wunschlösungen nicht in ein motivierendes Handeln bringt, dann betrachten Sie die Blockade wie einen eigenen Stressor. Kehren Sie also mit ihr zurück zum ersten Schritt der Reflexion und sezieren Sie Ihre Blockade. Schauen Sie, an welchen Stellen die Blockade Ihr Kohärenzgefühl stört und Sie in den Abwendungsmodus zwingt. Suchen Sie dann nach einem Attraktor, der Ihnen helfen kann, die Blockade zu durchbrechen. Erst dann kehren Sie gedanklich wieder zurück zu Ihrem ursprünglich erarbeiteten Attraktor. Ist es Ihnen nun möglich, die Wunschlösung anzupeilen? Oder blockieren Sie erneut an einer Stelle? Falls ja, dann kehren Sie auch mit dieser neuen Blockade zurück zur Sondierung. Wiederholen Sie diese Schritte so oft wie nötig, bis Sie das Gefühl haben, dass Sie Ihren Ursprungswunsch und die daraus resultierenden Wunschlösungen umsetzen können. Vielleicht wollen Sie aber nach dem Drehen dieser Runden Ihren ursprünglichen Attraktor und Ihre Wunschlösung anpassen? Auch das steht Ihnen jederzeit frei und ist ein ganz natürlicher Entwicklungsprozess bei der Erforschung Ihres Selbst und beim Umgang mit Veränderungssituationen.

An dieser Stelle merken Sie jetzt vielleicht, dass Sie gedanklich flexibel werden! Sie sind nun zunehmend besser in der Lage, von Ihren vorher vielleicht noch rigiden Denk- und Handlungsmustern abzuweichen und sich situativ an neue Gegebenheiten anzupassen. Stressoren und Blockaden haben das chaotische und unkontrollierbare Momentum verloren, denn Ihnen steht ein Handwerkszeug zur Verfügung, mit dem Sie auch zukünftig mögliche Stressoren filetieren und zum Ursprung Ihrer Wünsche und Bedürfnisse zurückkehren können. Sie haben einen gewaltigen Schritt in Richtung Wohlbefinden und ganzheitlicher Gesundheit geschafft. Sie haben Ihre Selbstregulation angeregt und sind auf dem Weg zu mehr persönlicher Autonomie.

Jetzt fehlt zur abschließenden Reflexion nur noch der dritte und letzte Arbeitsschritt: Die Ressourcen-Flexibilität.

SCHRITT 3: RESSOURCEN-FLEXIBILITÄT

„Welche Ressourcen möchte ich aktivieren, um mich neu ausrichten zu können?"

Wir kennen Arbeit, Kapital und Boden als klassische Ressourcen aus der Produktion. Wir sprechen über „Finanzielle Ressourcen" oder über „Human Ressources" – ein aus meiner Sicht ganz schlimmer Begriff, der Menschen zu schlichten Produktionsfaktoren abstempelt und eine derartige Behandlung auch fast schon provoziert. Diese Art von Ressourcen ist im Folgenden jedoch nicht gemeint. Im Fokus stehen unsere **individuellen Ressourcen**, die Antonovsky als „**generelle Widerstandsressourcen**" definiert hat (ausführlich erläutert auf Seite 197).

Widerstandsressourcen sind, bildlich gesprochen, unser Wurzelwerk, über das wir Nährstoffe aufnehmen, die unseren Baum zum Wachstum bringen. Je größer unser Wurzelwerk ist, umso mehr Nahrung kann es aufnehmen, umso besser wächst der Baum, umso stärker wird der Stamm, umso gesünder die Blätter, umso weniger brüchig ist das Holz – und umso biegsamer wird der Stamm. Unser Wurzelwerk – die Widerstandsressourcen – sind überlebenswichtig. Pflegen wir unser Wurzelwerk nicht, stirbt irgendwann der ganze Baum. Es gehört also zu unserer Lebensaufgabe – oder wie Jochen Brandtstädter es nennt, zu unserer „Lebenskunst" – unsere eigene Entwicklung positiv zu beeinflussen, damit unser Wurzelwerk und damit der gesamte Baum gesund alt werden.

Ein gesundes Wurzelwerk sowie der reibungslose Zugriff auf unsere Ressourcen sind elementar für den Umgang mit Veränderungen. Unsere Welt wird mit jeder weiteren technischen Revolution nicht einfacher, sondern komplexer. Auch wenn die Technik unser Leben vereinfachen soll, so sind die Veränderungen und Anpassungsleistung, die mit ihr einhergehen, irreversibel, allumfassend und kompliziert. Sie verlangen von uns nicht selten den Einsatz unserer gesamten Widerstandsressourcen, wenn uns Veränderungen zwingen, unsere Bedürfnisse und Attraktoren anzupassen oder neue zu finden, wenn die Situation es erfordert.

Doch dazu müssen wir in der Lage sein, unsere Ressourcen jederzeit aktivieren und flexibel nutzen zu können. Dazu müssen wir aber auch wissen, wie unser Wurzelwerk aussieht. Wie dick oder dünn, wie lang oder kurz sind die einzelnen Wurzelstränge? Wie tief gehen sie in die Erde, wie jung oder alt sind sie und welche Nährstoffe leiten sie in den Stamm? Es ist notwendig, dass wir diese Kenntnis haben, damit wir:

- unsere eigene Kraft, unsere Fähigkeiten und Kompetenzen richtig einschätzen und nicht über- oder unterbewerten
- die dünnen, kurzen, jungen oder nahe an der Oberfläche liegenden Wurzelstränge im Blick haben, denn sie stellen mögliches Entwicklungspotenzial dar, das wir momentan noch nicht voll ausgeschöpft haben

Mit anderen Worten: Wir brauchen **Ressourcen-Flexibilität**. Grundlegend ist dabei immer die Frage: „Welche Ressourcen möchte ich aktivieren, um mich neu ausrichten zu können?" Im letzten Reflexionsschritt geht es nun also darum, unser Wurzelgeflecht zu aktivieren, um Neuausrichtungen hin zu einem neuen Attraktor vornehmen zu können. Und hierzu, so denke ich, bedarf es eines kleinen Paradigmenwechsels, damit uns diese Ressourcen-Flexibilität leichter fällt.

Um sich dem Thema der Ressourcen-Flexibilität zu nähern, greife ich behelfsmäßig noch einmal auf die Chaostheorie zurück und bringe dazu Benoît Mandelbrot ins Spiel. Mandelbrot beschäftigte sich Zeit seines Lebens mit mathematischen Sonderbarkeiten, die ihm Ruhm und Ehre einbrachten. Ihm ist es zu verdanken, dass wir heute problemlos die Frage beantworten können, was die künstlich gezüchtete grüne Blumenkohlsorte, Romanesco, und die britische Küstenlinie gemeinsam haben: Beide bestehen aus **Fraktalen**[86].

Mandelbrot fand heraus, dass natürliche Strukturen wie die britische Küstenlinie, der Romanesco aber auch Zweige, Äste, Bäume, Wolken, Felsen, Berge oder Blutgefäße nicht glatt oder gleichmäßig, sondern zerklüftet, unregelmäßig und rau sind. Er untersuchte diese Strukturen genauer und stellte fest, dass jede von ihnen eine scheinbar unendliche Komplexität aufweist, die im Kern jedoch eine geometrische Regelmäßigkeit besitzt. Diese geometrische Regelmäßigkeit nannte er „Fraktale" – Strukturen, die in immer kleinere, einander ähnliche (aber nicht gleiche) Einzelheiten gegliedert sind. Diese fraktale **Selbstähnlichkeit** ist bei der britischen Küstenlinie mit bloßem Auge nur schwer vorstellbar. Beim Romanesco hingegen ist

86 Mandelbrot prägte diesen Kunstbegriff 1975.

die Selbstähnlichkeit der einzelnen Röschen in allen Größen jedoch erstaunlich und wunderschön anzusehen.

Das mathematische Konstrukt der Fraktale hat Mandelbrot sehr eindrucksvoll in der Mandelbrot-Menge (auch „Apfelmännchen" genannt) sichtbar gemacht. Diese Menge ist „ein Paradigma für Ordnung und Chaos und das Maskottchen der Chaosforschung."[87] Man hat nämlich festgestellt, dass Attraktoren nichtlinearer, dynamischer Systeme auch selbstähnliche Muster erzeugen – Fraktale.

Fraktale entstehen im Rahmen von Selbstorganisationsprozessen und zeigen auf frappierende Art und Weise, dass ein allgemein chaotisches Verhalten dann bestimmte Ordnungsmuster aufweist, wenn ein Attraktor das Chaos determiniert. Mandelbrot selbst definierte die Eigenschaften der Fraktale so:

1. Egal, wie oft man die Figur vergrößert, es muss immer eine **Selbstähnlichkeit** zum Ausgangsbild zu erkennen sein.
2. Fraktale sind hochkomplex und meistens reicht diese **Komplexität** bis ins Unendliche.
3. Fraktale müssen immer durch **Iteration** entstehen.

In den vorherigen Kapiteln haben Sie sich intensiv mit einer chaotischen Situation – dem Stressor – auseinander gesetzt. Sie haben ihn seziert (ihn also dem Prozess der Iteration unterzogen) und im Anschluss Bedürfnisse ausfindig gemacht, die den Stressor positiv beeinflussen können. Zusätzlich sind Sie auf die Suche nach bedeutsamen Attraktoren gegangen, die eine so große Anziehung haben, dass sie geeignet sind, den Stressor dauerhaft zu beseitigen. Um Ihre Bedürfnisse umsetzen zu können oder von einem Attraktor ausgehend Ihre Wunschziele zu definieren und diese dann Realität werden zu lassen, müssen Sie Ihre Ressourcen flexibel einsetzen.

Im Paradigma 4 der Flexibilität haben Sie bereits Ihre Ressourcen analysiert. Dieses daraus entstandene Wurzelgeflecht bildet Ihr individuelles Wurzelwerk, das Ihrem Baum Halt und Sicherheit gibt und dafür sorgt, dass Sie sich flexibel biegen können, wenn es die Situation er-

87 *„Aspekte der Chaostheorie und der fraktalen Geometrie", 9. Vortrag der Humboldt-Gesellschaft am 03.05.1995 von Uwe Rehfeld und Stefan Nehrkorn, www.humboldtgesellschaft.de*

fordert. Dieses Wurzelwerk spiegelt Ihre Persönlichkeit. Und die ist **unverkennbar**, **individuell** und **einzigartig**.

SELBST-CHECK:

Schauen Sie sich an der Stelle einmal Ihr Wurzelwerk an. Vermutlich erkennen Sie fraktale Strukturen. Ein Leitbündel weist Ähnlichkeit mit einem anderen Leitbündel auf – unter anderem auch durch die Art und Weise, wie Sie den Stift halten und die Leitbündel zeichnen.

Das Phänomen der selbstähnlichen Fraktale finden wir jedoch nicht nur in der Mathematik, der Biologie oder der Geografie, sondern auch noch an ganz anderen Stellen.

- Ist Ihnen schon mal aufgefallen, dass wir uns im Leben immer wieder ähnlich gearteten Situationen stellen (müssen)? Oft sind es Situationen, die stressen, weil uns bestimmte Kompetenzen oder Erfahrungen fehlen, diese Situationen bewältigen zu können. Wir durchleben sie daher immer wieder in verschiedenen Konstellationen, bis wir irgendwann handlungsfähig genug sind, diese fraktal ähnlich gearteten Situationen zu lösen.
- Haben Sie schon einmal bemerkt, dass sich unser Verhalten in bestimmten Situationen ähnelt? Es ist ein Muster, das wir gebildet haben, weil es irgendwann einmal an der richtigen Stelle erfolgversprechend war und von unserem Gehirn als fraktales Muster abgespeichert wurde, das wir immer dann abrufen, wenn es Situationen gibt, die der Ursprungssituation ähneln.

- Haben Sie schon einmal festgestellt, dass unser freiwillig gewähltes, soziales Umfeld fraktale Ähnlichkeiten aufweist? Bestimmte Strukturen der Gruppe finden sich in Fraktalen in jeder einzelnen Person wieder.

Ich könnte diese Liste beliebig fortsetzen und sicherlich fallen Ihnen, wenn Sie darüber nachdenken, noch ganz viele Fraktale ein, die Ihrem Leben eine – gewollte oder ungewollte – Struktur geben, sich ähneln und immer wiederkehrend sind.

Fraktale sind im weiteren Sinne grundsätzlich wiederkehrende, in sich selbst verschachtelte Strukturen. Von Geburt an hat sich unser Leben um bedeutsame Attraktoren gedreht – ob es das Fläschchen war, das den Hunger stillte, die Eltern, die eine Umarmung schenkten, die erste Liebe oder der erste Job. Bewusst oder unbewusst befriedigen wir tagtäglich unsere Bedürfnisse und richten unser Leben auf verschiedene Ziele aus, die im besten Fall für uns so bedeutsam sind, dass sie uns ein sattes Gefühl der Stimmigkeit vermitteln und unser Kohärenzgefühl stärken.

Um Bedürfnisse und Attraktoren zu erreichen, brauchen wir Zugriff auf unsere Ressourcen. Für unterschiedliche Bedürfnisse und Attraktoren benötigen wir unterschiedliche Ressourcen. Nicht immer ist es notwendig, dass wir zur Zielerreichung zum Beispiel finanzielle Ressourcen einsetzen. Manchmal wird es notwendig sein, Netzwerke oder Beziehungen zu nutzen, manchmal ist Geduld gefordert und an anderer Stelle unser Know-how. Manchmal müssen wir Ressourcen aus allen Leitbündeln aktivieren, manchmal reichen Ressourcen aus einem einzigen Wurzelstrang oder einem Teilstück.

Die verschiedenen Ressourcen, die wir flexibel und situativ einsetzen, helfen uns, den Attraktor zu erreichen, also einen bestimmten Zielzustand, der eine unerträgliche Situation determiniert oder der eine neue (Lebens-)Situation anregt, die gewollt und erstrebenswert ist. Die Annäherung an diesen Attraktor unter Zuhilfenahme unserer Ressourcen hinterlässt ein Erfahrungsmuster. Diese Erfahrungsmuster werden strukturell im Gehirn verankert – sie werden gespeichert. Heute weiß man, dass „das Gehirn zeitlebens zur adaptiven Modifikation und Reorganisation seiner einmal angelegten Verschaltungen befähigt ist und dass die Herausbildung und Festigung dieser Verschaltungen ganz entscheidend davon abhängt, wie und wofür wir unser Hirn benutzen."[88]

Unser Gehirn ist darauf ausgelegt, immer wieder nach optimalen Verhaltensoptionen zu suchen. Dazu stützt es sich auf eine riesige Anzahl von Ressourcen – Signale aus der Umwelt und dem Körper, emotionale Bewertungen, Wissen, Kompetenzen oder Erfahrungen. Es setzt sich genau die individuelle Zusammensetzung der Ressourcen durch, die für das Erreichen eines spezifischen Attraktors am Erfolg versprechendsten ist. Diese individuelle Zusammensetzung bildet gewissermaßen ein Fraktal.

Je mehr wir uns also selbst ausprobieren, je öfter wir verschiedene Situationen erfolgreich bewältigen, uns Stressoren stellen und unsere Widerstandsressourcen aktivieren, umso mehr Fraktale bilden wir. Jede neue Situation bringt neue Fraktale hervor. **Fraktale bilden sich aus den Ressourcen, auf die wir tagtäglich bewusst und unbewusst zurückgreifen.** Die Anzahl und Vielfalt unserer eingesetzten Ressourcen bestimmt die Komplexität des Fraktals.

Die Forderung der Spätmoderne verlangt, dass wir agil bleiben und unsere Fähigkeiten, Kenntnisse und Fertigkeiten in immer neuen Business-Modellen (zum Beispiel in einer neuen Abteilung nach einem Change-Pozess) flexibel anwenden können. Mit dem alten Verständnis von Flexibilität wird die Überforderung, die diesem Anspruch zugrunde liegt, implizit kommuniziert. „Wie soll das gehen?", „Was erwarten die von mir?" oder „Wie soll ich das schaffen?" können mögliche Reaktionen sein, die uns direkt in einen Abwendungsmodus katapultieren.

Mit dem Futability®-Verständnis von Flexibilität ist diese Reaktion jedoch nicht mehr notwendig. Wir wissen, dass Flexibilität Wurzeln braucht – unsere Widerstandsressourcen. Wir wissen auch, dass wir sie jederzeit ungefragt und flexibel aktivieren können, denn wir tun es

88 Gerald Hüther in Grossarth-Maticek, „Autonomietraining", S. XV

tagtäglich – oft ohne es bewusst zu merken. Wir wissen zusätzlich, dass Flexibilität dann in Rigidität endet, wenn die Stressoren, die es dabei zu überwinden gilt, nicht handhabbar erscheinen oder unverständlich sind. Die alles entscheidende und einzig logische Frage, die sich aufgrund unserer neuen Kenntnisse nun an die Forderung der Spätmoderne anschließt ist:

Sind diese neuen Business-Modelle für uns attraktiv und bedeutsam genug, dass sich unser Engagement dafür lohnt?

Unser Engagement besteht darin, den neuen Attraktor (das neue Business-Modell) in den Fokus zu rücken und genau die Ressourcen zu aktivieren, die zur erfolgreichen Erreichung des Attraktors notwendig sind. Die Fokussierung auf ein neues Business-Modell impliziert also die Bildung eines neuen Fraktals. Und das bedeutet für uns *immer* einen *persönlichen* Energieaufwand! Nur wir selbst können entscheiden, ob wir den wirklich erbringen wollen. Nur wir selbst können einschätzen, ob das Wurzelwerk unserer Ressourcen ausreicht, um genau die Fraktale bilden zu können, die wir zur Erreichung des neues Attraktors benötigen.

Dass wir generell die Fähigkeit der flexiblen Fraktal-Bildung besitzen wird deutlich, wenn wir Mandelbrots Definition der Fraktale einmal in das reale Leben übertragen:

1. Jedes Fraktal besitzt eine Selbstähnlichkeit zum Ausgangsbild.

Keines unserer Fraktale gleicht dem anderen – aber sie alle weisen Selbstähnlichkeit auf, weil das Ausgangsbild das gleiche ist: Wir selbst!

2. Die Komplexität der Fraktale reicht bis ins Unendliche.

Wenn wir in der Lage sind, unsere Ressourcen immer wieder neu zu kombinieren, um sie in immer neuen Business-Modellen anzuwenden, können wir theoretisch auf eine unendliche Vielzahl an Ressourcen-Kombinationen zurückgreifen. Erweiterten wir unser Wurzelgeflecht durch neue Kompetenzen, neues Know-how oder neue Beziehungen zu anderen Menschen, steigt die Anzahl der Kombinationen weiter an. Dadurch erhöht sich automatisch auch die Vielzahl möglicher Fraktale. In der Folge werden unsere Denk- und Verhaltensmöglichkeiten komplexer und vielschichtiger. Wir reifen als Persönlichkeit und stärken damit auch unser Kohärenzgefühl. Konsequenterweise werden wir dadurch immer flexibler – und resilienter.

3. Fraktale entstehen immer durch Iteration.

Fraktale sind das Ergebnis von Selbstregulationsprozessen. Sie bilden sich, weil wir uns schrittweise auf ein Ziel hinbewegen. Ist dieses Ziel für uns bedeutsam, sind wir im Annäherungsmodus. Fehlt die innere Verbundenheit mit dem Ziel, versetzt uns die Zielerreichung in Stress. Wir befinden uns im Abwendungsmodus, dem wir nur durch das Sezieren des Stressors entkommen können.

Spontane Änderung der Attraktoren – was nun?

Bisher sind wir in allen Überlegungen davon ausgegangen, dass wir einen Stressor beseitigen, indem wir einen Attraktor definieren, auf den wir dann, unter flexiblem Einsatz unserer Ressourcen, hinarbeiten. Ist der Attraktor erreicht, ist gleichzeitig der Stressor eleminiert. So weit, so gut. Was aber passiert, wenn der Stressor eliminiert ist, wir aber unser Ziel noch gar nicht erreicht haben? Ich möchte Ihnen an einem – zugegebenermaßen drastischen – Beispiel zeigen, dass auch in dieser Situation Ressourcen-Flexibilität notwendig ist.

*Stellen Sie sich vor, Ihr Chef ist ein fürchterlicher Mensch. Er ist ungerecht, unterdrückt jegliche freie Entfaltung, wird cholerisch und ist alles in allem kaum zu ertragen. Zum Glück besitzen Sie – nach allem, was Sie bis jetzt gelesen haben – ein starkes Kohärenzgefühl. Sie wissen, dass Ihnen dieser Chef (**Stressor**) nicht nur das Leben schwer macht, sondern Ihnen über kurz oder lang auch die Lust an der Arbeit gänzlich vergällen wird. Sie haben hin und her überlegt und sich vor wenigen Wochen dazu entschieden, sich einen neuen Job (**Attraktor**) zu suchen. Ihr Ziel: Eine Arbeit zu finden, die Ihnen genauso viel Spaß macht wie Ihre jetzige, allerdings mit einem Vorgesetzten, der auf Augenhöhe führt und Ihre Arbeit wertschätzt. Um dieses Ziel zu erreichen, haben Sie sich in Stellenbörsen als jobsuchend eingetragen, Sie schauen sich regelmäßig den Stellenmarkt an, haben in Ihren Netzwerken gestreut, dass Sie einen neuen Job suchen, die ersten schriftlichen Bewerbungen haben Sie bereits verschickt, Sie besuchen Fachmessen, um sich einen größeren Überblick zu verschaffen und haben zusätzlich auch noch einen Headhunter eingeschaltet. Mit anderen Worten: Sie schöpfen Ihre **Ressourcen** aus und sind entsprechend motiviert und guter Hoffnung, dass der neue Job nicht lange auf sich warten lässt. Doch nun passiert das Unfassbare: Ihr Chef verstirbt plötzlich und unerwartet. Was für ein Schock! Neben der Fassungslosigkeit stellt sich plötzlich ein Gefühl der Unsicherheit ein: Was passiert mit der freigewordenen Position? Wer übernimmt die Nachfolge – und welche Auswirkungen wird das auf Sie haben? Ihr originärer Stressor, der zu einer Ressourcenballung bei Ihnen geführt hat, um einen unerträglichen Zustand zu beenden und auf ein attraktiveres Ziel hinzuarbeiten, existiert nicht mehr. Den neuen Attraktor – den neuen Job – haben Sie aber noch nicht erreicht. Wie wichtig ist dieser neue Attraktor jetzt überhaupt noch?*

Zwei Tage nach der Todesnachricht ruft Sie der Headhunter an. Er hat ein attraktives Jobangebot für Sie, das gleichzeitig einen Aufstieg auf der Karriereleiter bedeutet. Und kurze Zeit später erfahren Sie, dass die Position Ihres verstorbenen Chefs eine ehemalige Chefin von Ihnen übernimmt, die Sie sehr förderte und mit der Sie wunderbar zusammengearbeitet haben. Plötzlich sind zwei Attraktoren im Spiel – was tun Sie jetzt? Welcher Attraktor führt Sie nun zur Kohärenz? Das neue Jobangebot in einem neuen Umfeld oder die neue Chefin beim alten Arbeitgeber?

Diese Weggabelung, die durch zwei Attraktoren hervorgerufen wird, nennt man in der Chaosforschung **Bifurkation**. Ein Parameter ändert sich und führt in einem nichtlinearen, dynamischen System eine qualitative Zustandsänderung herbei. Im echten Leben ist das kein wirklich seltenes Phänomen. Je komplexer Situationen sind, umso häufiger stehen wir vor

Entscheidungsproblemen, weil es mindestens zwei Richtungen gibt, in die wir gehen können. Das ist die so genannte **Optionenvielfalt**, die ich im ersten Teil des Buches angesprochen habe.

Peter Kruse ist Psychologe und lehrt als Honorarprofessor an der Universität Bremen. In dem sehr sehenswerten Youtube-Video „Wie reagieren Menschen auf Komplexität"[89] zeigt er **fünf Strategien** auf, wie wir normalerweise auf komplexe Situationen reagieren:

1. Versuch und Irrtum

Wir probieren unsystematisch herum. Die Wahrscheinlichkeit, eine Lösung zu finden, ist jedoch nicht besonders groß, daher ist dies keine erfolgsversprechende Variante.

2. Ausblenden

Wir bleiben bei alten Mustern und tun so, als sei nichts passiert. Das ist vergleichbar mit der „Ökonomie des Verhaltens". Wir tun das, was auch schon früher zum Erfolg geführt hat, obwohl sich die Rahmenbedingungen geändert haben.

3. Rationales Verstehen

Die Ratio ist die große evolutionäre Errungenschaft der Menschen, auf die wir „maximal stolz" sein können. Wir versuchen, über Details die Komplexität zu erklären. Dieses Unterfangen ist jedoch auf Dauer auch ausweglos, denn mehr Wissen und mehr Daten führen nicht zwangsläufig zu einem höheren Erkenntnisgewinn, sondern können im schlimmsten Fall die Komplexität und Optionenvielfalt noch erhöhen.

4. Trivialisieren

Wir konzentrieren uns auf einzelne, wenige Kriterien. In komplexen Systemen kann das Trivialisieren jedoch verheerende Auswirkungen haben, wenn elementare Informationen genau die sind, die wir nicht für wichtig erachtet haben. Die Gefahr, ein System zu zerstören, ist groß.

5. Intuitives Agieren

Wir sind in unserem Gehirn auf erstaunliche Art und Weise in der Lage, Komplexität über Musterbildung zu reduzieren. Musterbildung liegt jenseits unseres rationalen Verstehens. Nutzen wir unsere Intuition, so sollten wir jedoch eine „lange Lerngeschichte am Rande der Überforderung hinter uns haben."[90] Denn wenn sich die Welt rasant ändert, sind die Intuitionen, die sich gestern ausgebildet haben, heute – gefühlt – immer noch richtig, nur dennoch komplett falsch, weil sich die Rahmenbedingungen geändert haben. Entscheidend ist hier also, dass

89 *www.youtube.com/watch?v=m3QqDOeSahU*
90 *www.youtube.com/watch?v=m3QqDOeSahU*

unsere Erfahrungen immer auf einem aktuellen Stand sind, damit sich die gelernten Muster anpassen und die Fähigkeit zur Intuition unterstützen können.

Kommen wir zurück zu unserem Beispiel: Sie stehen an der Weggabelung und haben zwei Attraktoren vor der Nase. Gehen wir davon aus, beide sind für Sie lohnend. Über Versuch und Irrtum kommen Sie an der Stelle nicht weiter. Das Risiko der eigenen Karriereschädigung wäre viel zu groß. Auch Ausblenden bringt Sie nicht weiter, denn der Headhunter erwartet eine Reaktion, ebenso wie die neue Chefin, die Sie ja sehr gut kennen. Sie können es mit Rationalität versuchen. Dabei kann Ihnen die Übung mit dem „**Entscheidungsbaum**" auf Seite 195 helfen, mit der Sie komplexe Situationen sichtbar machen können. Da aber beide Attraktoren gleich erstrebenswert sind, wird Sie auch das wahrscheinlich nicht signifikant weiter bringen. Trivialisieren birgt ebenfalls Problematiken. Stellen Sie sich vor, Sie konzentrieren sich einzig darauf, dass Sie den Entschluss gefasst haben, einen neuen Job zu suchen und nehmen das neue Angebot an, bereuen Sie diese Entscheidung aber vielleicht wenig später, wenn der neue Job nicht verspricht, was er hält. Sie könnten die Trivialisierung Ihrer Entscheidung schnell bereuen.

Bleibt also nur noch die letzte Möglichkeit: Das intuitive Agieren. Hören Sie an der Stelle auf Ihr Bauchgefühl. Vertrauen Sie auf die Muster (Fraktale), die Sie aufgrund einer „langen Lerngeschichte am Rande der Überforderung hinter sich haben." Blättern Sie an der Stelle ruhig noch einmal zurück auf Seite 225 und frischen Sie Ihre Erinnerung zum Thema Intuition auf. Sie ist nämlich auch eine wichtige Kernkompetenz, um den eigenen Pioniergeist zu entwickeln.

Fraktale helfen uns, jenseits der Ratio Entscheidungen treffen zu können, weil sich die Fraktale aus unseren bewussten und unbewussten Erfahrungen, unserem Wissen, unseren Beziehungen und Kompetenzen im Laufe unseres Lebens zu immer neuen Formen zusammengeschlossen haben.

Je mehr Erfahrungen wir machen, je stärker wir unser Wurzelgeflecht pflegen und ausbauen, je leidenschaftlicher, visionärer und emotionaler wir beruflich und privat agieren, umso größer ist das **Repertoire von fraktalen Mustern**, auf das wir zurückgreifen können. Wir brauchen uns nicht mehr nur auf einige, wenige Muster zu verlassen, sondern können auf einen unendlichen Bausatz verschiedener fraktaler Muster vertrauen, die unsere Anpassungsfähigkeit stärken, unsere Flexibilität erhöhen und den Umgang mit komplexen Situationen erleichtern.

Unsere Ressourcen-Flexibilität ist entscheidend dafür, dass wir Stressoren determinieren, Attraktoren finden, anpeilen und bei Bedarf flexibel anpassen können. Kennen wir unsere Ressourcen, können wir sie situativ ausschöpfen und bilden damit die Grundlage für den dritten und letzten Teil des Futability®-Circles: Der Pro-Aktivität.

PRO-AKTIVITÄT

„Wenn ich vermeide, sie zu beeinflussen, werden die Menschen sie selbst."
Laotse

Wir dürfen ab 16 Jahren Alkohol trinken, mit 17 den Führerschein machen, mit 18 wählen und könnten ab Einsetzen der Pubertät eine Familie gründen. Wir entscheiden darüber, wen wir heiraten (oder auch nicht), wir treten Parteien bei und aus der Kirche aus, wir engagieren uns in Vereinen, Elternbeiräten, nehmen an (virtuellen) Petitionen teil, fahren in den Urlaub, kaufen Häuser oder Autos, nehmen Kredite auf und veröffentlichen unser Leben auf Facebook.

Fast unser gesamtes Leben lang treffen wir mündige, eigenverantwortliche Entscheidungen. Nicht alle sind klug, nicht alle sind richtig, und manche Entscheidung kostet uns Geld, Nerven und bringt nichts weiter als Ärger – doch wir nehmen die Konsequenzen in Kauf. Wir entscheiden uns.

Nur wenn es darum geht, Entscheidungen zu revidieren, sich aus einer Beziehung zu befreien, die einem nicht gut tut, ungesunde Lebensweisen aufzugeben, Entscheidungen für oder gegen einen Jobwechsel zu treffen, einem ätzenden Chef Grenzen zu setzen, Konflikte mit Kolleginnen oder Kollegen zu lösen oder eine eigene Idee im Unternehmen durchzuboxen, scheinen wir sehr oft unsere Mündigkeit zu verlieren, unsere Meinung und Wertehaltung am Werkstor oder der eigenen Haustür abzugeben und unseren gesunden Menschenverstand und unsere Intuition zu ignorieren. Warum eigentlich?

Das Problem liegt meistens nicht am mangelnden Wunsch, mangelnden Fähigkeiten oder fehlendem Glück. Ein Hauptunterschied zwischen passiven und aktiven Menschen ist, dass aktive Menschen die **Initiative ergreifen**, um sich mit dem Wissen und den Werkzeugen, die sie für die Durchsetzung ihrer Bedürfnisse und Ziele benötigen, auszustatten. Sie machen keinen Unterschied zwischen ihrem beruflichen und privaten Selbst, sondern ihr lebensbestimmendes Handlungsmotiv ist das bewusste Streben nach Kompetenz, Autonomie und sozialer Eingebundenheit, die zu individueller und sozialer Sicherheit, Wohlbefinden und intensiver (Lebens-)Lust führen. „Das menschliche Verhalten hat die Funktion, Bedürfnisse zu befriedigen und Unlustquellen zu verringern"[91] – und genau dieses Verhalten machen sich aktive Menschen zunutze. Ihre gesamte Selbstregulation ist darauf ausgerichtet, den Zustand von Wohlbefinden selbsttätig aufrecht zu erhalten. Sie sind in der Folge seltener krank, genießen das Leben intensiver und sind beruflich und privat erfolgreich und zufriedener.

Erfolgreiche Menschen stellen sich in den Mittelpunkt ihres Handelns, nicht das Problem. Sie werden pro-aktiv, während andere genau daran scheitern. **Pro-Aktivität** bedeutet, sein eigenes Handeln unabhängig von äußeren Einflüssen bewusst zu steuern. „Menschliches

91 *Ronald Grossarth-Maticek, „Autonomietraining", S. XX*

Verhalten wird nicht von Bedingungen diktiert, die der Mensch antrifft, sondern von Entscheidungen, die er selber trifft"[92], soll der Psychologe und Neurologe Viktor E. Frankl gesagt haben, der den Begriff der Pro-Aktivität 1946 im deutschsprachigen Raum einführte. Dieses Zitat beschreibt Pro-Aktivität schon sehr genau. Es geht darum, Entscheidungen selbst zu treffen und nicht darum, Entscheidungen treffen zu lassen. Der Unterschied zwischen Pro-Aktivität und Reaktivität liegt in den zwei unscheinbaren Präfixen „selbst" und „fremd", die weitreichende Wirkung entfalten. Die folgende tabellarische Übersicht macht das deutlich:

Reaktivität	***Pro-Aktivität***
Fremd-Bestimmung (Heteronomie) Reaktive Menschen sind oder fühlen sich oft fremdbestimmt und abhängig von Einflüssen bzw. vom Willen anderer. Sie können oder wollen nicht frei entscheiden.	*Selbst-Bestimmung (Autonomie)* Pro-aktive Menschen sind selbstbestimmt. Sie handeln aus dem Gefühl der Freiheit heraus. Sie treffen selbstbestimmte Entscheidungen zur Planung und Gestaltung des eigenen Lebens.
Fremd-Verantwortung Reaktive Menschen haben nicht (mehr) das Gefühl, selbst-verantwortlich agieren zu können oder sie wollen es nicht. Ziele, Mittel und Wege werden ihnen von einer übergeordneten Instanz vorgeschrieben oder sie glauben, dass es so ist. Sie fühlen sich als „ausführendes Subjekt". Das Gefühl der Abhängigkeit ist groß.	*Selbst-Verantwortung* Die Verantwortung für das eigene Leben sehen pro-aktive Menschen bei sich selbst. Sie tragen Verantwortung für ihr eigenes Denken, Handeln und Unterlassen und nehmen die Konsequenzen selbst-verantwortlichen Handelns in Kauf. Das Gefühl der Unabhängigkeit ist stark.
Fremd-Wirksamkeit Reaktive Menschen sehen sich der unkontrollierbaren Macht äußerer Faktoren (äußere Umstände, andere Personen, Zufall oder Glück) hilflos ausgeliefert, und glauben nicht daran, Einfluss nehmen zu können.	*Selbst-Wirksamkeit* Pro-aktive Menschen haben die Erwartung, dass sie gewünschte Handlungen aufgrund eigener Kompetenzen erfolgreich selbst ausführen können. Sie nehmen an, dass sie gezielt Einfluss nehmen können.
Fremd-Regulation Der Fokus reaktiver Menschen liegt bei der Aufmerksamkeit, den Emotionen, Impulsen und Handlungen anderer Menschen. Die Tendenz ist da, das eigene Handeln an den wahrgenommenen fremden Aktivitäten auszurichten.	*Selbst-Regulation* Die eigene Aufmerksamkeit, eigene Emotionen, Impulse und Handlungen sind bewusst darauf ausgerichtet, Stimmigkeit mit sich und der Umwelt herzustellen. Diese Eigenaktivierung ist darauf ausgerichtet, eigene Bedürfnisse zu befriedigen, Ziele zu erreichen und Probleme zu lösen.

92 *www.aphorismen.de*

Reaktivität	*Pro-Aktivität*
Fremd-Wert Reaktive Menschen orientieren sich oft an den Werten anderer, die erstrebenswert erscheinen oder als besser wahrgenommen werden als die eigenen Selbst-Werte. Die Folge ist ein zunehmendes Gefühl der Fremdsteuerung.	*Selbst-Wert* Pro-aktive Menschen erkennen: Ihr Selbst hat einen Wert. Sie bewerten sich, ihre Persönlichkeit, ihre Fähigkeiten oder Erinnerungen positiv. Sie gehen mit sich selbst liebevoll und achtsam um.
Fremd-Veränderung Reaktive Menschen haben die Erwartung, das Außen müsse sich verändern, bevor sie sich selbst verändern können. Damit erfolgt eine Fremdvergabe der Kontrolle über das eigene Leben nach außen. Veränderungen erfolgen daher oft nur über Zwang und unter Stress.	*Selbst-Veränderung* Pro-aktive Menschen reagieren auf veränderte Rahmenbedingungen, indem sie sich selbst von innen nach außen verändern. Sie sind überzeugt, dass die eigene Veränderung gleichzeitig auch positive Auswirkungen auf das Umfeld hat.

Der Reaktivität liegt eine Opferhaltung zugrunde, die auf Dauer krank machen kann, weil das Selbst die eigene Stimme verliert. Reaktive handeln oft an den eigenen Interessen, Bedürfnissen und Wünschen vorbei und befinden sich daher andauernd in einem Abwendungsmodus, denn sie stellen das Selbst anderer Menschen über das eigene Selbst und werten dadurch die eigene Person ab. Fremde Werte, Lebensentwürfe, Meinungen oder Aktivitäten werden im wahrsten Sinne des Wortes über-bewertet. Ob die Überbewertung positiv oder negativ ist, spielt nur insofern eine Rolle, als dass die negative Bewertung die Abwehrhaltung noch verstärkt – das „Feindbild" des Außen also aufgrund der negativen Gefühle noch mächtiger wird. Demgegenüber trägt die positive Bewertung eine große Frustration in sich, denn das Erreichen fremder Lebensentwürfe, die Übernahme fremder Meinungen oder Aktivitäten entsprechen eben leider häufig nicht dem, was einem selbst gut tut. Und obwohl man das Außen positiv bewertet und oft hart daran arbeitet, dem Außen zu entsprechen, kann dieses Ziel im Innen nie zu voller Zufriedenheit und bei vollem Wohlbefinden erreicht werden.

Das – bewusst oder unbewusst gewählte – Ziel reaktiver Menschen ist daher logischerweise nicht primär die eigene Veränderung, sondern die Veränderung der Umwelt, die Veränderung fremder Personen, fremder Werte oder äußerer Umstände. Diese Ziele müssen zwangsläufig ins Leere laufen und können nie lustvoll befriedigt werden. Reaktive Menschen laufen daher Gefahr, manipulierbar und von äußeren Einflüssen abhängig zu sein. Sie bemühen sich um Flexibilität – doch da diese Flexibilität von außen bestimmt und nicht von innen gelenkt ist, führt sie nicht selten zum Bruch. Die Orientierung an äußeren Veränderungen sorgt für eine Machtverschiebung von innen nach außen, die gleichzeitig wieder die Opferrolle verstärkt.

Pro-aktive Menschen gestalten ihr Leben. Obwohl sie nicht immer in allen Bereichen selbstmächtig sein und kulturell und gesellschaftlich immer wieder auch in eine Fremd-Bestimmung rutschen können, so ist diese Fremd-Bestimmung – wenn überhaupt – nur vorübergehend oder bewusst frei gewählt. In diesem Moment sehen sie sich daher auch nicht als Opfer, sondern als Verursacher eines Zustandes, den sie zwar momentan frei gewählt haben, den sie aber jederzeit wieder revidieren können. Ihre Einstellung dem Leben und Veränderungen gegenüber ist daher auch entsprechend positiv – gekoppelt an eine optimistische Erwartung bezüglich ihrer eigenen Ressourcen. Während sich reaktive Menschen an der Veränderung des Außen versuchen, ist das Ziel pro-aktiver Menschen die konsequente Arbeit am Selbst. Ihre Veränderungsbereitschaft ist intrinsisch motiviert, denn sie haben erkannt, dass veränderte äußere Rahmenbedingungen die eigene Kohärenz beeinträchtigen und das Wohlbefinden stören. Ihre Eigeninitiative basiert auf der Wiederherstellung eines positiven Lebensgefühls und auf der Erreichung bedeutsamer, selbstgewählter Ziele. Da sie sich im Regelfall selbst vertrauen und ihren Erfolg nicht von äußeren Umständen, Glück oder Zufall abhängig machen, sind ihre Bemühungen von Erfolg gekrönt. Sie bringen sich selbst ins Wachstum und können dadurch auch das Wachstum anderer Menschen ermöglichen. Damit vergrößert sich ihr Einflussbereich und gleichzeitig auch das Gefühl der Selbstwirksamkeitserwartung. Pro-aktive Menschen sind flexibel, ohne dabei ihre eigene Standhaftigkeit aufzugeben.

Pro-aktives Handeln ist nicht „gottgegeben“. Es ist auch kein angeborenes Talent oder nur besonders intelligenten Menschen vorbehalten, sondern Pro-Aktivität ist – wie Flexibilität und Reflexion - eine übergeordnete Fähigkeit. Sie resultiert nicht aus Abhängigkeiten von bestimmten Erlebnissen, Personen oder Zuständen, sondern ist das Ergebnis eines (lebens-) langen emanzipierten Lernprozesses. Unser Organismus als psychische, geistige und körperliche Einheit ist der Ort aller Erfahrungen, der Ort allen Erlebens. Erfahrungen sind alle bewussten, bewusstseinsfähigen und nicht bewussten Vorgänge – also jede Reaktion von uns in Bezug auf unsere Umwelt. Bewusst erlebte Erfahrungen sind Selbsterfahrungen. Auch hier liegt die Betonung auf dem Präfix „selbst“. Kognition und Emotion bilden genau die Einheit, die ich schon öfter erwähnt habe und die sich in einer Formel wie folgt darstellen lässt:

Erfahrung + Bewusstwerden (emotional, kognitiv und körperlich) = Selbsterfahrung

Sobald eine Erfahrung gegenwärtig bewusst wird, spricht man von einer „**Symbolisierung**“ oder auch „**Gewahrwerdung**“, vergleichbar mit einer Duftnote oder Markierung. Eine Erfahrung wird an ein bestimmtes Gefühl gekoppelt, sie wird „wahr“ und „wahrgenommen“ und somit verinnerlicht. Oft geht das Erleben einer bewussten positiven Erfahrung zum Beispiel einher mit einer spürbaren körperlichen Entspannung oder einem Gefühl des erleichterten „Aha-Erlebens“. Der gesamte Organismus ist also in den bewussten Erfahrungsprozess involviert (**organismischer Bewertungsprozess**). Nur durch diese Bewusstwerdung werden Erfahrungen zu einer Selbsterfahrung und genau in diesem Moment findet nachhaltiges Lernen statt.

Deswegen ist es so wichtig, (wieder) Zugang zu den eigenen Emotionen zu finden und die Emotionalität in Lern- und Erfahrungsprozesse einfließen zu lassen. Ohne emotionale Beteiligung ist keine bewusste Erfahrung möglich. Diese Gewahrwerdung findet übrigens nicht bei jeder Erfahrung statt. Sehr oft nehmen wir Erfahrungen organismisch wahr, ohne dass sie uns gleichzeitig auch bewusst werden. Dennoch werden auch diese Erfahrungen in unserem Gedächtnis abgespeichert und können zum Tragen kommen, wenn sich bestimmte Situationen wiederholen und unbewusste Erfahrung antriggern.

Unser Organismus besitzt eine innere Bewertungsinstanz, die autonom beurteilen kann, ob Erfahrungen dem Erhalt und der konstruktiven Weiterentwicklung unseres Organismus dienen oder nicht. Dieser Automatismus funktioniert einwandfrei – vorausgesetzt, dass Sinnes- und Körpererfahrungen nicht blockiert werden und alle relevanten Informationen vorliegen und abrufbar sind. Eine Steuerung von außen ist weder notwendig noch sinnvoll.

Auch hier wird deutlich: **Erfolgreiche Lernprozesse können nur selbsttätig inszeniert werden**, also durch Pro-Aktivität erfolgen. „Lernen und Transfer sind individuell, selbstgesteuert, mehrdimensional, kontext-, biografie- und situationsabhängig."[93] Lernen verändert unser Selbst. Die durch einen Attraktor motivierten selbsterzeugten neuen Denk- und Handlungsweisen – unsere Fraktale – sorgen für die Erhöhung unseres persönlichen Entwicklungsniveaus. Unser Gedächtnis, unsere Erinnerungen und Erfahrungen werden in diesem Prozess umstrukturiert. Dadurch entstehen neue Muster, Ordnungen und Strukturen. Ein solcher Lernprozess kann beginnen, wenn wir uns aus (Beziehungs-)Abhängigkeiten lösen und eine im wahrsten Sinne des Wortes gesunde Einstellung zum Leben entwickeln. Sie kann wachsen, wenn alte Hemmungen und Abhängigkeiten abgebaut und neue flexible Verhaltensweisen erlernt werden, die helfen, eine Balance zu halten zwischen Stress und Wohlbefinden, zwischen Gesundheit und Krankheit, zwischen Nähe und Distanz – und zwar so, wie es jeder Person *individuell* gut tut. Das Ergebnis ist **Handlungskompetenz** und individuelle **Autonomie**, das eigene Leben auszurichten, eigenständig zu koordinieren, an den eigenen Bedürfnissen zu orientieren – und bei Bedarf flexibel zu korrigieren.

Pro-Aktivität zu erlangen ist ein **Prozess der Selbstorganisation**. Während die Reflexion darauf ausgerichtet war, die Selbstregulation zu stärken – also Aufmerksamkeit, Emotionen, Impulse und Handlungen bedürfnisgerecht zu steuern – ist der Prozess der Selbstorganisation eine Form der **Systementwicklung**. Die Selbstorganisation hilft, der Komplexität des Lebens entgegenzuwirken, indem wir in neuen Situationen und bei Veränderungen geordnete Muster ausbilden können. Selbstorganisation kann, wie die Selbstregulation auch, nur in offenen Systemen stattfinden. Offen sind Systeme dann, wenn sie nicht völlig von ihrer Umwelt isoliert sind.

93 *Dorothea Kunze, „Lerntransfer im Kontext einer personenzentriert-systemischen Erwachsenenbildung - Wie Wissen zum (nicht) veränderten Handeln führt", 2003, S. 79*

Wir, als System Mensch, sind ein offenes System, weil wir tagtäglich Informationen von der Außenwelt verarbeiten, sortieren und clustern. Wir müssen heute mehr denn je in der Lage sein, auf veränderte Bedingungen im Außen zu reagieren, uns dabei selbst zu rekalibrieren und gleichzeitig unsere eigenen Lebensverhältnisse und Lebensentwürfe flexibel und selbstbestimmt zu planen und umzusetzen. **Der Prozess der Selbstorganisation umfasst die selbstinitiierte Entstehung und Erneuerung von Ordnung.** Die daraus neu entstandenen Strukturen, Denkhaltungen oder Verhaltensweisen unterstützen die Anpassung an ein volatiles Umfeld, die Adaption an disruptive Lebensveränderungen oder die Wiederherstellung von Wohlgefühl und Lebenslust. Der Prozess der Selbstorganisation kann – ebenso wie die Selbstregulation – nur von innen heraus angeregt und umgesetzt werden. Voraussetzung dafür ist individuelle Autonomie, die Befreiung von den inneren und äußeren Abhängigkeiten, die selbstbestimmtes Handeln verhindern können. Der Selbstorganisationsprozess der Pro-Aktivität erfolgt in **drei Schritten**:

1. Orientierungslosigkeit und Irritation im Wandel von „fremd" zu „selbst"
2. Werturteilsfreiheit als mentaler Abnabelungsprozess von „fremd" zu „selbst"
3. Autopoiesis als schöpferischer Akt der Erneuerung

SCHRITT 1: ORIENTIERUNGSLOSIGKEIT UND IRRITATION

Im Wandel von „fremd" zu „selbst".

In unserer schnelllebigen und hyperaktiven Welt sind Veränderungsprozesse an der Tagesordnung. Unternehmen, die sich nicht verändern, sind auf Dauer nicht wettbewerbsfähig. Menschen, die nicht in der Lage sind, sich zu verändern, sind unglücklicher, gestresster und in der Folge häufiger krank. Sie fühlen sich oft fremd-bestimmt und agieren reaktiv. Das Streben nach den psychologischen Grundbedürfnissen Kompetenz, Autonomie und sozialer Eingebundenheit fällt dann deutlich schwerer oder ist in vielen Fällen gänzlich unterbrochen. Das Gefühl von Sicherheit, Wohlbefinden und Lust kann sich nicht einstellen – wesentliche Faktoren für die Aufrechterhaltung der intrinsischen Motivation und für die Fähigkeit zur Selbstregulation.

Veränderungsprozesse sind elementare Bestandteile von Evolutionsprozessen – sowohl in der Natur als auch in der Wirtschaft und im sozialen Umfeld. Wer sich nicht verändert, riskiert, die Stimmigkeit mit sich und der Umwelt zu verlieren. Change-Prozesse sind daher echte Werttreiber: Das eigene Leben wird wert-voller, wenn wir in der Lage sind, uns zu verändern und von der Fremd-Sicht zur Selbst-Sicht gelangen. Aber auch Unternehmen gewinnen deutlich an Mehr-Wert, wenn sie Change-Prozesse professionell umsetzen. Das ergab eine Studie der YouGovPsychonomics AG im Auftrag des Bundesministeriums für Arbeit und Soziales. Wirtschaftlich besonders erfolgreiche Unternehmen haben die Notwendigkeit und den Willen zur stetigen Veränderung quasi in ihr „genetisches Material geschrieben"[94]. Auch hier zeigt sich die klare Fokussierung auf das unternehmerische Selbst in der Stärkung der Unternehmens-DNA – nämlich da, wo es notwendig und sinnvoll ist.

Führungskräften kommt in Veränderungsprozessen dabei eine maßgebliche Rolle zu. Das wiederum zeigt eine Studie des Stanford-Professors Charles O'Reilly[95]. Er fand heraus, dass effektive Veränderungen davon abhängen, wie überzeugt die Manager aller Ebenen von der Veränderung sind und er empfiehlt, insgesamt mehr Zeit damit zu verbringen, für die Change-Prozesse zu werben und über die möglichen Folgen der Veränderung zu informieren, bevor die Veränderungen eingeleitet werden.

Doch nur die wenigsten Unternehmen beherzigen diesen Rat und bereiten ihre Führungskräfte auf den Stressor „Change" vor. Werden Führungskräfte im Change-Prozess nicht unterstützt, entsteht sehr schnell eine Negativspirale von Überforderung, Leistungsdruck und fehlender Orientierung, die sich wie ein Virus von den Führungskräften auf die Mitarbeitenden überträgt und damit erheblichen Kollateralschaden im Unternehmen anrichtet.

Denn was für die Führungskräfte gilt, gilt grundsätzlich für jeden Menschen, der vor einschneidenden Veränderungen steht: Trotz aller Hektik und allen Zeitdrucks ist es sehr sinnvoll, sich Zeit zu nehmen, die Veränderungssituation genau anzuschauen. Jede Veränderung ist ein potenzieller Stressor – und wie mit ihm umgegangen werden kann, habe ich ausführlich im letzten Kapitel „Reflexion" dargestellt. Je intensiver dieser Sezierungs- und Analyseprozess auf Führungs- aber auch auf individueller Ebene vorgenommen wird, umso geringer sind Orientierungslosigkeit und Irritation, die jedem Change innewohnen.

Weil die Orientierungslosigkeit im Veränderungsprozess ein elementarer und wesentlicher Schritt im Wachstumsprozess zur „Pro-Aktivität" ist, sollte dieser Phase mit viel Umsicht und persönlicher Achtsamkeit begegnet werden. Denn wie bei allen Stressoren üblich, reagieren Menschen individuell sehr unterschiedlich. Auch das Maß der Irritation, also die Missstimmung oder der Unmut, schwankt individuell, je nachdem, wie negativ der Reiz der Veränderung oder der Reiz der neuen Situation bewertet wird.

Dass Orientierungslosigkeit und Irritation jeden Prozess der Veränderung und jede neue, ungewohnte Situation begleiten, ist normal und sehr menschlich. **Unser Verhalten ist auf Mustererkennung aufgebaut.** Wir haben in verschiedenen Lebenssituationen unter der fle-

---

94 *www.wirtschaftspsychologie-aktuell.de/strategie/strategie_20090707_Gutes_Change_Mangement_rechnet_sich.html*

95 *Charles O'Reilly, David Caldwell, Jennifer Chatman, Margaret Lapiz, and William Self (2010). How leadership matters: The effects of leaders' alignment on strategy implementation. The Leadership Quarterly, 21, 104-113.*

xiblen Zuhilfenahme unserer Ressourcen auf unterschiedliche Attraktoren reagiert und entsprechende Verhaltens- und Erfahrungs-Fraktale gebildet. Die sind nicht immer auf neue, unbekannte Situationen direkt und automatisch anwendbar. Daher benötigen unbekannte Situationen sehr oft erst einmal einen neuen, individuellen und bedeutsamen Attraktor, der hilft, dem Chaos, das jede neue Situation begleitet, eine Richtung zu geben. Um den Attraktor zu erreichen, müssen wir wiederum unsere Ressourcen flexibel einsetzen, um neue Verhaltens- und Erfahrungs-Fraktale zu bilden, die vielleicht geeignet sind, zukünftig auch ähnlich gelagerte Situationen schneller, flexibler und deutlich stressfreier bewältigen zu können. Doch bis es soweit ist, herrscht eine vorübergehende mentale Orientierungslosigkeit. Die mentale Orientierung ist eine kognitive Fähigkeit, die es uns ermöglicht, dass wir uns

- zeitlich
- räumlich
- personenbezogen

in unserer Umgebung orientieren können. Die **zeitliche Orientierung** ist gerade in unserer schnelllebigen Zeit von großer Bedeutung, denn nicht nur die Zeitwahrnehmung ist von Mensch zu Mensch unterschiedlich (wer zu den monochronen und polychronen Zeitplanern eine kleine Auffrischung braucht, blättert kurz zurück auf Seite 38), sondern auch das individuelle Empfinden von Vergänglichkeit spielt hier eine große Rolle (s. Flexibilitäts-Paradigma 2, Seite 189). Prallen in einem Veränderungsprozess unterschiedliche Zeitwahrnehmungen aufeinander, ohne dass man sich dessen bewusst ist, führt das immer zu Orientierungslosigkeit und Irritation und in der Folge zu gravierenden zwischenmenschlichen Konflikten.

Die **räumliche Orientierung** hilft, dass wir uns richtungsbezogen zurechtfinden und uns angemessen bewegen können. Wenn Veränderungsprozesse mit einem Wohnortwechsel verbunden sind oder ein Change-Prozess innerhalb eines Unternehmens einen Arbeitsplatzwechsel erfordert, ist die räumliche Orientierung – zumindest vorübergehend – eingeschränkt. Auch das führt zu Irritationen und einem gestörten Kohärenzgefühl.

Und letztlich spielen wir selbst im Veränderungsprozess eine große Rolle. Welche Auswirkung hat die Veränderung und die neue Situation auf unsere **Identität**? Wie verändert sich unser soziales Netzwerk? Wie bewusst können und wollen wir mit der Situation umgehen? Welche Emotionen begleiten diesen Prozess – und welche Ressourcen stehen uns für die Bewältigung zur Verfügung? Auch dieser Analyseprozess braucht seine Zeit und wird dabei begleitet von einem Gefühl der Orientierungslosigkeit und Irritation.

Gelernte Konstanten von Zeit, Raum und unserer Person verschwimmen in jeder neuen Situation. Sehr oft sind wir uns dessen nicht bewusst, weil wir in vielen neuen Situationen auf altbekannte Denk- und Erfahrungs-Fraktale zurückgreifen können. Doch je disruptiver die Lebenssituation ist und je radikaler oder traumatischer die (Lebens-)Veränderung ausfällt, je plötzlicher und unvorbereiteter sie uns trifft, umso gravierender kann die Konstantenverschiebung ausfallen und umso unangenehmer und tiefgreifender wird das Gefühl der Orientierungslosigkeit und Irritation.

Beruhigend zu wissen ist, dass wir jederzeit in der Lage sein können, uns zu ändern und an neue Situationen anzupassen. Unser Gehirn ist kein vorgefertigter Baukasten mit klar definierten Bausteinen und nur einer Bauanleitung. Im Gegenteil! Unser Gehirn ist ein fantastisches Organ, das sich bis ins hohe Alter immer wieder neu verschalten und neue Nervenautobahnen herstellen kann, wenn wir dieses Potenzial pro-aktiv nutzen.

In jeder neuen Situation kann unser Gehirn neue Verhaltensweisen lernen. Erfolgt Lernen jedoch aus einem Gefühl der Orientierungslosigkeit und Irritation, ist das nur sehr selten von Erfolg gekrönt, denn beide Gefühle sorgen für Unlust und katapultieren uns in den Abwendungsmodus. (Verhaltens-)Veränderungen erfolgen deshalb dementsprechend unflexibel.

Erfahrungen werden im Gehirn an Emotionen gekoppelt und sie bestimmen unsere späteren Grundhaltungen und Überzeugungen. Fühlen, Denken und Handeln haben eine neurobiologische Grundlage. In der Kindheit sind wir bei der neurobiologischen Grundlagengestaltung noch extrem abhängig: Von verständnisvollen und weitsichtigen Eltern, von Lehrern, die Lernen als Abenteuer begreifen und die Fähigkeiten und Kompetenzen eines jeden Schülers individuell fördern, und wir sind abhängig von einem generell gesundheitsfördernden Umfeld.

Wir alle wissen und haben es vielleicht auch schon selbst erfahren, dass es diese idealen Grundvoraussetzungen für eine positive Verknüpfung von Fühlen, Lernen und Handeln selten vollumfänglich gibt. Wir alle haben an der einen oder anderen Stelle neurobiologische Programmierungen mitbekommen, die zum damaligen Zeitpunkt im besten Fall noch gut gemeint waren, uns aber heute einen Stolperstein nach dem anderen vor die Füße werfen. Umso wichtiger ist es, dass wir begreifen: **Die Grundlage für ein autonomes, selbstbestimmtes Leben heißt Lernen!**

Bewusstes Ver-lernen von Denk- und Handlungsweisen, die uns nicht (mehr) gut tun, die uns in unserer persönlichen Weiterentwicklung behindern und unsere Selbstregulation derart blockieren, dass wir drohen, krank zu werden – oder es sogar schon sind. Und dieses Lernen können wir nur selbst pro-aktiv initiieren, steuern und ausbalancieren. Niemand sonst! Denn nur wir merken individuell, ob wir mit unserem Leben noch „auf Kurs" sind oder eine Korrektur vornehmen müssen.

Hinter der Unwilligkeit zu Lernen – egal, ob es dabei um Matheformeln, Vokabeln oder neue Verhaltensweisen geht – steckt in den meisten Fällen kein Denk- oder Intelligenzmangel, sondern ein **Begeisterungsmangel**. Unser Gehirn ist dann lernwillig, wenn wir Dinge mit Spaß und Lust tun. Wenn wir intrinsisch motiviert sind, weil oberstes Ziel unseres Handelns das Erreichen eines Attraktors ist. Wenn Lernen dazu dient, ein lustmachendes Ziel zu erreichen, dann (er)wecken wir das Lustzentrum in unserem Gehirn zum Leben. Dopamin wird ausgeschüttet und neue synaptische Verbindungen können, fast schon mühelos, entstehen. Lernen sollte also immer mit einer positiven Emotion verbunden werden, damit wir freiwillig, und in letzter Konsequenz auch erfolgreich, in den Lernprozess einsteigen. Im besten Fall sind diese Emotionen Spaß, Lust und Neugier, weil ein sinnhaftes und bedeutsames Ziel erreicht werden soll. In diesem Fall wird die Pro-Aktivität intrinsisch motiviert. Handeln wird uns nicht schwer fallen, denn die positiven Gefühle katapultieren uns automatisch in einen lustauslösenden Annäherungsmodus.

Nicht immer sind die lern- und handlungsauslösenden Emotionen jedoch positiv. Viele Veränderungsprozesse machen alles andere als Spaß und sind selten vom Freudentaumel begleitet. Manche Veränderungsprozesse sind traumatisch. Angst, Wut, Trauer, Ohnmacht oder Hilflosigkeit sind starke Emotionen, die uns aus dem Gleichgewicht bringen und klare Indikatoren dafür sind, dass wir die Stimmigkeit mit uns und unserer Umwelt verloren haben.

Aber auch jetzt – gerade jetzt – wird es Zeit, zu handeln. Denn so sehr diese Emotionen als Indikatoren taugen, auf Dauer machen sie uns krank, weil sie dafür sorgen, dass wir uns in einem permanenten Abwendungsmodus befinden.

Die „Lebenskunst" besteht darin, aus dem Gefühl der Orientierungslosigkeit und Irritation herauszukommen und die Balance zum Annäherungsmodus wiederherzustellen.

Der Wirtschaftswissenschaftler J. Michael Haynie, Assistenzprofessor für Unternehmertum an der Universität von Syracuse im US-Bundesstaat New York, hat zusammen mit seinem Kollegen Dean Shepherd von der Indiana Universität in Bloomington untersucht, welche Auswirkungen traumatische Erfahrungen auf die berufliche Identität haben. Sie erstellten dazu eine Fallstudie über ehemalige Soldaten, die nach schweren Kampfverletzungen einen Karrierewechsel vornehmen mussten. Ihre Studienergebnisse zeigen eindeutig **vier Faktoren der „Lebenskunst"**[96], die pro-aktiv darin unterstützen, vom Abwendungs- in den Annäherungsmodus zu kommen und helfen, Gefühle der Orientierungslosigkeit und Irritation zu überwinden. Obwohl die Studienergebnisse auf Karriereveränderungen nach traumatischen Lebensereignissen basieren, sind sie problemlos auf allgemeine (berufliche) Veränderungen anwendbar – auch ohne eine traumatische Vorgeschichte.

1. Positive Grundannahmen über das eigene Leben treffen

Traumatische Veränderungen erfolgen nie freiwillig und geplant. Traumata zwingen uns im besten Fall zu einer radikalen Selbst-Sicht. So ging es auch den Studienteilnehmern, die nach ihrem Trauma tiefe Phasen der Depression und des Stresses erlebten, aus denen sie sich nur dann erfolgreich befreien konnten, als sie in der Lage waren, ihr eigenes Leben wieder positiv zu bewerten. Insbesondere die Frage der Sinnhaftigkeit und Bedeutsamkeit des eigenen

96 J. Michael Haynie (Syracuse University) & Dean Shepherd (Indiana University Bloomington). (2011). Toward a Theory of Discontinuous Career Transition: Investigating Career Transitions Necessitated by Traumatic Life Events (Abstract). Journal of Applied Psychology, Vol. 96, No. 3, 501–524.

Lebens war hier entscheidend. Beide Faktoren sind elementar für die Wiederherstellung des Kohärenzgefühls. Nicht umsonst bewerteten die Autoren der Studie diesen Punkt auch als das „Fundament für die berufliche Identität".

2. Klarheit über die eigene (berufliche) Identität bekommen

Keiner der Studienteilnehmer konnte seinem originären Beruf nach der Verletzung weiter nachgehen. Sie waren gezwungen, sich eine neue berufliche Identität zu suchen und in der Folge auch ihr Selbst in einem neuen Licht zu sehen. Erfolgreich waren sie dann, wenn sie konkret beschreiben konnten, was sie zukünftig machen möchten, wonach sie suchen und welche Tätigkeiten sie für sich selbst als sinnhaft und bedeutsam ansahen. Auch hier sind klare Bezüge zum Kohärenzgefühl zu sehen. Je stärker die Sinnhaftigkeit und Bedeutsamkeit des eigenen Tuns bewertet wurde, umso klarer konnte sich die (berufliche) Identität herauskristallisieren und als neuer Attraktor fungieren.

3. Kompetenzerleben und Leidenschaft einbringen

Leidenschaft und Visionen sind starke Treiber, um das eigene Kohärenzerleben und die Selbstregulation zu stärken. Klammern wir die Leidenschaft aus unserer Lebensgleichung aus, nehmen wir uns die Chance, wirkliche Motivation zu spüren. Motivation spüren wir dann, wenn wir in der Lage sind, unsere psychologischen Grundbedürfnisse Kompetenz, Autonomie und soziale Eingebundenheit zu befriedigen. Gelingt uns das, ist unser gesamtes Handeln auf Wohlbefinden, Zielerreichung, Sinnerfüllung und Entwicklung ausgerichtet. Unsere Selbstregulation läuft auf vollen Touren und hilft, dass wir uns selbst als kompetenten Menschen anerkennen können. Die Selbstwirksamkeitserwartung wird gestärkt.
Nicht verwunderlich ist es daher, dass die Studienteilnehmer weniger erfolgreich waren, die ihren Fokus auf äußere Faktoren lenkten und nicht durch Kompetenzerleben und Leidenschaft motiviert waren, sondern durch ein deutliches Sicherheitsstreben, monetäre Ziele, Statussymbole oder Wohlstand.

4. Früher erworbene Kompetenzen nutzen

Erfolgreich waren die Studienteilnehmer, die frühere Kompetenzen nutzen konnten, die also aktiv auf ihren bereits vorhandenen Ressourcen aufbauten und diese Kompetenzen, Qualifikationen, Stärken und Erfahrungen als „harte Währung" in den neuen Business-Kontext einbrachten. Auch in diesem Punkt gibt es klare Parallelen zum Kohärenzgefühl. Erleben wir neue Situationen als handhabbar, gelingt es uns schneller und leichter, diese Situationen zu bewältigen. Wir können nicht nur auf unsere Kompetenzen und Ressourcen zurückgreifen, sondern auch darauf vertrauen, dass sie uns wertvolle Dienste leisten werden. Wir müssen in neuen Situationen gewissermaßen das Rad nicht neu erfinden. Das gibt Selbst-Sicherheit.

Die Orientierungslosigkeit ist ein wichtiger, elementarer Schritt auf dem Weg zur Pro-Aktivität, der in der inneren Autonomie endet. Die Orientierungslosigkeit und das in ihr innewohnende Chaos stören unser Kohärenzgefühl. Wir brauchen diese Störung aber, weil sie uns hilft, alte Denk- und Handlungsmuster aufzubrechen und neue zu erlernen, die wir für die veränderte Situation benötigen. Bleiben wir an diesem Punkt reaktiv und kommen wir nicht ins Handeln, unterbinden wir nicht nur unsere Selbstregulation, sondern auch unsere Selbstorganisation.

Im Prozess der Orientierungslosigkeit und Irritation schwanken wir zwischen „innovativen Momenten" und „Rückzügen zum Problem". „**Innovative Momente**" beschreiben Situationen, in denen Menschen ihr problembehaftetes Denken und Fühlen in Frage stellen, sich davon befreien und neue Ziele aktiv angehen. Innovative Momente sind Momente der Kreativität, in denen etwas Neues entstehen kann, weil im Rahmen einer Krise ein bewusster Kohärenzübergang stattfindet. Positive Gefühle wie Freude, Hoffnung und Spaß herrschen vor.

Demgegenüber sind die „**Rückzüge zum Problem**" die Momente, in denen die alten Sichtweisen und Gedanken wieder zum Vorschein kommen. Obwohl das Problem bekannt ist und eigentlich auch schon Ideen zur Lösung da sind, weiß man plötzlich nicht mehr, was zu tun ist und stellt sich selbst in Frage. Negative Gefühle wie Ärger, Traurigkeit oder Hoffnungslosigkeit herrschen vor.

Innovative Momente und Rückzüge wechseln sich so lange ab, bis das Problem gelöst und ein neues Verhalten angenommen ist. Paulo Cardoso, Psychologieprofessor an der portugiesischen Universität Évora hat genau diesen Wechsel mit einem Forscherteam untersucht und **fünf Formen innovativer Momente**[97] entdeckt:

1. Handeln

Innovative Momente inspirieren zu bestimmten neuen Verhaltensweisen oder Reaktionen, die sich von denen unterscheiden, zu der sich eine Person sonst gezwungen sähe, wenn sie auf ein Problem reagieren würde.

2. Reflexion

Innovative Momente animieren zu neuen Wegen des Denkens, Fühlens und Verstehens hinsichtlich der Auswirkungen des Problems auf das eigene Leben. Der Problemfokus wird entweder durch Distanzierung vom Problem oder durch Konzentration auf die Veränderung verlassen.

---

97 *Paulo Cardoso (Department of Psychology, University of Évora, Portugal), Joana R. Silva, Miguel M. Gonçalves (School of Psychology, University of Minho, Portugal), Maria Eduarda Duarte (Faculty of Psychology, University of Lisbon, Portugal). (2014). Innovative moments and change in Career Construction Counseling [Abstract]. Journal of Vocational Behavior, 84 (1), 11–20.*

3. Widerspruch

Innovative Momente bedingen neue Verhaltensweisen und/oder neue Gedanken, was zu einer Auflehnung gegen das vormals problembehaftete Denken führt. Dieses aktive Auflehnen ist charakteristisch und kann in zwei Formen erfolgen: Zum einen in der kritischen Betrachtung des Problems oder in der vehementen Einnahme einer neuen Position.

4. Rekonzeptualisierung

Innovative Momente sind komplex und vielschichtig und ermöglichen das Verständnis darüber, welche Veränderung der Prozess bei einem selbst ausgelöst hat. Auf der Meta-Ebene wird verstanden, wie man früher war und wie man jetzt ist. Der Kontrast zwischen dem Selbst in der Vergangenheit und dem Selbst in der Gegenwart wird deutlich und es wird klar, wie es zu diesem Wandel gekommen ist. Die eigene Geschichte bekommt eine Wendung, das Selbst kann in einem neuen Licht betrachtet werden. Die Rekonzeptualisierung ist die Grundlage für eine langfristige Verhaltensänderung und „eine lebendige Generalprobe der möglichen neuen Formen des Seins."[98]

5. Veränderung

Innovative Momente machen die Leistungsfähigkeit des Wandels deutlich. Aus dem Änderungsprozess heraus bilden sich neue Wege des Handelns und Seins, die vor dem Änderungsprozess noch nicht möglich waren. Neue Pläne und Ziele sind möglich, die wiederum zum Handeln auffordern.

Weil innovative Momente an einen Prozess der Veränderung gekoppelt sind, wird deutlich, warum und wie die neue, veränderte Haltung entstanden ist. Der situationsbezogene Kontrast zwischen „früher" und „heute" erlaubt an dieser Stelle einen Bruch zwischen dem vergangenen Selbst und dem neuen Selbst, ohne dass das Gefühl der Selbst-Kontinuität unterbrochen wird. Das ist wichtig, denn nur so können wir – weitestgehend ohne Schuld, Reue und Selbstvorwürfe – auf vergangenes Handeln zurückblicken und neue Verhaltensweisen in unser Leben integrieren. Das Selbst ist das gleiche und trotzdem anders, weil eine Veränderung stattgefunden hat, die in sich logisch, folgerichtig und situativ angemessen ist. Innovative Momente stellen übrigens noch keine vollständige oder fertige Verhaltensänderung dar, sondern eher einen ersten vorläufigen Entwurf dessen, was in Zukunft ein grundsätzliches neues Verhaltensrepertoire – also ein neues Fraktal – sein könnte.

Die innovativen Momente entstehen nur aus einem Gefühl der Orientierungslosigkeit und Irritation heraus. Sie ermöglichen den kreativen Umgang mit althergebrachten Denk- und

98 *Miguel A Goncalves, António P. Ribeiro, „Therapeutical Change, Innovative Moments, and the reconceptualization of the self: A dialogical account", International Journal for Dialogical Science, Spring 2012, Vol. 6, No. 1, 81-98, S. 89*

Handlungsweisen und zeigen uns auf plastische Art und Weise, wie wir früher dachten, handelten und fühlten – und wie wir es heute tun.

An dieser Stelle wird deutlich, dass wir im Futability®-Circle immer auch zurückgreifen auf die Fähigkeit der Flexibilität und Reflexion. Ohne die mentale Biegsamkeit können wir Veränderungsprozesse kaum bewältigen. Und ohne die Fähigkeit zur reflektierten Selbst-Wahrnehmung können wir den Prozess der Veränderung nicht bewusst durchlaufen.

SCHRITT 2: WERTURTEILSFREIHEIT

Der mentale Abnabelungsprozess von „fremd" zu „selbst".

In der zweiten Stufe im Wachstumsprozess zur Pro-Aktivität geht es um Werturteilsfreiheit. Hinter der Werturteilsfreiheit steckt die Idee der Wertneutralität, die intensiv im Rahmen des „Werturteilsstreits" von 1909 erörtert wurde. Beim Werturteilsstreit ging es um die Frage, ob Wissenschaftstheorien werturteilsfrei sein können – also frei von einer positiven oder negativen Stellungnahme, einer Meinung, Aufforderung oder Vorschrift. Diskutiert wurde diese Frage im „Verein für Socialpolitik", in dem sich zwei Lager gegenüber standen: Die Gruppierung der jüngeren Sozialwissenschaftler um Max Weber forderte die Abkehr von wertender Betrachtung in der Forschung, während die „**Kathedersozialisten**"[99] die Aufgabe der Wissenschaft auch darin sahen, Stellungnahmen zu gesellschaftspolitischen Problemen zu verfassen. Ihrer Meinung nach konnten *normative Analysen*[100] menschliche soziale Aktivitäten regulieren und so zu einer homogenen, relativ stabilen Gesellschaftsordnung führen. Die damit einhergehende Verdrängung der *positiven Analyse*[101] wirkte sich auf die wirtschaftstheoretische Forschung und Lehre in Deutschland lange Jahre nachteilig aus, was schließlich in den „Werturteilsstreit" mündete. Bis heute ist strittig, ob es in der Wissenschaftstheorie überhaupt möglich ist, Wertneutralität zu wahren, da Wissenschaft und wissenschaftliche Methoden immer einem kulturellen Kontext unterliegen, der selbst wiederum Werturteile enthalten kann.

Brechen wir die Werturteilsfreiheit hinunter auf unser individuelles Denken und Handeln, so stellt sie einen mentalen Abnabelungsprozess von „fremd" zu „selbst" dar, der notwendig ist, um Kohärenzerleben durch innere Autonomie zu erreichen. Auch fernab der sozialwissenschaftlichen und nationalökonomischen Diskurse ist das Wort „Werturteilsfreiheit" spannend und sehr inhaltsschwanger. In dem Wort „Werturteilsfreiheit" stecken drei nicht minder bedeutungsvolle kleinere Wörter:

99 Polemische Bezeichnung für deutsche Nationalökonomen, die sich mit der „sozialen Frage" beschäftigten und sich vor allem im Bereich der Sozialpolitik politisch engagierten. Sie gründeten 1873 den „Verein für Socialpolitik", der bis heute aktiv ist.

100 Über die Prognose hinausgehenden Bewertungen, die nicht selten Werturteile enthalten.

101 Die reine wert- und meinungsneutrale Darstellung von Konsequenzen, die auf ein bestimmtes Ereignis erfolgen.

Wert

Werte bezeichnen als moralisch gut und erstrebenswert erachtete Eigenschaften oder Qualitäten, die Dingen, Ideen, Sachverhalten, Handlungen oder Charaktereigenschaften zugrunde liegen und allgemein als wünschenswert anerkannt sind. Werte sind, anders als Eigenschaften, stabil und langlebig.[102]

Urteil

Ein Urteil ist eine abschließende Beurteilung oder abwägende Stellungnahme. In einem Urteil steckt oft eine geschlossene Meinung, die unverrückbar ist. Der US-amerikanische Psychologe Lawrence Kohlberg ging davon aus, dass moralisches Urteilen auf der kognitiven Entwicklung aufbaut. Seine „Kognitive Entwicklungstheorie des moralischen Urteils" basiert auf jahrzehntelangen Forschungen und impliziert, dass man erst logisch denken können muss, bevor man moralisch urteilen und handeln kann.

Freiheit

Freiheit ist die Be-Freiung von Last und Zwang. Freiheit liegt vor, wenn Menschen in ihrer Entscheidungsfindung nicht (mehr) eingeschränkt sind und Bindungen und Verpflichtungen eingehen können – aber nicht müssen. Freiheit bedeutet, sich ungebunden und ungehindert bewegen zu können und seinen Gedanken freien Lauf lassen zu dürfen.

Werturteile können ein „Geschmäckle" haben. In einem Werturteil urteilen wir über Werte. Nicht nur über unsere eigenen, sondern auch über die der anderen. Vor allem dann, wenn sie mit unseren Werturteilen nicht konform gehen. In Werturteilen können sich daher immer auch subtile, unausgesprochene Erwartungen oder Aufforderungen verstecken, dass andere „gefälligst" unsere eigenen normativen Standpunkte, Stellungnahmen und Meinungen als gerechtfertigt und statthaft annehmen. In dem unausgesprochen Hinterhergeschobenen „und wehe, wenn nicht" verbirgt sich zwischenmenschlicher Sprengstoff. Werden die Werturteile, die wir uns gebildet haben, nämlich nicht anerkannt, respektiert und wertgeschätzt, trifft uns das zutiefst. Dabei vergessen wir oft, dass wir unsere Werthaltungen nur äußerst selten selbsttätig nach außen kommunizieren. Oft sind sie uns ja nicht einmal bewusst!

SELBST-CHECK:

Fragen Sie in Ihrem Familien-, Bekannten- und Freundeskreis einmal nach, welche Einstellung zu ideellen Werten das Leben der einzelnen Menschen bestimmt. Welche Einstellung dazu wird in den jeweiligen Familien gelebt, welche in sozialen Netzwerken, Arbeits-Teams oder Unternehmen? Und verstehen alle Menschen hinter den Werthaltungen auch das gleiche?

102 https://de.wikipedia.org/wiki/Wertvorstellung

Unternehmensleitbilder sind der Versuch, eine übergeordnete Wertebasis in einem Unternehmen zu implementieren. Aber sie greifen oft viel zu kurz. Obwohl die Frage „Welche Werte und Prinzipien sollen unser Handeln lenken?" Bestandteil sein sollte und oft genug ist, so wird die dahinter liegende Wertehaltung nur höchst selten auch erklärt. Oder können Sie mal eben so aus dem Ärmel schütteln, was in einem unternehmerischen Kontext zum Beispiel der Wert „Authentizität" bedeutet? Welches Verhalten soll zeigen, dass Führungskräfte und Mitarbeitende authentisch sind? Was bedeuten Achtsamkeit, respektvolles Miteinander, Loyalität, Einfühlungsvermögen, Offenheit oder Exzellenz?

Ich bin sehr sicher, dass Sie sich dazu ein ideelles Urteil gebildet haben – aber sind Sie sicher, dass Ihr Werturteil auch meinem Werturteil entspricht? Oder dem Ihres Kollegen oder Ihrer Chefin? Vermutlich wird es eine kleine Schnittmenge geben, in der wir alle übereinstimmen, welche Werthaltung sich hinter diesen Begriffen verbirgt. Diese Übereinstimmung finden wir aber nur heraus, wenn wir darüber einen gemeinsamen sachlich wertfreien Dialog führen. Die wahrscheinlich sehr viel größere Menge wird keinerlei Übereinstimmung zwischen den unterschiedlichen Werturteilen zeigen – und das ist menschlich und sehr normal! **Werturteile basieren auf E^4**:

- Erziehung
- Erfahrungen
- Erkenntnissen
- Emotionen

Werturteile sind – wie Probleme, Ideen oder der Umgang mit einem Stressor – höchst individuell. Es gibt keine Handbücher, die festlegen, auf welcher moralischen Grundhaltung sich ein Werturteil zu bilden hat oder worauf bei der Sozialisation zu achten ist, damit Werturteile einer gesellschaftlichen Norm entsprechen. Werturteile sind hart erarbeitet und manchmal durch Leid erworben. Sie beeinflussen flächendeckend und allumfassend unsere Einstellungen, Wahrnehmungen und Handlungen. Werturteile bilden sich im Laufe eines Lebens, sind über lange Zeiträume sehr stabil und werden durch Sozialisierung an die nächste Generation weitergetragen.

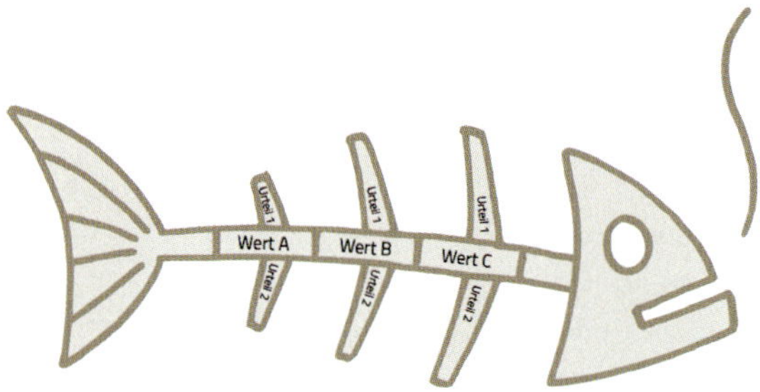

Werturteile kann man sich bildlich vorstellen wie eine Fischgräte. An einer „Wert-Rippe" hängen unterschiedlich viele „Urteils-Gräten", nämlich genauso viele, wie wir uns zu einem Wert gebildet haben. Die Stabilität der Werturteile wird über die Verbundenheit der einzelnen „Wert-

Rippen" zu einem Fischskelett symbolisiert, denn die verschiedenen Urteile sind nicht nur mit einer „Wert-Rippe" verbunden, sondern die Rippen hängen oft an weiteren Werturteilen und bilden so ein stabiles Geflecht.

Viele verschiedene Werturteile zum Beispiel zu einer Menschengruppe, einer Person oder einer Situation enden nicht selten in einem **Vorurteil** – einer wenig reflektierten aber oft endgültigen Meinung zu Eigenschaften und Sachverhalten hinsichtlich dieser Gruppe oder Einzelperson. Das kann die Geburtsstunde von Stereotypen, Feindseligkeiten oder Diskriminierungen sein. Manche Vorurteile sind **zweckdienlich**, andere **zweckwidrig**. Immer sind sie jedoch geeignet, dass wir motivgesteuert handeln.

Vorurteile sind vergleichbar mit einem ganzen Fischskelett. Unsere verschiedenen „Wert-Rippen" mit den dazu gehörigen „Urteils-Gräten" saugen sich hinter dem Fischkopf der Einzelperson, der Gruppe oder der Situation an, der wir unterschiedliche Werturteile zuschreiben, aus denen sich unser Vorurteil ergibt. Insbesondere bei **zweckwidrigen Vorurteilen** ist das emotionale Andocken problematisch. Vorurteile, die wir Personen, Gruppen oder Situationen zuschreiben, rauben uns extrem viel Energie, denn anders als ein Urteil, das sachlich wertneutral sein kann, sind Vorurteile emotional wertbasiert. Wir können bei fehlender Reflexion und fehlendem Abstand dazu neigen, unsere gesamte Energie und unser motivgesteuertes Handeln einzig auf die vorurteilsbehaftete Person, Gruppe oder Situation zu richten. In diesem Moment befinden wir uns nicht nur in einem Abwendungsmodus dieser Person, Gruppe oder Situation gegenüber, sondern unser gesamtes Denken, Handeln und Fühlen ist von innen nach außen gerichtet. Wir laufen Gefahr, unsere pro-aktive Haltung zu verlieren und agieren nur noch reaktiv auf die Impulse, die von der Person, Gruppe oder Situation ausgehen. Unsere wertbasierte Verwobenheit wird uns an dieser Stelle zum Verhängnis, denn sie unterbindet unsere mentale, individuelle Autonomie. Einen größeren zwischenmenschlichen Stressor gibt es kaum.

Einzelne Werturteile stellen eine Regelungskapazität dar, die es uns ermöglicht, Situationen zu vereinfachen und Komplexitäten zu reduzieren. Gerade in schnelllebigen Zeiten scheint das erstmal kein wirklicher Nachteil zu sein, da Effektivität und Effizienz in dieser Regelungskapazität mitschwingen. Schön, wenn es so einfach wäre...

Vor allem der Faktor „Emotionen" macht der Effektivitäts- und Effizienzgleichung immer häufiger einen Strich durch die Rechnung, denn er ist ein hochsensibler Zünder, welcher der Sprengladung ideeller Werthaltungen schlagartig zur Detonation verhelfen kann.

Werden unsere Werturteile angegriffen oder in Frage gestellt, reagieren wir in den meisten Fällen emotional impulsiv aus dem Unterbewusstsein heraus. Wir haben intuitiv das Gefühl, dass uns „eine Laus über die Leber läuft" – ohne dass wir exakt beschreiben und artikulieren können, wie die Laus aussieht und an welchen Koordinaten sie gerade anzutreffen ist.

Eine Wertverletzung oder der Angriff auf unser Werturteil trifft unser Ego und stellt einen nicht zu unterschätzenden Stressor dar, der uns sofort in einen Abwendungsmodus katapultiert. Wir können in den meisten Fällen gar nicht anders als emotional zu reagieren und legen damit die Basis für handfeste Konflikte, die im besten Fall dialogisch ausgetragen und beigelegt werden können, im schlimmsten Fall aber monate- oder jahrelang schwelen und in Feindseligkeiten enden.

Ein schlechtes Betriebsklima ist in sehr vielen Fällen auf subtile und unausgesprochene Wertkonflikte zurückzuführen, weil eine gemeinsame, unternehmensübergreifende Verständigung darüber fehlt, wie miteinander umgegangen werden soll oder weil verschiedene Werte in Konkurrenz zueinanderstehen und so Ambivalenz unter der Belegschaft auslösen.

Weil eine Wertverletzung oder eine Wert-Ambivalenz immer emotional verarbeitet wird, sind wir an genau dieser Stelle nicht mehr in der Lage, sachlich und autonom zu agieren. Wir verhalten uns reaktiv, fühlen uns in die Defensive gedrängt und knicken ein, ob wir wollen oder nicht.

Wertkonflikte lassen sich in einer globalisierten, dynamischen und vom Wettbewerbsdruck dominierten Welt nicht vermeiden. Durch den Einfluss verschiedener Kulturen leben wir quasi wie in einem „**Schmelztiegel der Werte**". Werte vermischen, wandeln sich, stehen zueinander im Widerspruch oder konkurrieren miteinander. Dass wir nicht gelernt haben, einen solchen Schmelztiegel handzuhaben, können wir tagtäglich in den Nachrichten verfolgen. Den momentanen Konflikten liegen im Kern divergierende Werthaltungen zugrunde, die zu unterschiedlichen Werturteilen führen, über die sich – im schlimmsten Fall mit Waffengewalt – gestritten wird.

Werturteile und daraus entstehende mögliche Wertkonflikte stehen einer selbstregulierenden Entwicklung im Weg, denn sie können unter anderem dafür sorgen, dass wir:

- zusätzlichen Stressoren ausgeliefert sind
- unseren Blick auf Personen und Gruppen fixieren, deren Werte nicht mit unseren übereinstimmen
- subtilen, schwelenden Konflikten ausgesetzt sind oder ungewollt in sie hineingezogen werden
- handfeste Vorurteile entwickeln, die unsere (mentale) Autonomie unterbinden

Im Kontext von „Futability®" und auf dem Weg zur Pro-Aktivität ist **Wert*urteil*sfreiheit** daher **ein wichtiger individueller Evolutionsschritt**. Werturteilsfrei zu sein bedeutet in diesem

Zusammenhang nicht nur die **selbstkritische Reflexion eigener Wertsetzung**, die in unseren eigenen Annahmen, Meinungen und Urteilen mitschwingt, sondern auch das bewusste **Loslassen** eben dieser Wertsetzungen. „Unentwegt Ereignisse, Menschen, Dinge oder Gedanken zu beurteilen, schränkt den Blickwinkel ein und macht unzufrieden. Besser ist es, ohne Urteil zu sehen, nur zu sehen."[103]

Erst wenn wir selbst werturteilsfrei sein können, ist wirkliche innere Autonomie möglich, denn dann – und erst dann – können wir uns aus bestehenden Abhängigkeiten und von energieraubenden Vorurteilen befreien. Sind wir selbst werturteilsfrei, reduzieren wir gleichzeitig auch das Risiko, neue Abhängigkeiten zu bilden. Werturteilsfreiheit ermöglicht nicht nur Selbst-Annäherung, sondern auch eine respektvolle und wertschätzende Annäherung auf Augenhöhe mit anderen Menschen. Erst die Werturteilsfreiheit schafft die Grundlage für wirkliche Kooperation.

DER FISCH STINKT VOM KOPF HER

Wie aber ist es möglich, Werturteilsfreiheit zu erlangen? Wichtig ist es dazu, den eigenen Wertekanon überhaupt erst einmal zu kennen. Welche Werte sind wichtig und welche Urteile sind mit ihnen verknüpft? Ähnlich wie bei der Sezierung des Stressors filetieren wir jetzt gewissermaßen Fischrippe für Fischrippe und decken die darunter liegenden Werte und Urteile auf. Auch diese Arbeit ist eine Arbeit am individuellen Selbst, die uns keiner abnehmen kann. Wir richten hier wieder unseren Blick nach innen, sind kompromisslos ehrlich mit uns selbst und entdecken vermutlich einige Fischköpfe, die schrecklich stinken. Das macht aber nichts, denn wir führen den Dialog an dieser Stelle ausschließlich mit uns selbst und wissen ja mittlerweile, dass „innovative Momente", die diesem Prozess innewohnen, zu einer Verhaltens- und Denkänderung führen können, die in sich logisch und situativ angepasst ist. Unser früheres Selbst wird nicht schlechter oder verdammungswürdiger, weil wir einen Evolutionsschritt mehr geschafft haben, wenn wir uns von den Urteilen trennen, die an den Werten kleben. Wohlgemerkt: **Wir trennen uns nur von den Urteilen – nicht von unseren Werten!**

Ethan Kross, Professor für Sozialpsychologie an der Universität Michigan und Leiter des

103 *www.psychologie-heute.de 01/2014, Susie Reinhardt, „Zufriedenheit: Das wahre Glück"*

„Labor für Selbststeuerung und Gefühle", hat festgestellt, dass wir diese internalen Dialoge erfolgreicher führen können, wenn wir dabei zusätzlich eine winzige Kleinigkeit beachten. Kross' Forschungen haben gezeigt, dass die Modulation **inwendiger Selbstgespräche**[104] von „Ich" auf „Du" eine positive Wirkung ausübt. Wird beim Selbstgespräch die Du-Perspektive eingenommen, ist es nämlich eher möglich, sich selbst mit mehr Distanz zu betrachten. Selbstgespräche können unaufgeregter, angstfreier, souveräner und entspannter geführt werden. Der mit sich selbst geführte Dialog „Was fühlst du gerade und warum? Du kannst damit umgehen!" ist also kein Zeichen für eine gespaltene Persönlichkeit, sondern eine clevere Methode, Gedanken, Gefühle und Verhalten unter sozialem Stress zu steuern.

Haben wir unsere Werte und die daran hängenden Urteile filetiert, ist es wichtig zu schauen, welche Fischköpfe wir ausfindig gemacht haben. Welche Personen, Menschengruppen, Ideen oder Meinungen sind „Stinkbomben", die uns die Luft zum Atmen nehmen? Welche Emotionen lösen sie aus – und welche Bedürfnisse stecken hinter den Emotionen?

Ich möchte das an einem Beispiel aus meinem Berufsalltag einmal deutlich machen, weil dieses Beispiel zumindest 50 % der Bevölkerung trifft. Es geht um Frauen. Frauen sind – ähnlich wie Ausländer, ältere Menschen, Blondinen oder Manta-Fahrer – eine klassische (Rand-) Gruppe, der Stereotype anhaften, also manifestierte Vorurteile, die zu erheblichen Problemen führen können. Als Veranstalter des größten Messe-Kongresses für Frauen in Deutschland sind wir mit den verschiedenen weiblichen Zuschreibungen bestens vertraut. „Frauen können nicht führen", „Frauen wollen keine Karriere machen", „Frauen kümmern sich um Haushalt und Kinder" oder „Frauen ist das Gehalt nicht wichtig" sind klassische Mythen und Vorurteile, die wir auch im 21. Jahrhundert immer wieder hören – und zwar nicht von irgendwem, sondern von intelligenten, studierten Männern und Frauen in den Personalabteilungen von Corporate Germany. Wenn wir uns diese Fischgräte mit der Zielgruppe „Frauen" als stinkenden Fischkopf einmal anschauen, entdecken wir vier „Wert-Rippen":

- Führung
- Karriere
- Familie (Haushalt und Kinder)
- Gehalt

Diese Werte werden von unterschiedlichen Personen mit unterschiedlichen Urteilen belegt, die offensichtlich bei manchen immer noch dazu führen, der Zielgruppe „Frauen" nach wie vor zu unterstellen, im Wirtschaftsumfeld keine wertschöpfende Leistung erbringen zu wollen oder zu können.

---

104 *Ethan Kross (University of Michigan, Ann Arbor), Emma Bruehlman-Senecal (University of California, Berkeley), Jiyoung Park, Aleah Burson, Adrienne Dougherty, Holly Shablack, and Ryan Bremner (University of Michigan, Ann Arbor), Jason Moser (Michigan State University) & Ozlem Ayduk (University of California, Berkeley). (2014). Self-Talk as a Regulatory Mechanism: How You Do It Matters (Abstract).Journal of Personality and Social Psychology, 106 (2), 304–324.*

Da diese Vorurteile in den Köpfen zementiert sind, war jede Form des Dialogs von Misserfolg gekrönt. In den ersten fünf Jahren haben mein Mann und ich nach solchen Gesprächen sehr gelitten, denn die ablehnenden Werthaltungen sind nicht unsere. Ich selbst habe – da ich der Zielgruppe „Frau" unzweifelhaft angehöre – diese Haltungen oft sehr persönlich genommen und fühlte mich zutiefst angegriffen und als Frau missachtet.

Erst als ich in der Lage war, den Fischkopf gedanklich abzutrennen, konnte ich mich selbst soweit emanzipieren, dass diese Gespräche bei mir kein emotionales Armageddon mehr ausgelöst haben. Ich wurde freier, konnte die Menschen und die Gespräche loslassen und ihnen ihren Platz zugestehen, ohne dass sie mir im Nachgang noch meine Energie raubten.

Neben den Fischköpfen anderer haben wir natürlich auch unsere eigenen Fischköpfe, die stinken, wenn wir genau hinriechen. Trennen wir die Fischköpfe, trennen wir uns gleichzeitig von der (emotionalen) Abhängigkeit, die unsere individuelle Werturteilsanhaftung an andere Personen, Gruppen, Meinungen oder Ideen verursacht hat. Damit haben wir einen ersten, wichtigen Schritt in Richtung Werturteilsfreiheit und individueller und mentaler Autonomie geschafft. Probieren Sie es einmal aus – ich vermute, Sie werden überrascht sein, welcher Druck aus dem Kessel entweicht.

VOM WERTURTEIL ZUR WERTURTEILSFREIHEIT

Wenn der Kopf von der restlichen Fischgräte abgetrennt ist, entfällt gleichzeitig auch die Steuerung in Richtung einer Zielgruppe oder Zielperson, einer Situation, Meinung oder Idee. Sie können nun die einzelnen Werturteile betrachten. Da sie keine kopfbezogene Anhaftung mehr haben, fällt ein elementarer emotionaler Faktor weg. Sie können nun die Fischgräte wieder in einzelne Werturteils-Rippen zerlegen. Nun wird es interessant, welche Anhaftungen die einzelnen Rippen und Urteile aufweisen. An welchen Stellen blockieren Ihre Werturteile ein werturteilsfreies Denken und Handeln? Wo sind Ihre Werturteile zweckdienlich und wo sind sie zweckwidrig? Im Prozess zur Werturteilsfreiheit durchlaufen wir wichtige Evolutionsschritte, die in der folgenden Tabelle dargestellt sind:

Werturteil (zweckwidrig)	***Werturteilsfreiheit***
Geschlossene Haltung	Aufgeschlossene Haltung
Aversion	Akzeptanz
Ankerpunkt: Vergangene Erfahrungen und Erkenntnisse	*Ankerpunkt:* Neue Erfahrungen und Erkenntnisse

Sind wir werturteilsfrei, heißt das nicht, dass wir wert-los sind oder handeln. Im Gegenteil. Wir haben eine klare Kenntnis über unseren Wertekanon. Wir bemühen uns aber – und dieses Bemühen ist meiner Meinung nach ein lebenslanger Prozess – den Werten anderer keine persönlichen Urteile mehr zuzuschreiben. Das bedeutet nicht, dass wir das Verhalten anderer Menschen nur noch tolerieren. Weit gefehlt! Unsere eigene klare Wertehaltung ermöglicht – und verpflichtet – uns, klare Grenzen zu ziehen, wenn wir auf Menschen treffen, deren Wertehaltung wir nicht unterstützen. Aber diese Grenzziehung muss nicht mehr im Konflikt enden, sondern kann im gemeinsamen Dialog geklärt werden. Wir bewegen uns vom Abwendungs- in den Annäherungsmodus.

Hinter der Werturteilsfreiheit steckt daher immer auch Aufgeschlossenheit und die Bereitschaft, sich mit einer Person, einer Personengruppe, einer Sache oder einem ideellen Wert unvoreingenommen auseinanderzusetzen. Wir brauchen Werturteile, die unseren eigenen nicht entsprechen oder mit ihnen konkurrieren, nicht mehr kategorisch ablehnen. Stattdessen können wir eine Haltung der Akzeptanz entwickeln und zugestehen, dass andere Menschen andere Werturteile haben dürfen. Akzeptanz beruht auf einer von innen heraus kommenden Freiwilligkeit. Um akzeptieren zu können, müssen wir also auch hier erst wieder unsere eigene innere Haltung verändern, bevor wir die Werthaltungen anderer wertfrei annehmen können.

Und schließlich lösen wir uns von der Idee, dass Werturteile lebenswichtige und unverrückbare Ankerpunkte sind, ohne die wir die Orientierung verlieren und ziellos treiben. Wenn wir werturteilsfrei denken und handeln und mit einer werturteilsfreien Haltung auf andere Menschen und neue Situationen zugehen, bleiben wir flexibel und sind offen für neue, richtungsweisende Erfahrungen, Kenntnisse und Kontakte. Auf dem Weg zur Werturteilsfreiheit helfen **drei elementare Paradigmenwechsel**:

1. Ich bewerte nicht, was andere denken.

Wir lernen, andere Meinungen, Denkhaltungen oder Ideen wertfrei zu betrachten. Das bedeutet nicht, dass wir dafür in eine wert-lose Haltung rutschen. Im Gegenteil. Wir behalten unsere Werte, Meinungen und Ideen bei, wir nehmen lediglich die Bewertung der anderen Ideen, Meinungen und Denkhaltungen aus der Gleichung heraus. Wir bewahren eine unvoreingenommene Haltung. Eine werturteilsfreie Einstellung, die allen im Raum befindlichen Denkhaltungen die gleiche Gültigkeit und Anerkennung einräumt, bereitet den Boden für gegenseitiges Vertrauen, einen dialogischen Austausch, faire Feedback-Prozesse und die Chance auf Kooperation.

Die **Gleich-Gültigkeit** und **Anerkennung** von Ideen, Gedanken und Meinungen sind in Kreativ- und Innovationsprozessen übrigens die wichtigsten Fähigkeiten, die von den Kreativ- und Innovationsteams erlernt werden und auf deren strikte Einhaltung jeder Moderator solcher Prozesse unbedingt bestehen *muss*. Werden Gleich-Gültigkeit und Anerkennung untergraben, werden Kreativ- und Innovationsprozesse im Keim erstickt. Üben wir eine Haltung der gleichen Gültigkeit und reduzieren wir die Bewertungen anderer Denkhaltungen, Meinungen oder Ideen, sind emotionale Überreaktionen nicht mehr notwendig. Unstimmigkeiten können im Gedankenaustausch auf Augenhöhe beigelegt werden. In einer konfliktbeladenen Situation in einem Team oder einem Unternehmen reicht es manchmal schon, wenn nur eine Person Werturteilsfreiheit schenkt, um einer Auseinandersetzung die Schärfe zu nehmen. In einem unternehmerischen Kontext sollten sich Führungskräfte daher unbedingt dieses Paradigma aneignen, um in Veränderungs- oder Konfliktsituationen eine werturteilsfreie und damit diplomatisch-moderierende Haltung einnehmen zu können.

2. Ich bewerte nicht, was andere fühlen.

Bewerten wir nicht, was andere fühlen, heißt das nicht, dass wir gefühlsarm oder emotionslos sind oder werden. Auch hier werden die Emotionen anderer Menschen gesehen und wahrgenommen – aber sie werden nicht bewertet. Anstatt also zu sagen: „Es ist völlig albern, dass du dich jetzt wegen so einer Kleinigkeit so aufregst!" kann eine werturteilsfreie Reaktion lauten: „Ich habe den Eindruck, die Situation regt dich gerade sehr auf." Es geht hier darum, Emotionen erst einmal werturteilsfrei anzunehmen. Es obliegt unserer Freiwilligkeit, der Wichtigkeit und der Art der Beziehung zu unserem Gesprächspartner, ob wir in den Dialog gehen oder nicht. Wenn wir an dieser Stelle in den Dialog gehen möchten, ist die zielführende und konfliktklärende Frage, welches Bedürfnis hinter der wahrgenommenen Emotion steckt.

Relevant an dieser Stelle ist, dass wir von unserer Seite aus einfühlsam aber werturteilsfrei an die wahrgenommene Emotion andocken. Stapelt sich nämlich Emotion auf Emotion steht am Ende ein handfester Konflikt. Ein Konflikt übrigens, der von den emotional Beteiligten in den seltensten Fällen dann noch selbst gelöst werden kann. Hier braucht es einen Moderator oder Mediator, der – wenig überraschend – nur dann erfolgreich zwischen den zerstrittenen Parteien vermitteln kann, wenn er in seiner schlichtenden Funktion beide Seiten *werturteilsfrei* anhört.

Kern des Paradigmas ist folglich die innere **Gelassenheit** und **Losgelöstheit**. In dem Wort Gelassenheit steckt das Adjektiv „gelassen": Wir reagieren gelassen auf die Emotionen anderer – ohne sie zu bewerten. Wir bewahren unser seelisches Gleichgewicht, wir lassen uns nicht aus der Ruhe bringen. Wir erkennen die Emotionen als Gefühlsregung unseres Gegenübers an. Wir trennen diese Emotion aber von unserer eigenen Befindlichkeit und lassen uns von den überschwappenden Emotionen nicht anstecken. Wir müssen nicht emotional reagieren, weil wir die *Bewertung* der Emotion unseres Gegenübers aus der Gleichung herausgenommen haben.

3. Ich bewerte nicht, ob andere da sind oder nicht.

Dieses Paradigma greift den Wandel von „fremd" zu „selbst" auf. Wir fokussieren uns auf unsere Bedürfnisse und Attraktoren und richten unser Leben danach aus und nicht nach dem, was andere von uns erwarten. Paradigma 3 ist ein klassischer **Emanzipationsprozess**. Wir nehmen unser Leben selbst in die Hand. Wir stellen unsere Bedürfnisse, Wünsche und Ziele gleich mit denen von anderen Menschen. Wir agieren selbstständig und entwickeln eine intrinsisch motivierte eigene Dynamik der Lebensgestaltung und Lebensplanung, die sich nicht mehr darauf beruft und stützt, ob andere da sind oder nicht, ob andere diesen Prozess der inneren Autonomie und Selbstregulation gutheißen oder nicht. Wir fühlen uns für unser eigenes Tun verantwortlich. Die Verantwortung, ob Pläne scheitern oder nicht, ob wir glücklich und erfolgreich sind oder nicht, schieben wir nicht auf andere.

WERTURTEILSFREIHEIT ALS GRUNDLAGE ERFOLGREICHER KOOPERATION

Das Erlangen von Werturteilsfreiheit ist ein wichtiger Schritt im Entwicklungsprozess der Pro-Aktivität. Auf dem Weg zu innerer Autonomie verlagern wir unseren Fokus von „fremd" auf „selbst".

Nun könnte bei allem, was ich dazu bisher geschrieben habe, der Eindruck entstehen, der gesamte Bereich der „Pro-Aktivität" im Rahmen des Futability®-Circles sei darauf abgestellt, den totalen Individualismus zu proklamieren und dem Trend des „Me and Myself" aus dem MEGA-Zeitalter noch ein Krönchen aufzusetzen.

Doch das ist nicht der Fall. Ganz im Gegenteil. Im zweiten Teil des Buches habe ich dargestellt, dass im 6. Kondratieff der Mensch im Fokus stehen wird. Ich persönlich gehe davon aus, dass wir in den kommenden Jahren und Jahrzehnten eine Renaissance der Renaissance erleben werden. Der Mensch als schöpferisches Individuum wird in den Mittelpunkt gesellschaftlicher und wirtschaftlicher Aktivitäten rücken – auch, um (s)einen wertschöpfenden Platz neben humanoiden Robotern verteidigen und die Digitalisierung sowie den Wandel zu Industrie 4.0 sinnvoll begleiten zu können.

Schöpferische Tätigkeiten, also gestaltende, kreative, etwas Neues vollbringende Tätigkeiten, sind nur möglich, wenn Menschen psychisch und physisch gesund sind.

Ist unser Kohärenzgefühl gestört und sind Selbstregulation und Selbstorganisation unterbrochen, verursacht das Stress und Stress – so habe ich an vielen Stellen schon erwähnt und ausgeführt – tötet Kreativität.

Schöpferische Tätigkeiten und kreative Prozesse sind jedoch nicht nur von gesunden Individuen abhängig, sondern auch von der Zusammenarbeit mit anderen. Unsere VUCA-Welt ist global, vernetzt und komplex. Die ihr innewohnende Schnelllebigkeit und das in ihr versteckte Chaos sorgen für eine halsbrecherische Dynamik und werfen an vielen Stellen Probleme und Fragestellungen auf, die wir mit unserem bestehenden Wissen und vorhandenen Kompetenzen und Ressourcen nicht mehr vollumfänglich beantworten können.

„Nachdem unsere Kultur die Idee der Individualisierung auf die Spitze getrieben hat, finden wir uns wieder im Zeitalter der Verbundenheit."[105] Wir sind zunehmend mehr auf gesunde, effektive und erfolgreiche Kooperationen angewiesen, um den veränderten Arbeitswelten, einer alternden Gesellschaft und einer entropischen, krisengeplagten Welt entgegentreten zu können. Projektarbeit, Arbeitsgruppen, Netzwerke, virtuelle und reale Interaktionen mit Menschen aus allen Kulturkreisen, Kommunikation, Interaktion, Information – alles deutet schon jetzt auf den Trend zu (noch) mehr Kooperation hin.

„Einer für alle, alle für einen", lautet der Schlachtruf der drei Musketiere und er ist aktueller denn je. Der Humanistische Verband Deutschland hat dieses neue humanistische Selbstverständnis dargelegt. Auf dessen Internetseite ist zu lesen: „Humanistinnen und Humanisten akzeptieren den jeweils anderen Menschen in seiner Eigenständigkeit und Andersartigkeit. Zugleich sind sie sich der gemeinsamen Grundlagen und Formen menschlichen Lebens und Handelns bewusst, die nur gemeinschaftlich wahrgenommen und verwirklicht werden können. [...] Humanistische Lebensauffassungen beruhen auf dem Vertrauen in die Fähigkeit jedes Menschen, in seinem Leben eigenständig Sinn zu erfahren – auch als Glück, Bedeutung des eigenen Handelns und Zusammengehörigkeit mit anderen. Menschen können auch Sinn stiften, indem sie andere für Ideen, Ziele und Projekte gewinnen."[106]

Diesem Selbstverständnis liegen mehrere Faktoren zugrunde, die ich bereits im Rahmen des Futability®-Circles angesprochen habe:

- Das Wiederherstellen des Kohärenzgefühls durch die Erfahrung der Sinnhaftigkeit des eigenen Lebens.
- Die Befriedigung der psychologischen Grundbedürfnisse und Suchen bedeutsamer Attraktoren, um Glück, Bedeutung und Wohlbefinden zu erfahren.
- Das Erreichen einer werturteilsfreien (Denk-)Haltung, um andere Menschen in ihrer Eigenständigkeit und Andersartigkeit akzeptieren zu können.

Und ein weiterer Punkt findet sich im humanistischen Selbstverständnis, der den ersten Punkten zu widersprechen scheint und in Wahrheit doch die gemeinsame Klammer bildet:

- Die Fähigkeit zur Kooperation, um die gemeinsamen Grundlagen und Formen menschlichen Handelns gemeinschaftlich wahrzunehmen und zu verwirklichen.

Die Kooperationsfähigkeit ist ein elementar wichtiger Faktor der Arbeitsproduktivität. Neurowissenschaftlich nachgewiesen ist, dass positive zwischenmenschliche Beziehungen das Belohnungs- und Lustzentrum aktivieren. Das macht nicht nur glücklich, sondern reduziert

105 Theodor D. Petzold, Nadja Lehmann (Hrsg.), „Kommunikation mit Zukunft – Salutogenese und Resonanz", 2011, S. 66
106 www.humanismus.de

auch das Stressempfinden. Momentan ist der Mangel an kooperativem Verhalten ein gravierender und teurer Produktivitätsengpass. Unzureichende Informationsverarbeitung, Verlust von Know-how, Demotivation und Konflikte sorgen für ein erheblich gestörtes Kohärenzgefühl in den Unternehmen, das sich zwangsläufig auch auf die einzelnen Menschen auswirkt. Wer hierzu eine Auffrischung braucht, blättert zurück auf Seite 149.

Gestresste, vorurteilsbehaftete Menschen, deren gesamtes Wirken nach außen fokussiert ist, denen also das Präfix „fremd" vertrauter ist das das eigene Selbst, sind selten in der Lage, erfolgreich zu kooperieren. Eine erfolgreiche Kooperation kann nur dann erfolgen, wenn:

- Menschen sich aufeinander einlassen (in Resonanz gehen)
- das Handeln *intentional* ist - also auf einen gemeinsamen Attraktor abzielt
- eine werturteilsfreie Zusammenarbeit möglich ist

In Resonanz können wir nur dann mit anderen Menschen gehen, wenn wir uns auf die Stimmungen anderer einlassen oder andere mit unserer eigenen Schwingung inspirieren können. In Kooperationen treffen Menschen mit unterschiedlichen Hintergründen, Erfahrungen und Problemen aufeinander. Damit eine Verständigung überhaupt möglich ist, sollten die einzelnen Kooperationspartner in der Lage sein, sich in die jeweils anderen Partner hineinzuversetzen, eigene Positionen aufzugeben oder Zugeständnisse zu machen, da, wo es notwendig und sinnvoll ist, um die gemeinsame Intention der Kooperation zu stärken. Dieses Mitschwingen und die zwischenmenschliche Einstimmung auf ein gemeinsames Ziel löst neuronale Effekte im Belohnungs- und Lustzentrum aus.

Um überhaupt in Resonanz gehen zu können, müssen wir mit uns selbst im Reinen sein. Sind wir gestresst und physisch und psychisch erschöpft, stellt jede Form der Resonanz mit anderen Menschen im Zweifel eine zusätzliche Belastung dar, der wir intuitiv ausweichen werden. Unser eigenes Kohärenzgefühl muss daher stark sein, damit wir die Stimmigkeit mit anderen überhaupt herstellen können.

Kooperieren wir mit anderen, sollte die Zielsetzung klar sein. Wir brauchen gemeinsame und bedeutsame Attraktoren, für die es sich lohnt, sich einzusetzen. Dieser Prozess braucht Menschen, die in der Lage sind, ihre Eigeninteressen klar zu formulieren und gleichzeitig die Interessen der anderen Kooperationsbeteiligten anzunehmen und einzubinden, damit ein „Win-Win" für beide Seiten entsteht. Zudem erfordert eine Kooperation immer, dass die Prozessbeteiligten alles geben und ihre eigenen Ressourcen vollumfänglich dem gemeinsamen Ziel zur Verfügung stellen. Die Kenntnis über die eigenen Ressourcen – also das eigene Wurzelgeflecht – ist hier elementar. Ist diese Kenntnis nicht vorhanden, können sich Menschen nicht mit voller Kraft einbringen und geraten an dieser Stelle schnell in Stress und Überforderung, weil sie eventuell Aufgaben übernehmen, die nicht ihren Ressourcen entsprechen.

Eine Kooperation kann nur dann erfolgreich verlaufen, wenn sie möglichst konfliktfrei bleibt. Konflikte, das habe ich in diesem Kapitel dargestellt, entbrennen häufig an diametralen Werturteilen und den ihnen innewohnenden Emotionen. Werturteilsfreiheit ist daher eine elementare Zutat für erfolgreiche Kooperationen über Interessens-, Kultur- und Ländergrenzen hinweg.

Gesunde Menschen sind kooperative Wesen. Die gemeinsame Herausforderung der Zukunft besteht darin, Konkurrenzkulturen abzuschaffen und Grundlagen für **intentionale Kooperationskulturen** zu implementieren. Damit dieser Wandel im Außen vollzogen werden kann, müssen wir den ersten Spatenstich der Veränderung jedoch immer bei uns selbst vornehmen.

SCHRITT 3: AUTOPOIESIS

Der schöpferische Akt der Erneuerung.

Die Entwicklung unserer Persönlichkeit, die individuelle Gestaltung unseres Lebens und das Streben nach Wohlbefinden sind essentielle Bestandteile eines guten Lebensgefühls, das auch als Gesundheitsziel in den Statuten der WHO verankert ist. Gesundheit als ein Zustand „vollkommenen körperlichen, seelischen und sozialen Wohlbefindens" aller Völker und Nationen weltweit ist erklärtes Ziel der UN-Organisation. Gesundheit ist jedoch kein statischer Zustand. Unser Körper-System ist Schwankungen unterworfen – ebenso wie auch unsere Familien- und Freundessysteme, unsere Gesellschaftssysteme, Organisations- oder Unternehmenssysteme nicht statisch sind und nie sein werden.

Wir leben in dynamischen Systemen und das ist auch gut so, denn **nur dynamische Systeme ermöglichen Anpassungen an veränderte Situationen**.

Als pro-aktive Menschen haben wir direkten Einfluss auf unser Selbst, auf unsere Gesundheit, unser Leben und unsere Lebensgestaltung. Wir wählen aus den uns zur Verfügung stehenden Handlungs- und Vorstellungsoptionen selbst aus, welche für uns am geeignetsten erscheinen und sind frei, darüber zu entscheiden und zu bewerten, was für uns gut und richtig ist, welchen Sinn wir unserem Leben geben und nach welchen Attraktoren und Bedürfnissen wir uns strecken wollen. Wir organisieren unsere Beziehungen und Interaktionen selbst. Wir agieren autonom und **eigen-sinnig**. Eigen-Verantwortung ist die Grundvoraussetzung dafür, dass wir den autonomen Prozess der Selbstorganisation überhaupt bewerkstelligen können.

Da wir jedoch nicht losgelöst von unserer Umwelt, sondern in einem materiellen und energetischen Austauschprozess mit anderen Systemen leben, sind Veränderungen und Anpassungen Normalität und essenzielle Grundlage unseres Selbst und unserer persönlichen (Weiter-)Entwicklung. Wir haben eigene Pläne, Wünsche, Erwartungen, Ansichten, Meinungen und Werte. Ob die jedoch mit denen anderer Menschen und Systeme stimmig sind, ist nicht sicher und wird nie sicher sein. Wir können Stimmigkeit nicht selbstverständlich erwarten, wir können sie nicht befehlen oder aufoktroyieren – ja, wir können sie nicht einmal sicher vorhersagen.

Daniel Todd Gilbert, Professor für Psychologie an der Harvard University, forscht seit Jahren zum Phänomen der Vorhersagen. In einer Studie[107] fand er heraus, dass wir unsere eigenen gefühlsbetonten Reaktionen über zukünftige Ereignisse oft über- oder unterschätzen. Grund dafür scheint eine Art „**psychologisches Immunsystem**" zu sein, ein Abwehrmechanismus des Bewusstseins, das uns eine bessere Erinnerung an frühere Erfolge vorgaukelt, während es uns gleichzeitig Niederlagen und negative Ereignisse vergessen lässt. Daher sind eigene Vorhersagen zu zukünftigen Situationen oft stark verzerrt, denn wir schätzen Dauer und Intensität unserer Gefühle in Bezug auf positive oder negative Ereignisse schlicht und ergreifend falsch ein. Wir sind offensichtlich nicht in der Lage, unsere psychologische Anpassungsfähigkeit in die Gleichung mit einzubeziehen und berücksichtigen bei Vorhersagen grundsätzlich nicht, dass wir uns sehr schnell an neue Zustände anpassen können.

Wenn wir also die Stimmigkeit mit anderen weder vorhersagen noch befehlen oder erwarten können, bleibt uns nichts anderes übrig, als den Zustand von Stimmigkeit und Kohärenz aus uns selbst heraus immer wieder anzustreben. „Wir sind unseren äußeren Bedingungen nicht hilflos ausgeliefert, sondern prinzipiell immer in der Lage, durch **Eigenaktivität** neue und anregende Bedingungen herzustellen und auf vorhandene Bedingungen anders als bisher zu reagieren."[108]

Die Fähigkeit, sich selbst erhalten, wandeln und erneuern zu können, und zwar so, dass die Integrität der Struktur gewahrt bleibt, nennt man **Autopoiese**. Der Begriff der Autopoiese wurde von den chilenischen Biologen, Neurowissenschaftlern und Philosophen Humberto Maturana und Francisco Varela geprägt und mit Leben gefüllt. Anfang der 70er-Jahre haben sie im Rahmen ihrer Zellforschung festgestellt, dass sich lebende Zellen autopoietisch selbst erzeugen und zwar mit Hilfe der Elemente, aus denen sie selbst bestehen. Prozesse der Selbstorganisation, des Selbsterhalts und der Selbsterneuerung dienen dem Überleben des Systems, das sich quasi aus sich selbst heraus speist.

Autopoietische Systeme sind komplexe autonome Systeme, denn sie sind operational geschlossen und strukturell vorbestimmt (determiniert). Das heißt, die bereits vorhandenen

---

107 *Gilbert, D. T., Pinel, E. C., Wilson, T. D., Blumberg, S. J., & Wheatley, T. P. (1998). Immune neglect: A source of durability bias in affective forecasting. Journal of Personality and Social Psychology, 75, 617–638*

108 *Ronald Grossarth-Maticek, „Autonomietraining", S. 18*

Strukturen legen die Grenzen der Veränderung fest. Mit anderen Worten: Der Mensch als Individuum bestimmt autonom über die Enge oder Weite seiner Grenzen der Veränderung. „Jedes Tun ist Erkennen, und jedes Erkennen ist Tun"[109] – doch wie weit Erkenntnis und Tun reichen, liegt einzig im individuellen Ermessen eines jeden Menschen. In der Konsequenz bedeutet das, dass ein autopoietisches System nicht gezielt Einfluss auf ein anderes autopoietisches System nehmen und es verändern kann. Die **System-Autonomie** steht dem im Weg.

Das zeigt an dieser Stelle noch einmal sehr eindringlich, dass jede Form der Fremdausrichtung, die reaktiven Menschen zugrunde liegt, nicht von Erfolg gekrönt sein kann. Jeder Mensch ist ein in sich geschlossenes, determiniertes, autonomes System. Jede Anmaßung, ein anderes System fremdbestimmt verändern zu wollen, kommt wie der Bumerang des Kategorischen Imperativs zurück.

Wir können Menschen und Systeme nicht zur Veränderung zwingen.

Im Rahmen von notwendigen strukturellen und organisatorischen Veränderungsprozessen kann man zum Beispiel dem autopoietischen System eines jeden Mitarbeiters nur bedeutsame und sinnstiftende Attraktoren anbieten, die geeignet sein *könnten*, den geplanten Change freiwillig zu begleiten. Aber selbst das Ausmaß des Erfolgs entzieht sich jeglichen Prognosen, denn es sind Menschen, autonome Wesen, die selbst darüber entscheiden, inwieweit sie zulassen, dass eine Veränderung im Außen auch ihr eigenes System verändert – oder nicht.

An dieser Stelle wird auch deutlich, dass jede Form von Druck, Zwang oder Erpressung absolut sinnlos ist. Außer einem maßlosen Zufüttern an entropischer Energie und dem Säen von Veränderungsfeindlichkeit, Misstrauen, Stress, Wut, Ärger oder Hass führen alle Formen psychischer und physischer Gewalt niemals zu einer positiven Veränderung und einem friedlichen, konstruktiven Ausgang des Wandels.

Autopoietische Systeme wie der Mensch existieren nicht im luftleeren Raum, sondern sind immer strukturell zur Umwelt gekoppelt, mit der sie wechselseitig interagieren. Störungen durch die Umwelt (**Perturbation**) zerstören das selbstorganisierte System nicht, sondern sie lösen Veränderungen innerhalb des Systems aus, die als Störung wahrgenommen werden. Diese Störung beeinflusst den Prozess der Autopoiese, wenn dieser Störung nicht pro-aktiv im Sinne der Wiederherstellung der Kohärenz begegnet wird. Über die reine Stabilisierung einmal gefundener und für erfolgreich empfundener Selbsterhaltungs-Prozesse allein ist das nicht immer möglich. Der Prozess der Selbstorganisation umfasst zusätzlich auch die proaktive Entwicklung neuer Strukturen, die individuell geeignet sind, mit der wahrgenommenen Störung von außen so umzugehen, dass Kohärenz und Wohlbefinden für eine neue Form der

109 Maturana, Humberto und Varela, Francisco J., „Der Baum der Erkenntnis. Die biologischen Wurzeln des menschlichen Erkennens", 1987, S. 31

Systemstabilität sorgen können. Auch dieser Prozess macht deutlich, dass aus einem dynamischen System kein statisches werden kann und dass Veränderungen lebens- und überlebenswichtig für das eigene System sind.

Als autopoietische Systeme legen wir unsere Grenzen der Veränderung selbst fest und bestimmen gleichzeitig auch über Grad und Ausmaß unseres Lernens. „Tun bestimmt Erkenntnis, Erkenntnis bestimmt Tun" – das gilt auch beim Lernprozess. Da Pro-Aktivität das Ergebnis lebenslangen Lernens und Erfahrens ist, entscheiden wir auch hier zu jeder Zeit selbst über den Grad der Pro-Aktivität, den wir erlangen wollen – oder auch nicht. Auch beim Lernen selektieren wir. Wir lernen individuell das, was für uns:

- relevant
- neu
- anschlussfähig[110]

ist. Insbesondere die **Anschlussfähigkeit** ist wichtig, denn beim Anschlusslernen vergleichen wir den neuen Input mit dem Wissen und den Erfahrungen, die wir bereits gemacht haben. Da uns **Lernen zunächst irritiert und destabilisiert**, weil bekannte Denk- und Handlungsmuster nicht nur durcheinandergebracht, sondern auch in Frage gestellt werden können, ist die Anschlussfähigkeit eine wiedererkennende Bestätigung, dass das bisher Gelernte seinen Sinn und seine Daseinsberechtigung hatte und jetzt gewissermaßen nur noch neuer Input aufgelegt wird. Vergleichbar mit Holzscheiten, die aufgelegt werden, damit ein Kamin- oder Lagerfeuer nicht ausgeht. „**Der Wiedererkennungsdetektor macht Erfahrungen nutzbar**"[111] und sorgt dafür, dass wir in der Lage sind, eines unserer drei psychologischen Grundbedürfnisse zu erfüllen: Das Bedürfnis nach (mehr) Kompetenz.

Erste Ergebnisse der Gehirnforschung scheinen den Prozess der Autopoiese übrigens zu bestätigen. Unser Nervensystem funktioniert neurophysiologisch als ein operational geschlossenes, auf sich selbst bezogenes System. Prozesse des Erkennens geschehen durch eine Interaktion des Nervensystems mit sich selbst – Altes wird automatisch mit Neuem, Bekanntes ungefragt mit Unbekanntem verglichen.

Die neuen und bereits gemachten Erfahrungen, sowie das alte und das neue Wissen sind jedoch nicht immer automatisch stimmig. Genauso, wie beim Auflegen eines neues Holzscheites Funken stieben können, so können auch neue (Lern-)Impulse von außen die alte Ordnung auseinander wirbeln. Diese Spannung müssen wir an der Stelle lernen, wahrzunehmen und pro-aktiv zu verarbeiten, das heißt, hinzuschauen, warum und an welchen Stellen die Spannungen und Irritationen entstehen. Tun wir das nicht, bleiben wir im Spannungsfeld der Orientierungslosigkeit zwischen „alt" und „neu" stecken. Ambivalenz ist die Folge, in deren

110 *Dorothea Kunze, „Lerntransfer im Kontext einer personenzentriert-systemischen Erwachsenenbildung - Wie Wissen zum (nicht) veränderten Handeln führt", 2003, S. 80*

111 *Dorothea Kunze, ebenda, S. 80*

Windschatten wir in den Abwendungsmodus rutschen. Autopoiese als schöpferische Erneuerung ist dann nicht mehr möglich.

Wir können uns von Einflüssen von außen nicht komplett abschotten. Allein nur der Versuch würde uns zutiefst schaden, denn wir brauchen zur persönlichen Weiterentwicklung Anregungen von außen. Erst im Prozess der Interaktion mit der Umwelt können wir uns entwickeln. Immer dann, wenn wir Differenzen zwischen uns und unserer Umwelt wahrnehmen, sollten wir nicht nur alles dafür tun, unser individuelles Kohärenzgefühl und Wohlbefinden wiederherzustellen, sondern wir haben in diesem Moment auch die Chance, uns mit diesen Differenzen pro-aktiv auseinanderzusetzen. Wir können an ihnen wachsen, uns verändern und unsere eigenen Positionen, Denkhaltungen und Handlungsmuster überprüfen. Wir können **Wirklichkeitskonstruktionen vergleichen** und im gemeinsamen Austausch mit anderen zu neuen, kreativen Erkenntnissen gelangen.

Im Dialog über Gemeinsamkeiten, unterschiedliche Wahrnehmungen, Annäherung und Abwendung ist Wachstum und Veränderung für beide Seiten möglich. „Nachhaltige Selbstveränderungsprozesse gelingen nur in der Beziehung mit anderen. Wer sich verändern will, sollte daher immer andere suchen, die ihn begleiten."[112]

Gesellschaftliche, wirtschaftliche und individuelle Veränderungen und Problemlösungen gehen Hand-in-Hand. Systemisch sind Probleme und Veränderungen zwei Seiten einer Medaille. Ein Problem zu lösen impliziert immer eine Veränderung und eine Veränderung kann Probleme hervorrufen.

Schaut man sich allerdings eine Medaille genau an, stimmt die Aussage der „zwei Seiten" nicht, denn jede Medaille hat auch eine dritte Seite, nämlich den Rand. Er ist mal dicker und mal dünner, mal größer oder kleiner, was den Umfang angeht – aber ein Rand ist immer da. Die Einbeziehung der dritten Seite sorgt dafür, dass Denken und Sachverhalte komplex werden. Die dritte Seite einer Medaille stellt einen nebulösen, wenig kontrollierbaren Aspekt dar, den wir oft nicht kennen, noch nicht in Betracht gezogen haben oder nur schwer bis gar nicht beeinflussen können. Die dritte Seite veranlasst uns dazu, unsere Komfortzone zu verlassen, geistiges Neuland zu betreten, uns mit Aspekten auseinander zu setzen, die uns fremd oder nicht automatisch geläufig sind. Und genau an dieser Stelle entstehen nicht nur Dialoge und Reibungen, die für Kreativ- und Innovationsprozesse außerordentlich wichtig sind, sondern hier findet Lernen und Veränderung statt.

Koevolution, die gemeinsame wechselseitige Beeinflussung, und **Kooperation**, die gemeinsame Zusammenarbeit, stellen die dritte Seite der Medaille dar, wenn es um die Handhabung gesellschaftlicher und wirtschaftlicher Probleme und Veränderungen geht. Kooperation und

112 *Joachim Bauer, „Selbststeuerung – die Wiederentdeckung des freien Willens", S. 27*

Koevolution sind aber auch für unsere individuellen Lern-, Entwicklungs- und Veränderungsprozesse entscheidend. Indem wir uns auf freiwilliger und autonomer Basis mit anderen verbinden, wird Wachstum möglich. Geteiltes Wissen führt zu systemischer Reife und Erkenntnis auf beiden Seiten – der eigenen und der fremden. **Durch die gegenseitigen Wechselbeziehungen wird Transformation möglich.** Sie kann beschleunigt, vertieft und intensiviert werden. Wissens-, Erfahrungs- und Kompetenznetze können entstehen, die bei effektiver Nutzung die Effizienz und Produktivität steigern. Genau diese Effizienz und Produktivität nämlich, die momentan stockt oder gar nicht in Gang kommt und daher für unfassbare Produktionsverluste in allen Bereichen der Gesellschaft sorgt.

Koevolution verdeutlicht die „Förderung gemeinsamer Verständigung durch Lernprozesse"[113] – eine elementare Grundlage für erfolgreiche Kooperationen und für den produktiven Umgang mit Wissen in allen Bereichen unserer Gesellschaft. Dieses neue Verständnis von „**Knowledge-Sharing**" kann aber erst dann wirklich funktionieren, wenn wir gelernt und begriffen haben, dass Bildung und der Zugewinn von Wissen nicht mehr nur der Stabilisierung eines individuellen Status Quo (zum Beispiel dem Erhalt eines Arbeitsplatzes, der eigenen Wettbewerbsfähigkeit oder dem unternehmerischen Wettbewerbsvorteil) dient, sondern gleichzeitig auch evolutionären, zukunftssichernden Charakter für andere Menschen und Unternehmen hat. Erst dann fallen die Barrieren, die zurzeit noch gesichert werden wie Fort Knox und dafür sorgen, dass Wissen individuellen Hoheitscharakter hat, der eine Grenzüberschreitung unmöglich macht.

Begreifen wir den Prozess der Autopoiese als einen immerwährenden schöpferischen Akt der Erneuerung zum Wohle aller, hilft der Futability®-Circle dabei, diesen Prozess bewusster, bedeutsamer, sinnstiftender und aktiver zu begleiten. Der dritte und letzte Akt des Selbstorganisationsprozesses der Pro-Aktivität besteht aus drei Teilen:

1. Empowerment und Selbstverwirklichung
2. Autonomie und Beziehung im Gleichgewicht
3. Handeln und Ausbalancieren

113 *Dorothea Kunze, „Lerntransfer im Kontext einer personenzentriert-systemischen Erwachsenenbildung - Wie Wissen zum (nicht) veränderten Handeln führt", S. 80*

1. EMPOWERMENT UND SELBSTVERWIRKLICHUNG

Zeit unseres Lebens regnen Einflüsse, Impulse, neue Situationen und Veränderungen auf uns herab, auf die wir reagieren müssen. Wir entscheiden allerdings selbst darüber, wie diese Reaktion aussieht. Ob wir zu Hause bleiben, einen Regenschirm bei uns tragen oder unter

andere Schirme schlüpfen, Regenkleidung tragen oder nicht, ob wir im Regen tanzen, durch ihn rennen oder gemütlich spazieren gehen, das Gesicht nach oben strecken und die Tropfen trinken oder den Kopf senken, um Augen, Mund und Nase zu schützen – wir entscheiden zu jeder Zeit selbst!

Neben allen Wünschen und Bedürfnissen, die wir im Laufe unseres Lebens haben und uns erfüllen, ist unser Selbst die Sonne, um die alles kreist. Unser Selbst ist ein immerwährender innerer Bezugspunkt, der entscheidenden Einfluss darauf hat, wie wir einer VUCA-gewordenen Welt gegenübertreten. Im Selbstorganisationsprozess der Pro-Aktivität korrigieren wir unseren Fokus von „fremd" auf „selbst". Allein nur durch den Austausch von Präfixen fokussieren wir uns auf uns – auf unser Selbst.

Das Selbst ist „eine aus einem Prozess der Selbstorganisation emergierende Struktur"[114], eine Struktur unserer symbolisierten Erfahrungen – also unserer Selbsterfahrungen. Jede neue bewusste Erfahrung ist ein Fraktal, das unser Selbst verändert und uns im besten Fall ins Wachstum bringt. Unser Selbst ist daher niemals statisch, sondern immer prozessual, dynamisch, flexibel und es unterliegt bis zum Lebensende einem stetigen Wandel. Damit wir an dieser Dynamik nicht zerbrechen, hat das Selbst **drei Coping-Mechanismen für eine bessere Selbstorganisation**[115] entwickelt:

1. Emotions-Regulation

Je häufiger wir Erfahrungen und Emotionen koppeln und diese Koppelung zulassen können, umso besser wird unsere Fähigkeit, in komplexen Situationen mühelos(er) zu navigieren. Wir erhöhen unsere Flexibilität und werden umso kreativer, je größer der emotionale Erfahrungsschatz ist, auf den wir zurückgreifen können. Emotionen sind ein elementarer Navigator für unser Bauchgefühl (Intuition).

2. Embodiment

Zur Selbst-Erfahrung kommt es erst dann, wenn Körper, Geist und Seele zusammenarbeiten und Erfahrungen „verinnerlicht" werden. Emotionen spüren wir daher nicht nur emotional

---

114 Wolfgang Tschacher, Melanie Munt, „Das Selbst als Attraktor: das psychologische Selbst aus systemtheoretischer und achtsamkeitsbasierter Sicht", Psychotherapie 18. Jahrg. 2013, Bd 18-2, S. 18

115 Wolfgang Tschacher, Melanie Munt, ebenda, S. 24/25

und kognitiv, sondern auch körperlich – ein Kribbeln im Bauch als Zeichen von Vorfreude, Magenkrämpfe bei Nervosität oder Herzklopfen, wenn wir verliebt sind. Signale aus der Körper-Innensphäre und der Welt der äußeren Situationen werden zusammengeführt und verändern nicht selten das körperliche (Wohl-)Befinden. Neben den Emotionen dienen uns also auch körperliche Hinweise als Navigationshilfe in neuen Situationen und bei neuen Erfahrungen. Gestik, Mimik, Stimmlage, Köperhaltung und Motorik spiegeln unser Selbst und sind das Resultat psychischer Prozesse. Positive Körperwahrnehmungen stärken unser Selbstbild. Nicht umsonst hat „Lach-Yoga" so einen großen Erfolg. Lacht der Körper, lacht gleichzeitig auch die Seele.

3. Integrationsfähigkeit

Wir sind in der Lage, sich widersprechende Informationen zu verarbeiten. Wir können mit Paradoxien umgehen und sind auf Generalisierungen nicht angewiesen, denn wir können einen Spannungszustand, hervorgerufen durch gegensätzliche Informationen, geistig erfassen und verarbeiten. Auch einen kritischen und gleichzeitig wohlwollenden Blick auf uns selbst können wir ertragen, verarbeiten und uns dabei selbst ins Wachstum bringen.

Das Selbst können wir uns folglich vorstellen wie einen riesigen Speicher-Chip auf dem ungefragt und automatisiert Downloads, neue Dokumente, kleine Programme oder Updates gespeichert werden. Öffnen wir diesen Speicher-Chip, finden wir dort unter anderem:

- unsere Selbsterfahrungen
- unsere Erinnerungen und Gedanken
- Charaktereigenschaften, die wir uns selbst zuschreiben
- unsere Wertehaltungen (und ja, auch – noch – unsere Werturteile)
- unser soziales Selbst mit den Rollen, die wir in unserem Leben einnehmen
- unsere Verhaltens-Fraktale
- unsere körperliche Wahrnehmung
- Liebe und Achtung zu uns selbst
- Selbsteinschätzung
- Selbstwahrnehmung
- unsere Einstellung zu Persönlichkeit, Bedürfnissen, Erfolgen und Misserfolgen
- das Wissen über unseren Charakter
- unser Idealbild von dem, wie wir gerne sein würden
- unser Selbstbild, also das Bild, das wir von uns selbst haben
- Grad und Ausmaß unseres Empowerments

Empowerment (auch „**Selbstkompetenz**" genannt) bezeichnet die Fähigkeit, mit uns selbst umgehen zu können, die Art und Weise, wie wir unsere Interessen selbst-verantwortlich und selbst-bestimmt vertreten und nachhaltig verfolgen. Empowerment ist ein Prozess der Selbstbemächtigung, in dem wir uns bewusst zu Autonomie und Selbstbestimmung entschließen und dabei alle Gestaltungsspielräume wahrnehmen und nutzen, die uns zur Verfügung stehen. Wir bekommen Zugang zu unseren Ressourcen, Handlungsspielräumen und (ungenutzten) psychologischen Fähigkeiten. Die Fähigkeit der Selbstkompetenz macht uns unsere Stärken bewusst und hat somit direkten Einfluss auf unser Selbstbild, denn es festigt unser Selbstwertgefühl – einen der Wurzelstränge im Leitbündel unserer persönlichen Ressourcen (Seite 203).

Doch nicht nur für unser Selbst ist Empowerment wichtig. Auch im Arbeitskontext ist psychologisches Empowerment ein elementarer Motor. Das fand ein Forscherteam um Carsten C. Schermuly, Diplompsychologe und Professor für Wirtschaftspsychologie an der SRH Hochschule Berlin, heraus[116]. Je selbstbestimmter, eigenverantwortlicher und unternehmerischer Mitarbeiter handeln konnten, desto eher regten sie Neuerungen an und konnten Schöpfertum und Kreativität entfalten. Sowohl im unternehmerischen als auch im individuellen Kontext ist es daher bedeutsam und sinnstiftend, dass wir eine Umgebung schaffen, in der Empowerment möglich ist. Freiheit, Explorationsverhalten (Neugier) und eine persönliche beziehungsweise unternehmerische Fehlerkultur sind wichtige Grundvoraussetzungen dafür, dass sich Selbstkompetenz entfalten kann.

Carl Ransom Rogers, einer der renommiertesten US-amerikanischen Psychologen und Psychotherapeuten, beschäftigte sich Zeit seines Lebens mit der **Einzigartigkeit des Individuums**. Er war maßgeblich beteiligt am Ausbau der Humanistischen Psychologie, die bis heute den Anspruch verfolgt, dass sich gesunde, sich selbst verwirklichende und schöpferische Persönlichkeiten entfalten können.

Rogers vertrat die Philosophie, dass jeder Organismus nach immer höherer Komplexität, immer größerer Selbstverwirklichung und Vervollkommnung sowie nach der Entfaltung seiner schöpferischen Fähigkeiten strebt. Er war überzeugt, dass jeder Mensch versucht, sich auf das für ihn größtmögliche Maß an Selbstgestaltung hinzubewegen und ein stabiles, kongruentes Selbstbild anstrebt. Das Selbst fasste er unter dem Begriff „**Selbstkonzept**" zusammen und er unterschied zwischen einem flexiblen und einem rigiden Selbstkonzept[117].

---

116 *Carsten Christoph Schermuly (Business Psychology, SRH University Berlin), Bertolt Meyer (Social and Business Psychology, University of Zurich) & Lando Dämmer (University of Maastricht). (2013). Leader-Member Exchange and Innovative Behavior: The Mediating Role of Psychological Empowerment [Abstract].Journal of Personnel Psychology, 12 (3), 132-142.*

117 *Dorothea Kunze, „Lerntransfer im Kontext einer personenzentriert-systemischen Erwachsenenbildung - Wie Wissen zum (nicht) veränderten Handeln führt", S. 105ff*

	Rigides Selbstkonzept	*Flexibles Selbstkonzept*
Neue Erfahrungen	Nicht erfahrungs-offen	Erfahrungs-offen
Verhalten	Misstrauisch(er), ängstlich	Neugierig, ergebnisflexibel
(Selbst-)Vertrauen	Schwächer ausgeprägt	Stark ausgeprägt
Bewertung neuer Erfahrungen	Negativ: die Auswirkung der neuen Erfahrungen kann nicht bewertet oder eingeschätzt werden	Positiv: neue Erfahrungen sorgen für persönliches Wachstum
Selbstkonzept	Negativ: neue Erfahrungen werden abgewehrt durch Verleumdung oder Verzerrung	Positiv: das Selbstkonzept wird an neue Erfahrungen angepasst
Kohärenzgefühl	Schwächer ausgeprägt	Stark ausgeprägt
Modus	**Abwendung**	**Annäherung**
Folge	Fehlverhalten, Fehlentwicklungen bis hin zu psychischen Störungen	Empowerment, Selbstverwirklichung, Autonomie

Rogers Menschenbild und sein philosophischer Ansatz waren Grundlage seiner „Personenzentrierten Theorie" (auch Persönlichkeitstheorie). Ihr zugrunde liegt das übergeordnete Entwicklungsprinzip der **Aktualisierungstendenz**, das menschliche Streben, unter allen Umständen zu wachsen, zu leben und sich an die (veränderten) Umweltbedingungen anzupassen. Rogers beschrieb die Aktualisierungstendenz als „die dem Organismus innewohnende Tendenz zur Entwicklung all seiner Möglichkeiten. Und zwar so, dass sie der Erhaltung oder Förderung des Organismus dienen."[118] Die Aktualisierungstendenz ist damit ein Prinzip der Selbstorganisation, denn der immerwährende Attraktor ist das Streben des Organismus nach Wachstum, Entwicklung, Differenzierung, Autonomie, Empowerment und Selbstverwirklichung.

Die Aktualisierungstendenz stellt einen angeborenen Motivationsprozess dar, der in seiner Dynamik dafür sorgt, dass wir eines unserer drei psychologischen Grundbedürfnisse – die Kompetenz – immerwährend befriedigen können, indem Weiterentwicklung und der Erhalt der eigenen Fähigkeiten angestrebt wird. Rogers unterscheidet zwischen **drei verschiedenen Bewertungsmaßstäben**, wenn wir Erfahrungen machen:

118 Carl Rogers, „Eine Theorie der Psychotherapie, der Persönlichkeit und der zwischenmenschlichen Beziehungen", 2009, S. 27

AKTUALISIERUNGSTENDENZ

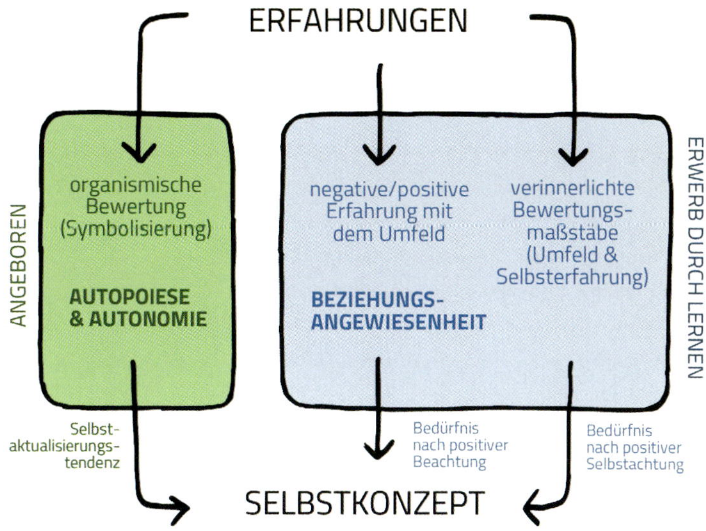

1. Organismische Bewertung

Hier verarbeiten wir Erfahrungen zu Selbsterfahrungen. Die organismische Bewertung ist ein **angeborenes Belohnungssystem**, das nach dem Prinzip der Autopoiese funktioniert. Es ist in sich abgeschlossen, speist sich aus uns selbst und funktioniert von Geburt an. Es sorgt zum Beispiel dafür, dass sich die Bewegung eines Kleinkindes vom Krabbeln zum Laufen weiterentwickelt. Obwohl Krabbeln die einfachere Fortbewegungsart ist, wird das Stehen auf zwei Beinen immer und immer wieder geübt und das Fallen meisten klaglos in Kauf genommen, weil die angeborene Motivation nach mehr Autonomie, Selbstbestimmung und Empowerment zu streben, in uns allen steckt. Mehr Autonomie, Selbstbestimmung und Empowerment sind Belohnung und Ziel in einem. Stünde uns dieses angeborene Belohnungssystem nicht zur Verfügung, könnten wir uns nicht entwickeln. Werden Selbsterfahrungen als positiv und wachstums- und entwicklungsfördernd wahrgenommen, werden sie mithilfe unserer organismischen Bewertung quasi auf direktem Weg automatisiert und autonom in unser Selbstkonzept eingespeist. Diese „**Selbstaktualisierungstendenz**" sorgt für die Entwicklung, Entfaltung, Reife, Ausdifferenzierung und Bereicherung unserer Persönlichkeit. Je größer unser Fundus an Selbsterfahrung ist, umso häufiger aktivieren wir unsere Selbstaktualisierungstendenz und umso flexibler, bunter und reichhaltiger wird unser Selbstkonzept.

2. Negative oder positive Erfahrung mit dem Umfeld

Diesem Bewertungssystem liegt die Beziehungsangewiesenheit des Menschen zugrunde. Neben Autonomie, Empowerment und Selbstverwirklichung streben wir nach guten Beziehungen zu anderen Menschen. Unser **Bedürfnis nach positiver Beachtung** ist ebenfalls ein Belohnungssystem. Anders als die organismische Bewertung basiert dieses Belohnungssystem jedoch auf Lernen. Wir lernen, mit anderen Menschen zu kommunizieren, wir lernen, welche Auswirkungen unterschiedliche Verhaltensweisen haben können, wir spüren Liebe zu anderen, wir fühlen, was Nähe oder Distanz bedeuten – sowohl emotional als auch kognitiv und körperlich. Diese Erfahrungen mit unserem Umfeld bewerten wir positiv oder negativ. Diese Erfahrungen sind abhängig von der Interaktion mit anderen Menschen. Die Belohnungsquellen werden in diesem Fall aus unserem Umfeld gespeist – also aus dem Kontakt mit anderen Menschen, den wir in vielen Bereichen unseres Lebens haben. Eine gesunde Basis positiver Beachtung wird bereits von klein auf im Elternhaus gelegt. Wird dem Bedürfnis nach positiver Beachtung entsprochen und ist dieses Bedürfnis nicht an Bedingungen von Seiten der Eltern gebunden, kann eine gesunde Entwicklung stattfinden.

3. Verinnerlichte Bewertungsmaßstäbe

Auch dem dritten Bewertungssystem liegt die Beziehungsangewiesenheit des Menschen zugrunde. Hier wird – entweder durch Selbsterfahrung oder durch externe Bewertungsmaßstäbe – unserem **Bedürfnis nach positiver Selbstachtung** entsprochen. Durch Interaktion mit anderen Menschen, aber auch durch Erfahrungen mit uns selbst, können wir uns selbst akzeptieren und achten – oder auch nicht. Durch eine gesunde Selbstachtung erreichen wir eine gewisse, aber nie vollkommene Unabhängigkeit von äußerer Bewertung. Auch dieser Prozess ist wie das Bedürfnis nach positiver Beachtung ein Lernprozess und nicht angeboren. Wir lernen Selbstachtung, wir lernen, uns selbst zu lieben, wir lernen, achtsam mit uns umzugehen. Auch dieser Lernprozess findet nicht losgelöst vom sozialen Umfeld statt. Die Grundlagen werden ebenfalls in der Kindheit im Elternhaus gelegt. Das Zulassen von Gefühlen, Anregung und Unterstützung, Sicherheit, Geborgenheit und Zuverlässigkeit sowie Wertschätzung sind wichtige Pfeiler, auf denen das Bedürfnis nach positiver Selbstachtung aufbauen kann.

Stimmen unsere drei Bewertungsmaßstäbe überein, sind Erfahrungen und Selbstkonzept kongruent zueinander. Wir haben ein Gefühl der Stimmigkeit und können neuen Situationen, Veränderungen und neuen Erfahrungen gegenüber aufgeschlossen und flexibel reagieren. Das Grundvertrauen ist da, mit den veränderten oder neuen Rahmenbedingungen gut umgehen und sich anpassen zu können. Die Offenheit für neue Erfahrungen ist da, denn die Angst ist gering, dass neue Erfahrungen das Selbstkonzept gefährden. Wir befinden uns im Anwendungsmodus.

Bestehen allerdings Diskrepanzen zwischen dem Selbstkonzept und den Erfahrungen, kommt es zu Störungen. In diesem Moment will unser Organismus ein Selbst aktualisieren, das mit der Erfahrung nicht mehr übereinstimmt. Widersprüchlichkeit und Unvereinbarkeit zwischen dem wahrgenommenen Selbstkonzept und den Erfahrungen sind die Folge. Die Aktualisierungstendenz spaltet sich: Einerseits soll das übergeordnete Bedürfnis von Wachstum und Entwicklung des Selbstkonzeptes aufrechterhalten werden, andererseits sorgt die Selbstaktualisierungstendenz dafür, dass das Selbstkonzept geschützt wird. Wo vorher beide Bedürfnisse in eine Richtung arbeiteten, stehen sie nun diametral zueinander, weil Selbstkonzept und Erfahrung keine Einheit mehr bilden. Selbsterfahrungen werden jetzt unangemessen symbolisiert, überhaupt nicht als Selbsterfahrung erkannt oder im Selbstkonzept falsch repräsentiert. Die unangemessene Symbolisierung kommt einer Abwehrhaltung gleich, entweder einer Verneinung oder einer Verzerrung.

Eine **Verneinung** liegt vor, wenn eine Erfahrung überhaupt nicht zum bewussten Erleben zugelassen wird, während eine **Verzerrung** Erfahrungen zensiert. Das bedeutet, Erfahrungen werden zwar noch als relevant für das Selbstkonzept erlebt, aber sie werden nur noch selektiv in das Selbstkonzept aufgenommen, da bei vollständiger Aufnahme das Selbstkonzept ernsthaft bedroht wäre. Im Prozess der Inkongruenz zwischen Selbstkonzept und Erfahrungen entsteht ein Gefühl der Bedrohung. Angst und Abwehr sind die Folge. Das Selbstkonzept rutscht von einem flexiblen in einen rigiden Zustand.

Um also den Zustand von Empowerment und Selbstverwirklichung zu erreichen, ist es wichtig, dass wir uns selbst immer wieder in die Lage versetzen, Erfahrungen unverzerrt und offen wahrnehmen zu können. Je kongruenter Selbstkonzept und Erfahrungen sind, umso mehr neigen wir dazu, uns selbst zu akzeptieren und uns zu verändern, da wo es notwendig ist und dem persönlichen Wachstum, der Selbstverwirklichung und unserem Empowerment dient. Das Schaffen positiver, wohltuender und wachstumsfördernder Umstände ist ein schöpferischer Akt. Er verlangt:

- dass wir uns klar positionieren hinsichtlich unserer Attraktoren und Bedürfnisse
- dass wir unser Selbst kennen und durch neue Erfahrungen beständig erweitern
- dass wir verstehen, dass Befriedigung, Bedeutsamkeit und Wohlbefinden nur aus uns selbst heraus generiert werden und nicht von anderen verlangt oder vorgelebt werden können
- die innere Akzeptanz, dass weder wir selbst noch die Welt, in der wir leben, der Statik unterworfen sind, sondern nur aufgrund dynamischer Prozesse der Selbstorganisation und Selbstregulation leben und überleben können
- dass wir uns aus uns selbst heraus flexibel verändern

Carl Rogers beschrieb diesen schöpferischen Akt wie folgt: „Ich bin der Überzeugung, dass dieser Prozess des guten Lebens kein Leben für die Kleinmütigen ist. Er enthält ein Ausdehnen und ein Wachsen der Entwicklung zu einem Sein, in dem man zunehmend seine eigenen Möglichkeiten hat. Der Mut zum Sein ist darin inbegriffen. Es bedeutet, sich völlig in den Strom des Lebens hineinzubegeben. Das ist aber das höchst Aufregende beim Menschen: Wenn das Individuum innerlich frei ist, wählt es als das gute Leben diesen Prozess des Werdens."[119]

2. AUTONOMIE UND BEZIEHUNG IM GLEICHGEWICHT

Leben ist ein aktiver Prozess. Es findet ohne unser Zutun statt. Wir werden nicht einmal gefragt, ob wir überhaupt leben wollen. Dass wir leben und dass es uns gibt, ist ein Zufallstreffer. Aus Millionen von Spermien war eines schnell genug, aktiver und durchsetzungsfähiger als mindestens 999.999 andere. Wir können dankbar sein, dass aus genau diesem Spermium mit exakt einer Eizelle die Person aus uns geworden ist, die wir heute sind – oder wir können uns bis an den Rest unseres Lebens fragen, welcher Mensch wir wohl wären, wenn eines der 999.999 anderen Spermien den Weg zur Eizelle gefunden hätte.

Weil Leben ungefragt stattfindet, können wir unser Leben ohne unser Zutun an uns vorüberlaufen lassen. Wir können aber auch die verantwortungsvolle Entscheidung treffen, den aktiven Lebensprozess zu unterstützen und ihn mit Bedeutsamkeit und Sinnhaftigkeit anzureichern. Damit uns das möglich wird, müssen wir im Regelfall ein paar Ketten sprengen, bis wir einen tatsächlichen Zustand innerer Autonomie erreicht haben. Denn sie benötigen wir, um die automatisierten Lebensprozesse nicht zu blockieren. „Das Streben nach Autonomie im Sinne von Selbsterhaltung und Selbstentfaltung lässt sich nicht erzeugen oder erziehen, es ist schon da."[120] Autonomie ist die Hefe, die unseren „Lebens-Teig" aufgehen lässt. Autonomie ist:

- die Grundlage autopoietischer Prozesse
- Kern der (Selbst-)Aktualisierungstendenz
- eines der drei psychologischen Grundbedürfnisse
- Bedingung für den Prozess der Selbstorganisation
- erklärtes Ziel der Selbstregulation
- ein notwendiger Prozessschritt der Reifung und des persönlichen Wachstums
- eine elementare Ressource für Leidenschaft und Kreativität
- eine wichtige Ergänzung für Flexibilität
- ein lebenswichtiger Faktor für Gesundheit und Wohlbefinden
- ein wirksamer persönlicher Schutzmechanismus in einer VUCA-gewordenen Welt

119 Carl Rogers, „Entwicklung der Persönlichkeit - Psychotherapie aus der Sicht eines Therapeuten", S. 195

120 Dorothea Kunze, „Lerntransfer im Kontext einer personenzentriert-systemischen Erwachsenenbildung - Wie Wissen zum (nicht) veränderten Handeln führt", S. 103

Innere Autonomie anzustreben ist daher nicht gleichbedeutend mit Egoismus. Selbstbestimmt zu handeln hat auch nichts mit „Laissez faire" zu tun oder einem „Nach-mir-die-Sintflut"-Motto. **Autonomie ist (über-)lebensnotwendig**, wenn wir den Anspruch haben, nicht nur zu leben, sondern unser Leben mit Wohlbefinden, Zufriedenheit, Glück und Gesundheit auszufüllen. Auf eine autonome Lebenseinstellung können wir nicht verzichten, wenn wir uns auf dem Gesundheits-Krankheits-Kontinuum immer wieder in Richtung Gesundheit bewegen wollen. Selbstbildung, Eigengesetzlichkeit, Selbstorganisation, Selbstregulation – mit anderen Worten: Autonomie – heißt, Verantwortung zu übernehmen. Für das eigene Tun und das eigene Unterlassen, für die eigenen Fehler ebenso wie für unser Denken, Handeln und Kommunizieren. Dafür, dass wir im passenden Moment das Richtige sagen oder im unpassenden Moment ins Fettnäpfchen treten. Verantwortung zu tragen heißt, sich um die eigene Gesundheit und das eigene Wohlbefinden zu kümmern, damit wir mögliche Energie- und Kraftüberschüsse in die Entwicklung anderer Menschen investieren können.

(Selbst-)Verantwortung ist – meiner Meinung nach – einer der schwierigsten Lern- und Wachstumsschritte überhaupt. Autonomie bedeutet nämlich, Fremdverantwortung abzugeben und das Leben in die eigenen Hände zu nehmen. Das heißt: Raus aus der Komfortzone, raus aus der Versorger-Haltung, raus aus der „Rundum-Sorglos"-Mentalität, die wir uns angewöhnt haben und in der es sich so gemütlich leben lässt. Wenn wir (selbst-)verantwortlich sind, tragen nicht mehr „die anderen" die Schuld an unserer Misere, sondern ausschließlich nur noch wir selbst. Es sind dann aber auch nicht mehr „die anderen", die Erfolg haben, sondern Erfolg ist, wenn wir eigenverantwortlich agieren, auf unserem eigenen „Misthaufen" gewachsen.

Es steht uns immer frei, unsere Chancen, Ressourcen und Grenzen im Rahmen des uns zurzeit Möglichen zu aktivieren und auf Veränderungen pro-aktiv zu reagieren. Wenn wir unser Leben der Selbstbestimmtheit verschrieben haben, können wir uns der individuellen Verantwortung gegenüber unserem Geist und unserem Körper jedoch nicht entziehen. Denn agieren wir nicht pro-aktiv und lassen wir uns von – vor allem ungewollten – Veränderungen gleichsam wie in einem Strudel in die Tiefe reißen, verlieren wir die Kontrolle. Über die Situation an sich, aber auch über die mentalen, kognitiven und physischen Auswirkungen der Veränderung auf uns selbst. Ohne Kontrolle können wir aber nicht mehr verantwortlich handeln, denn es fehlt eine stabile Entscheidungsgrundlage, wofür überhaupt noch Verantwortung übernommen werden soll. Auch die Bedürfnisbefriedigung oder die Hoffnung darauf, die eigenen Bedürfnisse befriedigen zu können, schwindet, wenn die Kontrolle entgleitet. Die Folge sind Unlust, Unsicherheit, Hoffnungslosigkeit, Stress, Unzufriedenheit, Unwohlsein und im schlimmsten Fall Ängste, Depressionen, Burn-out oder chronische Krankheiten. Vom selbstbestimmten Annäherungsmodus sind wir abgerutscht in einen fremdbestimmten Abwendungsmodus. Das oberste Handlungsmotiv autonom und pro-aktiv agierender Menschen lautet daher:

„Ich erschaffe mir die Bedingungen, die ich brauche, selbst!"

Welche Bedingungen das sind, welche Ziele und Visionen Sie verfolgen, was und wen Sie benötigen, um Wohlsein, Lebenslust, Zufriedenheit und Motivation empfinden zu können, können nur Sie selbst entscheiden. Niemand sonst! Dieses Handlungsmotiv gilt auch schon für Kinder und zwar in dem Maß, in dem sie für sich bereits Verantwortung übernehmen und entscheiden können, was sie motiviert und was nicht.

Autonomie ist faszinierend, einzigartig und gleichzeitig hochkomplex, denn der Wunsch nach Selbstbestimmung ist nicht nur vom Entwicklungsstand eines Menschen abhängig, sondern auch von den jeweils individuellen Fähigkeiten der Eigenaktivität eines jeden Menschen generell und in besonderen Situationen. Hat ein Mensch zum Beispiel nie einen Führerschein gemacht, kann seine Mobilität dauerhaft eingeschränkt sein und seine Autonomie beschränken. Hat sich eine Person, die einen Führerschein hat, ein Bein gebrochen, kann sie vorübergehend nicht Auto fahren. Mobilität und Autonomie können vorübergehend eingeschränkt sein. Inwieweit die dauerhafte oder vorübergehende Einschränkung von Mobilität und Autonomie die Menschen belastet, kann nicht vorhergesagt werden – denn auch das ist von Mensch zu Mensch, von Persönlichkeit zu Persönlichkeit, von Konstitution zu Konstitution und von Situation zu Situation unterschiedlich.

Autonomie ist folglich auch kein statisches Konstrukt, sondern der Grad der Autonomie verändert sich ein ganzes Leben lang und passt sich den individuellen Bedürfnissen und Wünschen an – ebenso wie dem Umfeld. Ein Paar, das ein Kind bekommt, wird in den ersten Monaten und Lebensjahren des Kindes einen bestimmten Grad an Autonomie aufgeben. Es erlangt diese Autonomie aber Schritt für Schritt zurück, je selbstbestimmter der Nachwuchs wird. Autonomie ist daher keine individuelle Einbahnstraße, sondern Autonomie entwickelt sich aus uns heraus – aber immer in Bezug zur Umwelt und zu anderen Menschen. Autonomie ist notwendig, wenn wir:

- unsere Bedürfnisse und Wünsche befriedigen
- stressreduzierende Voraussetzungen schaffen wollen
- ein inneres Gleichgewicht, Wohlbefinden und Gesundheit anstreben
- unser Verhalten aktiv mit der Umwelt abgleichen und da anpassen, wo es uns notwendig und sinnvoll erscheint
- Einstellungen und Bewertungen verändern, um aus der Ökonomie des Verhaltens auszubrechen
- uns aus Abhängigkeiten oder symbiotischen Beziehungen befreien und vom „Fremd-Status" zum „Selbst-Status" übergehen wollen
- unser Kohärenzgefühl stärken möchten

Ronald Grossarth-Maticek hat sich jahrzehntelang mit dem Thema Autonomie beschäftigt und autonomes Verhalten wie folgt definiert: „Es ist an Situationen im Hier und Jetzt aus-

gerichtet und nicht an Bedingungen und Erwartungen aus der Vergangenheit, die die Entfaltung in der Gegenwart behindern."[121] Für ihn sind Menschen dann autonom, wenn sie sich „unabhängig von Zuständen, Personen, Bedingungen, eigenen Gedanken und Emotionen machen."[122] Wer autonom handelt, steht sich nicht selbst im Weg, findet nicht, dass früher alle besser war, sorgt für sich und vermeidet hemmende Abhängigkeiten.

Autonomie führt aber nicht nur individuell zu mehr Zufriedenheit und Wohlbefinden, persönlichem Wachstum und Entwicklung, sondern hat auch im Arbeitskontext erstaunliche Effekte. Xiao-Ping Chen, Professorin für Management an der University of Washington fand heraus, dass Leidenschaft bei der Arbeit die Kreativität fördert[123]. Allerdings ist die Grundlage für Leidenschaft Autonomie, denn erst wenn Druck und Kontrolle von außen reduziert werden – entweder durch den Mitarbeitenden selbst oder durch die Unternehmensführung – ist wirkliche Selbstbestimmung möglich. Autonomie wiederum sorgt dafür, dass Mitarbeiter mental beweglicher, problemlösungsorientierter und kreativer werden. Kreativ werden Menschen, wenn sie im Team und im Unternehmen zu Autonomie ermuntert werden, wenn ihnen selbst an Autonomie und Selbstbestimmung gelegen ist und sie echte Leidenschaft für den Job mitbringen. Autonomie, Leidenschaft und Kreativität fügen sich also wie Zahnräder eines Uhrwerks ineinander. Fällt eines aus, drehen sich auch die anderen nicht weiter. Wird eines mobilisiert, springen auch die anderen an.

Autonomie und Selbstbestimmung haben zusätzlich auch direkte Auswirkungen auf das eigene Wohlbefinden am Arbeitsplatz. Martin Obschonka[124], Professor für Gründungs- und Innovationspsychologie an der Universität des Saarlandes, fand heraus, dass Selbständige negative Auswirkungen von Überstunden durch das Gefühl von Autonomie und Selbstbestimmung abfedern können und trotz Überstunden im Job zufriedener sind als Angestellte. Demgegenüber sind diejenigen unzufriedener, die zwar auch viele Überstunden leisten müssen, dabei aber weniger Autonomie und Selbstbestimmung spüren.

121 *Ronald Grossarth-Maticek, „Autonomietraining", S. 73*
122 *Ronald Grossarth-Maticek, „Autonomietraining", S. 73*
123 *Dong Liu and Xiao-Ping Chen [University of Washington] & Xin Yao [University of Colorado at Boulder] (2011). From Autonomy to Creativity: A Multilevel Investigation of the Mediating Role of Harmonious Passion (Abstract). Journal of Applied Psychology, Vol. 96, No. 2, 294-309.*
124 *Martin Obschonka (Universität des Saarlandes) & Rainer K. Silbereisen (Friedrich-Schiller-Universität Jena). (2015). The Effects of Work-Related Demands Associated with Social and Economic Change on Psychological Well-Being: A Study of Employed and Self-Employed Individuals. Journal of Personnel Psychology, 14 (1), Special Issue: New Approaches to Job Demands, 8-16.*

Auch die Arbeitspsychologin Julia Clasen[125] von der Universität Hamburg hat sich – indirekt – mit dem Thema der Autonomie befasst. Sie entwickelte einen Fragebogen, mit dem stressige Arbeitsbedingungen von Freischaffenden ermittelt werden können. Dabei fand sie heraus, dass **drei Ressourcen** das Wohlbefinden unmittelbar verbessern:

1. eigene Gestaltungsmöglichkeiten der Arbeit
2. Handlungsspielraum bei der Ideenentwicklung
3. soziale Unterstützung durch Arbeitgeber sowie Freunde und Familie

Eigene Gestaltungsmöglichkeiten und Handlungsspielräume sind direkte Indikatoren für Autonomie am Arbeitsplatz. Und auch hier wird deutlich: **Autonomie macht glücklich.**

6 FRAGEN UND EIN WARUM:

1. *Wem versuchen Sie zu gefallen?*
2. *Wem versprechen Sie etwas?*
3. *Wen wollen Sie verändern?*
4. *Wen wollen Sie beeindrucken?*
5. *Wer ist essenziell für Ihren Erfolg oder Ihre Karriere?*
6. *Wer kann Ihre Entwicklung und Ihr Fortkommen stoppen?*

Fragen Sie sich bitte nach jeder Antwort „Warum?"

Autonomie ist ein natürlich angestrebter Entwicklungszustand und eines der drei psychologischen Grundbedürfnisse, dessen Erfüllung Motivation auslöst, unser Lustzentrum im Gehirn anregt und das Glückshormon Dopamin ausschüttet. Autonomie ist daher eine der kalorienärmsten Schokoladen überhaupt – allerdings nicht immer leicht zu schlucken. Denn neben dem Bedürfnis nach Autonomie gibt es ein weiteres starkes Bedürfnis, das nach Aufmerksamkeit schreit: Die **soziale Eingebundenheit**.

Autonomie und Bindung stehen zueinander im Widerspruch und in Konkurrenz. Nicht selten führen der Wunsch nach Autonomie und das Bedürfnis nach sozialer Eingebundenheit zur Ambivalenz. Dieser Ambivalenz-Konflikt hat sogar einen Namen, weil er so häufig vorkommt. Er nennt sich „**Zugehörigkeits-Selbstbestimmungs-Konflikt**". Wie entsteht er?

125 *Julia Clasen (2012). Instrument zur stressbezogenen Tätigkeitsanalyse bei Freelancern auf Basis des ISTA von Semmer, Zapf und Dunckel [Abstract]. Zeitschrift für Arbeits- und Organisationspsychologie, 56, 123-142.*

Jeder Mensch hat nicht nur ein angeborenes Bedürfnis nach Autonomie, sondern auch nach Zuwendung und Wertschätzung durch andere Menschen. Wenn Sie sich an das vorherige Kapitel erinnern, so sind auch unsere Erfahrungen einerseits welche, die wir mit uns selbst und aus uns selbst heraus generieren und andererseits solche, die auf der Interaktion mit anderen basieren. Beide Bedürfnisse sind, neben dem Bedürfnis nach (mehr) Kompetenz, bis an unser Lebensende intrinsische Hauptantriebskräfte für unser Tun, unsere Entwicklung und unser Wachstum.

Auf Autonomie können wir nicht verzichten – auf die Bindung zu anderen Menschen aber auch nicht. Denn beide Bedürfnisse regen unser Lustzentrum im Gehirn an. Neben Dopamin wird auch Oxytocin ausgeschüttet, das sogenannte „Bindungs- oder Kuschelhormon", das zwischenmenschliche Bindungen festigt, das Vertrauen steigert und die Sozialkompetenzen antriggert. Umfangreiche Forschungen haben gezeigt, dass gute zwischenmenschliche Beziehungen Stress reduzieren und sich positiv auf die Lebenserwartung auswirken.

Carl Rogers bezeichnete den Menschen sogar als „**unheilbar sozial**"[126] und schrieb dem Bedürfnis nach wertschätzender Anerkennung durch andere eine außerordentlich wichtige Bedeutung zu. Friedrich der Staufer soll das im 12. Jahrhundert durch ein Experiment mit grausamem Ausgang bewiesen haben. Angeblich wollte er feststellen, welche Sprache Kinder entwickeln, wenn sie ohne körperliche Zuwendung und Ansprache aufwachsen. Er nahm den Müttern ihre Kinder weg, ließ sie von Ammen großziehen, die ihnen zwar die Brust geben durften, jedoch jegliche Kommunikation und sonstige Berührungen mit den Babys unterlassen sollten. Alle Kinder starben. Friedrich der II. vermerkte dazu: „Sie vermochten nicht zu leben ohne das Händepatschen und das fröhliche Gesichterschneiden und die Koseworte ihrer Ammen."[127]

Wir sind systemische und soziale Lebewesen. Viele unserer Lebens-, Lern- und Erfolgsprozesse basieren auf Autonomie – mindestens ebenso viele aber auf sozialen Bindungen, Zugehörigkeit, Wertschätzung und Achtung. Bindung und Autonomie stehen diametral zueinander:

---

126 Carl Rogers in einem Gespräch mit Paul Tillich über die menschliche Natur und ihre Merkmale, 7. März 1965
127 www.wissen.de/welche-sprachexperimente-machte-friedrich-ii-mit-kindern

Autonomie	*Bindung*
Selbstbestimmung	Zugehörigkeit
Freiheit	Geborgenheit
Individualität	Gemeinsamkeit
Entdeckungs- und Entwicklungsimpuls	Sichere Verbundenheit
Veränderung	Stabilität
Selbstverwirklichung	Selbstbewahrung

Autonomie und Bindung verkörpern jedoch nicht nur unterschiedliche Bedürfnisse, sondern auch gegensätzliche Ängste:

Autonomie-Ängste	*Bindungs-Ängste*
Isolierung (fehlende Geborgenheit)	Abhängigkeit
Einsamkeit	Selbsthingabe (Ich-Verlust)

Zur lebenslangen „Lebenskunst" gehört es, beide Bedürfnisse zu verbinden und eine Balance zwischen ihnen herzustellen, damit wir einerseits unser inneres Gleichgewicht finden und andererseits befriedigende zwischenmenschliche Beziehungen herstellen können. Widersprechen sich nun Bindungs- und Autonomie-Impulse kommt es zum Ambivalenz-Konflikt, der drei grundsätzliche Zustände von Stress verursachen kann:

1. Verwirrung

Verwirrung entsteht, wenn man etwas erreichen möchte, das den Erwartungen anderer widerspricht und daraus ein starkes Gefühl der Unsicherheit erwächst, das die Betroffenen hindert, Entscheidungen zu treffen. Man steht buchstäblich zwischen den Stühlen „Bindung" und „Autonomie" und kann sich weder für den einen noch den anderen entscheiden, weil beide gleich gemütlich oder ungemütlich aussehen. Es entsteht das, was ich im Kapitel Ressourcen-Flexibilität als Bifurkation beschrieben habe: Aus einem Attraktor werden plötzlich zwei (Seite 274). Kann diese Ambivalenz nicht gelöst werden, entsteht Frustration und Unlust. Dauert dieser Zustand an, wird im Zweifel das eigene Ziel aufgegeben, denn der Impuls, unsere Selbstbestimmung der Zugehörigkeit zu opfern, ist häufig stärker. Hier schlägt unser archaisches Erbe durch, denn zum Beginn der Menschheitsgeschichte sicherte die Gruppenzugehörigkeit unser (Über-)Leben. Der Drang, sich im Zweifel für die Gemeinschaft zu entscheiden, ist daher tief verankert – aber heutzutage nicht immer die beste Lösung.

2. Anhaftung

Bei der Anhaftung verursacht eine übermäßige Fixierung auf eine andere Person oder eine Gruppe Stress. Das Bindungsverhalten hat die Wirkung von Sekundenkleber entfaltet. Ein Loslösen von der Person oder Gruppe scheint nicht möglich. Die Konsequenzen der Abnabelung ängstigen. Der Verbleib in der anhaftenden Situation macht aber gleichzeitig auch nicht glücklich, denn die Bindung ist mitunter so stark, dass die Gegenwart als reiz- und bedeutungslos erlebt wird. Anhaftende Bindungen sorgen auf Dauer für Depressionen und chronische Erkrankungen, weil das Bedürfnis nach Autonomie überhaupt nicht mehr gestillt werden kann.

3. Abweisung

Abweisung durch andere bezeichnet Grossarth-Maticek als das „möglicherweise größte Stressproblem"[128]. Fanden traumatische Abweisungserlebnisse zum Beispiel schon in der Kindheit statt, gewöhnen sich viele Menschen im Laufe ihres Lebens präventive Verhaltensmaßnahmen an, um diesen Abweisungsschmerz nicht noch einmal erleben zu müssen. Die Folge ist, dass positive Bindungserlebnisse selten erlebt werden, weil die Angst und Erwartung, zwischenmenschlich erneut enttäuscht und abgelehnt zu werden, zu groß ist. Depression und Angst können auch hier die Folge sein, denn das Bedürfnis nach sozialer Eingebundenheit, Zuwendung und zwischenmenschlicher Bindung kann überhaupt nicht erfüllt werden.

Selbstbestimmtes Handeln setzt voraus, dass Bindung und Autonomie in Balance gelebt werden und gleichberechtigt zur Geltung kommen können. Autonomie und Bindung sind jedoch nicht nur Bedürfnisse, deren Erfüllung wir uns wünschen, sondern es sind auch Geschenke, die wir verteilen können. Wir sind gleichsam Sender und Empfänger beider Grundbedürfnisse.

Autonomie und Bindung sind nicht statisch, sondern Prozesse, die in dynamischen Systemen ablaufen. Damit wir beide Bedürfnisse einer ständigen Aktualisierung unterziehen und unser Selbst beständig erweitern und wachsen lassen können, kommt unser drittes Grundbedürfnis ins Spiel: Der Wunsch nach mehr Kompetenz beziehungsweise der Wunsch, kompetent agieren zu können. Dazu benötigen wir ständigen Zugriff auf unsere Ressourcen und die Fähigkeit, die Ressourcen flexibel anpassen zu können, sollten sich die Bedürfnisse nach Autonomie oder Bindung ändern.

6 FRAGEN UND EIN WARUM – TEIL 2:

Schauen Sie sich die „6 Fragen und ein Warum" noch einmal an. Wie oft waren Sie selbst der Haupt-Attraktor bei Ihren Antworten und wie oft waren es andere? Liegt aus Ihrer Sicht irgendwo eine zu starke Betonung auf dem Bedürfnis nach Autonomie oder Bindung?

128 Ronald Grossarth-Maticek, „Autonomietraining", S. 58

SELBST-CHECK:

Spüren Sie, dass sich die Bedürfnisse Autonomie und Bindung ambivalent entwickeln, können Ihnen folgende Fragen bei der Klärung helfen:

- *Welches Bedürfnis ist gerade größer/drängender/wichtiger?*
- *Welches Bedürfnis verursacht Ihnen zurzeit mehr Zufriedenheit und Wohlbefinden?*
- *Wie könnte ein Kompromiss zwischen den Bedürfnissen aussehen, der für Sie noch bedeutsam und sinnhaft ist?*
- *Was rät Ihnen Ihre Intuition?*
- *Könnte das Grundbedürfnis nach Kompetenz eine Rolle bei der Lösung spielen? Wenn ja, welche?*

3. HANDELN UND AUSBALANCIEREN

Kommen wir zum letzten Prozessschritt der Pro-Aktivität, mit dem wir gleichzeitig auch den Futability®-Circle schließen. Pro-Aktivität bedeutet, sein eigenes Handeln unabhängig von äußeren Einflüssen zu steuern. Und genau um dieses Handeln geht es im letzten Streckenabschnitt des Futability®-Circles. Handeln bedeutet ein zielgerichtetes, subjektiv sinnvolles und bewusst entschiedenes Tun. Damit unser Handeln immer in Beziehung zu uns selbst und unseren Attraktoren steht und wir nicht Gefahr laufen, unser Handeln fremdbestimmen zu lassen, gehört zum Handeln auch das persönliche Ausbalancieren, also die stetige Rückkopplung mit uns selbst. Um zielgerichtet Handeln und Balancieren zu können, benötigen wir einen Attraktor. Wie wir ihn finden, habe ich im Kapitel „Reflexion" ausführlich beschrieben.

Wenn wir bedeutsame Attraktoren definiert haben, ist die intrinsische Motivation geweckt. Wir verspüren Lust, den Attraktor zu erreichen und schaffen es oft mühelos, unsere Ressourcen entsprechend zu bündeln und tätig zu werden. Sehr oft heißt aber nicht immer!

Wir finden uns leider ab und an in Situationen wieder, in denen wir etwas verändern wollen, aber immer wieder in alte Muster rutschen oder überhaupt nicht in Gang kommen. Die Neujahrsvorsätze sind Klassiker der guten Wünsche, an denen wir regelmäßig scheitern.

Akrasia nennt man im Fachjargon diese unleidige Willensschwäche oder das Handeln wider besseres Wissen – umgangssprachlich vielleicht besser bekannt als der „**innere Schweinehund**". Der innere Schweinehund führt zu einer mangelnden Konsequenz bei der Umsetzung von Zielen. Oft liegt dieser Willensschwäche eine starke Abhängigkeit von äußeren Einflüssen oder Entscheidungsunfähigkeit zugrunde. Meist ist von der Überwindung des inneren Schweinehundes die Rede, um zu verdeutlichen, dass für das Erreichen eines Ziels **Selbstdisziplin**

und **Umsetzungsstärke** vonnöten sind. Um unsere Selbstdisziplin ist es immer dann schlecht bestellt, wenn uns ein Ziel von außen aufoktroyiert wird oder wenn wir uns Ziele setzen, die verstandesmäßig zwar sinnvoll sind, die aber nicht an einen Herzenswunsch und damit an eine Emotion gekoppelt sind.

Wenn Sie sich zum Beispiel am Ende des Jahres vornehmen, im nächsten Jahr mehr Sport zu treiben, weil die biologische Uhr tickt, Sport wichtig ist und auch Ihr Arzt Ihnen mehr Bewegung „verschrieben" hat, dürfte Ihr Motivationslevel auf einem sehr niedrigen Niveau sein. Jeder Lauf in der Natur, jeder Besuch im Fitness-Studio fühlt sich an wie der Gang zum Schafott. Spaß ist anders und dauerhafter Erfolg wird vermutlich ausbleiben. Warum? Weil ein Ziel, dem nur ein intellektuelles Konzept zugrunde liegt, in der Umsetzung niemals nachhaltig ist. Wenn einem Ziel die Herzenslust fehlt, wird das Einüben neuer Verhaltensmuster, das für die Erreichung dieses Zieles notwendig ist, unsagbar zäh, mühsam und eine einzige Qual. Ein Wunschziel, ein Attraktor, muss eine emotionale, persönliche Betroffenheit auslösen, um intrinsische Motivation zu aktivieren. Wollen wir Denk- oder Verhaltensmuster durchbrechen, arbeiten wir an mehreren Baustellen:

- Schaffen neuer Gewohnheiten, welche die alten ablösen oder ergänzen
- Schaffen neuer Annahmen, Erfahrungen oder Werte, welche die neuen Denk- und Verhaltensmuster stärken
- Schaffen neuer Komfortzonen, die den neuen Denk- und Verhaltensmuster ein Zuhause geben
- Öffnung des Denkens, des Fühlens und des Willens, um neue Denk- und Verhaltensmuster zulassen zu können

Wir können auf diesen Baustellen dann motiviert arbeiten und sie erfolgreich abschließen, wenn wir ein genaues Bild von dem Bauwerk im Kopf haben, das an dieser Stelle entstehen soll. Erinnern Sie sich zurück an den Architekten Mosche Safdi und sein Mega-Projekt in Singapur. Ihm halfen seine Pläne und die innere Vorstellung vom fertigen Bauwerk, den Herausforderungen auf der Baustelle die Stirn zu bieten – und davon gab es reichlich.

„Viele Menschen steuern ihr Verhalten nicht durch positive Ziele, sondern durch negative Vorgaben."[129] Um dem vorzubeugen, ist es besonders wichtig, einen Attraktor vor Augen zu haben, der begehrenswert, bedeutsam und sinnhaft ist. Ein Wunschziel, das mit Emotionen verbunden ist, erweckt ausreichend Motivation, um Bequemlichkeiten zu durchbrechen und ins Handeln zu kommen. Fokussieren wir unser Handeln auf unsere Attraktoren, verändert sich schon in dem Moment die Struktur unserer Realität, wenn wir nur an dieses Wunschziel denken und es uns immer wieder vor Augen halten. Unsere Erwartungen beeinflussen unser Verhalten, unsere Wahrnehmungen und unser Handeln. Die Wirkungskette verläuft als **selbsterfüllende Prophezeiung**:

---

129 Ronald Grossarth-Maticek, „Autonomietraining", S. 12

1. **Positive Erwartung**: Das Ziel XY werde ich erreichen.
2. **Ursachenannahme**: Ereignisse, die das Erreichen des Zieles „zufällig" fördern, dienen als Verstärker der positiven Erwartung.
3. **Handeln**: Das Handeln ist auf das Erreichen kleinerer und größerer Etappenziele ausgerichtet.
4. **Positive Folgen**: Die gelungene Selbststeuerung hat einen hohen Lustfaktor, fördert die Motivation und stärkt damit die positive Erwartung in Bezug auf das Ziel.

SELBST-CHECK:

Wenn Sie nicht in Ihren Wunschzielen und Wunschträumen stecken bleiben möchten, sondern die konkrete Umsetzung und damit eine Änderung in Ihrem Leben anstreben, sollten Sie an dieser Stelle Ihre Attraktoren noch einmal auf Herz und Nieren prüfen:

Mein Attraktor	***Welche positiven Emotionen löst er aus?***	***Auf welche Lustmomente freue ich mich bei der Umsetzung?***

Stellen Sie fest, dass der Attraktor keine positiven Emotionen auslöst oder Sie keine Lustmomente in Bezug auf die Umsetzung spüren, dann ist der Attraktor nicht stark, bedeutsam und sinnhaft genug, um Sie in die Handlung zu bringen und eine dauerhafte Veränderung hervorzurufen. In diesem Fall macht es überhaupt keinen Sinn, sich mühsam in eine positive Stimmung zu reden oder sich selbst zu kasteien und frei nach dem Motto „Nur die Harten kommen in den Garten" an die Umsetzung zu begeben. Sie werden bei der Umsetzung keine Flow-Momente erleben, sondern sich im schlimmsten Fall nur zusätzliche Stressoren aufhalsen. Die eigentlich angestrebte Entspannung, der gewollte neue Lebenszustand oder das Ausmerzen eines Stressors wären damit ad absurdum geführt. Besser ist es daher, sich auf den Attraktor und die Wunschlösungen zu fokussieren und daran so lange zu arbeiten, bis Sie positive Emotionen und Lustmomente verspüren, wenn Sie an das Handeln denken.

An dieser Stelle ist es notwendig, einen ersten Paradigmenwechsel vorzunehmen. Und zwar in Bezug auf das fiese Wörtchen „nur". **Das Wort „nur" impliziert einen Wegwerf-Artikel.** „Nur" signalisiert einerseits zwar, dass sich etwas ausschließlich auf das Genannte oder auf ein bestimmtes Maß beschränkt: „Es war nur ein Alptraum, zum Glück keine Realität." „Es ist nur ein Husten, keine Lungenentzündung." Das Wort „nur" kann aber auch Ausschließlichkeit oder die Verminderung einer Aussage ausdrücken: „Es gibt nur diese eine Lösung, sonst keine" oder „Ich habe nur ein Tier überfahren."

In den Momenten, in denen Sie Ihren Attraktor anpassen, damit Sie in eine positive Grundstimmung kommen, könnten Sie geneigt sein, den neuen Attraktor innerlich abzuwerten, sollte er meilenweit von Ihrem Ursprungsattraktor abweichen. Sie könnten dazu neigen, von sich selbst enttäuscht zu sein, weil Sie den erstgenannten Attraktor nicht in der Ursprungsform beibehalten konnten, obwohl der Ihnen – aus welchen Gründen auch immer – verstandesmäßig besser gefiel. Ich möchte Ihnen an ein paar Sätzen deutlich machen, was das Wort „nur" bewirken kann. Fühlen Sie beim Lesen einmal mit:

- „Nur der zweite Versuch führte zum gewünschten Attraktor."
- „Es ist nur ein kleiner Erfolg."
- „Ich bin nur ein Mensch, keine Maschine."

„Nur" impliziert eine Enttäuschung und veranlasst uns dazu, Sachverhalte herunterzuspielen und die eigentliche Wichtigkeit dahinter zu verdrängen. Fühlen Sie jetzt einmal mit, wie die obigen Sätze ohne das „nur" klingen:

- „Der zweite Versuch führte zum gewünschten Attraktor."
- „Es ist ein kleiner Erfolg."
- „Ich bin ein Mensch, keine Maschine."

Wenn Sie feststellen, dass der zweite Versuch zum gewünschten Attraktor geführt hat, dann entsprach Ihnen der erste Versuch noch nicht. Vielleicht hing der erste Versuch an unrealistischen Vorstellungen oder an irgendeiner Stelle saß ein ungutes Gefühl, wenn Sie an die Umsetzung gedacht haben. Solange Ihr neuer Attraktor:

- *selbst* bestimmt und nicht fremd bestimmt ist
- *Ihren* Wünschen entspricht und sich nicht an den Erwartungen anderer orientiert
- *Ihre* Werte widerspiegelt und nicht die von anderen
- auf *Ihr* Leben bezogen ist und nicht auf das von anderen

ist ein zweiter Versuch, der zu positiven Ergebnisse führt, nicht weniger wert als der erste. Sie brauchen den ersten Attraktor ja nicht vollständig eliminieren. Das können Sie auch gar nicht, weil Sie allein durch die *Idee* des ersten Attraktors einen Samen in Ihrem Gehirn gepflanzt haben, der irgendwann aufgehen wird, wenn Sie ihn lassen. Akzeptieren Sie, dass der zweite Attraktor *momentan* derjenige ist, der Sie mit einem motivierten und positiven Gefühl in die Handlung bringt. Für den ersten Attraktor benötigen Sie vielleicht noch etwas Zeit oder zusätzliche Kompetenzen. Aufgeschoben ist nicht aufgehoben. Beim Gebrauch des Wörtchens „nur" merken Sie sich folgende Regel:

„Nur" als abwertende Komponente einer Aussage = Abwendungsmodus
Die Folge: Sachverhalte werden zum Wegwerf-Artikel. Die Bedeutsamkeit stirbt.

Neben dem „nur" gibt es noch einen weiteren „Niedermacher": Das Wort „aber". Auch bei diesem Wort lohnt ein Paradigmenwechsel, denn Sie sollten das **„aber" nur als positiven Verstärker nutzen**. Wenn Ihnen gerade jetzt ein Satz im Kopf herumschwirrt wie „Der zweite Attraktor ist ja schön und gut, aber…" oder wenn Sie sich dabei erwischen, dass Sie Sätze nutzen wie: „Ich würde das ja gern machen, aber…" oder „Es wäre toll, wenn das ginge, aber…" – dann erliegen Sie genau in diesen Momenten einem wirklich üblen „Handlungsunterdrücker".

Das kleine Wörtchen „aber" klingt nach Faulheit, Lethargie und billigen Ausreden – und nicht selten steckt ein Fünkchen Wahrheit dahinter. Denn wenn wir einmal bewusst darauf achten, nutzen wir „aber" häufig dann, wenn es darum geht, Dinge zu ändern, Dinge anders zu tun oder bei uns selbst ein Muster zu durchbrechen zu wollen oder zu müssen. „Aber" fungiert wie ein zuverlässiger individueller kleiner Schutzschild, der uns vor zu viel Veränderung in unserem Leben bewahrt. Das ist nicht verkehrt, wenn wir das „aber" wohldosiert und bewusst einsetzen, indem wir z. B. anstelle von „Ich würde gern den ungeliebten Job wechseln, aber ich kann meine Kollegen nicht mit dem idiotischen Chef alleine lassen" sagen: „Ich spiele mit dem Gedanken, den Job zu wechseln, weil er mir keinen Spaß macht, aber ich möchte mir sicher sein, dass ein Jobwechsel die beste Lösung für mein Problem mit dem idiotischen Chef ist."

Im ersten Aber-Satz werden die potenziellen Interessen anderer vor eine Entscheidung geschoben. Das „aber" verleitet uns zu einer Fremdsicht und wir entfernen uns von dem, was wir wollen. Im zweiten Satz wird das „aber" bewusst eingesetzt, um die eigenen Überlegungen in Bezug auf das Problem zu reflektieren. In diesem Fall schützt ein „aber" vor vorschnellen Entscheidungen, die man im Nachhinein vielleicht bereut.

Das „aber" hat jedoch auch eine starke motivations- und handlungsblockende Wirkung, die nicht zu unterschätzen ist. Träumt man zum Beispiel von einem tollen neuen Job und setzt dahinter ein „…aber so einen Job gibt's ja eh nicht", hebt das „aber" den vorher gehegten Traum auf. Er platzt gedanklich und emotional wie eine Seifenblase. Die Motivation und das Kribbeln der Vorfreude sind in dem Moment weg, wenn wir uns einen solchen Satz gedanklich nur vorstellen. Und genau darin liegt das Problem vom Wort „aber": „Aber" drosselt Motivation und Handlungsaktivität, „aber" revidiert, negiert und tötet Wünsche, Träume und Ideen - mit anderen Worten: Unsere Attraktoren. „Aber" unterbindet jede Form von Kreativität und hat damit rational und emotional eine vergiftende Wirkung.

Interessanterweise erhalten wir jedoch ein vollständig anderes Ergebnis, wenn wir das „aber" im Anschluss an eine negative Aussage bringen z. B. „Ich habe einen idiotischen Chef, aber meine Kollegen sind einsame Spitze". „Die Veränderung ist heftig, aber ich bin sicher, ich schaffe das." In diesem Kontext wiegen plötzlich die großartigen Kollegen und das Selbst-Vertrauen rational und emotional viel stärker als der idiotische Chef und die Veränderung. Setzen wir das Wort „aber" bewusst ein, kann es entweder eine negativ oder eine positiv verstärkende Wirkung haben. Folgende Regeln gelten:

„aber" + negative Schlussfolgerung = Abwendungsmodus

Die Folge: Wir entwickeln ein negatives Gefühl und sind demotiviert.
Die Handlungsunfähigkeit droht, denn wir kommen nicht in die Pro-Aktivität.

„aber" + positive Schlussfolgerung = Annäherungsmodus

Die Folge: Wir entwickeln ein gutes Gefühl und sind motiviert.
Wir kommen problemlos ins Handeln und damit in die Pro-Aktivität.

Neben „nur" und „aber" gibt es noch ganze Sätze, die Motivation und Handlungsimpulse schneller unterbinden, als uns das lieb sein kann. Diese Sätze sind übrigens auch solche, die in Kreativ- und Innovationsprozessen einer strikten „BINGO-Regel" unterworfen werden: Sobald sie fallen, darf sich derjenige, dem ein Killer-Satz aufgefallen ist, einen Punkt schenken. Zu diesen Sätzen gehören zum Beispiel:

- Es ist zu früh/zu spät.
- Es ist (technisch) riskant.
- Es ist langweilig.
- Das funktioniert nie.
- Dazu fehlt das Geld (alternativ: die Zeit).
- Das kann nicht klappen.
- Damit mache ich/machen wir uns lächerlich.
- Das haben wir/das habe ich schon immer so gemacht.

SELBST-CHECK:

Sobald Sie sich dabei erwischen, dass Ihnen diese Handlungstöter aus dem Mund purzeln, kleben Sie einen roten Punkt an Ihren Kühlschrank oder Computerbildschirm. Sobald Sie zehn Punkte beisammen haben, laden Sie eine Person Ihres Vertrauens zum Essen ein, beichten ihr Ihre Selbst-Sabotage und bitten sie um Inspiration, warum Ihr Vorhaben doch klappen kann. Diese positiven Umsetzungstipps notieren Sie als „Aber"-Sätze, die dann zum Beispiel so lauten: „Es könnte zwar schief gehen, aber mit der Umsetzung von Tipp XY stehen die Chancen gut, dass es doch klappt." In diesem Fall nehmen Sie Ihre Ängste und Befürchtungen aktiv an und sorgen gleichzeitig dafür, dass Sie trotzdem in einen innerlichen Annäherungsmodus gelangen, indem Sie die positiven Tipps als aktive Verstärker einbauen.

Um von unserem Attraktor in die Handlung zu kommen, benötigen wir nicht nur Motivation, sondern auch den unbedingten Willen, trotz potenzieller Risiken handeln zu wollen. Der Wille ist sehr häufig ein verstärkter Wunsch. Wenn also unser Attraktor bedeutsam und sinnhaft genug und mit den entsprechenden positiven Emotionen verbunden ist, erwächst der Wille zur Handlung. Im Willen steckt Zielgerichtetheit und Umsetzungsstärke, die dem Handeln die notwendige Kraft und Energie verleiht. Diese Umsetzungsstärke (**Volition**) hat eine große Bedeutung für die Handlung. Während die Motivation aus dem Attraktor selbst entspringt und als Zünder für den Motor (die Handlung) fungiert, ist die Volition das Benzin, das den Motor am Laufen hält:

Attraktor → Motivation → Volition → Handlung

In der Volitionsphase:

- wird überlegt, wie der Attraktor erreicht werden kann
- wie die konkreten nächsten Handlungsschritte aussehen
- wie die geplanten Handlungsschritte in die Tat umgesetzt werden

Zur Umsetzung reicht Motivation alleine nicht aus, um den Wünschen Taten folgen zu lassen. Vor allem dann nicht, wenn zum Erreichen der Wünsche konkrete Denk- und Verhaltensänderungen notwendig sind. In diesem Fall muss die Willens- und Umsetzungskraft nämlich stark genug sein, um Phasen der Unlust und Bequemlichkeit sowie generelle „Durchhänger" überwinden zu können, die trotz Attraktor und Motivation immer lauern. Die Volition geht daher weit über die Motivation hinaus. Sie trägt eine starke Selbstregulations-Komponente in sich, das heißt, die emotional besetzte Motivationsphase wird ergänzt durch eine kongnitiv-sachliche Umsetzungskomponente:

	Motivation	***Volition***
Umsetzungsplan	nicht notwendig	notwendig
Aufmerksamkeit	„Flow-Moment", das heißt, kaum Ablenkung, höchste Konzentration	„Flow-Moment" kann andauern, die Gefahr der Ablenkung wächst aber, je länger die Zielerreichung dauert
Emotionen	notwendig	hinderlich
Gefühlte Belastung	niedrig	hoch
Zeitempfinden	schnell	langsam

Professor Dr. Waldemar Pelz von der Technischen Hochschule Mittelhessen (THM) hat sich ausgiebig mit der **Volitionskompetenz** beschäftigt. Er definiert Volition als die „Fähigkeit, Gedanken (Aufmerksamkeit), Emotionen und Aktionen auf das Wesentliche zu lenken und mit

Willensstärke selbst gesteckte Ziele zu erreichen."[130] In einem Forschungsprojekt mit 12.000 Teilnehmern hat er fünf Teilkompetenzen herauskristallisiert, die Volitionskompetenz nicht nur definieren, sondern auch messbar machen.

1. Fokussierung auf das Wesentliche

Menschen müssen in der Lage sein, sich auf ein Ziel zu fokussieren und dabei Wesentliches von Unwesentlichem trennen zu können.

2. Emotions- und Stimmungsmanagement

Während die Phase der Motivation bewusst emotional beeinflusst ist, um das Lustzentrum im Gehirn anzuregen, ist es in der Phase der Volition notwendig, die Emotionen in Bezug auf die Fokussierung und das Wesentliche zu steuern und zu kontrollieren.

3. Selbstvertrauen und Durchsetzungsstärke

Das Vertrauen in sich selbst und nicht in andere ist entscheidend dafür, Umsetzungsstärke und Durchsetzungsstärke zeigen zu können. Ist die Selbstwirksamkeitserwartung groß, ist gleichzeitig auch die Durchsetzungs- und Umsetzungsstärke hoch, denn das Vertrauen in sich selbst ist vorhanden, die gesteckten Ziele erreichen zu können. Das Selbstvertrauen wird übrigens dadurch gestärkt, indem immer wieder die Befriedigung der drei psychologischen Grundbedürfnisse (soziale Eingebundenheit, Autonomie und Kompetenz) angestrebt wird.

4. Vorausschauende Planung und kreative Problemlösung

Der Attraktor ist ein angestrebter „Wird-Zustand", also ein Zustand in der Zukunft, auf den in der Gegenwart hingearbeitet wird. Da der Blick in die Zukunft schweift, ist eine vorausschauende Planung nicht nur sinnvoll, sondern auch notwendig. Mögliche Probleme können so frühzeitig erkannt und gebannt werden, indem die Handlungsoptionen kreativ und flexibel angepasst werden.

5. Zielbezogene Selbstdisziplin durch einen tieferen Sinn

Auch in der letzten Teilkompetenz finden wir wieder das Präfix „selbst", nämlich bei der Selbstdisziplin. Bei der Selbstdisziplin geht es nicht um einen selbst auferlegten Zwang – eine Zwangshandlung ist beim Erreichen eines bedeutsamen Attraktors von vornherein sowieso ausgeschlossen -, sondern um die Fähigkeit, sich selbst zu disziplinieren. Selbst dafür zu sorgen, dass die Fokussierung aufrechterhalten wird und zeitliche Termine eingehalten oder bestimmte Zwischenziele erreicht werden. Der tiefere Sinn ist die Sinnhaftigkeit, die aus dem

---

130 www.volitionskompetenz.de und www.willenskraft.net

Kohärenzgefühl bekannt ist und jedem Attraktor innewohnen sollte. Fehlt dieser Sinn, wird Selbstdisziplin zu einem Zwang!

Wenn wir erfolgreich in den Umsetzungsmodus gekommen sind, unserem Attraktor also schrittweise näher kommen und dabei neue Denk- und Verhaltensfraktale bilden, während sich gleichzeitig unser Leben oder Teilbereiche schöpferisch erneuern, sollten wir nicht vergessen, ab und an auszubalancieren. Die **Ausbalancierung** ist notwendig, um inneren Abstand zu gewinnen, Eindrücke und Erfahrungen zu verarbeiten und in uns hinein zu fühlen, ob der angestrebte Attraktor in uns immer noch ein Gefühl von Stimmigkeit und Kohärenz hervorruft oder nicht. Dieses Innehalten gleicht einer gedanklichen oder tatsächlichen Auszeit. Gedanklich helfen Meditationen, ein „Offline-Sein" oder eine Phase des Müßiggangs, um innerlich zur Ruhe zu kommen, Energien aufzuladen und Kräfte zu sammeln. Tatsächlich helfen ein freier Tag, ein entspannter Urlaub, Gespräche mit anderen Menschen, Sport – oder was immer sonst Ihnen wohltut und eine Auszeit vom Ich verschafft.

Ergibt Ihre Ausbalancierung eine Störung Ihrer Stimmigkeit, spüren Sie ein Unwohlsein und ein generelles Entgleiten, dann kehren Sie an den Anfang des Futability®-Circles zurück. Sie besitzen nun das Wissen und die Kompetenz, um Ihren Attraktor anpassen und sich neuen Situationen flexibel stellen zu können. Sie sind in der Lage zu reflektieren, mögliche Stressoren identifizieren, sezieren und kreative Lösungen finden zu können, die Ihr Kohärenzgefühl wiederherstellen können und Sie in Stimmigkeit mit sich und der Umwelt bringen.

Worauf warten Sie also noch?
Ziehen Sie den Kopf aus dem Sand, knirschen Sie mit den Zähnen und legen Sie los!

„Die Analphabeten des 21. Jahrhunderts sind nicht diejenigen, die nicht lesen und schreiben können, sondern diejenigen, die nicht lernen, verlernen und neu lernen."

Alvin Toffler

FUTABILITY®-MANAGEMENT

TEIL 4

Vor über 250 Jahren läutete die Industrialisierung eine neue Ära der Fremdbestimmung ein. Zum ersten Mal in der Geschichte wurden Menschen unter das Diktat der Maschinen gestellt. Die Fremdbestimmung umfasste die Planung der Zeit, die lineare Organisation menschlicher Arbeitskraft und die Fremdbeurteilung über Produktivität und Arbeitsleistung. „Zeit ist Geld", das von Benjamin Franklin eingeführte Sprichwort, das 1748 in seinem Buch „Ratschläge für junge Kaufleute" erschien, hat zu einem fundamentalen (Werte-)Wandel der Arbeit geführt und der menschlichen Arbeitskraft die selbstbestimmte Flexibilität genommen. Arbeit als schöpferischer Faktor wurde abgelöst durch die Arbeit als Produktionsfaktor. Die „Human Ressource" war geboren.

Hierarchische Organisationen, klare Aufgabentrennungen und strukturierte, lineare (Fließband-)Arbeitsschritte sind in einer Industriekultur elementare Voraussetzungen für Effizienz und Effektivität. In einer dynamischen, schnelllebigen, VUCA-Welt jedoch sorgen sie an vielen Stellen für Probleme. Linearität, Normierungen und klassische Aufgabenteilungen bilden weder eine Grundlage für Kreativität und Innovation, noch ermutigen sie zur Selbstbestimmung. Von fremdbestimmten Menschen Kreativität, Autonomie, Flexibilität und Veränderungsbereitschaft einzufordern, ist in etwa so, als würde man von einem Laternenpfahl erwarten, dass an ihm plötzlich Blätter und Äste sprießen.

Wer Menschen nach wie vor als „Human Ressources" betrachtet und sie entsprechend schröpft, darf sich nicht wundern, wenn die ausgesaugten Menschenhüllen energielos, krank und demotiviert der Produktivität schaden. „Aus der Forschung ist bekannt, dass höhere Ansprüche an Arbeit – etwa im Bereich des Lösens komplexer Aufgaben – dann mit hohem Engagement und Arbeitszufriedenheit einhergehen, wenn entsprechende Handlungsfähigkeit und Autonomie gegeben ist. Ansonsten führt dies zu Überlastung und Stress, auf mittlere Sicht auch zu Einschränkung der Leistungsfähigkeit bis hin zu chronischen Krankheiten und Erwerbsunfähigkeit."[1]

Den 250 Jahren Industriegeschichte stehen ungefähr 30 Jahre des Informationszeitalters gegenüber, in welcher der Computer erst langsam und dann einer Tsunamiwelle gleich die Herrschaft übernommen hat. Und diese Welle rollt weiter und wirft neue Wellen auf. Industrie 4.0 und Digitalisierung heißen sie und sie werden unsere Welt radikal verändern. Diese Wellen verwerfen eine Wirtschafts- und Gesellschaftskultur, die nach wie vor den Traditionen der Industrialisierung verhaftet ist. Produktivität, Effizienz und Effektivität stehen im krassen Widerspruch zu Kreativität und Innovationskraft. Die Traditionen der Industriekultur aufzubrechen, dauert nach wie vor an – und wir brauchen dafür zu lange.

Gleich dem im letzten Kapitel beschriebenen Prinzip der Anhaftung verursacht uns die Fixierung auf die alten Traditionen, Werte und Routinen Stress. Ein Loslösen scheint aber nicht

1 *Institut zur Zukunft der Arbeit | IZA COMPACT | Juni 2015, S. 4*

möglich, weil die Gegenwart tatsächlich in vieler Hinsicht als reiz- und bedeutungslos erlebt wird, denn es fehlt im Kleinen wie im Großen der Attraktor – die Vision, die Richtung, in welche die Reise gehen soll.

Die Flucht in das überschaubare, kalkulierbare und bekannte Gestern erscheint sicherer als der ungewisse Sprung in das Morgen. Wenn wir auf Traditionen zurückblicken, wird es schwer, sich zu lösen. Traditionen sind Teil unserer Geschichte und Kultur. Sie definieren unsere Vergangenheit und geben uns einen Hinweis darauf, wer wir sind und woher wir kommen. Das ist gut! Wenn uns Traditionen jedoch fesseln und notwendige Neuanfänge unmöglich machen, wird die Anpassung an veränderte Umstände ein Ding der Unmöglichkeit. Sowohl auf Seiten der Unternehmen als auch auf Seiten jedes einzelnen Menschen.

Im Windschatten von Industrie 4.0, Digitalisierung, einer alternden Gesellschaft, Produktionsverlusten durch Krankheit, Demotivation oder Überforderung und kostspieliger Entropie in Wirtschaft und Gesellschaft ist der von Carlota Pérez beschriebene „techno-ökonomische Paradigmenwechsel" aktueller denn je. Menschen, die Selbstverwirklichung, Anerkennung und Sinnhaftigkeit anstreben und für ein gesundes Leben auch benötigen, können nicht länger in Fremdbestimmung und Abhängigkeit gehalten werden oder sich selbst dort halten. Das sorgt für unlösbare Dilemmata und Paradoxien, die krank machen.

Rigide Systeme sowie die Unterdrückung des natürlichen Bestrebens nach Autonomie und Selbstbestimmung, schädigen auf Dauer die Kohärenz eines jeden einzelnen Menschen. Jedes dynamische System strebt an irgendeinem Zeitpunkt danach, die Kohärenz wiederherzustellen – in der Biologie, in der Physik, in der Gesellschaft – aber auch beim Menschen selbst. Vom schlechten Betriebsklima bis hin zu gewaltsamen Auseinandersetzungen zwischen Völkern wird deutlich, dass die Kohärenz momentan in vielen Bereichen massiv gestört ist und nach Ausgleich und Wiederherstellung verlangt – in den seltensten Fällen mit adäquaten Mitteln, weil die Unkenntnis über diese Prozesse erschreckend hoch ist.

Eine mögliche Reaktion von Individuen, die ihre Kohärenz wiederherstellen müssen, ist der Ausbruch einer (chronischen) Krankheit. Dass Krankenstände zunehmen, Frühverrentungen aufgrund chronischer Krankheiten dramatisch ansteigen und Folgekosten in Milliardenhöhe verursachen, ist ein sehr deutliches Zeichen für einen grundsächlichen Mangel an Stimmigkeit und Kohärenz in Corporate Germany.

Die Hinwendung zu mehr Autonomie und Mitbestimmung hat selbstverständlich auch eine elementare Machtverschiebung zur Folge – in Unternehmen genauso wie in Gesellschaften. Es ist klar, dass dieser Veränderungsprozess nicht schmerzfrei verläuft. Es ist aber auch genauso klar, dass es auf Dauer keine Alternative geben kann, wenn wir zukunftsfähig und gesund bleiben wollen. Genauso sicher ist auch, dass dieser Veränderungsprozess – begleitet durch Aufklärung, Information und Verständnis für den Menschen und seine individuellen Bedürfnisse – nicht desaströs verlaufen muss, sondern schon im Prozess für ein deutliches Mehr an Wertschöpfung sorgen kann. Die Flexibilisierung von Hierarchien und die kooperative Einbeziehung aller Mitarbeitenden erfordern radikale Paradigmenwechsel bei Führungskräften und Mitarbeitenden gleichermaßen. Das passiert nicht über Nacht und kann nicht ohne Hilfe bewältigt werden. Denn obwohl wir über eine natürliche Aktualisierungstendenz verfügen und der Mensch als dynamisches System dem natürlichen Prinzip der Autopoiese, der Selbststeuerung, unterliegt, dürfen wir an der Stelle nicht vergessen, dass:

- eine 250-jährige Industrietradition diesen natürlichen Selbststeuerungsprozess immer wieder unterbunden hat
- der Mensch sich in den letzten Jahren, Jahrzehnten und Jahrhunderten einer hierarchischen und fremdbestimmten Welt unterworfen hat oder unterwerfen musste und die Automatisierung der Selbstregulation und Selbststeuerung dadurch an vielen Stellen erst wieder erlernt werden muss

Die Hinwendung zu mehr Autonomie und Selbstbestimmung bei jedem Einzelnen aber auch in den Unternehmen ist daher in allererster Linie die **pro-aktive Initiierung eines Selbstregulierungsprozesses**. Von individuellen und wirtschaftlichen Systemen, die nicht in Stimmigkeit sind, kann keine selbstverständliche Anpassung an veränderte Rahmenbedingungen verlangt werden, wenn Traditionen, alte Denk- und Handlungsmuster und fehlangepasste Routinen den Weg zu mehr Flexibilität und Autonomie versperren. Regulierung in diesem Zusammenhang bedeutet, aus der Vergangenheit zu lernen, sie anzunehmen als etwas, das für eine bestimmte Zeit gut und richtig war, einer gesunden Gegenwart und einer wertschöpfenden Zukunft jedoch jetzt im Weg stehen kann.

Die **Renaissance der Renaissance** – die Rückkehr zur schöpferischen (Schaffens-)Kraft des Individuums im Zeitalter des 6. Kondratieff – ist ein elementarer Treiber für Gesundheit, Erfolg und wirtschaftlichen Fortschritt. Wenn wir den Herausforderungen der Zukunft begegnen wollen, brauchen wir für uns selbst aber auch in den Unternehmen eine funktionierende Einheit von Körper, Geist und Seele. Dann – und nur dann – können wir kreativ sein, kooperative Beziehungen zu anderen Menschen aufbauen und uns und unsere Umwelt ins Wachstum bringen. Nur wenn die Entropie in unseren eigenen und in den uns umgebenden Systemen reduziert wird, haben wir wirklich eine Chance, Neues zu entwickeln, Veränderungen pro-aktiv zu gestalten und nur dann sind wir in der Lage, den Herausforderungen der Zukunft flexibel und reflektiert begegnen zu können.

Transformation in den Unternehmen und Veränderungsfähigkeit von Individuen bedeutet nichts anderes als die **Schaffung von Wachstumsumgebungen**, in denen sichergestellt ist, dass neue Denk-, Handlungs- und Verhaltensmuster gelernt werden können. Der schwerste Part ist das Aufbrechen der alten Strukturen und das Werben für Verständnis und Offenheit, den Wandel mit zu gestalten und pro-aktiv zu begleiten. Veränderungs- und Transformationsprozesse – sowohl auf individueller als auch auf unternehmerischer Ebene – können nur dann erfolgreich sein, wenn alle Beteiligten immer wieder in einen Annäherungsmodus zurückfinden, um **Anpassungskrisen** zu **vermeiden**.

„Eine Gesellschaft, die frei sein will, darf nicht bei jeder geringen Reizung der eigenen psychologischen Befindlichkeit gleich in den Reflex der Selbstfesselung verfallen."[2]

Das „**Futability®-Management**" beugt diesem Reflex vor und hilft, den Veränderungs-Prozess sichtbar und verständlich zu machen. Gleichzeitig dient es der Selbststeuerung und dem Selbstmanagement. **Sechs Prozessschritte** helfen, Veränderungen sowohl auf individueller als auch auf unternehmerischer Ebene zu bewältigen.

Der **Blick ins Innere (1)** ist der im Kapitel der „Reflexion" beschriebene Sondierungsprozess. Wie sehen die Stressoren aus? Was verursacht momentan Probleme? An welchen Stellen ist die Stimmigkeit unterbrochen? Was müssen wir tun, um das Kohärenzgefühl wiederherzustellen?

Der **Blick nach vorne (2)** ist die ebenfalls im Kapitel „Reflexion" beschriebene Neuausrichtung. Was kann uns helfen, die Kohärenz wiederherzustellen? Welches Ziel, welcher Attraktor ist bedeutsam und sinnhaft genug, Ordnung ins Chaos zu bringen?

Beim **Ressourcen-Management (3)** geht es darum, die im Kapitel „Reflexion" beschriebene Ressourcen-Flexibilität zu aktivieren und situationsbedingt zu schauen, welche Ressourcen a) zur Verfügung stehen und b) für das Erreichen des Attraktors unbedingt aktiviert werden müssen. Sollten Ressourcen fehlen, empfiehlt sich die Kooperation oder Koevolution mit anderen. Im Kapitel „Pro-Aktivität" habe ich ausführlich beschrieben, dass Wachstum möglich ist, wenn wir uns auf freiwilliger und autonomer Basis mit anderen verbinden. Gleichzeitig kommen wir an dieser Stelle auch dem Bedürfnis nach sozialer Eingebundenheit nach, das bei einem Veränderungsprozess nicht unterschätzt werden darf.

Die Schritte der **Planung (4)** und **Handlung (5)** umfassen den ebenfalls im Kapitel „Pro-Aktivität" beschriebenen Prozess der Volition. Bei der Planung sollten wir überprüfen, ob alle Ergebnisse der vorherigen Prozessschritte in der Planung berücksichtigt sind. Bei der Handlung ist eine regelmäßige Ausbalancierung notwendig. Falls die Umsetzung und Durchführung an der einen oder anderen Stelle nicht für Stimmigkeit sorgt, muss das Handeln entsprechend flexibel angepasst werden, bis die **Balance (6)** wiederhergestellt ist. Immer ist das individuelle Maß der Stimmigkeit entscheidend: Sobald das Kohärenzgefühl unterbrochen ist und sich ein Unwohlsein einstellt, ist es wichtig, den Ursachen auf den Grund zu gehen, um neuen Stressoren keinen Nährboden zu geben. Es kann dann notwendig werden, den Prozess des

2 *Bundespräsident a. D. Roman Herzog, Zitat aus der Ansprache zur BDI-Jahrestagung am 18. Juni 1996*

FUTABILITY® - MANAGEMENT

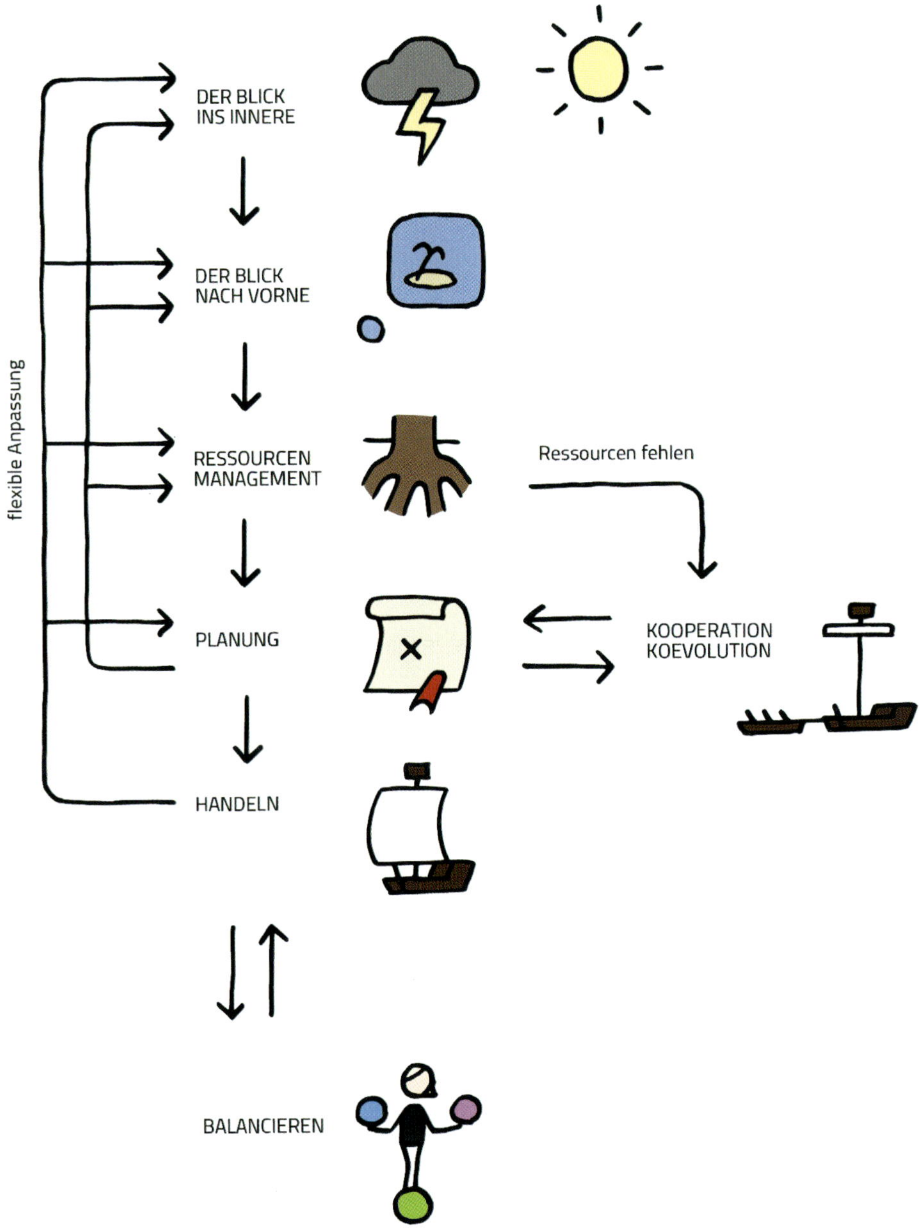

„Futability®-Managements" erneut zu durchlaufen, bis die Stimmigkeit wiederhergestellt ist.

Der „**Futability®-Schnellcheck**", den Sie bereits zum Beginn des Buches ausprobiert haben, kann beim Prozess des „Futability®-Managements" zusätzlich für Klarheit sorgen.

Sie können den Schnellcheck auf Ihr generelles Lebensgefühl, aber auch auf einzelne Situationen anwenden, oder für Situationen nutzen, die noch vor Ihnen liegen, um bereits vorab zu schauen, an welchen Punkten Sie eventuell aktiv werden müssen, um einen hohen Stresslevel zu vermeiden. Der Schnellcheck kann helfen, eine erste Situationsanalyse vorzunehmen.

Beim „Futability®-Schnellcheck" schätzen Sie zum einen Ihre Anpassungsfähigkeit und zum anderen Ihre Pro-Aktivität als „niedrig", „mittel" oder „hoch" ein. Ist Ihre Anpassungsfähigkeit, also das Maß der Fähigkeit zur Veränderung, niedrig, agieren Sie eher statisch als flexibel. Haben Sie das Gefühl, mehr Opfer der Umstände als Gestalter von Chancen zu sein, ist Ihre Pro-Aktivität gering ausgeprägt. In diesem Fall könnte Ihnen eine neue Situation Stress verursachen, weil Sie überfordert sind, keine Gestaltungsmöglichkeiten sehen oder nicht wissen, an welchen Stellen Sie aktiv werden können. Gleichzeitig fehlt Ihnen die Flexibilität, sich auf die neue Situation einzustellen. Handlungsmuster oder Verhaltensweisen, die für ein gesundes Handling der Situation notwendig wären, sind nicht automatisiert abrufbar, weil die Situation für Sie völlig neu ist und entsprechende Muster noch nicht als Erfahrung abgespeichert sind.

Liegen Pro-Aktivität und Anpassungsfähigkeit im mittleren Bereich, verspüren Sie in einer neuen Situation oder in Ihrem Leben generell eine Art von **Irritation**. Sie haben nicht wirklich das Gefühl, dass etwas schief läuft, Sie sind aber auch noch nicht absolut davon überzeugt, dass Sie auf dem richtigen Weg sind. Achten Sie jetzt vermehrt auf Ihre Intuition. Sie befinden sich in einer **Lernphase**. Die geht immer einher mit Orientierungslosigkeit, Verwirrung und einem gewissen Durcheinander. Ihr Gehirn legt in diesem Moment neue neuronale Autobahnen an. Es dauert einige Zeit, bis diese Autobahnen vollständig nutzbar sind und die alten Wegstrecken nicht mehr gebraucht werden. Solange für Sie die Richtung stimmt und Ihr Bauchgefühl auf Ihrer Seite ist, halten Sie durch und haben Sie Geduld.

Haben Sie diese Phase durchstanden, werden Sie merken, dass Ihre Pro-Aktivität zunimmt, denn Sie können sich zunehmend mehr auf Ihre Anpassungsfähigkeit verlassen. Sie sind in den richtigen Momenten flexibel, Ihre Selbstregulation führt Sie immer wieder in den Zustand von Wohlbefinden, Lust und Sicherheit. Ihre innere Autonomie wächst und Sie befinden sich jetzt in der „Futability®-Zone". Sie besitzen die Fähigkeit, den Veränderungen und Herausforderungen der Zukunft flexibel, reflektiert und pro-aktiv begegnen zu können.

SELBST-CHECK:

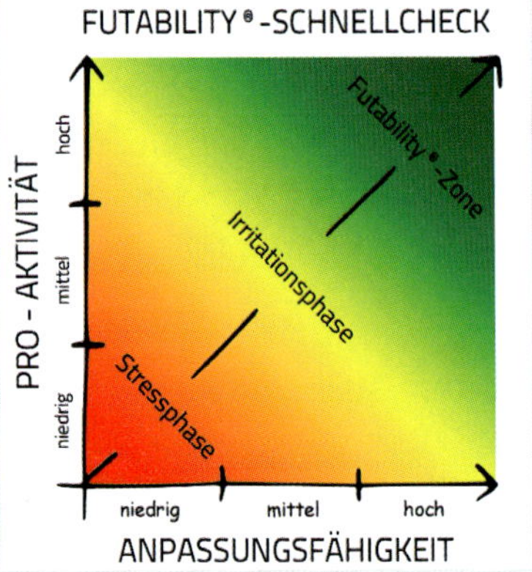

Machen Sie den Futability®-Schnellcheck noch einmal und vergleichen Sie das jetzige Ergebnis mit dem Ergebnis, das Sie erzielt haben, als Sie anfingen, das Buch zu lesen. Hat sich Ihr Ergebnis verändert? Was ist neu, anders oder irritierend? Oder sind Sie schon in der „Futability®-Zone" gelandet? Dann gratuliere ich Ihnen von Herzen!

DATUM: *PHASE:*

(Lebens-)Veränderungen sind in einer schnelllebigen, dynamischen Zeit Normalität. Sie bilden die Grundlage für eine schöpferische Zerstörung, aus der etwas Neues entstehen kann, wenn wir in der Lage sind, diese Veränderung flexibel, reflektiert und pro-aktiv zu begleiten.

Ich hoffe, dass Ihnen dieses Buch die notwendige Inspiration und Antriebskraft gegeben hat, Ihr persönliches und/oder unternehmerisches Zukunfts- und Veränderungs-Management aus einem anderen Blickwinkel zu betrachten.

Veränderung ist Teil der Evolution. Ohne Veränderung gibt es keinen Fortschritt, ohne den Wandel kein Wachstum. Viele uns angeborene Prozesse unterstützen uns darin, Veränderungen bewältigen zu können. Sie entbinden uns aber nicht von der Selbstverantwortung, diese Prozesse lebenslang am Laufen zu halten und weiter zu entwickeln.

Eine volatile Welt ist kein einfacher Lebensraum. Eine VUCA-gewordene Welt ist fehler- und störanfällig. Wenn Dinge heute und in Zukunft falsch laufen, laufen Sie nicht unreflektiert mit! Werden Sie nicht zum Opfer der Umstände, sondern reagieren Sie flexibel, werden Sie pro-aktiv und gestalten Sie die Chancen, die sich ergeben. Sie werden zahlreich sein!

Ich wünsche Ihnen viel Erfolg dabei!

Glossar
glossar.futability.com

Literatur
literatur.futability.com

Blog
blog.futability.com

Webinar®
webinar.futability.com

„Man kann einen Menschen nichts lehren, man kann ihm nur helfen, es in sich selbst zu entdecken."

Galileo Galilei

RÜCKBLICK & AUSBLICK

ENDE

DANKSAGUNG

Es ist vollbracht! Drei Jahre hat es gedauert, haufenweise Bücher und viele Tausend Seiten Forschungsberichte und Aufsätze sowie drei Ausbildungen waren notwendig, damit aus einer ersten Idee ein Buch mit 350 Seiten werden konnte. Sehr viele Menschen, die vor mir schon die Welt durchdacht, einen Status Quo infrage gestellt und spannende Zusammenhänge erkannt haben, halfen mir bei der Entstehung dieses Buches.

Weil es so viele Menschen waren, deren Arbeiten und Gedanken mich im Laufe meines Lebens und insbesondere bei der Arbeit an diesem Buch inspiriert haben, möchte stellvertretend vier herauspicken, denen ich einen persönlichen „Ehrenplatz" einräume. Dazu gehört **Leonardo da Vinci**, dessen schöpferische Kreativität ich zutiefst bewundere. **Alvin Toffler**, der schon vor vierzig Jahren Zusammenhänge erkannte, die ich mit meinen heutigen Thesen nur bekräftigen kann. **Nikolai Kondratieff**, dessen geistiges Vermächtnis unverständlicherweise nie flächendeckend den Weg in die Hörsäle und Lehranstalten dieser Welt gefunden hat. Dass ich ihm und seinen Ideen ein ganzes Buchkapitel gewidmet habe, ist der Hoffnung geschuldet, dass wir aus den Mechanismen der Kondratieff-Zyklen lernen und sie auf die kommenden Transformationen übertragen können. **Aaron Antonovsky**, dessen Konzept der Salutogenese zu bahnbrechenden Veränderungen im Denken und Handeln durch alle Lebensbereiche führt.

Aber auch Prof. Dr. **Joachim Bauer**, **Sven Gabór Jànszky** und **Leo Nefiodow** möchte ich danken. Ihre Bücher und die mit mir geführten Interviews[1], die ich auf meinem Futability®-Blog veröffentlichen durfte, schenkten mir zusätzliche Einsichten, die ihren Weg in dieses Buch gefunden haben. Mein Dank geht auch an **Robert Lauritsch** vom „Verein zur Verzögerung der Zeit", dessen Zitat mich nicht mehr loslässt: „Das Optimum von gestern ist der Standard von heute." Danken möchte ich ebenfalls **Erik Streller-Shen** und seiner Frau **Quin** sowie **Oliver Weinrich**. Alle drei haben mir mit ihren Einblicken geholfen, einen Vergleich zu China ziehen zu können. **Dr. Nikolai Axmacher** von der Universität Bonn danke ich für die Zeit, die er sich genommen hat, um mir das Thema der Verdrängung aus seiner Sicht zu schildern.

Auch unser Team möchte ich nicht vergessen: **Sandra**, **Helga**, **Linda**, **Alexa**, **Uli** und **Alexandru**, ohne die es nicht möglich gewesen wäre, dass ich mich wochenlang aus dem Alltagsgeschäft ausklinkte. Es ist eine große Freude, mit Euch zu arbeiten und die Zukunft zu gestalten!

Erwähnen möchte ich aber auch zwei Menschen, die mir in den letzten Jahren geholfen haben, zu mir selbst (zurück) zu finden: **Anja Blümle**, die mir durch ihre Arbeit den Blick in eine neue und spannende Welt ermöglichte. Und **Theodor Dierk Petzold** vom Zentrum für Salutogenese in Bad Gandersheim, der die Idee der Salutogenese von Aaron Antonovsky in ein innovatives Konzept gesundheitsorientierter Kommunikation überführte. Seine Ausbildung

1 *Alle Interviews finden Sie in voller Länge auf https://futability.wordpress.com/tag/interview/*

hat mich bereichert und mir schmerzhaft-schöne Momente der Selbsterkenntnis geschenkt.

Dass das Buch die Form annehmen konnte, die es heute hat, verdanke ich meinem Lektor **Rudolf Golla** und **Carsten de Vries**, dessen zeichnerisches Talent beneidenswert ist. Seine Illustrationen finden sich auf den verschiedenen Seiten in diesem Buch. Danken möchte ich auch den Probeleserinnen **Helga**, **Petra**, **Claudia** und **Ruth**, die mir mit ihrem Feedback wertvolle Hilfe bis zur endgültigen Fertigstellung gaben. Ein großer Dank geht auch an die Studierenden, die ich im Rahmen meines Futability®-Lehrauftrages an der Universität zu Köln kennenlernte. Ich fühle mich privilegiert, dass ich mit ihnen arbeiten durfte, denn sie inspirierten mich sehr. Besonders hervorheben möchte ich **Ramin**, **Miriam** und **Malte**, die sich ganz spontan bereit erklärten, mein Manuskript eine Woche vor Drucklegung zu lesen, um mir ein letztes Feedback zu geben. Sie haben mir nicht nur wichtige Fragen gestellt, sondern auch noch Fehler entdeckt, die mir entgangen waren. Jegliche Fehler, die jetzt noch auf diesen Seiten zu finden sind, gehen einzig und allein auf mein Konto.

Ein Dank geht auch an zwei Verlags-Geschäftsführer, die mir attraktive Autorenverträge anboten. Dass ich ihre Angebote nicht angenommen habe, ist einzig der Tatsache geschuldet, dass mir zum Zeitpunkt der Fertigstellung meine persönliche Autonomie wichtiger war, als die soziale Eingebundenheit in einen Verlag.

Vergessen möchte ich auf gar keinen Fall die beiden wichtigsten Menschen in meinem Leben, ohne die es dieses Buch schlicht und ergreifend nie gegeben hätte: Mein Mann **Holger Vogel** und mein Sohn **Julian**. Julian hat das Entstehen dieses Buches zu jeder Phase mit verfolgt, kommentiert und mich mit „Mama, du schaffst das schon!" aufgemuntert. Julian ist mittlerweile fast 12 Jahre alt und arbeitet derzeit an einer Idee für ein Video, mit dem er den Verkauf meines Buches fördern möchte. Mein Sohn ist ein Goldstück – und mein Mann auch! Holger hat klaglos den „Vorzimmerdrachen" gespielt, wenn ich mich in den Sommermonaten aus dem Tagesgeschäft verabschiedet habe, um an dem Buch zu schreiben. Er hat unermüdlich meinen manchmal wirren Gedanken gelauscht, seine Gedanken und Ideen dazu beigetragen, mentale Knoten entwirrt, mich zum Durchhalten animiert, Textpassagen und Kapitel immer und immer wieder gelesen und mir zwei Mal eine Zwangspause verdonnert, als mein Gehirn das Wissen nicht mehr aufnehmen konnte und mein Verstand dagegen rebellierte. Dank seines täglichen Familienmanagements war und ist es mir möglich, dass ich die Futability®-Idee bis zum Ende umsetzen konnte. Dass wir das Buch jetzt auch gemeinsam verlegen, ist nicht nur folgerichtig, sondern es macht mich auch sehr stolz! Holger und Julian, Ihr beide bereichert mein Leben und helft mir, zu einem gesunden Menschen zu reifen!

Und natürlich danke ich Ihnen, die dieses Buch jetzt in der Hand halten. Ich hoffe, dass es Ihnen den Mut gibt, notwendige Veränderungen in Gang zu setzen. Und wenn Ihnen die Lektüre gefallen hat, freue ich mich über eine wertschätzende Rezension.

FIRMEN-ANGEBOTE

Die Arbeitswelt hat sich in den letzten Jahren radikal gewandelt – und sie wird auch in Zukunft ein anderes Gesicht haben als heute. Der Kreativarbeiter rückt zunehmend mehr in den Mittelpunkt des Unternehmens-Interesses. Die meisten Menschen sind auf die Anforderungen, die an diesen Mitarbeiter-Typus gestellt werden, nicht vorbereitet.

Arbeiten 4.0

Die Arbeitswelt 4.0 ist zwiegespalten. Sie ist einerseits digitalisiert und automatisiert. Andererseits jedoch verlangt sie von den Menschen die zunehmende Ausübung schöpferischer Tätigkeiten wie Kreativität, Innovationskraft, vernetztes Denken. Die Anforderungen, die beide Strömungen an den Menschen stellen, stehen sich diametral gegenüber. Das sorgt bei nicht wenigen für Verunsicherung und Stress, denn die Arbeitswelt ist VUCA geworden – volatil, ungewiss, komplex und mehrdeutig.
Bildung und Qualifizierung sind die Schlüssel, um die geforderte Flexibilität und Anpassungsfähigkeit aller Arbeitsmarktteilnehmenden gewährleisten zu können.

Auf dem Weg zum „Ressourceful Human"

Im Kreativzeitalter, in dem Routine-Tätigkeiten zunehmend digitalisiert oder automatisiert werden, sind Menschen gefordert, die schöpferische Leistungskraft (wieder) zu erwecken. Arbeitgeber stehen vor der Herausforderung, nicht mehr nur das „Humankapital" als „Human Ressource" zu betrachten, sondern die Belegschaft zunehmend mehr als „Ressourceful Human" anzuerkennen – und entsprechend zu fördern.

Veränderungs-Bereitschaft, Resilienz, Kreativität, Innovationskraft und Pioniergeist sind relevante Kompetenzen, welche die Anpassung an dynamische Arbeits- und Unternehmenswelten unterstützen.

Wir schulen Führungskräfte, Mitarbeiterinnen und Mitarbeiter darin, ihr persönliches Futability®-Management zu aktivieren und in unterschiedlichen Business-Kontexten anwenden zu können. Dadurch erhöhen wir die Resilienz der Belegschaft und stärken Teamgeist, Kooperationsfähigkeit und Kreativität.

FIRMEN-ANGEBOTE

FAX: +49(0)228 3879 9001
info@futability.com

Wir interessieren uns für das Futability®-Konzept
und wünschen uns von Ihnen ein Angebot für:

- O Seminare
- O Vorträge
- O Keynotes
- O Webinare

Firma:
Abteilung:
Ansprechpartner:
Adresse:
PLZ Ort:
Telefon:
eMail:

Datum ______________________ Unterschrift: ______________________________

FIRMEN-EDITION

FAX: +49(0)228 3879 9001
info@futability.com

Steht Ihr Unternehmen vor Veränderungs-Prozessen?
Sind Sie und Ihre Belegschaft gezwungen, einen Wandel einzuleiten?
Dann können Sie **dieses Buch als Firmen-Edition bestellen**. Helfen Sie sich und Ihren Mitarbeiterinnen und Mitarbeitern, die Transformation erfolgreich zu bewältigen.

Wenn Sie sich für eine Firmen-Edition interessieren, sprechen Sie uns gern an oder senden Sie uns ein Fax oder eine e-Mail mit Ihren Kontaktdaten. Wir melden uns umgehend bei Ihnen.

Firma:
Abteilung:
Ansprechpartner:
Adresse:
PLZ Ort:
Telefon:
eMail:
Anzahl der voraussichtlich benötigten Exemplare:

Datum ______________ Unterschrift: ______________

MELANIE VOGEL

Melanie Vogel hat sich die Multioptionen-Gesellschaft in der Zeit ihrer Selbständigkeit zunutze gemacht. Sie ist nicht nur seit 1999 Unternehmerin aus Überzeugung, Andersdenkerin aus Begeisterung und Impulsgeberin aus Leidenschaft. Als „Multi-Job-Besitzerin" arbeitet sie auch als Lehrbeauftragte, Trainerin, Keynote-Speakerin, Moderatorin und Beraterin. Sie betreut eigene Blogs, kümmert sich um die Pressearbeit und das Marketing ihrer Unternehmen und schreibt eigene Bücher, die sie dann nicht nur selbst grafisch umsetzt, sondern gemeinsam mit ihrem Mann auch verlegt.

Als Veränderungs- und Transformations-Expertin, Innovation-Coach und salutogenetisch orientierte Beraterin engagiert sie sich für das Thema Zukunftsfähigkeit von Menschen und Organisationen und bietet inspirierende Impulse, um Veränderungsprozesse sinnstiftend und gesund erhaltend zu gestalten.

www.melanie-vogel.com
www.futability.com

http://blog.futability.com

http://LinkedIn.melanie-vogel.com

http://XING.melanie-vogel.com

http://Facebook.melanie-vogel.com

http://Twitter.melanie-vogel.com

http://Pinterest.melanie-vogel.com